唯美

中文版Premiere Pro CC 从入门到精通

（微课视频 全彩版）

135集视频讲解+**手机扫码**看视频

☑ 配色宝典 ☑ 构图宝典 ☑ 创意宝典 ☑ 行业色彩应用宝典 ☑ AE基础视频
☑ PS基础视频 ☑ 3ds Max基础视频 ☑ PPT课件 ☑ 动态视频素材库

唯美世界　编著

中国水利水电出版社
www.waterpub.com.cn
·北京·

内 容 提 要

　　《中文版Premiere Pro CC从入门到精通（微课视频 全彩版）》详细介绍了Premiere Pro CC在视频编辑中的使用方法和应用技巧，是一本Premiere软件基础教程，也是一本Premiere完全自学视频教程。Premiere Pro CC作为一款优秀的非线性编辑软件，广泛应用于影视剪辑、广告制作和电视节目制作等领域。

　　《中文版Premiere Pro CC从入门到精通（微课视频 全彩版）》作为Premiere教程，内容详细，实例丰富，图文并茂，文字叙述通俗易懂。具体内容包括：Premiere入门、认识Premiere界面、Premiere常用操作、视频剪辑、视频效果、视频过渡、关键帧动画、视频调色、抠像、文字、音频效果和作品输出。学完这些内容，可以对视频编辑有一个完整的认识并了解Premiere在视频剪辑中的常用核心技术。为进一步提升读者的实战水平，本书最后特别提供了Premiere在广告动画、视频特效和电子相册3个不同领域的12个大型综合案例供读者学习和操练。

　　《中文版Premiere Pro CC从入门到精通（微课视频 全彩版）》的各类学习资源有：

　　1．135集视频讲解+素材源文件+PPT课件+手机扫码看视频+作者直播。

　　2．赠送《配色宝典》《构图宝典》《创意宝典》等设计师必备知识电子书以及各类设计素材。

　　3．赠送《Photoshop基础视频》《After Effects基础视频》《3ds Max基础视频》。

　　《中文版Premiere Pro CC从入门到精通（微课视频 全彩版）》适合Premiere零基础读者学习，也特别适合作为大中专院校和培训机构相关专业教材，有意从事各类型视频设计及任何对视频设计感兴趣的读者均可选择本书学习。该书以Premiere Pro CC 2018版本为基础讲解，使用Premiere Pro CS6、Premiere Pro CS5等版本的读者也可参考本书学习。

图书在版编目（CIP）数据

中文版 Premiere Pro CC 从入门到精通：微课视频
全彩版：唯美 / 唯美世界编著 . — 北京：中国水利水电
出版社 , 2019.6 （2023.8 重印）

ISBN 978-7-5170-7355-0

Ⅰ . ①中… Ⅱ . ①唯… Ⅲ . ①视频编辑软件
Ⅳ . ① TN94

中国版本图书馆 CIP 数据核字 (2019) 第 009745 号

丛 书 名	唯美	
书　　名	中文版Premiere Pro CC从入门到精通（微课视频 全彩版） ZHONGWENBAN Premiere Pro CC CONG RUMEN DAO JINGTONG	
作　　者	唯美世界　编著	
出版发行	中国水利水电出版社 (北京市海淀区玉渊潭南路1号D座 100038) 网址：www.waterpub.com.cn E-mail：zhiboshangshu@163.com 电话：(010)62572966-2205/2266/2201(营销中心)	
经　　售	北京科水图书销售有限公司 电话：(010)68545874、63202643 全国各地新华书店和相关出版物销售网点	
排　　版	北京智博尚书文化传媒有限公司	
印　　刷	北京富博印刷有限公司	
规　　格	203mm×260mm　16开本　31.5印张　1205千字　4插页	
版　　次	2019年6月第1版　2023年8月第13次印刷	
印　　数	92001—96000册	
定　　价	128.00元	

Chapter　14　视频特效应用
综合实例：潮流中国风节目频道包装设计

Chapter　09　抠像
实例：使用非红色键制作人像海报

Chapter　09　抠像
实例：使用亮度键效果制作人像合成

Chapter　13　广告动画应用
综合实例：地产宣传广告

Chapter 09 抠像
实例：使用超级键制作清爽户外广告效果

Chapter 13 广告动画应用
综合实例：运动产品宣传广告

Chapter 10 文字
实例：制作创意文字

Chapter 10 文字
实例：制作时尚镂空文字

Chapter 13 广告动画应用
综合实例：户外宣传广告

Chapter 10 文字
实例：制作艺术感渐变文字

Chapter 03 Premiere常用操作
实例：导入PSD素材

Chapter 13 广告动画应用
综合实例：健身馆课程宣传广告

Chapter 07 关键帧动画
实例：制作产品细节展示效果

Chapter 12 输出作品
实例：输出小格式视频

Chapter 13 广告动画应用
综合实例：夏日旅游促销广告

Chapter 06 视频过渡
实例：清新风格电相册

Chapter 06 视频过渡
实例：唯美风格电子婚纱相册

Chapter 06 视频过渡
实例：卡通影片转场效果

Chapter 06 视频过渡
实例：水果促销广告

Chapter 12 输出作品
实例：输出AVI视频格式文件

Chapter 11 音频效果
实例：声音的淡入淡出效果

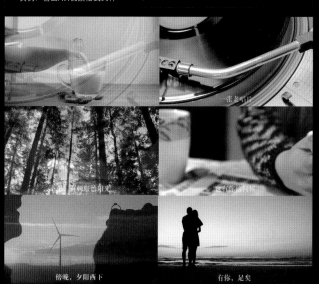

Chapter 04 视频剪辑
实例：微电影《一生陪伴，爱的承诺》视频剪辑

Survive In The Wild

Lift The Wings

Tender Moments

Chapter 04 视频剪辑
实例：视频镜头组接

Chapter 07 关键帧动画
实例："25周年店庆"主题动画

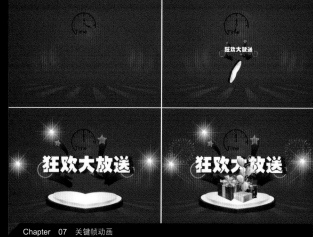

Chapter 07 关键帧动画
实例："狂欢大放送"电商促销动画

Chapter 10 文字
实例：制作MV滚动字幕

Chapter 05 视频效果
实例：使用镜头光晕制作璀璨风景

Chapter 13 广告动画应用
综合实例：海南旅游促销广告

Chapter 07 关键帧动画
实例：倒计时字幕

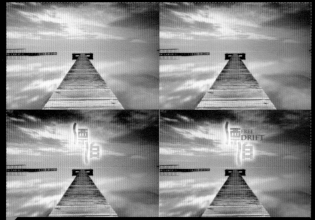

Chapter 14 视频特效应用
综合实例："漂泊"视频片头特效

Chapter 07 关键帧动画
实例：淡雅色调产品展示动画

前 言
Preface

Premiere是Adobe公司推出的一款专业的、功能强大的视频编辑软件，提供视频采集、剪辑、调色、音频和字幕添加、输出等一整套流程，广泛应用于电视节目制作、影视剪辑、自媒体视频制作、广告制作、视觉创意、MG动画、微电影制作和个人影像编辑等。

Premiere具有较好的兼容性，且可以与Adobe公司的其他软件如Photoshop、After Effects等相互协作，创建令人耳目一新的视觉效果。尤其是After Effects，与Premiere可以说是配合最紧密的兄弟产品，两者合作，可以创作出任何你能想到的视频效果。这两款软件也是影视后期制作必备的专业软件。

本书以Adobe Premiere Pro CC 2018版本为基础编写，建议读者安装对应版本的软件学习。

本书的显著特色

1. 配套视频讲解，手把手教你学习

本书配备了大量的同步教学视频，涵盖了全书几乎所有实例，如同老师在身边手把手教您，可以让学习更轻松、更高效！

2. 二维码扫一扫，随时随地看视频

本书在章首页、重点、难点、知识点等多处设置了二维码，通过手机扫一扫，可以随时随地在手机上看视频（若手机不能播放，也可下载后在计算机上观看）。

3. 内容极为全面，注重学习规律

本书涵盖了Premiere几乎所有工具、命令的常用的相关功能，是市场上有关Premiere内容最全面的图书之一。同时采用"知识点+理论实践+实例练习+综合实例+技巧提示"的模式编写，符合轻松易学的学习规律。

4. 实例极为丰富，强化动手能力

"轻松动手学"便于读者动手操作，在模仿中学习。"实例"用来加深印象，熟悉实战流程。在掌握了基本操作后，课后"综合实例"可以用来尝试独立创作，激发自主探索的能力。本书最后提供的大型商业综合实例则是为将来的设计工作奠定基础。

5. 实例效果精美，注重审美熏陶

Premiere只是工具，设计好的作品一定要有美的意识。本书实例效果精美，目的是加强对美感的熏陶和培养。

6. 配套资源完善，便于深度、广度拓展

除了提供几乎覆盖全书的配套视频和素材源文件外，本书还根据设计师必学的内容赠送了大量的教学与练习资源。

软件学习资源包括：《Photoshop基础视频讲解》《After Effects基础视频讲解》《3ds Max基础视频讲解》。

设计理论及色彩技巧资源包括：配色宝典、构图宝典、创意宝典、商业设计宝典、色彩速查宝典、行业色彩应用宝典、解读色彩情感密码、43个高手设计师常用网站。

练习资源包括：实用设计素材、常用颜色色谱表，以及本书的PPT课件等。

7. 专业作者心血之作，经验技巧尽在其中

作者系艺术学院讲师、Adobe® 创意大学专家委员会委员、Corel中国专家委员会成员。设计、教学经验丰富，大量的经验技巧融在书中，可以提高学习效率，少走弯路。

8. 提供在线服务，随时随地可交流

提供微信公众号、QQ群等多渠道互动、答疑、下载等服务。

本书服务

1. Premiere Pro CC 2018软件获取方式

本书提供的下载文件包括教学视频和素材等，教学视频可以演示观看。要按照书中实例操作，必须安装Premiere Pro CC 2018软件之后才可以进行。你可以通过如下方式获取Premiere Pro CC简体中文版。

（1）登录Adobe官方网站http://www.adobe.com/cn/查询。

（2）可到网上咨询、搜索购买方式。

2. 本书资源下载及交流

（1）关注右侧的微信公众号（设计指北），然后输入"PR07355"，并发送到公众号后台，即可获取本书资源的下载链接，然后将此链接复制到计算机浏览器的地址栏中，根据提示下载即可。

（2）加入本书学习QQ群：956192946（请注意加群时的提示，并根据提示加群），可在线交流学习。

说明：为了方便读者学习，本书提供了大量的素材资源供读者下载，这些资源仅限于读者个人学习使用，不可用于其他任何商业用途；否则，由此带来的一切后果由读者个人承担。

关于作者

本书由唯美世界组织编写，瞿颖健和曹茂鹏担任主要编写工作，其他参与编写的人员还有荆爽、瞿玉珍、瞿雅婷、林钰森、董辅川、王萍、孙晓军、韩雷、靳国娇、孙长继、李淑丽、孙敬敏、杨力、刘彩杰、邢军、胡立臣、刘井文、刘新苹、刘彩艳、邢芳芳、胡海侠、张书亮、曲玲香、刘彩华、石志庆、曹元俊、曹元美、孙翠莲、张吉太、张玉秀、朱于凤、张久荣、瞿君业、曹元杰、张连春、冯玉梅、张玉芬、唐玉明、闫风芝、张吉孟、瞿强业、石志兰、曹元钢、朱美娟、瞿红弟、朱美华、陈吉国、瞿云芳、张桂玲、张玉美、魏修荣、孙云霞、郗桂霞、荆延军、曹金莲、朱保亮、赵国涛、张凤辉、仲米华、瞿学统、谭香从、李兴凤、李芳、瞿学儒、李志瑞、李晓程、尹聚忠、邓霞、尹高玉、瞿秀芳、尹菊兰、杨宗香、尹玉香、邓志云、尹文斌、瞿秀英、瞿学严、马会兰、韩成孝、瞿玲、朱菊芳、韩财孝、瞿小艳、王爱花、马世英、何玉莲等。本书部分插图素材购买于摄图网，在此一并表示感谢。

最后，祝您在学习路上一帆风顺。

编 者

目 录

Contents

扫一扫，看视频

Premiere入门

本章内容简介：

本章主要讲解了在正式学习Premiere之前的必备基础理论知识，包括Premiere的概念、Premiere的行业应用、Premiere的学习思路、安装Premiere，以及与Premiere相关的理论。

重点知识掌握：

- Premiere第一课
- 与Premiere相关的理论
- Premiere Pro CC 2018对计算机的要求

1.1 Premiere 第一课

在正式开始学习Premiere功能之前，你肯定有好多问题想要问，比如：Premiere是什么？对我有用吗？我能用Premiere做什么？学Premiere难吗？怎么学？这些问题将在本节中一一解决。

重点 1.1.1 Premiere是什么

大家口中所说的PR，也就是Premiere，像本书使用软件的全称是Adobe Premiere Pro CC 2018是由Adobe Systems开发和发行的视频剪辑、影视特效处理软件。

为了更好地理解Premiere，我们可以把这三个词分开解释。"Adobe"就是Premiere、Photoshop等软件所属公司的名称。"Premiere"是软件名称，常被缩写为"PR"。"Pro CC 2018"是版本号。就像"腾讯QQ 2016"一样，"腾讯"是企业名称；"QQ"是产品的名称；"2016"是版本号，如图1-1和图1-2所示。

图1-1　　　　　　　图1-2

> **提示：关于Premiere的版本号**
>
> Premiere版本号中的CS和CC究竟是什么意思呢？CS是Creative Suite的首字母缩写。Adobe Creative Suite（Adobe创意套件）是Adobe公司出品的一个图形设计、影像编辑与网络开发的软件产品套装。
>
> Premiere的版本主要经历了四个阶段，第一阶段主要的版本为Premiere 6.5、Premiere 7.0；第二阶段主要的版本为Premiere Pro 1.5、Premiere Pro 2.0；第三阶段主要的版本为Premiere Pro CS3、CS4、CS5、CS5.5、CS6；第四阶段主要的版本为Premiere Pro CC、Premiere Pro CC 2014、Premiere Pro CC 2015、Premiere Pro CC 2017、Premiere Pro CC 2018。
>
> CC，即是Creative Cloud的缩写，从字面上可以翻译为"创意云"。至此，Premiere进入了"云"时代，图1-3所示为Adobe CC套装中包括的软件。
>
>
>
> 图1-3

随着科技的不断进步，Premiere的技术团队也在不断地对软件功能进行优化，Premiere经历了许多次版本的更新。

目前，Premiere的多个版本都拥有数量众多的用户群，每个版本的升级都会有性能的提升和功能上的改进，但是在日常工作中并不一定要使用最新版本。我们要知道，新版本虽然会有功能上的更新，但是对设备的要求也会有所提升，在软件的运行过程中就会消耗更多的资源。所以，有时候我们在用新版本（比如Premiere Pro CC 2018）的时候可能会感觉运行起来特别"卡"，操作反应非常慢，非常影响工作效率。这时就要考虑一下是否因为计算机配置较低，无法更好地满足Premiere的运行要求，可以尝试使用更低版本的Premiere。如果"卡""顿"的问题得以缓解，那么就安心地使用这个版本吧！虽然是较早期的版本，但是功能也非常强大，几乎不会影响到日常工作。

重点 1.1.2 Premiere之第一印象：剪辑+视频特效处理

说到Premiere，给人们的第一印象就是"剪辑"。在剪辑时通过对素材的分解、组接，将不同角度的镜头及声音等进行拼接，从而呈现出不同的视觉感受和心理感受，图1-4、图1-5所示为使用Premiere剪辑的影视作品。

图1-4　　　　　　　图1-5

Premiere不仅剪辑功能强大，特效处理也非常出色。那么什么是"视频特效"呢？简单来说，视频特效就是指围绕视频进行各种各样的编辑修改过程，如为视频添加特效、为视频调色、为视频人像抠像等。比如把美女脸部美白、将灰蒙蒙的风景视频变得鲜艳明丽、为人物瘦身、视频抠像合成，如图1-6~图1-9所示。

图1-6

图1-7

中文版Premiere Pro CC 从入门到精通（微课视频 全彩版）

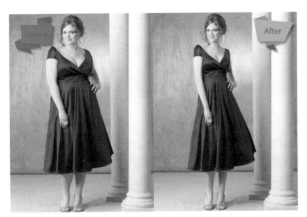

图 1-8

图 1-9

其实 Premiere 视频特效处理功能的强大远不限于此，对于影视从业人员来说，Premiere 绝对是集万千功能于一身的"特效玩家"。拍摄的视频太普通，需要合成飘动的树叶？没问题！广告视频素材不够精彩？没问题！有了 Premiere，再加上你的熟练操作，这些问题统统都能搞定！如图 1-10、图 1-11 所示。

图 1-10

图 1-11

充满创意的你肯定会有很多想法。想要和大明星"合影"，想要去火星"旅行"，想生活在童话世界里，想美到没朋友，想炫酷到炸裂，想变身机械侠，想飞，想上天，统统没问题！在 Premiere 的世界中，只有你的"功夫"不到位，否则没有实现不了的画面！如图 1-12 ~ 图 1-15 所示。

图 1-12

图 1-13

图 1-14

图 1-15

当然，Premiere 可不只是用来"玩"的，在各种动态效果设计领域里也少不了 Premiere 的身影。下面就来看一下设计师的必备利器：Premiere！

重点 1.1.3 学会了 Premiere，我能做什么

学会了 Premiere，我能做什么？这应该是每一位学习 Premiere 的朋友最关心的问题。Premiere 的功能非常强大，适合很多设计领域。熟练掌握 Premiere，可以为我们打开更多的设计大门，在未来就业方面有更多的选择。根据目前的 Premiere 热点应用行业，主要分为电视栏目包装、影视片头、自媒体微视频制作、宣传片、影视特效合成、广告设计、MG 动画、微电影制作、UI 动效等。

扫一扫，看视频

1. 电视栏目包装

说到 Premiere，很多人会想到"电视栏目包装"这个词语，这是因为 Premiere 非常适合用来制作电视栏目包装设计。电

视栏目包装是对电视节目、栏目、频道、电视台整体形象进行的一种特色化、个性化的包装宣传。其目的是突出节目、栏目、频道的个性特征和特色；增强观众对自己节目、栏目、频道的识别能力；建立持久的节目、栏目、频道的品牌地位；通过包装对整个节目、栏目、频道保持统一的风格；通过包装可为观众展示更精美的视觉体验。图1-16所示为优秀的电视栏目包装作品。

图1-16

2. 影视片头

每部电影、电视剧、微视频等作品都会有片头及片尾，为了给观众更好的视觉体验，通常都会有极具特点的片头、片尾动画效果。其目的是既能有好的视觉体验，又能展示该作品的特色镜头、特色剧情、风格等。除了Premiere之外，也建议大家学习After Effects软件，两者搭配可制作出更多视频效果。图1-17～图1-20所示为优秀的影视片头作品。

图1-17　　　　　　　　图1-18

图1-19　　　　　　　　图1-20

3. 自媒体微视频制作

近年来，微视频作为"快餐性"文化快速发展，以"短""精"作为其主要特点，广泛应用在淘宝广告视频、公众平台等自媒体中。然而，Premiere作为剪辑性较强的软件，得到了广大用户的青睐，可轻松完成简单的合成、动画制作，是微视频制作常用的软件。图1-21和图1-22所示为优秀的微视频作品。

图1-21　　　　　　　　图1-22

4. 宣传片

Premiere在婚礼宣传片(如婚礼纪录片)、企业宣传片(如企业品牌形象展示)、活动宣传片(如世界杯宣传)等宣传片中发挥着巨大的作用。图1-23～图1-26所示为优秀的宣传片作品。

图1-23　　　　　　　　图1-24

图1-25　　　　　　　　图1-26

5. 影视特效合成

Premiere中最强大的功能就是特效。在大部分特效类电影或非特效类电影中都会有"造假"的镜头，这是因为很多镜头在现实拍摄中不易实现，例如爆破、蜘蛛侠在高楼之间跳跃、火海等，而在Premiere中则比较容易实现。或拍摄完成后，发现拍摄的画面有瑕疵需要调整。其中后期特效、抠像、后期合成、配乐、调色等都是影视作品中重要的环节，这些在Premiere中都可以实现。图1-27～图1-29所示为优秀的影视特效合成作品。

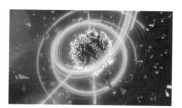

图1-27　　　　　　　　图1-28

中文版Premiere Pro CC 从入门到精通（微课视频 全彩版）

图 1-29

6. 广告设计

广告设计的目的是为了宣传商品、活动、主题等内容。其新颖的构图、炫酷的动画、舒适的色彩搭配、虚幻的特效是广告的重要组成部分。图 1-30 ~ 图 1-33 所示为优秀的广告设计作品。

图 1-30

图 1-31

图 1-32

图 1-33

7. MG 动画

MG 动画英文全称为 Motion Graphics，直接翻译为动态图形或者图形动画，是近几年超级流行的动画风格。动态图形可以解释为会动的图形设计，是影像艺术的一种。如今 MG 已经发展成为一种潮流的动画风格，扁平化、点线面、抽象简洁设计是它最大的特点。图 1-34 ~ 图 1-37 所示为优秀的 MG 动画作品。

图 1-34

图 1-35

图 1-36

图 1-37

8. 微电影制作

微电影是微型电影，简称为"微影"，通常制作周期为 7~15 天或数周，时长一般低于电影时长，其规模小，投资短，并且能够通过互联网平台进行发行、观看。可单独成篇，也可系列成剧。图 1-38 和图 1-39 所示为优秀的微电影作品。

图 1-38

图 1-39

9. UI 动效

UI 动效主要是针对手机、平板电脑等移动端设备上运行的 APP 动画效果设计。随着硬件设备性能的提升，动效已经不再是视觉设计中的奢侈品。UI 动效可以解决很多实际问题，如提高用户对产品的体验、增强用户对产品的理解、使动画过渡更平滑舒适、增加用户的应用乐趣、增加人机互动感等。图 1-40 ~ 图 1-43 所示为优秀的 UI 动效作品。

图 1-40

图 1-41

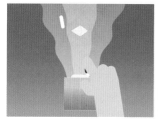

图 1-42   图 1-43

1.1.4   Premiere 不难学

千万别把学习 Premiere 想得太难！Premiere 其实很简单，就像玩手机一样。手机可以用来打电话发短信，也可以用来聊天、玩游戏、看电影。同样，Premiere 可以用来工作赚钱，但也可以给自己的视频调色，或者恶搞好朋友的视频。所以，在学习 Premiere 之前希望大家一定要把 Premiere 当成一个有趣的玩具。首先你得喜欢去"玩"，想要去"玩"，像手机一样时刻不离手，这样学习的过程将会是愉悦而快速的。

前面铺垫了很多，相信大家对 Premiere 已经有了一定的认识了，下面要开始告诉大家如何有效地学习 Premiere。

步骤 01 短教程，快入门。

如果你非常急切地要在最短的时间内达到能够简单使用 Premiere 的程度。建议你先看一套非常简单而基础的教学视频，恰好你手中这本教材配备了这样一套视频教程：《新手必看——Premiere 基础视频教程》。这套视频教程选取了 Premiere 中最常用的功能，每个视频讲解必学理论或者操作，时间都非常短，短到在你感到枯燥之前就结束了。视频虽短，但是建议你一定要打开 Premiere，跟着视频一起尝试练习，这样你就会对 Premiere 的操作方式、功能有了基本的认识。

由于"入门级"的视频教程时长较短，部分参数的解释无法完全在视频中讲解到，所以在练习的过程中如果遇到了问题，马上翻开书找到相应的小节，阅读这部分内容即可。

当然，一分努力一分收获，学习没有捷径。2个小时与200个小时的学习成果肯定是不一样的。只学习了简单视频内容是无法参透 Premiere 的全部功能的。但是此时你应该能够做一些简单的操作了。

步骤 02 翻开教材＋打开 Premiere ＝系统学习。

经过基础视频教程的学习后，我们应该已经"看上去"学会了 Premiere。但是要知道，之前的学习只接触到了 Premiere 的皮毛而已，很多功能只是做到了"能够使用"，而不一定做到"了解并熟练应用"的程度。所以接下来我们开始系统地学习 Premiere。你手中的这本教材主要以操作为主，所以在翻开教材的同时，打开 Premiere，边看书边练习。Premiere 是一门应用型技术，单纯的理论输入很难使我们熟记功能操作。而且 Premiere 的操作是"动态"的，每次鼠标的移动或点击都可能会触发指令，所以在动手练习过程中能够更直观有效地理解软件功能。

步骤 03 勇于尝试，一试就懂。

在软件学习过程中，一定要"勇于尝试"。在使用 Premiere 中的工具或者命令时，我们总能看到很多参数或者选项设置。面对这些参数，通过看书的确可以了解参数的作用，但是更好的办法是动手尝试。比如随意勾选一个选项；把数值调到最大、最小、中档分别观察效果；移动滑块的位置，看看有什么变化。

步骤 04 别背参数，没用。

另外，在学习 Premiere 的过程中，切忌死记硬背书中的参数。同样的参数在不同的情况下得到的效果各不相同，所以在学习过程中，我们需要理解参数为什么这么设置，而不是记住特定的参数。

其实 Premiere 的参数设置并不复杂，在独立创作的过程中，涉及参数设置时可以多次尝试各种不同的参数，肯定能够得到看起来很舒服的"合适"的参数。

步骤 05 抓住"重点"快速学。

为了能够更有效地快速学习，在本书的目录中可以看到部分内容被标注为【重点】，那么这部分知识需要优先学习。在时间比较充裕的情况下，可以将非重点的知识一并学习。实例的练习是非常重要的，书中的练习实例非常多，通过实例的操作不仅可以练习到本章节学过的知识，还能够复习之前学习过的知识。在此基础上还能够尝试使用其他章节的功能，为后面章节的学习做铺垫。

步骤 06 在临摹中进步。

经过以上阶段的学习后，Premiere 的常用功能相信我们都能够熟练地掌握了。接下来就需要通过大量的创作练习提升我们的技术。如果此时恰好你有需要完成的设计工作或者课程作业，那么这将是非常好的练习过程。如果没有这样的机会，那么建议你可以在各大设计网站欣赏优秀的设计作品，并选择适合自己水平的优秀作品进行"临摹"。仔细观察优秀作品的构图、配色、元素、动画的应用及细节的表现，尽可能一模一样地制作出来。这个过程并不是教大家去抄袭优秀作品的创意，而是通过对画面内容无限接近的临摹，尝试在没有教程的情况下提高我们独立思考、独立解决制图过程中遇到技术问题的能力，以此来提升我们的"Premiere 功力"。图 1-44 和图 1-45 所示为难度不同的作品临摹。

图 1-44   图 1-45

步骤 07 网上一搜，自学成才。

当然，在独立作图的时候，肯定也会遇到各种各样的问题。比如临摹的作品中出现了一个火焰燃烧的效果，这个效果可能是我们之前没有接触过的，那么这时"百度一下"就是最便捷的方式了。网络上有非常多的教学资源，善于利用网络自主学习是非常有效的自我提升过程。如图1-46、图1-47所示。

图 1-46

图 1-47

步骤 08 永不止步地学习。

好了，到这里Premiere软件技术对于我们来说已经不是问题了。克服了技术障碍，接下来就可以尝试独立设计了。有了好的创意和灵感，可以通过Premiere在画面中准确、有效地表达，这才是我们的终极目标。要知道，在设计的道路上，软件技术学习的结束并不意味着设计学习的结束。国内外优秀作品的学习、新鲜设计理念的吸纳及设计理论的研究都应该是永不止步的。

想要成为一名优秀的设计师，自学能力是非常重要的。学校或者老师都无法把全部知识塞进我们的脑袋，很多时候网络和书籍更能够帮助我们。

💡 **提示：快捷键背不背**

很多新手朋友会执着于背快捷键。熟练掌握快捷键的确很方便，但是快捷键速查表中列出了很多快捷键，要想背下所有快捷键可能会花上很长时间。况且并不是所有的快捷键都适合我们使用，有的工具命令在实际操作中几乎用不到。所以建议大家先不用急着背快捷键，在使用Premiere的过程中体会哪些操作是我们会经常使用的，然后再看看这些命令是否有快捷键。

其实快捷键大多是很有规律的，很多命令的快捷键都与命令的英文名称相关。例如，"打开"命令的英文是OPEN，而快捷键就选取了首字母O并配合Ctrl键使用，快捷键为Ctrl+O。"新建序列"命令则是Ctrl+N(NEW："新"的首字母)。这样记忆就容易多了。

重点 **1.2 安装 Premiere Pro CC 2018**

带着一颗坚定要学好Premiere的心，开始美妙的Premiere之旅啦。首先来了解一下如何安装Premiere，不同版本的安装方式略有不同，本书讲解的是Premiere Pro CC 2018，所以在这里介绍的也是Premiere Pro CC 2018的安装方式。想要安装其他版本的Premiere可以在网络上搜索一下，非常简单。在安装了Premiere之后熟悉一下Premiere的操作界面，为后面的学习做准备。

操作步骤

步骤 01 想要使用Premiere，首先需要安装Premiere软件。我们打开Adobe的官方网站"www.adobe.com/cn/"，单击上方的【创意和设计】按钮，然后单击【查看所有产品】按钮，如图1-48所示。接着在下方找到Adobe Creative Cloud，并单击下方的【下载】按钮，如图1-49所示。

图 1-48

图 1-49

步骤 02 接下来会跳转到Adobe Creative Cloud界面中，并弹出一个窗口，在窗口中选择下载路径并单击【下载】按钮，如图1-50所示。此时Creative Cloud的安装程序将会被下载到计算机上,如图1-51所示。

图 1-50

CreativeCloudSe t-Up.exe

图 1-51

步骤 03 双击安装程序进行安装,然后会弹出一个窗口,在弹出的窗口中可以注册一个 Adobe ID(如果已有 Adobe ID,则可以单击【登录】按钮),如图1-52所示。在注册页面输入基本信息,如图1-53所示。注册完成后可以登录 Adobe ID,如图1-54所示。此时会跳转到安装界面,如图1-55所示。安装成功后,双击该程序快捷方式,启动 Adobe Creative Cloud,如图1-56所示。

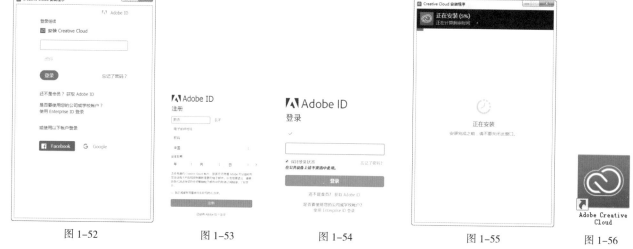

图 1-52　　　　　　图 1-53　　　　　　图 1-54　　　　　　图 1-55　　　　　图 1-56

步骤 04 接着会在 Creative Cloud 窗口中出现软件列表,我们可以找到想要安装的 Premiere 软件,然后单击后方的【开始试用】按钮,如图1-57所示。此时软件进入安装状态,如图1-58所示。

图 1-57　　　　　　　　　　　图 1-58

步骤 05 安装完成后,可自动跳转到 Premiere 的启动页面,如图 1-59 所示。接着进入 Premiere 试用版界面,如图 1-60 所示。

图 1-59

图 1-60

提示:试用与购买

刚刚在安装的过程中是以"试用"的方式进行下载安装的,在我们没有付费购买 Premiere 软件之前,可以免费使用一小段时间,如果需要长期使用则需要购买。

1.3 与 Premiere 相关的理论

在正式学习 Premiere 软件操作之前,我们应该对相关的影视理论有简单的了解,对影视作品的规格、标准有清晰的认识。本节主要了解常见的电视制式、帧、分辨率、像素长宽比。

重点 1.3.1 常见的电视制式

世界上主要使用的电视广播制式有 PAL、NTSC、SECAM 三种,在中国的大部分地区都使用 PAL 制式,日本、韩国及东南亚地区与美国等欧美国家则使用 NTSC 制式,而俄罗斯使用的为 SECAM 制式。

电视信号的标准也称为电视的制式。目前各国的电视制式不尽相同,制式的区分主要在于其帧频(场频)的不同、分解率的不同、信号带宽及载频的不同、色彩空间的转换关系不同等。

1. NTSC 制

正交平衡调幅制——National Television Systems Committee,简称 NTSC 制。它是 1952 年由美国国家电视标准委员会指定的彩色电视广播标准,采用正交平衡调幅的技术方式,故也称为正交平衡调幅制。美国、加拿大等大部分西半球国家,以及中国的台湾、日本、韩国、菲律宾等均采用这种制式。这种制式的帧速率为 29.97fps(帧/秒),每帧 525 行 262 线,标准分辨率为 720×480。图 1-61 所示为在 Premiere 中执行快捷键 Ctrl+N,新建序列中 NTSC 制的类型。

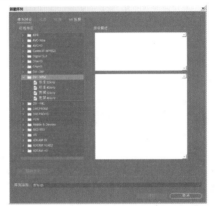

图 1-61

2. PAL 制

正交平衡调幅逐行倒相制——Phase-Alternative Line,简称 PAL 制。它是西德在 1962 年指定的彩色电视广播标准,采用逐行倒相正交平衡调幅的技术方法,克服了 NTSC 制相位敏感造成色彩失真的缺点。中国、英国、新加坡、澳大利亚、新西兰等国家采用这种制式。这种制式帧速率为 25fps,每帧 625 行 312 线,标准分辨率为 720×576。图 1-62 所示为在 Premiere 中执行快捷键 Ctrl+N,新建序列中 PAL 制的类型。

图 1-62

3. SECAM 制

行轮换调频制——Sequential Coleur Avec Memoire, 简称 SECAM 制。它是顺序传送彩色信号与存储恢复彩色信号制，由法国在1956年提出、1966年制定的一种新的彩色电视制式。它也克服了 NTSC 制式相位失真的缺点，但采用时间分隔法来传送两个色差信号。采用这种制式的有法国、苏联和东欧一些国家。这种制式的帧速率为25fps，每帧625行312线，标准分辨率为720×576。

【重点】1.3.2 帧

FPS(帧速率)是指画面每秒传输帧数，通俗地讲就是指动画或视频的画面数，而【帧】是电影中最小的时间单位。例如我们说的"30fps"是指每1秒钟由30张画面组成，那么30fps在播放时会比15fps流畅很多。通常 NTSC 制常用的帧速率为29.97，而 PAL 制常用的帧速率为25。图1-63和图1-64所示在新建序列时，可以设置【序列预设】的类型，而【帧速率】会自动进行设置。

图 1-63

图 1-64

电影是每秒24格"，是电影最早期的技术标准。而如今随着技术的不断提升，越来越多的电影在挑战更高的帧速率，给观众带来更丰富的视觉体验。例如，李安执导的电影作品《比利·林恩的中场战事》首次采用了120 fps拍摄，如图1-65所示。

图 1-65

【重点】1.3.3 分辨率

我们经常能听到4K、2K、1920、1080、720等，这些数字说的就是作品的分辨率。

分辨率是指用于度量图像内数据量多少的一个参数。例如分辨率为720×576，是指在横向和纵向上的有效像素为720和576，因此在很小的屏幕上播放该作品时会清晰，而在很大的屏幕上播放该作品时由于作品本身像素不够，自然也就模糊了。

在数字技术领域，通常采用二进制运算，而且用构成图像的像素来描述数字图像的大小。当像素数量巨大时，通常用K来表示。2的10次方即1024，因此，$1K=2^{10}=1024$，$2K=2^{11}=2048$，$4K=2^{12}=4096$。

在打开Premiere软件后，首先在菜单栏中执行【文件】/【新建】/【项目】命令，然后执行【文件】/【新建】/【序列】命令，此时进入【新建序列】窗口，如图1-66所示。接着在窗口顶部单击【设置】按钮，单击【编辑模式】按钮，此时在列表中有多种分辨率的预设类型供大家选择，如图1-67所示。

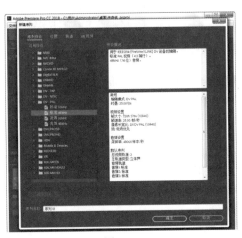

图 1-66

图 1-67

当设置宽度、高度数值后,序列的宽高比例也会随着数值进行更改。例如设置【宽度】为720、【高度】为576,如图1-68所示。此时画面像素为720×576,如图1-69所示。需要注意,此处的【宽高比】是指在Premiere中新建序列整体的宽度和高度尺寸的比例。

图 1-68

图 1-69

【重点】1.3.4　像素长宽比

与上面讲解的【宽高比】不同,【像素长宽比】是指在放大作品到极限时看到的每一个像素的宽度和高度的比例。由于电视等播放设备本身的像素宽高比不是1∶1,因此,若在电视等设备播放作品时就需要修改【像素宽高比】数值。图1-70所示为设置【像素长宽比】为【方形像素】和设置为【D1/DV PAL 宽银屏(1.46)】时的对比效果。因此,选择哪种像素宽高比类型取决于我们要将该作品在哪种设备上播放。

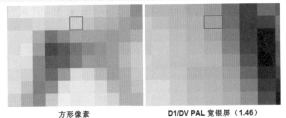

方形像素　　　　　D1/DV PAL 宽银屏（1.46）

图 1-70

通常在计算机上播放的作品的像素长宽比为1.0,而在电视、电影院等设备上播放的像素宽高通常比则大于1.0。在Premiere中设置【像素宽高比】,先将【设置】下方的【编辑模式】设置为【自定义】,方可显示出全部【像素长宽比】类型,如图1-71所示。

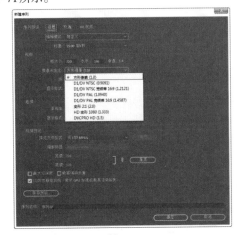

图 1-71

1.4 Premiere Pro CC 2018 对计算机的要求

该系统要求针对于 Premiere Pro CC 2018 版本，是2018年4月版(12.1)的系统要求。

1.4.1 Windows上运行Premiere Pro CC 2018 的最低推荐配置

- 带有 64 位支持的多核处理器。
- Microsoft Windows 7 Service Pack 1(64 位)、Windows 8.1(64 位)或 Windows 10(64 位)。建议使用 Windows 10。
- 支持 Windows 10 Creator Edition 和 Dial(不支持 Windows 10 1507 版本)。
- 8 GB RAM(建议 16 GB 或更多)。
- 8 GB 可用硬盘空间用于安装；安装过程中需要额外可用空间(无法安装在可移动闪存设备上)。
- 1280 × 800 显示器(建议使用 1920 × 1080 或更高分辨率)。
- ASIO 协议或 Microsoft Windows Driver Model 兼容声卡。

1.4.2 Mac OS上运行Premiere Pro CC 2018 的最低推荐配置

- 带有 64 位支持的多核Intel 处理器。
- Mac OS X v10.11、v10.12 或 v10.13。
- 8 GB RAM(建议 16 GB 或更多)。
- 8 GB 可用硬盘空间用于安装；安装过程中需要额外可用空间(无法安装在使用区分大小写的文件系统的卷上或可移动闪存设备上)。
- 1280 × 800 显示器(建议使用 1920 × 1080 或更高分辨率)。
- 声卡兼容 Apple 核心音频。
- 可选：Adobe 推荐的GPU 卡，用于实现GPU 加速性能。

提示: 有些格式的文件无法导入 Premiere 中, 怎么办

为了使Premiere能够导入MOV、AVI格式的文件，需要在计算机上安装特定文件使用的编解码器(例如，需要安装QuickTime软件才可以导入MOV格式，安装常用的播放器软件会自动安装常见编解码器，即可导入AVI格式)。

若在导入文件时，提示错误消息或视频无法正确显示，那么可能需要安装该格式文件使用的编解码器。

读书笔记

Chapter
2
第2章

扫一扫，看视频

认识Premiere界面

本章内容简介：

本章作为全书基础章节，主要讲解Premiere的界面。熟悉Premiere Pro CC的界面是制作作品的基础，本章为零基础读者详细讲解了每个常用面板的功能，为后续学习奠定稳固的基础。通过本章的学习，我们能够了解Premiere Pro CC的工作界面、自定义工作区、Premiere Pro CC的面板等内容。

重点知识掌握：

- 认识Premiere Pro CC的工作界面
- 自定义工作区
- Premiere Pro CC的面板

2.1 认识 Premiere Pro CC 的工作界面

Premiere Pro CC 是由 Adobe 公司推出的一款优秀的视频编辑软件，它可以帮助用户完成作品的视频剪辑、编辑、特效制作、视频输出等，实用性极为突出。图 2-1 所示为 Premiere Pro CC 的启动界面。

扫一扫，看视频

图 2-1

【重点】2.1.1 认识各个工作界面

Premiere Pro CC 的工作界面主要由标题栏、菜单栏、工具面板、项目面板、时间轴面板、节目监视器及多个控制面板组成，如图 2-2 所示。

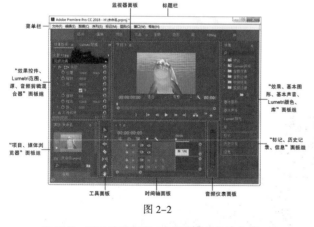

图 2-2

- 标题栏：用于显示程序、文件名称、文件位置。
- 菜单栏：按照程序功能分为多个菜单栏，包括文件、编辑、剪辑、序列、标记、图形、窗口、帮助。
- 效果控件面板：可在该面板中设置视频的效果参数及默认的运动属性、不透明度属性及时间重映射属性。
- Lumetri范围面板：用于显示素材文件的颜色数据。

- 源监视器面板：预览和剪辑素材文件，为素材设置出入点及标记等，并指定剪辑的源轨道。
- 音频剪辑混合器面板：对音频素材的左右声道处理。
- 项目面板：用于素材的存放、导入及管理。
- 媒体浏览器面板：用于查找或浏览用户计算机中各磁盘的文件信息。
- 监视器面板：可播放序列中的素材文件并可对文件进行出入点设置等。
- 工具面板：编辑时间轴面板中的视、音频素材。
- 时间轴面板：用于编辑和剪辑视、音频素材，并为视、音频提供存放轨道。
- 音频仪表面板：显示混合声道输出音量大小的面板。当音量超出安全范围时，在柱状顶端会显示红色警告，用户可以及时调整音频的增益，以免损伤音频设备。
- 效果面板：可为视、音频素材文件添加特效。
- 基本图形面板：用于浏览和编辑图形素材。
- 基本声音面板：可对音频文件进行对话、音乐、XFX及环境编辑。
- Lumetri颜色面板：对所选素材文件的颜色校正调整。
- 库面板：可以连接 Creative Cloud Libraries，并应用库。
- 标记面板：可在搜索框中快速查找带有不同颜色标记的素材文件，方便剪辑操作。
- 历史记录面板：在面板中可显示操作者最近对素材的操作步骤。
- 信息面板：显示【项目】面板中所选择素材的相关信息。

【重点】2.1.2 各个模式下的工作界面

在菜单栏中，操作者可根据平时操作习惯设置不同模式的工作界面。在菜单栏中执行【窗口】/【工作区】命令，即可将工作区域进行更改，如图 2-3 所示。

图 2-3

1.【编辑】模式

在菜单栏中执行【窗口】/【工作区】/【编辑】命令，此时界面进入【编辑】模式，【监视器】面板和【时间轴】面板为主要工作区域，适用于视频编辑，如图 2-4 所示。

中文版Premiere Pro CC 从入门到精通（微课视频 全彩版）

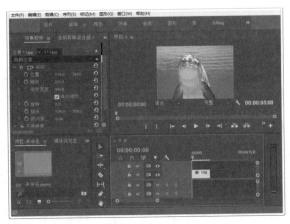

图 2-4

2.【所有面板】模式

在菜单栏中执行【窗口】/【工作区】/【所有面板模式】命令，此时界面进入【所有面板】模式，如图2-5所示。

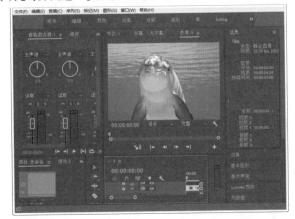

图 2-5

3.【元数据记录】模式

在菜单栏中执行【窗口】/【工作区】/【元数据记录】命令，此时界面进入【元数据记录】模式，如图2-6所示。

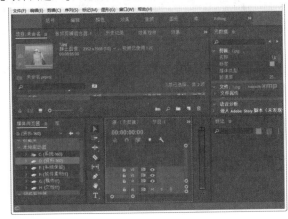

图 2-6

4. Editing 模式

在菜单栏中执行【窗口】/【工作区】/【Editing】命令，此时界面进入Editing模式，如图2-7所示。

图 2-7

5.【效果】模式

在菜单栏中执行【窗口】/【工作区】/【效果】命令，此时界面进入【效果】模式，如图2-8所示。

图 2-8

6.【Joma-01】模式

在菜单栏中执行【窗口】/【工作区】/【Joma-01】命令，此时界面进入【Joma-01】模式，如图2-9所示。

图 2-9

7.【图形】模式

在菜单栏中执行【窗口】/【工作区】/【图形】命令,此时界面进入【图形】模式,如图2-10所示。

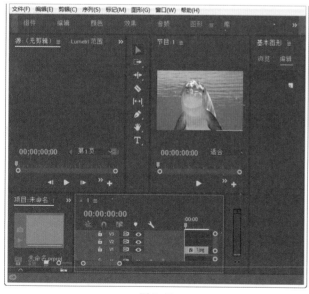

图 2-10

8.【库】模式

在菜单栏中执行【窗口】/【工作区】/【库】命令,此时界面进入【库】模式,如图2-11所示。

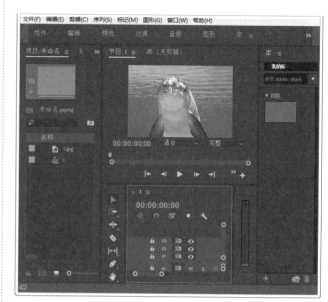

图 2-11

9.【组件】模式

在菜单栏中执行【窗口】/【工作区】/【组件】命令,此时界面进入【组件】模式,如图2-12所示。

图 2-12

10.【音频】模式

在菜单栏中执行【窗口】/【工作区】/【音频】命令,此时界面进入【音频】模式,如图2-13所示。

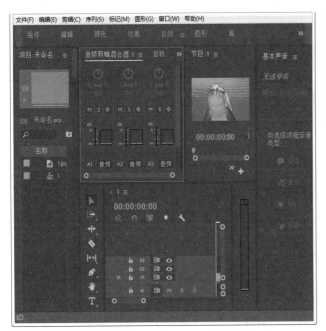

图 2-13

11.【颜色】模式

在菜单栏中执行【窗口】/【工作区】/【颜色】命令,此时界面进入【颜色】模式,如图 2-14 所示。

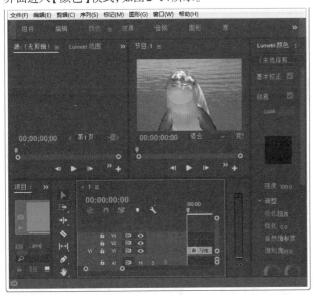

图 2-14

2.2 自定义工作区

Premiere Pro CC 提供了可自定义的工作区,在默认工作区状态下包含面板组和独立面板,用户可以根据自己的工作风格及操作习惯将面板重新排列。

2.2.1 修改工作区顺序或删除工作区

(1)若想要修改当前工作区顺序,可单击工作区菜单右侧的 » 按钮,在弹出的窗口中选择【编辑工作区】命令,如图 2-15 所示。此时会弹出一个【编辑工作区】窗口,如图 2-16 所示。也可在菜单栏中执行【窗口】/【工作区】/【编辑工作区】命令,打开【编辑工作区】窗口。

图 2-15

图 2-16

(2)在【编辑工作区】窗口中选择想要移动的界面,按住鼠标左键移动到合适的位置,松开鼠标后即可完成移动,接着单击【确定】按钮,此时工作区界面完成修改,如图 2-17 所示。若不想进行移动,恢复到默认状态,可单击【取消】按钮取消当前操作。

(3)若想删除工作区,可选择需要删除的工作区,单击【编辑工作区】窗口左下角的【删除】按钮,接着单击【确定】按钮,即可完成删除操作,如图 2-18 所示。删除所选工作区后,下次启动 Premiere 时,将使用新的默认工作区,将其他界面依次向上移动,填补此处位置。

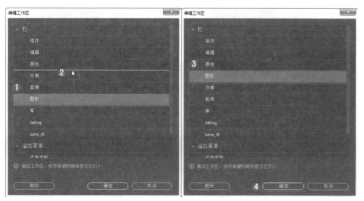

图 2-17   图 2-18

2.2.2　保存或重置工作区

在自定义工作区完成后，界面会随之变化，可以存储最近的自定义布局。若想持续使用自定义工作区，可在菜单栏中执行【窗口】/【工作区】/【另存为新工作区】命令，保存新的自定义工作区，以便于下次使用，如图 2-19 所示。

重置当前工作区，可使当前的界面布局恢复到默认布局，可在菜单栏中执行【窗口】/【工作区】/【重置为保存的布局】命令，或使用快捷键 Alt+Shift+0，如图 2-20 所示。

图 2-19   图 2-20

2.2.3　停靠、分组或浮动面板

Premiere 的工作面板可进行停靠、分组或浮动。当按住鼠标左键拖动面板时，放置区的颜色会比其他区域相对亮一些，如图 2-21 所示。放置区决定了面板插入的位置、停靠和分组。将面板拖动到放置区时，应用程序会根据放置区的类型进行停靠或分组。在拖动面板的同时按住 Ctrl 键，可使面板自由浮动。

图 2-21

中文版Premiere Pro CC 从入门到精通（微课视频 全彩版）

- 停靠区：停靠区位于面板、组或窗口的边缘。停靠在所选面板上，所选面板会置于现有组附近，同时会根据新区域的加入而调整界面中各区域的大小。
- 分组区：分组区位于面板或组的中间位置，沿面板选项卡区域延伸。将面板放到分组区域上时，该面板会与其他面板进行堆叠，更利于节省界面空间位置。
- 浮动区：按住 Ctrl 键或 Command 键，并将面板或组从其当前位置拖离。松开鼠标按钮后，该面板或组会显示在新的浮动窗口中，可通过浮动窗口来使用辅助监视器或创建类应用程序的工作区，如图 2-22 所示。

图 2-22

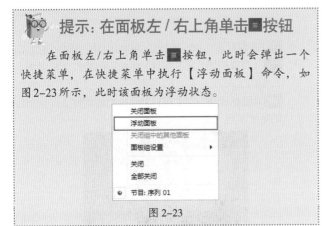

提示：在面板左/右上角单击 ≡ 按钮

在面板左/右上角单击 ≡ 按钮，此时会弹出一个快捷菜单，在快捷菜单中执行【浮动面板】命令，如图 2-23 所示，此时该面板为浮动状态。

图 2-23

2.2.4　调整面板组的大小

（1）将光标放置在相邻面板组之间的隔条上时，光标会变为 ✥，此时按住鼠标左键拖动光标，隔条两侧相邻的面板组面积会增大或减小，如图 2-24 所示。

图 2-24

（2）若想同时调节多个面板，可将光标放置在多个面板组的交叉位置，此时光标变为 ✥，按住鼠标左键进行拖动，即可改变多个面板组的面积大小，如图 2-25 所示。

图 2-25

2.2.5　打开、关闭和滚动面板

若想在界面中打开某一面板组，可在菜单栏下方的【窗口】中勾选各个命令，如图 2-26 所示。此时所选中的命令会在 Premiere 界面中自动打开。同理，若想关闭某一面板，可在【窗口】中取消勾选该命令，或单击 ≡ 按钮，在快捷菜单中执行【关闭面板】命令，如图 2-27 所示，此时面板在界面中消失。

图 2-26

图 2-27

2.3 Premiere Pro CC 的面板

了解和掌握Premiere 的面板是学好Premiere 的基础，通过各面板之间的贯通，即可轻松畅快地制作出完整的视频。接下来我们针对Premiere Pro CC 的面板进行详细的讲解。

扫一扫，看视频

重点 2.3.1 【项目】面板

【项目】面板用于显示、存放和导入素材文件，如图2-28所示。

图 2-28

1. 预览区

【项目】面板上部预览区可将当前选择的静帧素材文件进行预览，如图2-29所示。在显示音频素材文件时，会将声音时长及频率等信息显示在面板中，如图2-30所示。

图 2-29

图 2-30

- （标识帧）：拖动预览窗口底部滑块，可为视频素材设置标识帧。
- ▶（播放）：单击【播放】按钮，即可将音频素材进行播放。

2. 素材显示区

素材显示区用于存放素材文件和序列。同时【项目】面板底部包括了多个工具按钮，如图2-31所示。

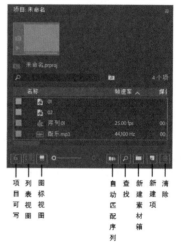

图 2-31

- （项目可写）：单击该按钮，可将项目切换为只读模式。
- （列表视图）：将【项目】面板中的素材文件以列表的形式呈现。
- （图标视图）：将【项目】面板中的素材文件以图标的形式呈现，如图2-32所示。

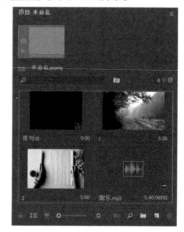

图 2-32

- （自动匹配序列）：可将文件存放区中选择的素材按顺序排列。
- （查找）：单击该按钮，在弹出的【查找】窗口中可查找所需的素材文件，如图 2–33 所示。

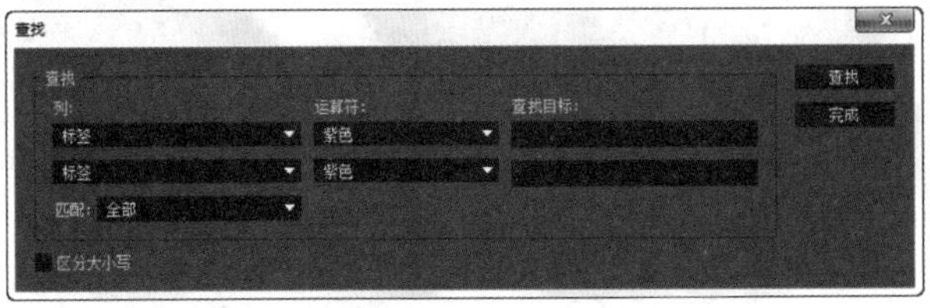

图 2–33

- （新建素材箱）：可在文件存放区中新建一个文件夹。将素材文件移至文件夹中，方便素材的整理。
- （新建项）：单击该按钮，可在弹出的快捷菜单中快速地执行命令，如图 2–34 所示。

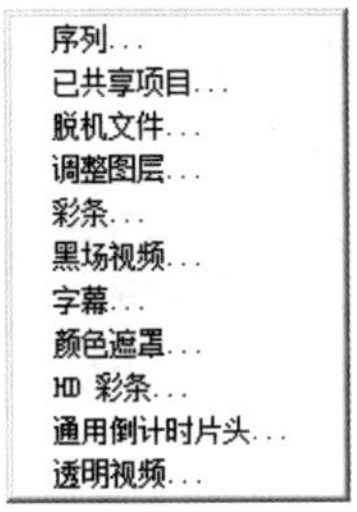

图 2–34

- （清除）：选择需要删除的素材文件，单击该按钮，可将素材文件进行移除操作，快捷键为 Backspace。

3. 右键快捷菜单

在【素材显示区】的空白处右击，会弹出如图2–35所示的菜单。

- 粘贴：将【项目】面板中复制的素材文件进行粘贴，此时会出现一个相同的素材文件。
- 新建素材箱：执行该命令，可在【素材显示区】中新建一个文件夹。
- 新建搜索素材箱：与（新建项目）按钮功能相同。

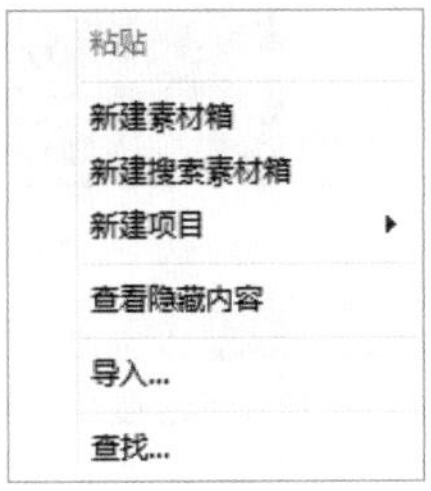

图 2–35

- 新建项目：与（新建项）按钮功能相同。
- 查看隐藏内容：可将隐藏的素材文件显现出来。
- 导入：可将计算机中的素材导入到【素材显示区】中。
- 查找：与（查找）按钮功能相同。

4. 项目面板菜单

单击【项目】面板右上角的按钮，会弹出一个快捷菜单，如图2–36所示。

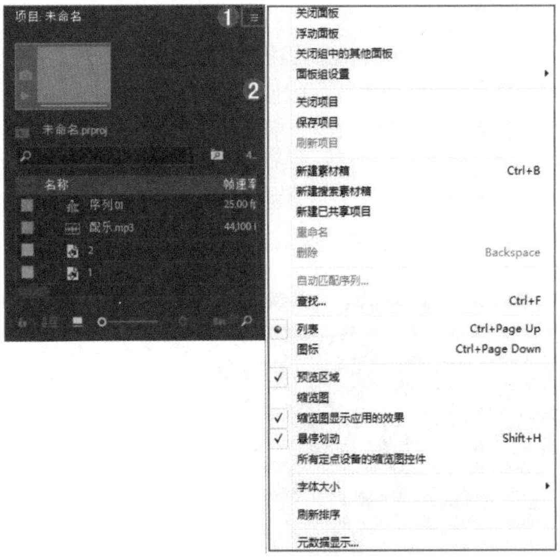

图 2–36

- 关闭面板：单击关闭面板会将当前面板删除。
- 浮动面板：可将面板以独立的形式呈现在界面中，变为浮动的独立面板。
- 关闭组中的其他面板：执行该选项的同时也会关闭组中的其他面板。
- 面板组设置：该命令中包含6个子命令，如图2–37所示。
- 关闭项目：单击关闭项目，当前项目会从界面中消失。
- 保存项目：单击保存项目会保存当前项目。
- 刷新项目：单击刷新项目会刷新当前项目。

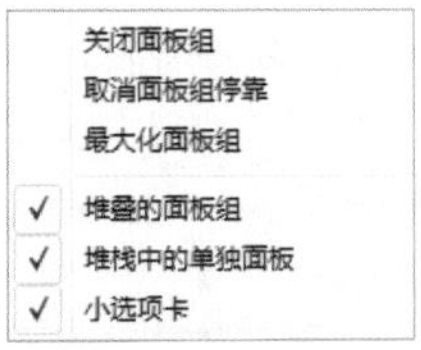

图 2–37

- 新建素材箱：与（新建文件夹）按钮功能相同。
- 新建搜索素材箱：与（新建项目）按钮功能相同。
- 重命名：可将素材文件名称重新命名。
- 删除：与（清除）按钮功能相同。
- 自动匹配序列：与（自动匹配序列）按钮功能相同。
- 查找：与按钮功能相同。
- 列表：与按钮功能相同。
- 图标：与按钮功能相同。
- 预览区域：勾选该选项，可以在【项目】面板上方显示素材预览图，如图2–38所示。
- 缩览图：素材文件会以缩览图的方式呈现在列表中。
- 缩览图显示应用的效果：此设置适用于【图标】和【列表】视图中的缩览图。

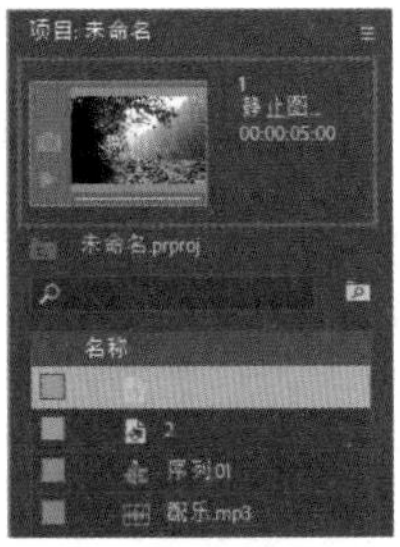

图 2–38

- 悬停划动：控制素材文件是否处

于悬停的状态。

- 所有定点设备的缩览图控件：执行该命令后，可在【项目】面板中使用相应的控件。
- 字体大小：调整面板的字体大小。
- 刷新排序：将素材文件重新调整，按顺序排列。
- 元数据显示：在弹出的面板中对素材进行查看和修改素材属性，如图2-39所示。

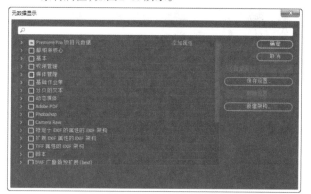

图 2-39

【重点】2.3.2 【监视器】面板

【监视器】面板主要用于对视频、音频素材的预览，监视【项目】面板中的内容，并可在素材中设置入点、出点、改变静帧图像持续时间和设置标记等，如图2-40所示。Premiere Pro CC中提供了4种模式的监视器，分别为双显示模式、修剪监视器模式、Lumetri范围和多机位监视器模式，接下来进行详细讲解。

图 2-40

1. 双显示模式

双显示模式是由【源监视器】和【节目监视器】组成，可更方便、快速地进行视频编辑，选择【时间轴】面板中带有特效的素材文件，此时在【节目监视器】中即可显现当前素材文件的状态，如图2-41所示。在菜单栏中执行【窗口】/【源监视器】命令，即可打开【源监视器】面板，然后在【时间轴】面板中双击素材文件，此时在【源监视器】中可显现出该素材

文件未添加特效之前的原始状态，如图2-42所示。

图 2-41　　　　　　　　　图 2-42

此时界面呈现出双显示模式，如图2-43所示。

图 2-43

在【显示器】右下角单击 ➕（按钮编辑器）按钮，接着在弹出的面板中选择需要的按钮拖动到工具栏中即可进行使用，如图2-44所示。

图 2-44

- ▌（标记入点）：单击该按钮后，可设置素材文件的入点，按住 Alt 键再次单击即可取消设置。
- ▌（标记出点）：单击该按钮后，可设置素材文件的出点，按住 Alt 键再次单击即可取消设置。
- ▼（添加标记）：将时间线拖动到相应位置，单击该按钮，可为素材文件添加标记。
- ▌（转到入点）：单击该按钮，时间线自动跳转到入点位置。
- ▌（转到出点）：单击该按钮，时间线自动跳转到出点位置。
- ▌（从入点到出点播放视频）：单击该按钮，可以播放从入点到出点之间的内容。
- ▼（转到上一标记）：单击该按钮，时间线可以跳转到上一个标记点位置。

- （转到下一标记）：单击该按钮，时间线可以跳转到下一个标记点位置。

- （后退一帧）：单击该按钮，时间线会跳转到当前帧的上一帧的位置。

- （前进一帧）：单击该按钮，时间线会跳转到当前帧的下一帧的位置。

- （播放 - 停止切换）：单击该按钮，【时间轴】面板中的素材文件被播放，再次单击该按钮即可停止播放。

- （播放临近区域）：单击该按钮，可播放时间线附近的素材文件。

- （循环）：单击该按钮，可以将当前的素材文件循环播放。

- （安全边框）：单击该按钮，可以在画面周围显示出安全框。

- （插入）：单击该按钮，可将正在编辑的素材插入到当前的位置。

- （覆盖）：单击该按钮，可将正在编辑的素材覆盖到当前位置。

- （导出帧）：单击该按钮，可输出当前停留的画面。

2. 修剪监视器模式

当视频进行粗剪后，通常在素材与素材的交接位置会出现连接不一致现象，此时应进行边线的修剪。当对粗剪素材两端端点进行编辑设置时，可以看出在正常状态下选中素材后，只能将粗剪的素材在结束位置向右侧拖曳把视频进行拉长，如图2-45所示，但在素材的起始位置将素材向左侧拉曳时素材不发生任何变化，如图2-46所示。

图 2-45

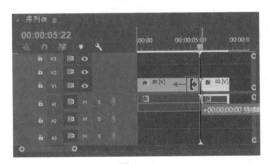

图 2-46

这时我们需要切换到修剪监视器模式，便于对素材的精确剪辑。单击工具箱中的（波纹编辑工具）按钮，将光标移动到想要修剪的素材上方的起始位置处，当光标变为时，按住鼠标左键向左侧拖动，如图2-47所示。此时监视器中素材呈现双画面效果，如图2-48所示。释放鼠标后素材变长，如图2-49所示。

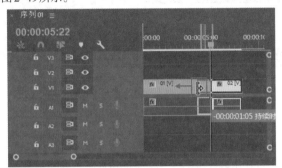

图 2-47

图 2-48

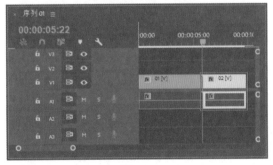

图 2-49

在修剪监视器模式下，当编辑线上的两段视频前后交接后，并且粗剪的前部分素材的结束部分有剩余和后部分素材开始部分有剩余时，可使用波纹编辑工具改变素材时长，且总时长不变。

在工具箱中长按（波纹编辑工具）按钮，此时在弹出的工具组中选择（滚动编辑工具）按钮，然后将光标放在【时间轴】面板中两个素材的交接位置，按住鼠标左键向左或向右移动，改变这两个素材的持续时间，此时节目监视器中呈现双画面状态，如图2-50所示。在【时间轴】面板中改变单个素材时长时，总时长不变，如图2-51所示。

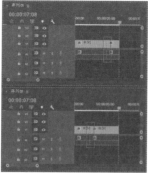

图 2-50　　　　　　　　图 2-51

3. Lumetri 范围

在【Lumetri 范围】模式下，它可以显示素材的波形并与节目监视器中的素材进行统调，在节目监视器中查看实时素材的同时还可以对素材进行颜色和音频的调整，如图 2-52 所示。

图 2-52

4. 多机位监视器模式

首先我们将两个视频素材分别拖曳到【时间轴】面板中的 V1、V2 轨道上，如图 2-53 所示。选中这两个素材，右击执行【嵌套】命令，如图 2-54 所示。

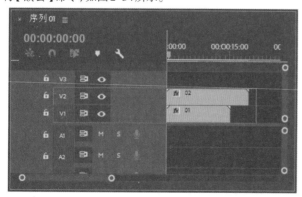

图 2-53

图 2-54

此时会弹出一个【嵌套序列名称】窗口，设置合适的名称后单击【确定】按钮，如图 2-55 所示。时间轴面板中的两个素材文件变为一个，且颜色变为绿色，如图 2-56 所示。

图 2-55　　　　　　　图 2-56

在【时间轴】面板中右击嵌套素材，在菜单中执行【多机位】/【启用】命令，如图 2-57 所示。单击【监视器】面板中的 （设置）按钮，在快捷菜单中执行【多机位】命令，如图 2-58 所示。

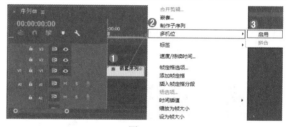

图 2-57

图 2-58

此时【监视器】中的画面一分为二。在【多机位监视器】模式下，可以编辑从不同的机位同步拍摄的视频素材，如图 2-59 所示。

中文版Premiere Pro CC 从入门到精通（微课视频 全彩版）

图 2-59

[重点]2.3.3 【时间轴】面板

【时间轴】面板可以编辑和剪辑视、音频文件,为文件添加字幕、效果等,是Premiere Pro CC界面中重要面板之一,如图2-60所示。

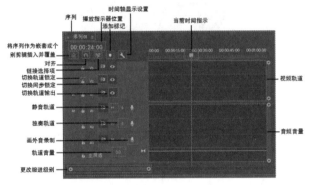

图 2-60

- 00:00:23:20 (播放指示器位置):显示当前时间线所在的位置。
- ▼ (当前时间指示):单击并拖动【当前时间指示】即可显示当前素材的时间位置。
- 🔒 (切换轨道锁定):单击此按钮,该轨道停止使用。
- 🎬 (切换同步锁定):可限制在修剪期间的轨道转移。
- 👁 (切换轨道输出):单击此按钮,即可隐藏该轨道中的素材文件,以黑场视频的形式呈现在【节目】监视器中。
- M (静音轨道):单击此按钮,音频轨道会将当前的声音静音。
- S (独奏轨道):单击此按钮,该轨道可成为独奏轨道。
- 🎤 (画外音录制):单击此按钮可进行录音操作。
- 0.0 (轨道音量):数值越大,轨道音量越高。
- ○——○ (更改缩进级别):更改时间轴的时间间隔,向左滑动级别增大,占地面积较小;反之,级别变小,素材占地面积较大。
- V1 (视频轨道):可在轨道中编辑静帧图像、序列、视频文件等素材。

- A1 (音频轨道):可在轨道中编辑音频素材。

[重点]2.3.4 【字幕】面板

在【字幕】面板中可以编辑文字、形状或为文字、形状添加描边、阴影等效果。单击【文件】按钮,执行【文件】/【新建】/【旧版标题】命令,即可打开【字幕】面板,如图2-61所示。此时会弹出一个【新建字幕】窗口,可在窗口中设置视频长宽比例及字幕名称,如图2-62所示。

图 2-61

图 2-62

【字幕】面板主要包括【字幕】【字幕工具栏】【字幕动作栏】【旧版标题样式】【旧版标题属性】5部分,如图2-63所示。

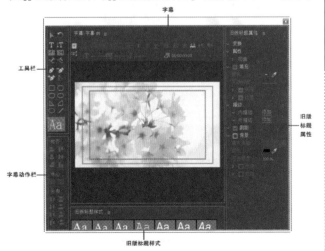

图 2-63

单击 T (文字工具)按钮,在工作区域中输入文字,如图 2-64 所示。输入完成后关闭【字幕】面板，此时【字幕 01】素材文件出现在【项目】面板中，如图 2-65 所示。

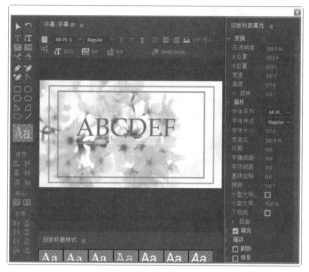

图 2-64

图 2-65

{重点} 2.3.5 【效果】面板

【效果】面板可以更好地对视频和音频进行过渡及效果的处理，如图 2-66 所示。

图 2-66

在【效果】面板中选择合适的视频效果，按住鼠标左键拖曳到素材文件上，即可为素材文件添加效果，如图 2-67 所示。若想调整效果参数，可在【效果控件】面板中展开该效果进行调整，如图 2-68 所示。

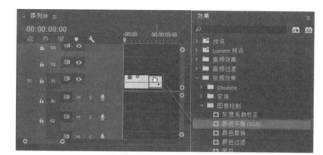

图 2-67

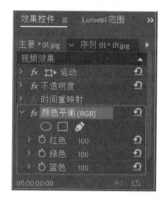

图 2-68

2.3.6 【音轨混合器】面板

在【音轨混合器】面板中可调整音频素材的声道、效果及音频录制等，如图 2-69 所示。

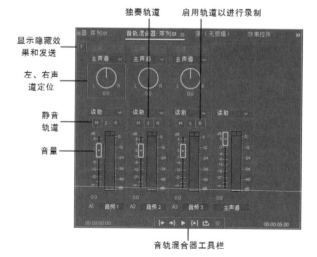

图 2-69

{重点} 2.3.7 【工具】面板

【工具】面板主要应用于编辑【时间轴】面板中的素材文件，如图 2-70 所示。

中文版 Premiere Pro CC 从入门到精通（微课视频 全彩版）

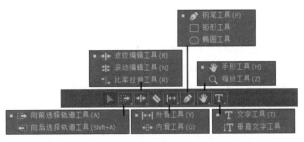

图 2-70

图 2-71

- （选择工具）：用于选择时间线轨道上的素材文件，快捷键为V，选择素材文件时，按住Ctrl键可进行加选。
- （向前选择轨道工具）/（向后选择轨道工具）：选择箭头方向的全部素材。
- （波纹编辑工具）：选择该工具，可调节素材文件长度，将素材缩短时，该素材后方的素材文件会自动向前跟进。
- （滚动编辑工具）：选择该工具，更改素材出入点时相邻素材的出入点也会随之改变。
- （比率拉伸工具）：选择该工具，可更改素材文件的长度和速率。
- （剃刀工具）：使用该工具剪辑素材文件，可将剪辑后的每一段素材文件进行单独调整和编辑，按住Shift键可以同时剪辑多条轨道中的素材。
- （外滑工具）：用于改变所选素材的出入点位置。
- （内滑工具）：改变相邻素材的出入点位置。
- （钢笔工具）：可以在【监视器】中绘制形状或在素材文件上方创建关键帧。
- （矩形工具）：可以在【监视器】中绘制矩形形状。
- （椭圆工具）：可以在【监视器】中绘制椭圆形形状。
- （手形工具）：按住鼠标左键即可在【节目】监视器中移动素材文件位置。
- （缩放工具）：可以放大或缩小【时间轴】面板中的素材。
- （文字工具）：可在【监视器】面板中单击鼠标左键输入横排文字。
- （垂直文字工具）：可在【监视器】面板中单击鼠标左键输入直排文字。

【重点】2.3.8 【效果控件】面板

在【时间轴】面板中若不选择素材文件，【效果控件】面板为空，如图2-71所示。若在【时间轴】面板中选择素材文件，可在【效果控件】面板中调整素材效果的参数，默认状态下会显示【运动】【不透明度】【时间重映射】3种效果，也可为素材添加关键帧制作动画，如图2-72所示。

图 2-72

2.3.9 【历史记录】面板

【历史记录】面板用于记录所操作过的步骤。在操作时若想快速回到前几步，可在【历史记录】面板中选择想要回到的步骤，此时位于该步骤下方的步骤变为灰色，如图2-73所示。若想清除全部历史步骤，可在【历史记录】面板中右击，在快捷菜单中执行【清除历史记录】命令，此时会弹出一个【清除历史记录】窗口，单击【确定】按钮，即可清除所有步骤，如图2-74所示。

图 2-73

图 2-74

2.3.10 【信息】面板

【信息】面板主要用于显示所选素材文件的剪辑或者效

果信息,如图2-75所示。【信息】面板中所显示的信息会随着媒体类型和当前窗口等因素的不同而发生变化,若在界面中没有找到【信息】面板,可以在菜单栏中执行【窗口】/【信息】命令,即可弹出【信息】面板,如图2-76所示。

图 2-75　　　　　　　　　图 2-76

2.3.11　【媒体浏览器】面板

在【媒体浏览器】面板中可查看计算机中各磁盘信息,同时可以在【源】监视器中预览所选择的路径文件,如图2-77和图2-78所示。

图 2-77

图 2-78

2.3.12　【标记】面板

【标记】面板可对素材文件添加标记,快速定位到标记的位置,为操作者提供方便,如图2-79所示。若素材中的标记点过多容易出现混淆现象,为了快速准确查找位置,可赋予标记不同的颜色,如图2-80所示。

图 2-79

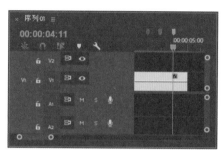

图 2-80

若想更改标记颜色或添加注释,可在【时间轴】面板中将光标放置在标记上方,双击鼠标左键,此时在弹出的窗口中即可进行标记的编辑,如图2-81所示。

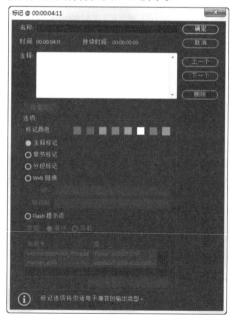

图 2-81

中文版Premiere Pro CC 从入门到精通(微课视频 全彩版)

扫一扫，看视频

Premiere常用操作

本章内容简介：

　　本章作为Premiere的基础章节，要想熟练地完成影片制作，掌握基础知识是一堂必修课。在本章中主要讲解使用Premiere进行创作的常用步骤、导入素材的多种方法、项目文件和编辑素材文件的基础操作及Premiere的外观设置等。

重点知识掌握：

- 在Premiere中剪辑视频的常用步骤
- 如何导入素材文件
- 编辑素材和项目的基本操作
- 自定义界面设置

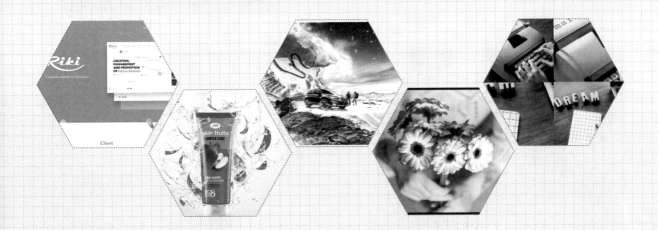

重点 3.1 轻松动手学：在Premiere 中创作作品的常用步骤

文件路径：Chapter 03 Premiere常用操作→轻松动手学：在Premiere中创作作品的常用步骤

Adobe Premiere Pro CC 2018 是一款功能强大的视频剪辑、编辑软件。在使用该软件创作作品之前，首先需要了解作品的创作步骤。

扫一扫，看视频

3.1.1 养成好习惯：收集和整理素材到文件夹

在视频制作之前，首先需要选择大量与主题相符的图片、视频或音频素材，将其整理到一个文件夹中，如图 3-1 所示。此时需要在文件夹中进行二次挑选，并将挑选的素材文件移动到新的素材文件夹中作为最终素材，并按照使用素材的先后顺序将素材重命名为01、02、03…，如图 3-2 所示。

图 3-1

图 3-2

3.1.2 新建项目

（1）将光标放在 Premiere 图标上方，双击鼠标左键打开软件。此时会弹出一个【开始】窗口，在窗口中单击【新建项目】按钮，如图 3-3 所示。

图 3-3

（2）在弹出的【新建项目】面板中设置合适的文件名称，接着单击【位置】后方的【浏览】按钮，此时会弹出【请选择新项目的目标路径】窗口，为项目选择合适的路径文件夹，然后单击【选择文件夹】按钮。此时在【新建项目】面板中单击【确定】按钮，如图 3-4 和图 3-5 所示。

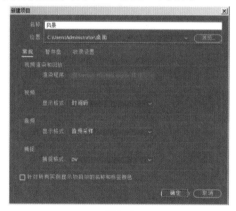

图 3-4

图 3-5

（3）此时进入 Premiere 界面，如图 3-6 所示。

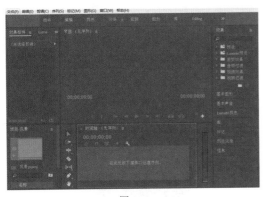

图 3-6

3.1.3 新建序列

新建序列是在新建项目的基础上进行操作,可根据素材大小选择合适的序列类型。

方法 1

(1)新建项目完成后,在菜单栏中执行【文件】/【新建】/【序列】命令,也可以使用快捷键 Ctrl+N 直接进入【新建序列】窗口。接着在弹出的【新建序列】窗口中默认选择 DV-PAL 文件夹下的【标准 48kHz】,设置合适的序列名称,然后单击【确定】按钮,如图 3-7 所示。此时新建的序列出现在【项目】面板中,如图 3-8 所示。

图 3-7

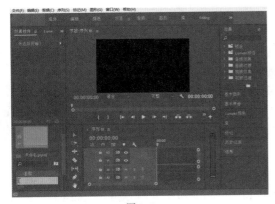

图 3-8

(2)若想进行自定义序列设置,可在【新建序列】窗口上方单击【设置】按钮,设置【编辑模式】为【自定义】,接着在下方设置视频参数及【序列名称】,设置完成后单击【确定】按钮,完成新建自定义序列,如图 3-9 所示。此时在【节目】监视器中即可显现出新建序列的尺寸,如图 3-10 所示。

图 3-9

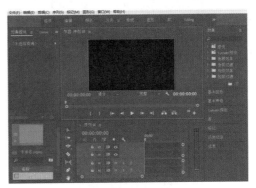

图 3-10

方法 2

在【项目】面板的空白处右击,执行【新建项目】/【序列】命令同样可以进入【新建序列】窗口。接着在弹出的【新建序列】窗口中默认选择 DV-PAL 文件夹下的【标准 48kHz】,如图 3-11 所示。此时新建的序列即可出现在【项目】面板中,如图 3-12 所示。

图 3-11

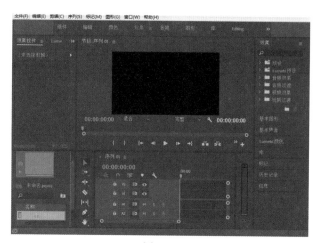

图 3-12

3.1.4　导入素材

（1）在界面中新建项目和序列后，我们需要将制作作品时需要用的素材导出到 Premiere 的【项目】面板中。此时在【项目】面板下方的空白处双击鼠标左键，如图 3-13 所示。或可以使用快捷键 Ctrl+I 打开【导入】窗口，导入所需的素材文件，选择素材后单击【打开】按钮即可进行导入，如图 3-14 所示。

图 3-13

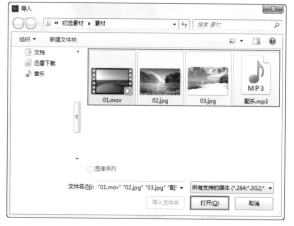

图 3-14

（2）此时素材导入到【项目】面板中，如图 3-15 所示。

图 3-15

（3）将【项目】面板中的 01.mov 素材文件拖曳到【时间轴】面板中的 V1 轨道上，此时会出现一个【剪辑不匹配警告】窗口，在窗口中单击【保持现有设置】按钮，如图 3-16 所示。

图 3-16

 提示：剪辑不匹配警告

　　若将【项目】面板中影片格式的素材文件拖曳到【时间轴】面板中时，会弹出一个【剪辑不匹配警告】窗口，若在窗口中单击【更改序列设置】按钮，此时【项目】面板中已设置完成的序列将根据影片尺寸进行修改和再次匹配，若单击【保持现有设置】按钮，则会不改变序列尺寸，但要注意此时影片素材可能会与序列大小不匹配，这时我们可针对影片素材的大小进行调整。

（4）继续将【项目】面板中的 02.jpg 和 03.jpg 素材文件依次拖曳到【时间轴】面板中的 V1 轨道上，如图 3-17 所示。

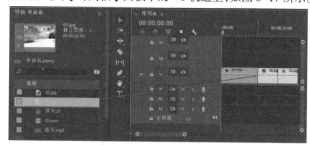

图 3-17

（5）最后将【项目】面板中的【配乐 .mp3】素材文件拖曳到【时间轴】面板中的 A1 轨道上，如图 3-18 所示。

中文版Premiere Pro CC 从入门到精通（微课视频 全彩版）

图 3-18

3.1.5 剪辑素材

（1）选择工具箱中的 ✎ （剃刀工具）按钮，然后选择【时间轴】面板中的 01.mov 素材文件，将时间线拖动到第 4 秒 9 帧的位置，单击鼠标左键对影片素材进行剪辑操作，如图 3-19 所示。

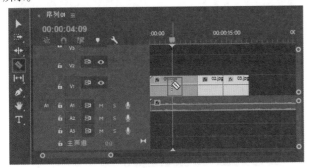

图 3-19

（2）选择工具箱中的 ▶ （选择工具）按钮，单击选择 01.mov 素材文件的前部分，此时右击该素材文件，在弹出的快捷菜单中执行【波纹删除】命令，如图 3-20 所示。此时该素材文件被删除的同时后方素材文件会自动向前跟进，如图 3-21 所示。

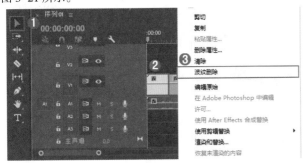

图 3-20

（3）下面剪辑音频文件。选择音频素材文件，再次在工具箱中单击 ✎ （剃刀工具）按钮，将时间线滑动到第 15 秒的位置，在音频文件上方单击鼠标左键进行剪辑操作，如图 3-22 所示。

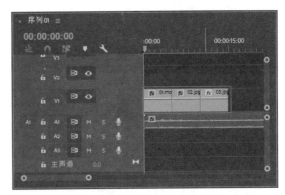

图 3-21

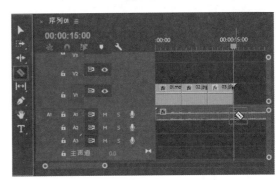

图 3-22

（4）单击 ▶ （选择工具）按钮，选择【配乐 .mp3】素材文件的后部分内容，然后按下键盘上的 Delete 键将多余部分进行删除，使其与视频素材文件对齐，如图 3-23 所示。此时剪辑完成如图 3-24 所示。

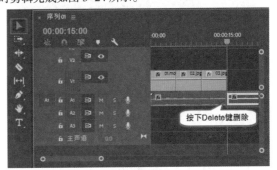

图 3-23

图 3-24

3.1.6 为素材添加字幕效果

（1）剪辑完成后，通常我们会根据画面需求为素材添加相应的文字效果。选择菜单栏中的【文件】/【新建】/【旧版标题】命令，在对话框中设置【名称】为【字幕01】，然后单击【确定】按钮，如图3-25所示。

图3-25

（2）单击 **T**（文字工具）按钮，在工作区域右下角位置输入"沙滩"文字，然后设置合适的【字体系列】，【字体大小】为100,【颜色】为蓝色,最后调整文字位置,如图3-26所示。

图3-26

（3）若想快速为文字添加效果，选中文字后，可在【旧版标题样式】中选择合适的文字效果，此时在【旧版标题属性】中自动呈现出文字效果的参数属性等，如图3-27所示。

（4）文字制作完成后，关闭【字幕】面板。此时【项目】面板中出现【字幕01】，选择【字幕01】素材文件，按住鼠标左键将其拖曳到【时间轴】面板中的V2轨道上，设置该素材文件的起始时间为第10秒的位置，结束时间与V1

轨道上的03.jpg素材文件对齐（按住鼠标左键拖动起始或结束位置即可改变素材时长），如图3-28所示。此时画面效果如图3-29所示。

图3-27

图3-28

图3-29

3.1.7 为素材添加特效

（1）在【效果】面板的搜索框中搜索【带状滑动】效果，然后按住鼠标左键将效果拖曳到V1轨道的01.mov素材文件和02.jpg素材文件的中间位置，如图3-30所示。此时画面过渡效果如图3-31所示。

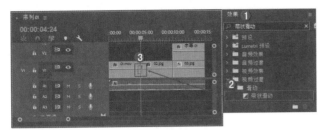

图 3-30

图 3-31

（2）继续在【效果】面板的搜索框中搜索【风车】效果，然后按住鼠标左键拖曳到 V1 轨道的 02.jpg 素材文件和 03.jpg 素材文件的中间位置，如图 3-32 所示。此时画面过渡效果如图 3-33 所示。

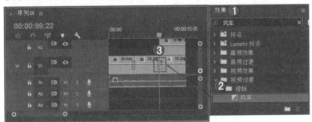

图 3-32

图 3-33

3.1.8 输出作品

当视频文件制作完成后，需要将作品进行输出，使作品在便于观看的同时更加便于存储。

（1）选择【时间轴】面板，然后在菜单栏中执行【文件】

/【导出】/【媒体】命令或使用快捷键 Ctrl+M 快速打开【导出设置】窗口，如图 3-34 所示。

图 3-34

（2）在【导出设置】窗口中设置合适的【格式】【输出名称】【保存路径】及【渲染质量】等（例如，设置【格式】为 AVI、【预设】为 PAL DV、【输出名称】为【序列 01.avi】）。设置完成后单击【导出】按钮，如图 3-35 所示。

图 3-35

（3）此时在弹出的对话框中显示渲染进度条，如图 3-36 所示。等待一段时间后即可完成渲染，并且在刚才设置的路径中就会找到输出的视频作品【序列 01.avi】。

图 3-36

重点 3.2 导入素材文件

在Premiere中可以导入素材的格式有很多种，其中最常用的有导入图片、导入视频音频素材、导入序列素材和导入PSD素材等格式。

实例：导入视频素材

文件路径：Chapter 03　Premiere常用操作→实例：导入视频素材

本实例首先在软件中新建项目和序列，然后在软件中进行导入视频素材并进行一系列的操作。

扫一扫，看视频

操作步骤

步骤 01 在菜单栏中选择【文件】/【新建】/【项目】命令，然后会弹出【新建项目】窗口，设置【名称】，并单击【浏览】按钮设置保存路径，单击【确定】按钮，如图3-37所示。然后在【项目】面板的空白处右击，选择【新建项目】/【序列】命令。接着会弹出【新建序列】窗口，并在DV-PAL文件夹下选择【标准48kHz】，如图3-38所示。

图 3-37

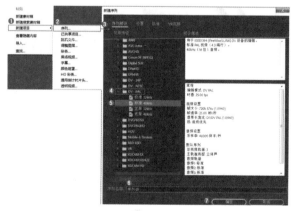
图 3-38

步骤 02 在【项目】面板的空白处双击鼠标左键，导入所需的01.mov素材文件，最后单击【打开】按钮导入素材，如图3-39所示。

步骤 03 在【项目】面板中选择01.mov素材文件，并按住鼠标左键将其拖曳到V1轨道上，如图3-40所示。

图 3-39

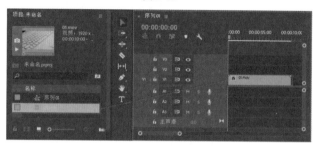
图 3-40

步骤 04 此时会弹出【剪辑不匹配警告】窗口，单击【保持现有设置】按钮，如图3-41所示。此时即可以当前序列的尺寸显示视频大小，如图3-42所示。

图 3-41

图 3-42

实例：导入序列素材

扫一扫，看视频

文件路径：Chapter 03　Premiere常用操作→实例：导入序列素材

本实例在导入序列素材时需要勾选【图像序列】，即可完成导入。导入后的序列可以理解为是一段视频素材，而不是一张一张的图片。

操作步骤

步骤 01 在菜单栏中选择【文件】/【新建】/【项目】命令，然后会弹出【新建项目】窗口，设置【名称】，并单击【浏览】按钮设置保存路径，如图3-43所示。然后在【项目】面板的空白处右击，选择【新建项目】/【序列】命令。接着会弹出【新建序列】窗口，并在DV-PAL文件夹下选择【标准48kHz】，如图3-44所示。

图 3-43

图 3-44

步骤 02 在【项目】面板的空白处双击鼠标左键，选择【序列0100.gif】素材文件，接着勾选窗口下方的【图像序列】，然后单击【打开】按钮进行导入，如图3-45所示。

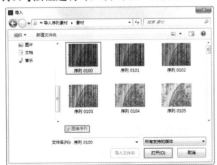

图 3-45

步骤 03 此时【项目】面板中已经出现了序列素材【序列0100.gif】，然后按住鼠标左键将该序列拖曳到【时间轴】面板

的V1轨道上，如图3-46所示。

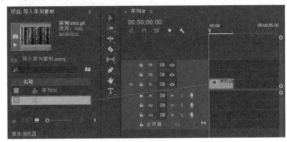

图 3-46

步骤 04 此时拖动时间线进行查看即可以动画的形式进行显现，如图3-47所示。

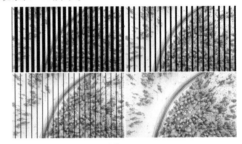

图 3-47

实例：导入PSD素材

文件路径：Chapter 03 Premiere常用操作→实例：导入PSD素材

本实例讲解了如何将PSD格式的文件导入到Premiere中。

扫一扫，看视频

操作步骤

步骤 01 在菜单栏中选择【文件】/【新建】/【项目】命令，然后会弹出【新建项目】窗口，设置【名称】，并单击【浏览】按钮设置保存路径，如图3-48所示。然后在【项目】面板的空白处右击，选择【新建项目】/【序列】命令。接着会弹出【新建序列】窗口，并在DV-PAL文件夹下选择【标准48kHz】，如图3-49所示。

图 3-48

图 3-49

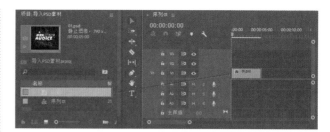

图 3-52

步骤 02 在【项目】面板的空白处双击鼠标左键进入【导入】窗口，在窗口中选择01.psd素材文件，并单击【打开】按钮进行导入，如图3-50所示。此时在Premiere中会弹出一个【导入分层文件】窗口，可以在【导入为】后面选择导入类型，在本实例中选择【合并所有图层】，选择完成后单击【确定】按钮，如图3-51所示。

图 3-53

图 3-50

图 3-51

步骤 03 此时在【项目】面板中会以图片的形式出现导入的01.psd合层素材，接着按住鼠标左键将其拖曳到【时间轴】面板中的V1轨道上，如图3-52所示。此时画面效果如图3-53所示。

 提示: 导入 PSD 格式文件时, 也可导入多个图层

（1）若在导入 PSD 素材文件时，将【导入为】设置为【各个图层】，如图 3-54 所示。

（2）此时在【项目】面板中出现 PSD 文件中的各个素材图层，如图 3-55 所示。

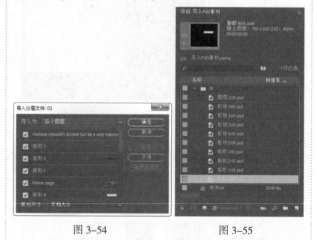

图 3-54　　　　图 3-55

提示: 为什么有一些格式的视频无法导入 Premiere

在 Premiere 中支持的视频格式有限，普遍支持 AVI、WMV、MPEG 等，若视频格式为其他类型，可使用视频格式转接软件，如格式工厂等。若视频为以上类型但仍然无法导入，可检查计算机中是否安装 quketime 软件。

中文版Premiere Pro CC 从入门到精通（微课视频 全彩版）

3.3 项目文件的基本操作

在视频制作时，首先要熟练掌握项目文件的基本操作才能编辑出精彩的视频文件。接下来我们针对项目文件进行讲解操作。

【重点】3.3.1 轻松动手学：创建项目文件

文件路径：Chapter 03　Premiere 常用操作→轻松动手学：创建项目文件

（1）在菜单栏中选择【文件】/【新建】/【项目】命令，也可使用快捷键 Ctrl+Alt+ N 直接进入【新建项目】窗口，在【新建项目】窗口中可设置项目的【名称】，接着单击【浏览】按钮，选择新项目的目标路径文件夹，然后单击【确定】按钮，完成创建，如图 3-56 所示。

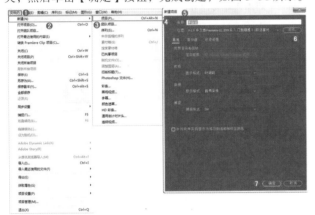

图 3-56

（2）新建的项目如图 3-57 所示。

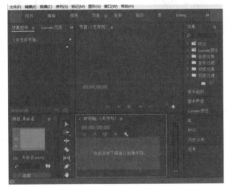

图 3-57

（3）在编辑文件之前进行新建序列。在【项目】面板的空白处右击，执行【新建项目】/【序列】命令，或使用快捷键 Ctrl+N 进行新建。接着在弹出的【新建序列】窗口中通常选择 DV-PAL 文件夹下的【标准 48kHz】，如图 3-58 所示。此时【项目】面板中出现新建的序列，我们也可通过

【节目】监视器查看序列大小，如图 3-59 所示。

图 3-58

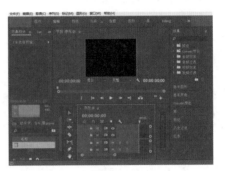

图 3-59

【重点】3.3.2 轻松动手学：打开项目文件

文件路径：Chapter 03　Premiere 常用操作→轻松动手学：打开项目文件

方法 1

（1）打开 Premiere 软件时，会弹出一个【开始】窗口，单击【打开项目】按钮，如图 3-60 所示。在弹出的【打开项目】窗口中选择文件所在的路径文件夹，在文件夹中选择已制作完成的 Premiere 项目文件，选择完成后单击【打开】按钮，如图 3-61 所示。

图 3-60

图 3-61

（2）此时该文件在 Premiere 中打开，如图 3-62 所示。

图 3-62

方法 2

（1）在菜单栏中执行【文件】/【打开项目】命令，如图 3-63 所示，或使用快捷键 Ctrl+O 快速打开【打开项目】窗口，在弹出的【打开项目】窗口中选择项目文件的路径文件夹，在文件夹中选择 Premiere 项目文件，接着单击【打开】按钮，如图 3-64 所示。

图 3-63   图 3-64

（2）此时项目文件在 Premiere 中被打开，如图 3-65 所示。

图 3-65

方法 3

打开项目文件的路径文件夹，在文件夹中选择需要打开的项目文件，如图 3-66 所示。双击鼠标左键，即可在 Premiere 中打开，如图 3-67 所示。

图 3-66

图 3-67

【重点】3.3.3　轻松动手学：保存项目文件

文件路径：Chapter 03　Premiere 常用操作→轻松动手学：保存项目文件

（1）当文件制作完成后，要将项目文件及时进行保存。执行【文件】/【另存为】命令，如

中文版Premiere Pro CC 从入门到精通（微课视频　全彩版）

图 3-68 所示。或使用快捷键 Ctrl+Shift+S 打开【保存项目】
窗口，此时在弹出的窗口中设置合适的【文件名称】及【保
存类型】，设置完成后单击【保存】按钮，如图 3-69 所示。

图 3-68

图 3-69

（2）此时，在选择的文件夹中即可出现刚刚保存的
Premiere 项目文件，如图 3-70 所示。

图 3-70

提示：在 Premiere 中制作作品时，要
及时保存

在 Premiere 中制作作品时，有时会出现文件过大或卡
顿现象，导致 Premiere 文件丢失，停止当前工作、所以我们

在制作视频时要及时按下保存快捷键 Ctrl+S 以保存当前
的步骤，以免软件停止工作，导致文件丢失。

【重点】3.3.4 轻松动手学：关闭项目文件

文件路径：Chapter 03 Premiere 常用操作→
轻松动手学：关闭项目文件

（1）项目保存完成后，在菜单栏中选择【文
件】/【关闭项目】命令，或使用关闭项目快捷 _{扫一扫，看视频}
键 Ctrl+Shift+W 进行快速关闭，如图 3-71 所示。此时 Pre-
miere 界面中的项目文件被关闭，如图 3-72 所示。

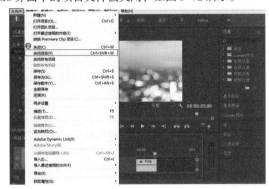

图 3-71

图 3-72

（2）若在 Premiere 中同时打开多个项目文件，关闭时
可执行【文件】/【关闭所有项目】命令，如图 3-73 所示。
此时 Premiere 中打开的所有项目被同时关闭，如图 3-74 所示。

图 3-73

图 3-74

当Premiere意外退出或因计算机突然断电等外界因素导致正在操作的Premiere项目文件未能及时保存,这时我们可以通过搜索Premiere的自动保存路径来找到意外退出的备份文件。

(1)首先确定Premiere所在磁盘位置。右击选择Premiere图标,在弹出的菜单中执行【属性】命令,此时会弹出【Adobe Premiere Pro CC 2018属性】窗口,在窗口中找到【起始位置】进行查看磁盘安装位置,如图3-75所示。可以看到在该计算机中Premiere软件安装在C盘上。

图 3-75

(2)打开计算机的本地磁盘C盘,在右上角搜索框中搜索Auto-Save文件夹,此时在C盘中自动搜索带有Auto-Save文字的所有文件夹,如图3-76所示。当搜索完成后,选择Adobe Premiere Pro Auto-Save文件夹,如图3-77所示,双击鼠标左键将其打开。

图 3-76

图 3-77

(3)在文件夹中可以看到本计算机中所有Premiere备份文件。为了方便查找,可单击【修改日期】,此时文件会按操作时间自动排列顺序,如图3-78所示。

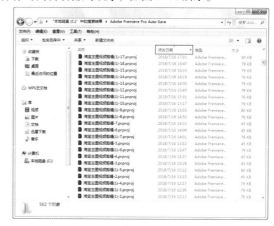

图 3-78

(4)在文件夹中,将最近保存的几个备份文件复制到一个新文件夹中,再次进行备份,以免在原文件夹中将备份文件改动而失去原始文件信息。下面打开新备份的文件夹,如图3-79所示。在文件夹中将最近保存的备份文件打开查看,检查是否与丢失时的操作步骤相近,选择丢失步骤较少的工程文件,此时丢失的文件即可被找回。

中文版Premiere Pro CC 从入门到精通(微课视频　全彩版)

图 3-79

重点 3.4 编辑素材文件的操作

素材作为在Premiere中操作的基础,可根据视频编辑需要,将素材进行打包、编组、嵌套等操作,在方便操作的同时更加便于素材的浏览和归纳。

实例：导入素材文件

文件路径：Chapter 03　Premiere常用操作→实例：导入素材文件

本实例主要可通过双击【项目】面板的空白处导入文件,也可使用快捷键进行快速导入。

扫一扫，看视频

操作步骤

步骤 01 单击【文件】/【新建】/【项目】命令,在弹出的【新建项目】窗口中设置【名称】,并单击【位置】后方的【浏览】按钮设置保存路径,单击【确定】按钮,如图3-80所示。然后在【项目】面板的空白处右击,选择【新建项目】/【序列】命令。接着会弹出【新建序列】窗口,并在DV-PAL文件夹下选择【标准48kHz】,如图3-81所示。

图 3-80

图 3-81

步骤 02 在【项目】面板的空白处双击鼠标左键或使用快捷键Ctrl+I导入01.jpg和02.jpg素材文件,最后单击【打开】按钮导入素材,如图3-82所示。

图 3-82

步骤 03 在【项目】面板中选择01.jpg素材文件,并按住鼠标左键将其拖曳到【时间轴】面板中的V1视频轨道上,如图3-83所示。使用同样的方法将【项目】面板中的02.jpg素材文件拖曳到01.jpg素材文件后方位置,如图3-84所示。

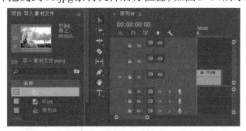

图 3-83

图 3-84

实例：打包素材文件

文件路径：Chapter 03　Premiere常用操作→
实例：打包素材文件

图 3-87

我们在制作文件时经常会将文件进行备份
或将其移动到其他位置，那么在移动位置后，通
常会出现素材丢失等现象，所以我们需要将文件
进行打包处理，方便该文件移动位置后的再次操作。

操作步骤

步骤 01　打开素材文件【打包素材文件.prproj】，如图3-85
所示。

图 3-85

步骤 02　在Premiere的菜单栏中执行【文件】/【项目管理】
命令，此时会弹出一个【项目管理器】窗口，如图3-86所示。
在窗口中勾选【序列01】，因为该序列是我们需要应用的序列
文件，接下来在【生成项目】下方选择【收集文件并复制到新
位置】，接着单击【浏览】按钮选择文件的目标路径。最后单
击【确定】按钮，完成素材的打包操作。此时我们要注意，尽
量选择空间较大的磁盘进行储存。

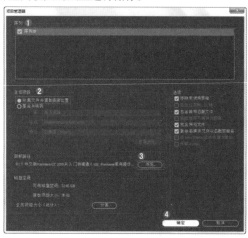

图 3-86

步骤 03　此时在打包时所选择的路径文件夹中即显示打包
的素材文件，如图3-87所示。

实例：编组素材文件

文件路径：Chapter 03　Premiere常用操作→
实例：编组素材文件

在操作时通过对多个素材编组处理，将多个素
材文件转换为一个整体，可同时选择或添加效果。

操作步骤

步骤 01　在菜单栏中执行【文件】/【新建】/【项目】命令，在
弹出的【新建项目】窗口中设置合适的【名称】，并单击【浏
览】按钮设置文件保存路径，如图3-88所示。然后在【项目】
面板的空白处右击，执行【新建项目】/【序列】命令。接着会
弹出【新建序列】窗口，并在DV-PAL文件夹下选择【标准
48kHz】，如图3-89所示。

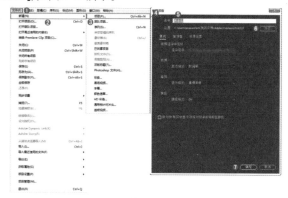

图 3-88

图 3-89

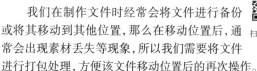

步骤 02 在【项目】面板的空白处双击鼠标左键或使用快捷键 Ctrl+I 导入全部素材文件，最后单击【打开】按钮导入素材，如图3-90所示。

图 3-90

步骤 03 在【项目】面板中选择01.jpg、03.jpg素材文件并将其拖曳到V1轨道上。选择02.jpg素材文件，按住鼠标左键将其拖曳到V2轨道上，设置02.jpg素材文件的起始时间为第2秒，结束时间与V1轨道上的01.jpg素材文件对齐，如图3-91所示。在【时间轴】面板中框选这3个素材文件，右击，执行【缩放为帧大小】命令，如图3-92所示。此时文件大小与序列大小相匹配。

图 3-91

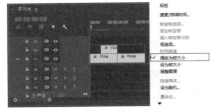

图 3-92

步骤 04 分别选择这3个素材文件，在【效果控件】面板中设置它们的【缩放】均为112，如图3-93所示。此时画面效果如图3-94所示。

图 3-93

图 3-94

步骤 05 为01.jpg、02.jpg素材文件进行编组操作，方便为素材添加相同的视频效果。选中01.jpg、02.jpg素材文件，右击，执行【编组】命令，如图3-95所示。此时这两个素材文件可同时进行选择或移动，如图3-96所示。

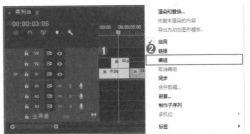

图 3-95

图 3-96

步骤 06 为编组对象添加【水平翻转】效果。在【效果】面板的搜索框中搜索【水平翻转】，然后按住鼠标左键将该效果拖曳到编组对象上方，如图3-97所示。此时01.jpg、02.jpg素材文件均发生了水平翻转变化，效果如图3-98所示。

图 3-97

图 3-98

步骤 07 画面前后对比效果如图3-99所示。

图 3-99

实例：嵌套素材文件

文件路径：Chapter 03　Premiere 常用操作→实例：嵌套素材文件

在操作过程中，将【时间轴】面板中的素材文件以嵌套的方式转换为一个素材文件，便于素材的操作与归纳。

扫一扫，看视频

操作步骤

步骤[01] 在菜单栏中选择【文件】/【新建】/【项目】命令，在弹出的【新建项目】窗口中设置【名称】，并单击【浏览】按钮设置保存路径，如图 3-100 所示。然后在【项目】面板的空白处右击，选择【新建项目】/【序列】命令。接着会弹出【新建序列】窗口，并在 DV-PAL 文件夹下选择【标准 48kHz】，如图 3-101 所示。

图 3-100

图 3-101

步骤[02] 在【项目】面板的空白处双击鼠标左键或使用快捷键 Ctrl+I 导入 01.jpg 素材文件，最后单击【打开】按钮导入素材，如图 3-102 所示。

图 3-102

步骤[03] 在【项目】面板中选择 01.jpg 素材文件并将其拖曳到 V1 轨道上，如图 3-103 所示。

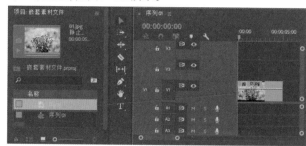

图 3-103

步骤[04] 在【效果】面板的搜索框中搜索【裁剪】，然后按住鼠标左键将该效果拖曳到 V1 轨道的 01.jpg 素材文件上，如图 3-104 所示。

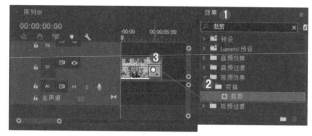

图 3-104

步骤[05] 在【效果控件】面板中设置【缩放】为 25，将时间线拖动到起始位置，设置【位置】为(360,930)，单击【位置】前面的■(切换动画)按钮，开启自动关键帧，继续将时间线拖动到第 2 秒 10 帧的位置，设置【位置】为(360,288)，接着展开【裁剪】效果，设置【右侧】为 50%，如图 3-105 所示。此时画面效果如图 3-106 所示。

中文版 Premiere Pro CC 从入门到精通（微课视频 全彩版）

图 3-105

图 3-106

步骤 06 此时选择V1轨道上的01.jpg素材文件,使用快捷键 Ctrl+C 进行复制,接着将时间线拖动到【时间轴】面板后方的空白位置,使用快捷键 Ctrl+V 进行粘贴,如图3-107所示。

图 3-107

步骤 07 选择【时间轴】面板中后方拷贝的素材文件,将其拖曳到V2轨道上,并与V1轨道上的01.jpg素材文件对齐,如图3-108所示。

图 3-108

步骤 08 选择V2轨道上的01.jpg素材文件,在【效果控件】面板中进行参数更改。将时间线拖动到起始位置,设置【位置】为(360,−345),接着展开【裁剪】效果,设置【左侧】为50%,【右

侧】为0%,如图3-109所示。此时滑动时间线,效果如图3-110所示。

图 3-109

图 3-110

步骤 09 将素材进行嵌套。框选V1和V2轨道上的素材文件,右击,执行【嵌套】命令,如图3-111所示。此时会弹出一个【嵌套序列名称】窗口,在窗口中设置合适的名称,然后单击【确定】按钮,如图3-112所示。

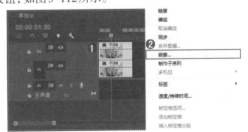

图 3-111

图 3-112

步骤 10 此时完成嵌套操作,在【时间轴】面板中将两个素材文件转换为单独的一个素材文件,如图3-113所示。若要将嵌套之前的素材进行更改,可在嵌套序列文件上方双击鼠标左键,即可在【时间轴】面板中显现出嵌套序列内的素材,如图3-114所示。

图 3-113

图 3-114

实例：重命名素材

文件路径：Chapter 03　Premiere 常用操作→实例：重命名素材

将下载素材的图片名称以 01.jpg、02.jpg 的名称顺序进行排列，在操作时可使视线更加清晰，同时便于素材的整理。

扫一扫，看视频

操作步骤

步骤 01　在菜单栏中选择【文件】/【新建】/【项目】命令，在弹出的【新建项目】窗口中设置【名称】，并单击【浏览】按钮设置保存路径，如图 3-115 所示。然后在【项目】面板的空白处右击，选择【新建项目】/【序列】命令。接着会弹出【新建序列】窗口，并在 DV-PAL 文件夹下选择【标准48kHz】，如图 3-116 所示。

图 3-115

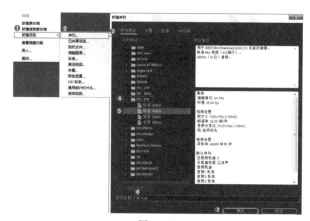

图 3-116

步骤 02　在【项目】面板的空白处双击鼠标左键或使用快捷键Ctrl+I导入【秋色.jpg】和【树林.jpg】素材文件，最后单击【打开】按钮导入素材，如图 3-117 所示。

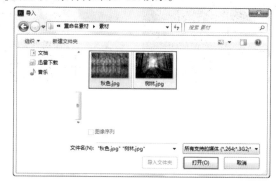

图 3-117

步骤 03　此时素材出现在【项目】面板中，如图 3-118 所示。接下来将素材进行重命名，右击选择【树林.jpg】素材文件，在弹出的快捷菜单中执行【重命名】命令，如图 3-119 所示。

图 3-118　　　　　图 3-119

步骤 04　此时可在素材上重新编辑素材名称，命名为01.jpg，如图 3-120 所示，输入完成后单击【项目】面板的空白位置即可完成重命名输入。

步骤 05　另外一种方法可直接在【项目】面板中选择素材文件，这里我们选择【秋色.jpg】素材文件，在素材名称上方单击鼠标左键即可将素材重新编辑命名，我们将它命名为02.jpg，如图 3-121 所示。

中文版Premiere Pro CC 从入门到精通（微课视频　全彩版）

图 3-120

图 3-121

实例: 替换素材

文件路径: Chapter 03　Premiere 常用操作→
实例: 替换素材

在创作作品时, 假如已经对某个素材添加了
效果, 并修改了参数, 但这时我们更想更换该素材, 扫一扫, 看视频
此时就可以使用【替换素材】命令, 该命令在替
换素材的同时还保留原来素材的效果。另外, 假如由于素材
的路径被更改、素材被删掉等问题导致素材无法识别时, 也
可使用该方法。

操作步骤

步骤 01 在菜单栏中选择【文件】/【新建】/【项目】命令, 在
弹出的【新建项目】窗口中设置【名称】, 并单击【浏览】按钮设
置保存路径, 如图3-122所示。然后在【项目】面板的空白处右
击, 选择【新建项目】/【序列】命令。接着会弹出【新建序列】窗
口, 并在DV-PAL文件夹下选择【标准48kHz】, 如图3-123所示。

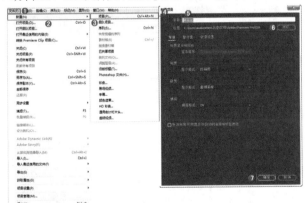
图 3-122

步骤 02 在【项目】面板的空白处双击鼠标左键或使用快捷
键Ctrl+I导入01.jpg素材文件, 最后单击【打开】按钮进行导
入, 如图3-124所示。

步骤 03 将【项目】面板中的01.jpg素材文件拖曳到V1轨道
上, 如图3-125所示。

图 3-123

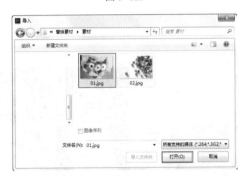
图 3-124

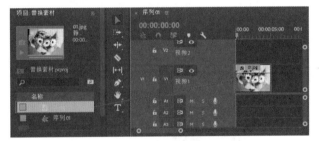
图 3-125

步骤 04 右击选择【时间轴】面板中的01.jpg素材文件, 在
弹出的快捷菜单中执行【缩放为帧大小】命令, 如图3-126所
示。此时画面效果如图3-127所示。

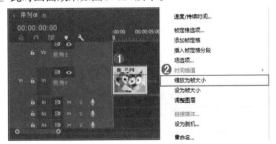
图 3-126

图 3-127

步骤 05 继续选择V1轨道上的01.jpg素材文件，在【效果控件】面板中将时间线拖动到起始位置，设置【缩放】为0，【旋转】为1×0.0°，此时单击【缩放】和【旋转】前方的◎(切换动画)按钮，开启自动关键帧，继续将时间线拖动到第2秒的位置，设置【缩放】为110，【旋转】为0°，如图3-128所示。此时滑动时间线查看效果，如图3-129所示。

图 3-128

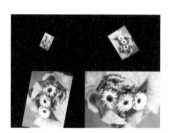

图 3-129

步骤 06 为素材添加效果后若想在不改变效果的情况下更快捷地更换素材，可在【项目】面板中右击选择01.jpg素材文件，在弹出的快捷菜单中执行【替换素材】命令，如图3-130所示。此时会弹出一个【替换"01.jpg"素材】窗口，在窗口中选择02.jpg素材文件，然后单击【确定】按钮，如图3-131所示。

图 3-130

图 3-131

步骤 07 此时【项目】面板中的01.jpg素材文件被替换为02.jpg素材文件，如图3-132所示。此时画面效果不发生变化，如图3-133所示。

图 3-132

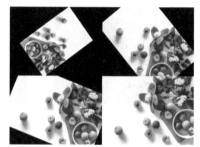

图 3-133

提示：如果由于更换素材位置、误删素材、修改素材名称导致打开文件时提示错误，怎么办

如果由于更换素材位置、误删素材、修改素材名称导致打开文件时提示错误，如图3-134所示，那么可以按照下面两种方法修改。

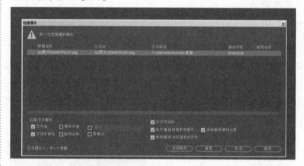

图 3-134

方法1：查找。 该方法比较适用于素材名称未被更改，只是不小心修改了文件所在路径。

（1）自动查找与缺失的素材同名的文件。单击【查找】按钮，如图3-135所示。

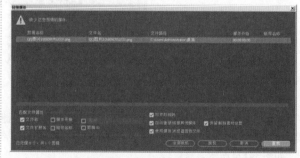

图 3-135

（2）在左侧选择【本地驱动器】，并单击右下角的【搜索】按钮，如图3-136所示。

50

图 3-136

（3）此时在全盘搜索，等待一段时间搜索完毕后，如果能搜到与缺失的素材同名的文件，则可勾选【仅显示精确名称匹配】，并单击【确定】按钮，如图 3-137 所示。

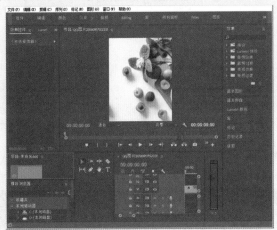

图 3-137

（4）此时可以看到缺失的素材已经被找到，并且文件被自动正确打开，如图 3-138 所示。

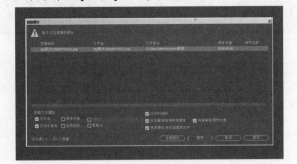

图 3-138

方法2：脱机。该方法比较适用于文件名称被修改。

（1）单击【脱机】按钮，如图 3-139 所示。

图 3-139

（2）此时已经进入 Premiere 界面，但是发现【节目监视器】面板和【时间线】面板中的素材都显示为红色错误，说明该素材还是没有被找到，如图 3-140 所示。

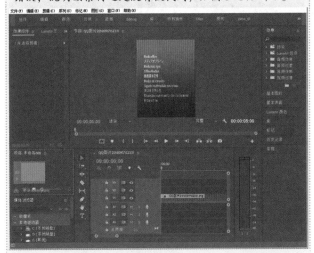

图 3-140

（3）在【项目】面板中对缺失的素材右击，执行【替换素材】命令，如图 3-141 所示。

图 3-141

（4）在弹出的窗口中单击缺失的素材（或缺失的素材已经找不到了，我们找到了一个类似的也可以），单击【选择】按钮，如图 3-142 所示。

图 3-142

（5）此时可以看到缺失的素材已经被找到，并且文件被自动正确打开，如图3-143所示。

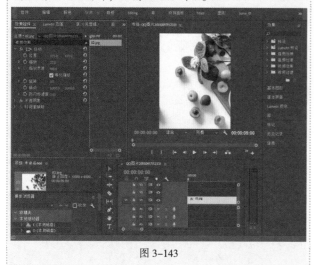

图 3-143

实例：失效和启用素材

文件路径：Chapter 03　Premiere常用操作→实例：失效和启用素材

在打开已制作完成的工程文件时，有时由于压缩或转码导致素材文件失效。本实例主要讲解如何恢复启用素材。

扫一扫，看视频

操作步骤

步骤 01　选择【文件】/【新建】/【项目】命令，在弹出的【新建项目】窗口中设置【名称】，并单击【浏览】按钮设置保存路径，如图3-144所示。然后在【项目】面板的空白处右击，选择【新建项目】/【序列】命令。接着会弹出【新建序列】窗口，并在DV-PAL文件夹下选择【标准48kHz】，如图3-145所示。

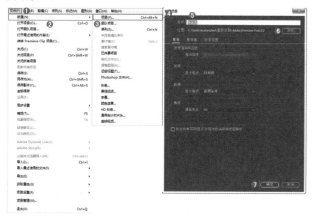

图 3-144

图 3-145

步骤 02　在【项目】面板的空白处双击鼠标左键或使用快捷键Ctrl+I导入01.jpg、02.jpg素材文件，最后单击【打开】按钮进行导入，如图3-146所示。

图 3-146

步骤 03　将【项目】面板中的01.jpg、02.jpg素材文件依次拖曳到【时间轴】面板中的V1轨道上，如图3-147所示。

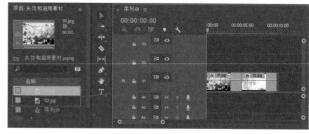

图 3-147

步骤 04　选择V1轨道上的01.jpg素材文件，在【效果控件】面板中设置【缩放】为20，如图3-148所示。此时效果如图3-149所示。

图 3-148　　　　　　　图 3-149

步骤 05 选择 V1 轨道上的 02.jpg 素材文件，在【效果控件】面板中设置【缩放】为 30，如图 3-150 所示。此时效果如图 3-151 所示。

图 3-150　　　　　　　图 3-151

步骤 06 若在操作中暂时用不到 01.jpg 素材文件，可右击选择该素材，在弹出的快捷菜单中取消勾选【启用】命令，如图 3-152 所示。

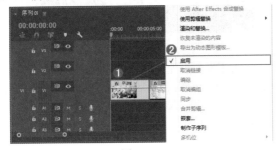

图 3-152

步骤 07 此时在【时间轴】面板中可以看到失效的素材变为深紫色，如图 3-153 所示。此时失效素材的画面效果为黑色，如图 3-154 所示。

图 3-153　　　　　　　图 3-154

步骤 08 若想再次启用该素材，可继续右击选择 V1 轨道上的 01.jpg 素材文件，在弹出的快捷菜单中勾选【启用】命令，如图 3-155 所示。此时画面重新显示出来，如图 3-156 所示。

图 3-155

图 3-156

实例：链接和取消视、音频链接

文件路径：Chapter 03　Premiere 常用操作→实例：链接和取消视、音频链接

扫一扫，看视频

通常情况下，在使用摄像机录制视频时，音频和视频链接在一起的状态不方便剪辑。本实例主要是针对"链接和取消视、音频链接"的方法进行练习。

操作步骤

步骤 01 选择【文件】/【新建】/【项目】命令，在弹出的【新建项目】窗口中设置【名称】，并单击【浏览】按钮设置保存路径，如图 3-157 所示。然后在【项目】面板的空白处右击，选择【新建项目】/【序列】命令。接着会弹出【新建序列】窗口，并在 DV-PAL 文件夹下选择【标准 48kHz】，如图 3-158 所示。

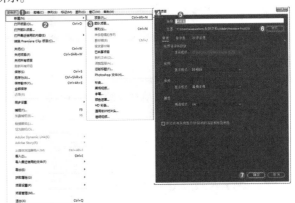

图 3-157

图 3-158

步骤 02　在【项目】面板的空白处双击鼠标左键或使用快捷键 Ctrl+I 导入 01.mov 素材文件，最后单击【打开】按钮进行导入，如图 3-159 所示。

图 3-159

步骤 03　按住鼠标左键将【项目】面板中的 01.mov 素材文件拖曳到【时间轴】面板中，如图 3-160 所示。

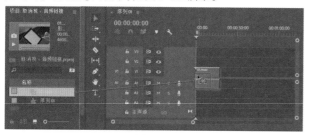

图 3-160

步骤 04　此时会弹出一个【剪辑不匹配警告】窗口，单击【保持现有设置】按钮，如图 3-161 所示。此时素材文件出现在【时间轴】面板中，如图 3-162 所示。画面效果如图 3-163 所示。

图 3-161

图 3-162

图 3-163

步骤 05　此时画面效果过大，所以在【时间轴】面板中右击选择该素材，在弹出的窗口中执行【缩放为帧大小】命令，如图 3-164 所示。此时画面效果如图 3-165 所示。

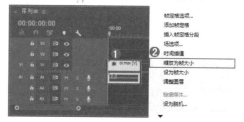

图 3-164

图 3-165

步骤 06　由于摄像机在录制视、音频时是同步进行的，在视频编辑中，通常以链接的形式出现，一般情况下只需视频文件，将音频文件进行删除。此时会用到取消链接操作。右击选择 01.mov 素材文件，执行【取消链接】命令，如图 3-166 所示。

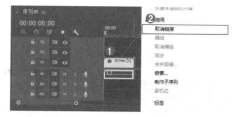

图 3-166

步骤 07　此时【时间轴】面板中的视、音频素材文件可单独进行编辑。选择 A1 轨道上的素材文件，按下 Delete 键将其进行删除，如图 3-167 所示。

中文版 Premiere Pro CC 从入门到精通（微课视频 全彩版）

图 3-167

提示：视音频重新链接

若想将单独的视、音频重新链接在一起，可选择视频轨道和音频轨道的素材文件，右击，在弹出的快捷菜单中执行【链接】命令，此时分离的素材文件即可链接在一起，如图 3-168 所示

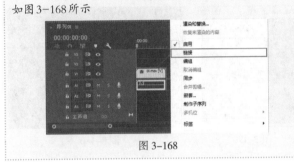

图 3-168

实例：设置素材速度

文件路径：Chapter 03 Premiere 常用操作→实例：设置素材速度

在实例中对素材执行【速度/持续时间】命令，即可改变素材的速度，使素材持续时间变快或变慢。

扫一扫，看视频

操作步骤

步骤 01 选择【文件】/【新建】/【项目】命令，在弹出的【新建项目】窗口中设置【名称】，并单击【浏览】按钮设置保存路径，如图 3-169 所示。然后在【项目】面板的空白处右击，选择【新建项目】/【序列】命令。接着会弹出【新建序列】窗口，并在 DV-PAL 文件夹下选择【标准 48kHz】，如图 3-170 所示。

图 3-169

图 3-170

步骤 02 在【项目】面板的空白处双击鼠标左键或使用快捷键 Ctrl+I，导入 01.jpg 和 02.jpg 素材文件，最后单击【打开】按钮进行导入，如图 3-171 所示。

图 3-171

步骤 03 按住鼠标左键将【项目】面板中的 01.jpg 和 02.jpg 素材文件依次拖曳到【时间轴】面板中，如图 3-172 所示。

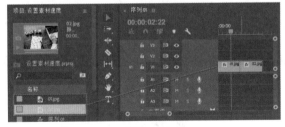

图 3-172

步骤 04 选择这两个素材文件，右击，在弹出的快捷菜单中执行【缩放为帧大小】命令，如图 3-173 所示。

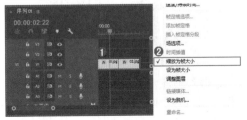

图 3-173

步骤（05 在【效果控件】面板中设置01.jpg和02.jpg素材文件的【缩放】均为110，如图3-174所示。此时画面效果如图3-175所示。

图 3-174

图 3-175

步骤（06 为素材添加过渡效果。在【效果】面板的搜索框中搜索【交叉缩放】效果，按住鼠标左键将其拖曳到V1轨道的01.jpg和02.jpg素材之间，如图3-176所示。此时过渡效果如图3-177所示。

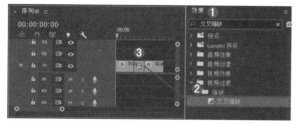

图 3-176

图 3-177

步骤（07 此时若想将V1轨道上的01.jpg和02.jpg素材文件速度变快，可选择01.jpg和02.jpg素材文件，右击，在弹出的快捷菜单中执行【速度/持续时间】命令，如图3-178所示。

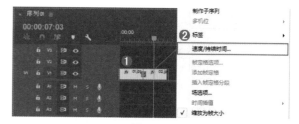

图 3-178

步骤（08 此时弹出一个【剪辑速度/持续时间】窗口，在窗口中将【持续时间】更改为3秒，勾选【波纹编辑，移动尾部剪辑】，设置完成后单击【确定】按钮，如图3-179所示。此时【时间轴】面板中的素材文件时长缩短且后方素材文件在不改变效果的情况下自动向前跟进，如图3-180所示。

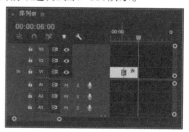

图 3-179　　　　　　图 3-180

3.5 个性化设置

扫一扫，看视频

在Adobe Premiere Pro CC 2018中可根据个人喜好进行个性化设置，可根据个人风格更改界面明暗、工作界面的结构及常用命令的快捷键。

3.5.1 设置外观界面颜色

（1）在菜单栏中执行【编辑】/【首选项】/【外观】命令，如图3-181所示。此时会弹出一个【首选项】窗口，如图3-182所示。

图 3-181

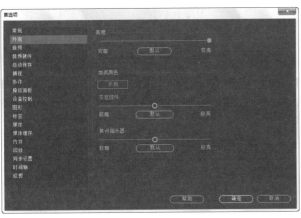

图 3-182

（2）在窗口中将【亮度】滑块滑动到最左侧位置，可将界面变暗，如图 3-183 所示。若将【亮度】滑块滑动到最右侧位置，可将界面整体提亮，如图 3-184 所示。为了便于操作，通常我们会将界面调节到最亮状态。

图 3-183

图 3-184

（3）在【外观】选项中，还可通过调节【交互控件】滑块和【焦点指示器】滑动来改变控件的明暗，与调节【亮度】的方法相同，向左侧滑动颜色变暗，反之颜色变亮，如图 3-185 所示。

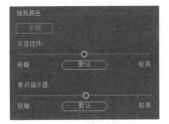

图 3-185

3.5.2 设置工作区

（1）Premiere 中的工作区域可根据个人操作习惯进行重新排布。也可在菜单栏中执行【窗口】/【工作区】命令中选择工作区布局，如图 3-186 所示。

图 3-186

（2）如图 3-187 和图 3-188 所示分别选择【效果】和【组件】命令的工作区布局。

图 3-187

图 3-188

（3）若要恢复默认的工作界面，执行【窗口】/【工作区】/【重置为保存的布局】命令，即可恢复默认布局，如图 3-189 所示。此时界面如图 3-190 所示。

图 3-189

图 3-190

3.5.3 自定义快捷键

快捷键在方便启用程序的同时大大节约操作时间和计算机运行速度。

执行【编辑】/【快捷键】命令或使用快捷键 Ctrl+Alt+K 进入【键盘快捷键】窗口，如图 3-191 所示。此时在窗口中即可自定义各命令的快捷键，如图 3-192 所示。

图 3-191

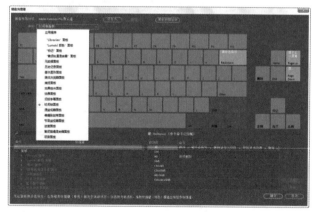

图 3-192

Chapter
4

第4章

扫一扫，看视频

视频剪辑

本章内容简介：

　　视频剪辑是对视频进行非线性编辑的一种方式。在剪辑过程中可通过对加入的图片、配乐、特效等素材与视频进行重新组合，以分割、合并等方式生成一个更加精彩的、全新的视频。本章主要介绍视频剪辑的主要流程、剪辑工具的使用方法及剪辑在视频中的应用等。

重点知识掌握：

- 认识视频剪辑
- 与剪辑相关的工具
- 剪辑在视频制作中的实际应用

4.1 认识剪辑

剪辑的主要目的是对所拍摄的镜头进行分割、取舍、组接，重新排列组合为一个有节奏、有故事性的作品。接下来学习一下在 Adobe Premiere Pro CC 2018 中视频剪辑所涉及的主要知识。

4.1.1 剪辑的概念

"剪辑"可理解为裁剪、编辑。它是视频制作中必不可少的一道工序，在一定程度上决定着作品的质量好坏，更是视频的再次升华和创作的主干，剪辑能影响作品的叙事、节奏、情感。"剪"和"辑"是相辅相成的，二者不可分离。其本质是通过视频中主体动作的分解组合来完成蒙太奇形象的塑造，从而传达故事情节，完成内容叙述。图 4-1 和图 4-2 所示为通过剪辑形成的影片片段。

图 4-1   图 4-2

4.1.2 蒙太奇

提到剪辑，我们就必须要了解一下"蒙太奇"。"蒙太奇"翻译成中文为"剪接"的意思，是指视频影片通过画面或声音进行组接，从而用于叙事、创造节奏和营造氛围刻画情绪。剪辑的过程可以按照时间发展顺序，也可以进行非线性操作，从而制作出倒叙、重复、节奏等剪辑特色。比如，电影中将多个平行时间发生的事一起展现给观众，或者电影中刺激动态的镜头突然转到缓慢静止的画面。这些都会使观众产生心理的波动和不同的感受。

蒙太奇方式有很多，常见的有平行蒙太奇、交叉蒙太奇、颠倒蒙太奇、心理蒙太奇、抒情蒙太奇等。图 4-3 和图 4-4 所示为使用蒙太奇手法制作的影片。

图 4-3   图 4-4

4.1.3 剪辑的节奏

剪辑的节奏感可影响作品的叙事方式和视觉感受，能够推动画面的情节发展。常见的剪辑节奏可分为以下 5 种方法。

1. 静接静

【静接静】是指在一个动作的结束时另一个动作以静的形式切入，通俗来讲上一帧结束在静止的画面上，下一帧以静止的画面开始。【静接静】同时还包括场景转换和镜头组接等。它不强调视频运动的连续性，更多注重的是镜头的连贯性，如图 4-5 所示。

图 4-5

2. 动接动

【动接动】是指在镜头运动中通过推、拉、移等动作进行主体物的切换，以接近的方向或速度进行镜头组接，从而产生动感效果。如人物的运动、景物的运动等，借助此类素材进行动态组接，如图 4-6 所示。

图 4-6

3. 静接动／动接静

【静接动】是指动感微弱的镜头与动感明显的镜头进行组接，在节奏上和视觉上具有很强的推动感。【动接静】与【静接动】相反，同样会产生抑扬顿挫的画面感觉，如图 4-7 所示。

图 4-7

4. 分剪

【分剪】的字面意思为将一个镜头剪开，分成多个部分。

它不仅可以弥补在前期拍摄中素材不足的情况，还可以剪掉画面中因卡顿、忘词等废弃镜头，从而增强画面的节奏感，如图4-8所示。

图4-8

5. 拼剪

【拼剪】是指将同一个镜头重复拼接，通常在镜头不够长或缺失素材时可使用该方法进行弥补前期拍摄的不足，该方法具有延长镜头时间、酝酿观者情绪的作用，如图4-9所示。

图4-9

重点 4.1.4 剪辑流程

在Premiere中剪辑可分为整理素材、初剪、精剪和完善4个流程。

1. 整理素材

前期的素材整理对后期剪辑具有非常大的帮助。通常在拍摄时会把一个故事情节分段拍摄，拍摄完成后将所有素材进行浏览，留取其中可用的素材文件，将可用部分添加标记便于二次查找。然后可以按脚本、景别、角色将素材进行分类排序，将同属性的素材文件存放在一起。整齐有序的素材文件可提高剪辑效率和影片质量，并且可以显示出剪辑的专业性，如图4-10所示。

图4-10

2. 初剪

初剪又称为粗剪，将整理完成的素材文件按脚本进行归纳、拼接，并按照影片的中心思想、叙事逻辑逐步剪辑，从而粗略剪辑成一个无配乐、旁白、特效的影片初样。以初样作为这个影片的雏形，一步步去制作整个影片，如图4-11所示。

图4-11

3. 精剪

精剪是影片中最重要的一道剪辑工序，是在粗剪基础上进行的剪辑操作，取精去糟，从镜头的修整、声音的修饰到文字的添加与特效合成等方面都花费了大量时间，精剪可控制镜头的长短、调整镜头分剪与剪接点、为画面添加点睛技巧等，是影质好坏的关键步骤，如图4-12所示。

图4-12

4. 完善

完善是剪辑影片的最后一道工序，它在注重细节调整的同时更注重节奏点。通常在该步骤会将导演的情感、剧本的故事情节及观者的视觉追踪注入整体架构中，使整个影片更有故事性和看点，如图4-13所示。

图4-13

重点 4.1.5 轻松动手学：尝试在Premiere中进行剪辑

文件路径：Chapter 04 视频剪辑→轻松动手学：尝试在Premiere中进行剪辑

（1）在菜单栏中选择【文件】/【新建】/【项目】命令，然后会弹出【新建项目】窗口，设置【名称】，并单击【浏览】按钮设置保存路径，如图4-14所示。

扫一扫，看视频

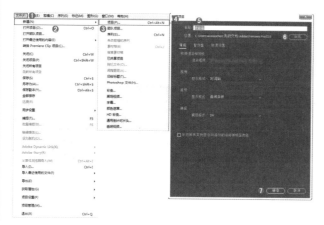

图 4-14

（2）在【项目】面板的空白处双击鼠标左键，导入全部素材文件，最后单击【打开】按钮导入素材，如图 4-15 所示。

图 4-15

（3）按住鼠标左键将【项目】面板中的 01.jpg、02.jpg 素材文件拖曳到【时间轴】面板中的 V1 轨道上，设置 02.jpg 素材文件的结束时间为第 10 帧的位置，如图 4-16 所示。此时在【项目】面板中自动出现序列。

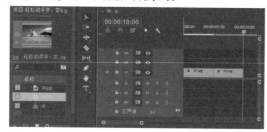

图 4-16

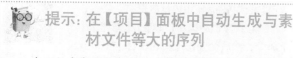
提示：在【项目】面板中自动生成与素材文件等大的序列

在不新建序列的情况下，将素材文件拖曳到【时间轴】面板中，此时【项目】面板中自动生成与素材文件等大的序列，如图 4-17 所示。

图 4-17

（4）选择 V1 轨道上的 02.jpg 素材文件，在【效果控件】面板中设置【缩放】为 115，如图 4-18 所示。此时画面效果如图 4-19 所示。

图 4-18　　　　　　图 4-19

（5）进行素材文件的剪辑操作。单击工具箱中的 ◆（剃刀工具）按钮，然后将时间线拖动到第 3 秒的位置，单击鼠标左键进行剪辑操作，如图 4-20 所示。

（6）此时单击工具箱中的 ▶（选择工具）按钮，选择 01.jpg 素材文件的后部分，如图 4-21 所示。此时右击该素材文件，在弹出的快捷菜单中执行【波纹删除】命令，此时该素材文件被删除，同时后方的 02.jpg 素材文件会自动向前跟进，如图 4-22 所示。

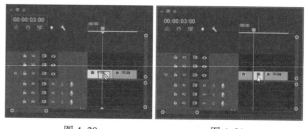

图 4-20　　　　　　图 4-21

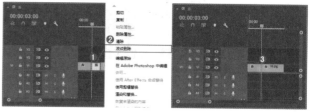

图 4-22

提示：删除素材片段

在删除时，也可以按下键盘上的Delete键进行删除操作，如图4-23所示。此时单击工具箱中的 ▶ （选择工具）按钮，选择02.jpg素材文件，按住鼠标左键将其向前拖动，如图4-24所示。

图4-23　　　　　　　　图4-24

（7）为素材文件添加效果，这里我们以【中心拆分】过渡效果为例，在【效果】面板中搜索【中心拆分】，按住鼠标左键并将该效果拖曳到V1轨道上两个素材文件的中间位置，如图4-25所示。

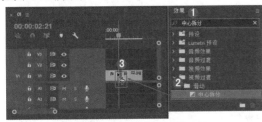

图4-25

（8）此时滑动时间线查看视频剪辑效果，如图4-26所示。

图4-26

4.2　认识剪辑的工具

在Premiere中，将镜头进行删减、组接、重新编排可形成一个完整的视频影片。接下来讲解几个在剪辑中经常使用的工具。

扫一扫，看视频

【重点】**4.2.1　工具面板**

【工具面板】中包括【选择工具】【向前/向后选择轨道工具】【波纹编辑工具】和【剃刀工具】等16种工具，如图4-27所示。其中部分工具在视频剪辑中的应用十分广泛。

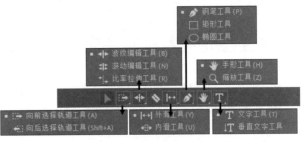

图4-27

1. 选择工具

▶ （选择工具）按钮，快捷键为V。顾名思义，是选择对象的工具，在Premiere中它可对素材、图形、文字等对象进行选择，还可以单击鼠标左键选择或按住鼠标左键拖曳。

若想将【项目】面板中的素材文件置于【时间轴】面板中，可单击工具箱中的 ▶ （选择工具）按钮，在【项目】面板中将光标定位在素材文件上方，按住鼠标左键将素材文件拖动到【时间轴】面板中，如图4-28所示。

图4-28

2. 向前/向后选择轨道工具

▶ （向前选择轨道工具）/ ◀ （向后选择轨道工具）按钮，快捷键为A。可选择目标文件左侧或右侧同轨道上的所有素材文件，当【时间轴】面板中素材文件过多时，使用该种工具选择文件更加方便快捷。

（1）以 ▶ （向前选择轨道工具）为例，若要选择V1轨道上01.jpg素材文件后方的所有文件，可首先单击 ▶ （向前选择轨道工具）按钮，然后单击【时间轴】面板中的01.jpg和02.jpg，如图4-29所示。

（2）此时01.jpg素材文件后方的文件被全部选中，如图4-30所示。

第4章　视频剪辑

63

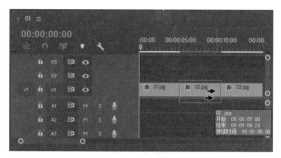

图 4-29

图 4-30

3. 波纹编辑工具

（波纹编辑工具）按钮，快捷键为B。可调整选中素材文件的持续时间，在调整素材文件时素材的前方或后方可能会有空位出现，此时相邻的素材文件会自动向前移动进行空位的填补。

调整V1轨道上01.jpg素材文件的持续时间，将长度适当进行缩短。单击（波纹编辑工具）按钮，将光标定位在01.jpg和02.jpg素材文件的中间位置，当光标变为时，按住鼠标左键向左侧拖动，如图4-31所示。此时01.jpg素材文件后方的全部文件会自动向前跟进，如图4-32所示。

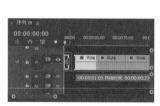

图 4-31　　　　　　图 4-32

4. 滚动编辑工具

（滚动编辑工具）按钮，快捷键为N。在素材文件总长度不变的情况下，可控制素材文件自身的长度，并可适当调整剪切点。

（1）选择V1轨道上的01.jpg素材文件，若想将该素材文件的长度增长，可单击（滚动编辑工具）按钮，将光标定位在01.jpg素材文件的上方，按住鼠标左键向右侧拖曳，如图4-33所示。

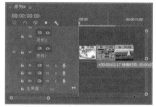　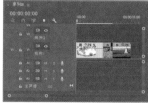

图 4-33　　　　　　　图 4-34

（2）在不改变素材文件总长度的情况下，此时01.jpg素材文件变长，而相邻的02.jpg素材文件的长度会相对进行缩短，如图4-34所示。

5. 比率拉伸工具

（比率拉伸工具）按钮，可以改变【时间轴】面板中素材的播放速率。

单击（比率拉伸工具）按钮，当光标变为时，按住鼠标左键向右侧拉长，如图4-35所示。此时该素材文件的播放时间变长，速率变慢，如图4-36所示。

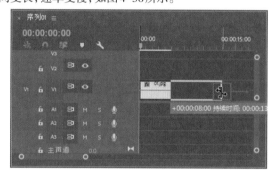

图 4-35

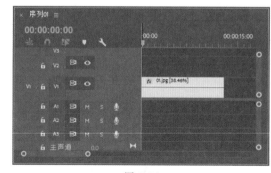

图 4-36

6. 剃刀工具

（剃刀工具）按钮，快捷键为C。可将一段视频裁剪为多个视频片段，按住Shift键可以同时剪辑多个轨道中的素材。

（1）单击（剃刀工具）按钮，将光标定位在素材文件的上方，按下鼠标左键即可进行裁剪，如图4-37所示。裁剪完成后，该素材文件的每一段都可成为一个独立的素材文件，如图4-38所示。

中文版Premiere Pro CC 从入门到精通（微课视频 全彩版）

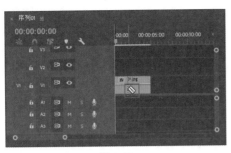

图 4-37

图 4-38

（2）可也按住 Shift 键，同时裁剪多个轨道上的素材文件。此时同一帧不同轨道上的素材文件会被同时进行裁剪，如图 4-39 所示。

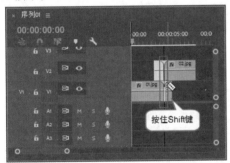

按住Shift键

图 4-39

【重点】4.2.2　其他剪辑工具

除【工具面板】外，在【时间轴】面板中右击素材文件，在弹出的快捷菜单中有些命令也常用于视频剪辑中。

1. 波纹删除

【波纹删除】命令能很好地提高工作效率，常搭配【剃刀工具】一起使用。在剪辑时，通常我们会将废弃片段进行删除，使用【波纹删除】命令不用再去移动其他素材来填补删除后的空白，它在删除的同时能将前后素材文件很好地连接在一起。

（1）单击 （剃刀工具）按钮，将时间线滑动到合适的位置，单击鼠标左键剪辑 01.jpg 素材文件，此时 01.jpg 素材被分割为两部分，如图 4-40 所示。

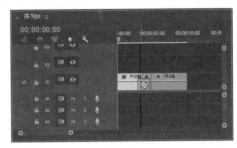

图 4-40

（2）单击 （选择工具）按钮，然后右击剪辑后半部分的 01.jpg 素材文件，在弹出的快捷菜单中执行【波纹删除】命令，如图 4-41 所示。此时 02.jpg 素材文件会自动向前跟进，如图 4-42 所示。

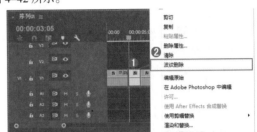

图 4-41

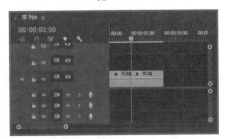

图 4-42

2. 取消链接

当素材文件中的视音频连接在一起时，针对视频或音频素材进行单独操作就会相对烦琐。此时我们需要解除音视频链接。

单击 （选择工具）按钮，右击选择该素材文件，在弹出的快捷菜单中执行【取消链接】命令，如图 4-43 所示。此时可以针对【时间轴】面板中的视频文件、音频文件进行单独移动或执行其他操作，如图 4-44 所示。

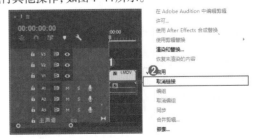

图 4-43

图 4-44

4.3 在监视器面板中进行素材剪辑

在 Adobe Premiere 中,我们知道【监视器】面板用来显示素材和编辑素材,那么位于【监视器】面板下方的各个小按钮同样具有重要的作用,它向我们提供了多种模式的监视、寻帧和设置出入点操作。

4.3.1 认识监视器面板

在 Adobe Premiere Pro CC 2018 的【节目】监视器面板底部设有各种功能的编辑按钮。使用这些按钮可以更便捷地对所选素材进行操作,同时可根据自己的习惯,通过单击该面板右下角的 ➕(按钮编辑器)按钮,自定义各个按钮的位置排列及显隐情况。图 4-45 所示为默认状态下的【节目】监视器面板。

图 4-45

- 添加标记:用于标注素材文件需要编辑的位置,快捷键为 M。
- 标记入点:定义操作区段的起始位置,快捷键为 I。
- 标记出点:定义操作区段的结束位置,快捷键为 O。

- 转到入点:单击该按钮,可将时间线快速移动到入点位置,快捷键为 Shift+I。
- 后退一帧(左侧):可使时间线向左侧移动一帧。
- 播放/停止切换:单击该按钮,可使素材文件进行播放/停止播放,快捷键为 Space。
- 前进一帧(右侧):可使时间线向右侧移动一帧。
- 转到出点:单击该按钮,可将时间线快速移动到出点位置,快捷键为 Shift+O。
- 提升:单击该按钮,可将出入点之间的区段自动裁剪掉,并且该区域以空白的形式呈现在【时间轴】面板中,后方视频素材不自动向前跟进,快捷键为;。
- 提取:单击该按钮,可将出入点之间的区段自动裁剪掉,素材后方的其他素材会随着剪辑自动向前跟进。
- 导出帧:可将当前帧导出为图片。在【导出帧】窗口中可设置导出的【名称】【格式】【路径】,如图 4-46 所示。

图 4-46

- 按钮编辑器:可将监视器底部的按钮进行添加/删除等自定义操作,按钮编辑器如图 4-47 所示。

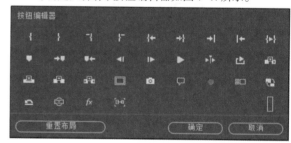

图 4-47

4.3.2 添加标记

编辑视频时在素材上添加标记,不仅便于素材位置的查找,同时还方便剪辑操作。当标记添加过多时,还可以为标记设置不同的颜色及注释,避免了视线混淆,并能很好地起到提示作用。设置标记的方法有以下两种。

方法 1:在菜单栏中添加标记

在菜单栏中选择【标记】命令,在下拉列表中即可为选择的素材文件进行添加标记或设置出入点等,如图 4-48 所示。

图 4-48

方法 2：在【源监视器】中添加标记

在【源监视器】面板下方单击 ♥（添加标记）按钮，或者使用快捷键 M 即可在【源监视器】面板中成功添加标记。

（1）双击【时间轴】面板中需要标记的素材文件，此时即可出现【源监视器】面板，然后在【源监视器】面板中拖动时间线滑块进行素材预览，并在需要做标记的位置单击 ♥（添加标记）按钮，即可完成标记的添加，如图 4-49 所示。

图 4-49

（2）此时，在【时间轴】面板中所选素材的相同位置也会出现标记符号，如图 4-50 所示。

图 4-50

方法 3：在【节目监视器】中添加标记

（1）首先将时间线滑动到需要添加标记的位置，然后单击【节目监视器】下方的 ♥（添加标记）按钮，即可快速为素材添加标记，如图 4-51 所示。

图 4-51

（2）同时，在【时间轴】面板中的序列上方相同位置出现标记符号，如图 4-52 所示。

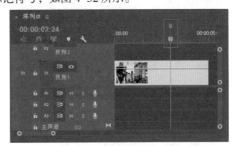

图 4-52

> **提示：设置当前标记的名称、颜色**
>
> 双击【节目监视器】下方的 ♥（添加标记）按钮，会弹出一个标记窗口，如图 4-53 所示。可以在窗口中设置当前标记的名称、颜色等。
>
>
>
> 图 4-53

4.3.3　设置素材的入点和出点

素材的入点和出点是指经过修剪后为素材设置开始时间位置和结束时间位置，也可理解为定义素材的操作区段。

此时入点和出点之间的素材会被保留，而其他部分用作保留性删除。可通过此方法进行快速剪辑，并且在导出文件时会以该区段作为有效时间进行导出。

（1）在【时间轴】面板中将时间线拖动到合适的位置，单击 （标记入点）按钮或使用快捷键 I 可设置入点，如图 4-54 所示。此时在【时间轴】面板中的相同位置也会出现入点符号，如图 4-55 所示。

图 4-54

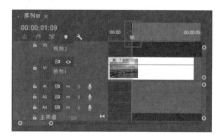

图 4-55

（2）继续滑动时间线，选择合适的位置，单击 （标记出点）按钮或使用快捷键 O 设置出点，如图 4-56 所示。此时在【时间轴】面板中的相同位置也会出现出点符号，如图 4-57 所示。

图 4-56

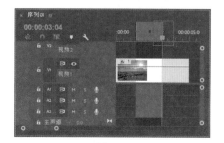

图 4-57

提示：在【源监视器】中为素材设置入点、出点

（1）双击【时间轴】面板中的素材文件，如图 4-58 所示。此时会进入【源】监视器中，如图 4-59 所示。

图 4-58

图 4-59

（2）单击【源】监视器底部的 （标记入点）按钮，即可为素材添加入点，继续滑动时间线，单击 （标记出点）按钮，此时为素材成功添加出点，如图 4-60 所示。此时在【时间轴】面板中只保留入出点之间的区段，入出点以外部分将被删除，如图 4-61 所示。

图 4-60

中文版Premiere Pro CC 从入门到精通（微课视频 全彩版）

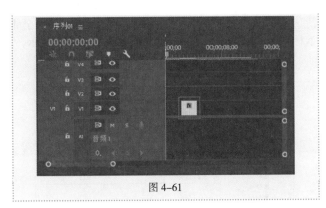

图 4-61

4.3.4 使用提升和提取快速剪辑

在出入点设置完成后,出入点之间的区段可通过【提升】及【提取】进行剪辑操作。

1. 提升

单击【节目】监视器下方的 🔧 (提升)按钮或在菜单栏中执行【序列】/【提升】命令,此时入出点之间的区段自动删除,并以空白的形式呈现在【时间轴】面板中,如图 4-62 所示。

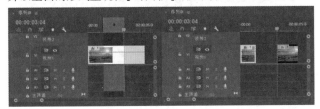

图 4-62

2. 提取

单击【节目】监视器下方的 🔧 (提取)按钮或在菜单栏中执行【序列】/【提取】命令,此时入出点之间的区段在删除的同时后方素材会自动向前跟进,如图 4-63 所示。

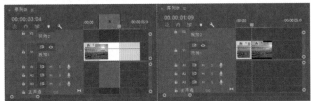

图 4-63

4.3.5 按钮编辑器

在 Premiere 中,【按钮编辑器】可根据使用者习惯和喜好对按钮进行编辑和位置排序。单击 ➕ (按钮编辑器)按钮,会弹出【按钮编辑器】界面,如图 4-64 所示。

图 4-64

（1）以 ▣ (安全边框)按钮为例,若想将该按钮移动到【节目】监视器底部,首先在【按钮编辑器】中选择该按钮,按住鼠标左键将其拖曳到【节目】监视器底部的按钮中,然后单击【确定】按钮,如图 4-65 所示。

图 4-65

（2）此时单击 ▣ (安全边框)按钮,在【节目】监视器中的素材文件上即可显示出边框,如图 4-66 所示。以同样的方式可移动【按钮】编辑器中的其他按钮。

图 4-66

实例:淘宝主图视频剪辑

文件路径: Chapter 04 视频剪辑→实例:淘宝主图视频剪辑

扫一扫,看视频

本实例主要将使用【剃刀工具】进行视频剪辑拼凑，从而更好地展示产品自身优点，并使用【过渡】升华画面视觉效果，实例效果如图4-67所示。

图 4-67

操作步骤

Part 01　视频剪辑操作

步骤 01　在菜单栏中选择【文件】/【新建】/【项目】命令，然后在弹出的【新建项目】窗口中设置合适的项目名称，并单击【浏览】按钮设置保存路径，如图4-68所示。选择【文件】/【新建】/【序列】命令，接着会弹出【新建序列】窗口，在HDV文件夹下选择【HDV 1080P30】，如图4-69所示。

图 4-68

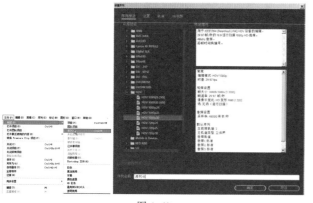

图 4-69

步骤 02　在【项目】面板的空白处双击鼠标左键，导入全部素材文件，最后单击【打开】按钮导入素材，如图4-70所示。

图 4-70

步骤 03　选择【项目】面板中的01.mp4素材文件，按住鼠标左键将其拖曳到【时间轴】面板中，如图4-71所示。

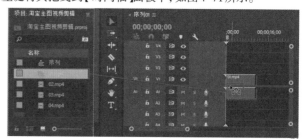

图 4-71

👓 **提示：激活视频音频轨道**

当我们将影片片段拖曳到【时间轴】面板中时，通常会遇到视、音频在某个轨道中不显现的现象。此时我们要检查是否将视频或音频轨道激活。

（1）单击选择视频轨道前 V1 按钮时，意为激活视频轨道，影片只对视频轨道发生作用，此时影片中的音频部分在【时间轴】面板中不进行显现，如图4-72所示。

图 4-72

（2）若单击选择音频轨道前 A1 按钮时，意为激活音频轨道，影片只对音频轨道发生作用，此时影片中的视频部分在【时间轴】面板中不进行显现，如图4-73所示。

图 4-73

（3）若将视、音频全部激活时，或全部取消激活，此时将影片拖曳到【时间轴】面板中，可同时对视音频发生作用，如图 4-74 所示。

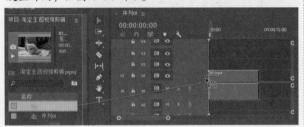

图 4-74

步骤 04 此时会弹出一个【剪辑不匹配警告】窗口，在窗口中单击【更改序列设置】按钮，如图 4-75 所示。【时间轴】面板中的素材文件如图 4-76 所示。

图 4-75

图 4-76

步骤 05 可以看出该素材视、音频为链接状态。在本实例中，我们只需要对该素材的视频文件进行操作，为了方便操作，我们将音频文件进行删除。首先右击选择该素材文件，在弹出的快捷菜单中执行【取消链接】命令，此时视频和音频解除一体状态，可单独进行操作，如图 4-77 所示。

步骤 06 选择 A1 轨道上的音频文件，按下键盘上的 Delete 键将音频文件进行删除，如图 4-78 所示。

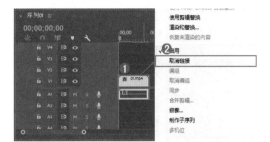

图 4-77

图 4-78

步骤 07 将【项目】面板中的 02.mp4、03.mp4、04.mp4 素材文件依次拖曳到【时间轴】面板中的 V2 轨道上，设置起始时间为第 6 秒的位置，如图 4-79 所示。

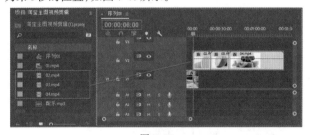

图 4-79

步骤 08 将【时间轴】面板中的素材文件进行剪辑。首先选择 V1 轨道上的 01.mp4 素材文件，单击工具箱中 ◆（剃刀工具）按钮，然后将时间线滑动到第 7 秒的位置，单击鼠标左键剪辑 01.mp4 素材文件，如图 4-80 所示。

图 4-80

步骤 09 单击工具箱中的 ▶（选择工具）按钮。选中剪辑后的 01.mp4 素材文件后部分，接着按下键盘上的 Delete 键进行删除，如图 4-81 所示。

步骤 10 选择 V2 轨道上的 02.mp4 素材文件，将时间线滑动到第15秒的位置，然后单击工具箱中的剃刀工具按钮，单击鼠标左键剪辑02.mp4素材文件，如图4-82所示。

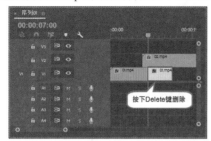

图4-81

图4-82

步骤 11 单击选择工具按钮，右击选择剪辑后的02.mp4素材文件后的部分，在弹出的快捷菜单中执行【波纹删除】命令，如图4-83所示。此时02.mp4素材文件后方素材会自动向前跟进，如图4-84所示。

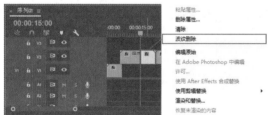

图4-83

图4-84

步骤 12 继续单击剃刀工具按钮并选择V2轨道上的03.mp4素材文件，将时间线拖动到第24秒的位置，单击鼠标左键剪辑03.mp4素材文件，如图4-85所示。

步骤 13 再次单击选择工具按钮，选择剪辑后的03.mp4素材文件的后半部分，右击选择该素材，在弹出的快捷菜单中执行【波纹删除】命令，如图4-86所示。

图4-85

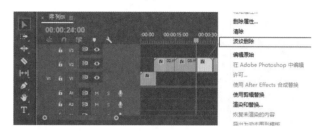

图4-86

步骤 14 将时间线拖动到第33秒的位置，单击剃刀工具按钮，接着单击鼠标左键剪辑04.mp4素材文件，如图4-87所示。选择剪辑后的04.mp4素材文件的后半部分，按下键盘上的Delete键将其进行删除，如图4-88所示。

图4-87

图4-88

Part 02 为素材添加过渡效果

步骤 01 为素材添加过渡效果。在【效果】面板的搜索框中搜索【交叉溶解】效果，然后按住鼠标左键将该效果拖动到V2轨道的02.mp4素材文件的起始位置，如图4-89所示。

中文版Premiere Pro CC 从入门到精通（微课视频 全彩版）

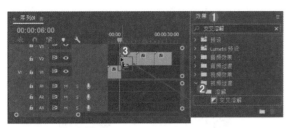

图 4-89

步骤 02 选择 V2 轨道上的【交叉溶解】效果,在【效果控件】面板中设置【持续时间】为 1 秒 10 帧,如图 4-90 所示。此时效果如图 4-91 所示。

图 4-90 　　　　　图 4-91

步骤 03 在【效果】面板的搜索框中搜索【渐隐为黑色】,然后按住鼠标左键将该效果拖动到 V2 轨道的 03.mp4 素材文件的起始位置,如图 4-92 所示。

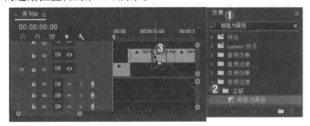

图 4-92

步骤 04 选择 V2 轨道上的【渐隐为黑色】效果,在【效果控件】面板中设置【持续时间】为 1 秒,如图 4-93 所示。此时画面效果如图 4-94 所示。

图 4-93 　　　　　图 4-94

步骤 05 在【效果】面板的搜索框中搜索【叠加溶解】效果,然后按住鼠标左键将该效果拖动到 V2 轨道的 04.mp4 素材文件的起始位置,如图 4-95 所示。

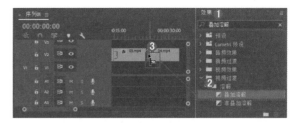

图 4-95

步骤 06 选择 V2 轨道上的【叠加溶解】效果,在【效果控件】面板中设置【持续时间】为 1 秒,如图 4-96 所示。此时画面效果如图 4-97 所示。

图 4-96 　　　　　图 4-97

步骤 07 按住鼠标左键继续将【效果】面板中的【渐隐为黑色】效果拖动到 V2 轨道的 04.mp4 素材文件的结束位置,如图 4-98 所示。

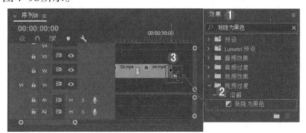

图 4-98

步骤 08 选择 V2 轨道上新添加的【渐隐为黑色】效果,在【效果控件】面板中设置【持续时间】为 1 秒,如图 4-99 所示。此时画面效果如图 4-100 所示。

图 4-99 　　　　　图 4-100

步骤 01　为画面添加字幕效果。选择菜单栏中的【文件】/【新建】/【旧版标题】命令，在弹出的对话框中设置【名称】为【字幕 01】，然后单击【确定】按钮，如图 4-101 所示。

图 4-101

步骤 02　单击█（矩形工具）按钮，在工作区域中按住鼠标左键绘制一个长条矩形，并设置【填充类型】为【实底】，【颜色】为蓝色，如图 4-102 所示。

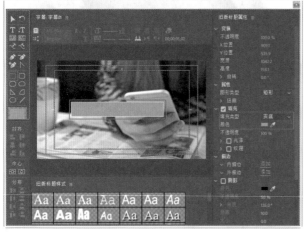

图 4-102

步骤 03　单击█（文字工具）按钮，在蓝色矩形上方单击鼠标左键输入文字，设置合适的【字体系列】,【字体大小】为88,【颜色】为白色，并适当调整文字的位置，如图 4-103 所示。

步骤 04　使用同样的方式新建【字幕 02】，在【字幕】面板中继续单击█（矩形工具）按钮，按住鼠标左键绘制一个矩形，设置【填充类型】为【实底】，【颜色】为黄色，如图 4-104 所示。

图 4-103

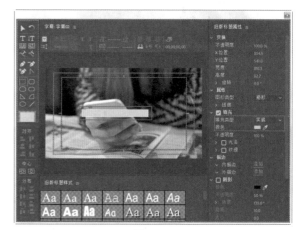

图 4-104

步骤 05　单击█（文字工具）按钮，在黄色矩形上方单击鼠标左键输入文字，设置合适的【字体系列】，【字体大小】为 50,【颜色】为黑色，如图 4-105 所示。

图 4-105

步骤 06　使用同样的方式制作【字幕03】，在【字幕03】面板中再次单击■（矩形工具）按钮，按住鼠标左键在画面中绘制一个矩形，设置【填充类型】为【实底】，【颜色】为黄色，如图4-106所示。单击■（文字工具）按钮，在黄色矩形上方单击鼠标左键输入文字，并设置合适的【字体系列】，【字体大小】为90，【颜色】为白色，并适当调整文字的位置，如图4-107所示。

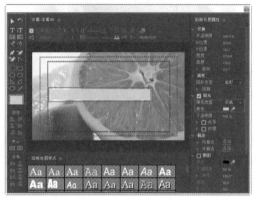

图 4-106

图 4-107

步骤 07 在【字幕】面板中单击■（基于当前字幕新建字幕）按钮，在弹出的对话框中设置【名称】为【字幕04】，如图4-108所示。接着继续单击■（文字工具）按钮，选择黄色矩形上方的文字，将文字进行更改，并适当调整文字的位置，如图4-109所示。

图 4-108

图 4-109

步骤 08 继续单击■（基于当前字幕新建字幕）按钮，在弹出的对话框中设置【名称】为【字幕05】，如图4-110所示。在【字幕05】面板中单击■（文字工具）按钮，选中画面中的文字，更改文字内容，如图4-111所示。

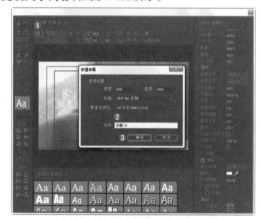

图 4-110

图 4-111

步骤 09 制作完成后关闭【字幕】面板。将【项目】面板中的【字幕01】【字幕02】素材文件分别拖曳到【时间轴】面板中的 V3、V4 轨道上，设置【字幕01】的起始时间为第7帧的位置，结束时间为第5秒5帧的位置，【字幕02】的起始时间为第14帧的位置，结束时间与【字幕01】对齐，如图4-112所示。

图 4-112

步骤 10 在【时间轴】面板中单击 V4 轨道前方的 ◎ 按钮，隐藏 V4 轨道上的素材文件，接着选择 V3 轨道上的【字幕01】素材文件，在【效果控件】面板中将时间线滑动到第 7帧的位置，设置【位置】为（490,808），【不透明度】为 0%，激活【位置】和【不透明度】前面的 ◎（切换动画）按钮，开启自动关键帧。将时间线滑动到第 1 秒 1 帧的位置，设置【不透明度】为 100%，将时间线滑动到第 1 秒 7 帧的位置，设置【位置】为（490,540），继续将时间线滑动到第 1 秒 22帧的位置，设置【位置】同样为（490,540），将时间线滑动到第 2 秒 7 帧的位置，设置【位置】为（430,540），将时间线滑动到第 4 秒 6 帧的位置，设置【不透明度】为 100%，最后将时间线滑动到第 4 秒 22 帧的位置，设置【不透明度】为 0%，如图 4-113 所示。画面效果如图 4-114 所示。

图 4-113

图 4-114

提示：为什么调节【不透明度】属性后方的参数会自动出现关键帧

在 Premiere 中，默认状态下【不透明度】属性前方的【切换动画】按钮显示为蓝色 ◎，如图 4-115 所示。此时关键帧为开启状态，只需编辑不透明度的参数即可为该属性添加关键帧。本书实例中讲解到需单击该属性前的【切换动画】按钮创建关键帧，意为说明此处需添加【不透明度】

关键帧，其次让读者再次确认自身计算机中【不透明度】关键帧是否被开启，若【不透明度】关键帧显示为蓝色 ◎（即已经被开启状态），无须再次单击。

图 4-115

特别需要注意：当本书中出现"激活【不透明度】前面的 ◎（切换动画）按钮时"，表示此时的不透明度属性需要是被激活的状态，并变为蓝色 ◎。

步骤 11 显现并选择 V4 轨道上的【字幕 02】素材文件，在【效果控件】面板中将时间线滑动到第 14 帧的位置，设置【位置】为（436,1031），【不透明度】为 0%，如图 4-116所示。激活【位置】和【不透明度】前面的 ◎（切换动画）按钮，开启自动关键帧。将时间线滑动到第 1 秒 8 帧的位置，设置【不透明度】为 100%，将时间线滑动到第 1 秒 15 帧的位置，设置【位置】为（436,670），继续将时间线滑动到第 1 秒 28帧的位置，设置【位置】同样为（436,670），将时间线滑动到第 2 秒 29 帧的位置，设置【位置】为（377,670），将时间线滑动到第 4 秒 14 帧的位置，设置【不透明度】为 100%，最后将时间线滑动到第 5 秒的位置，设置【不透明度】为 0%，此时画面效果如图 4-117 所示。

图 4-116

图 4-117

步骤 12 将【项目】面板中的【字幕03】【字幕04】【字幕05】素材文件依次拖曳到V3轨道上,设置它们的起始时间分别为第8秒、17秒和26秒,如图4-118所示。

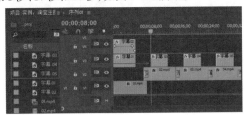

图 4-118

步骤 13 选择 V3 轨道上的【字幕03】素材文件,在【效果控件】面板中将时间线滑动到第 8 秒的位置,设置【位置】为(600,1170),【不透明度】为 0%,如图 4-119 所示。激活【位置】和【不透明度】前面的 ⏱(切换动画)按钮,开启自动关键帧。将时间线滑动到第 8 秒 24 帧的位置,设置【不透明度】为 100%,将时间线滑动到第 9 秒 1 帧的位置,设置【位置】为(600,670),继续将时间线滑动到第 10 秒 12 帧的位置,设置【位置】同样为(436,670),将时间线滑动到第 11 秒的位置,设置【不透明度】为 100%,最后将时间线滑动到第 11 秒 15 帧的位置,设置【位置】为(−400,670),【不透明度】为 0%,此时画面效果如图 4-120 所示。

图 4-119

图 4-120

步骤 14 选择【效果控件】面板中的【运动】属性,使用快捷键 Ctrl+C 复制该效果,接着选择 V3 轨道上的【字幕04】素材文件,在【效果控件】面板底部的空白处使用快捷键 Ctrl+V 进行粘贴,如图 4-121 所示。

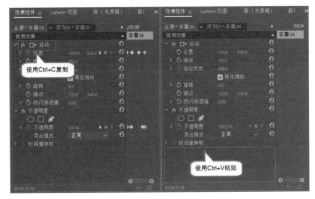

图 4-121

步骤 15 再次选择【字幕03】素材文件中的【效果控件】面板,单击鼠标左键选择【不透明度】属性,接着选择【字幕04】素材文件,使用同样的方法在【效果控件】面板底部的空白处进行粘贴,如图 4-122 所示。此时滑动时间线查看【字幕04】效果,如图 4-123 所示。

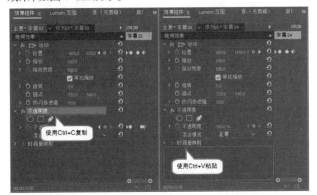

图 4-122

图 4-123

步骤 16 使用同样的方式将效果粘贴到 V3 轨道的【字幕05】素材文件上,此时【字幕05】素材文件的【效果控件】面板如图 4-124 所示。画面如图 4-125 所示。

图 4-124

图 4-125

Part 04　为视频添加配乐

步骤 01　将【项目】面板中的【配乐.mp3】素材文件拖曳到 A1 轨道上，如图 4-126 所示。

图 4-126

步骤 02　将时间线拖到第 33 秒的位置，单击 ◆（剃刀工具）按钮，接着单击鼠标左键进行剪辑，如图 4-127 所示。然后单击 ▶（选择工具）按钮，选择【配乐.mp3】素材文件的后部分，按下键盘上的 Delete 键进行删除操作，如图 4-128 所示。

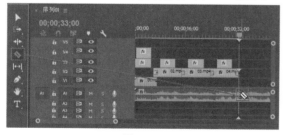

图 4-127

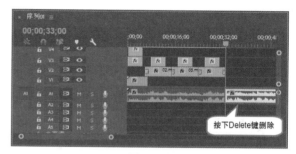

图 4-128

步骤 03　制作声音的淡入淡出效果。单击选择【配乐.mp3】素材文件，然后双击 A1 轨道前的空白位置，在【配乐.mp3】素材文件的起始位置和结束位置单击 ◇ （添加/删除关键帧）按钮，各添加一个关键帧。接着将时间线滑动到起始位置后第 3 秒处和结束位置前第 3 秒处，各添加一个关键帧，如图 4-129 所示。

图 4-129

步骤 04　将光标分别放在第一个关键帧和最后一个关键帧上方，并按住鼠标左键将关键帧向下拖曳，制作出淡入淡出效果，如图 4-130 所示。本实例制作完成，此时按下空格键即可进行播放预览，如图 4-131 所示。

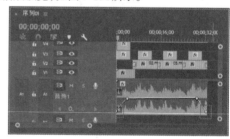

图 4-130

图 4-131

实例：微电影《毕业季》视频剪辑

文件路径：Chapter 04 视频剪辑→实例：微电影《毕业季》视频剪辑

扫一扫，看视频

本实例主要使用【剃刀工具】进行剪辑，将排列好的视频片段用【过渡】效果进行更好地连接，最后为视频添加音频，实例效果如图4-132所示。

图 4-132

操作步骤

Part 01　视频剪辑

步骤 01 在菜单栏中选择【文件】/【新建】/【项目】命令，然后在弹出的【新建项目】窗口中设置合适的项目名称，并单击【浏览】按钮设置保存路径，如图4-133所示。选择【文件】/【新建】/【序列】命令，会弹出【新建序列】窗口，在HDV文件夹下选择【HDV 1080P25】，如图4-134所示。

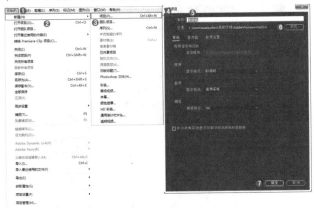

图 4-133

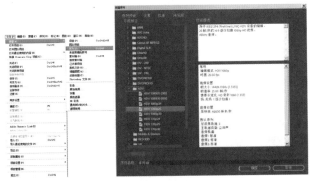

图 4-134

步骤 02 在【项目】面板的空白处双击鼠标左键，导入全部素材文件，最后单击【打开】按钮进行导入素材，如图4-135所示。

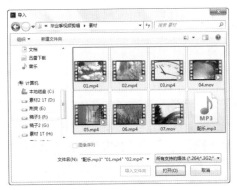

图 4-135

步骤 03 在【时间轴】面板中单击V1轨道最前方的 V1 （对插入和覆盖进行源修补）按钮，如图4-136所示。此时拖曳进来的视、音频文件只对视频轨道发生作用。

图 4-136

步骤 04 选择【项目】面板中的02.mp4素材文件，按住鼠标左键将其拖曳到V2轨道上，此时会弹出一个【剪辑不匹配警告】窗口，在窗口中单击【保持现有设置】按钮，如图4-137所示。接着将时间线滑动到第5秒10帧的位置，将光标放在02.mp4素材文件结束帧的位置，当光标变为 时，按住鼠标左键向左侧拖动，拖动到时间线位置释放光标，如图4-138所示。

图 4-137

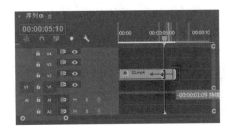

图 4-138

步骤 05 将【项目】面板中的06.mp4、03.mp4、07.mov和04.mov素材文件按照该顺序依次拖曳到V1轨道上，设置 06.mp4 素材文件的起始时间为第 3 秒 9 帧的位置，如图 4-139 所示。

步骤 06 进行视频剪辑。选择 V1 轨道上的 06.mp4 素材文件，然后将时间线滑动到第 7 秒 21 帧的位置，单击 ◢（剃刀工具）按钮，并单击鼠标左键进行剪辑操作，如图 4-140 所示。

图 4-139

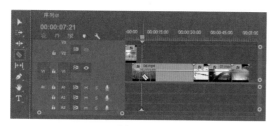

图 4-140

步骤 07 单击 ▶（选择工具）按钮。选中 06.mp4 素材文件的后半部分，右击在弹出的菜单中执行【波纹删除】命令，如图 4-141 所示。此时 06.mp4 后方的素材文件会自动向前跟进，如图 4-142 所示。

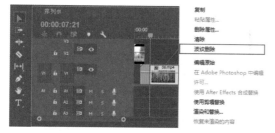

图 4-141

图 4-142

步骤 08 继续单击 ◢（剃刀工具）按钮并选择 V1 轨道上的 03.mp4 素材文件，将时间线拖动到第 10 秒 5 帧的位置，单击

鼠标左键剪辑 03.mp4 素材文件，如图 4-143 所示。

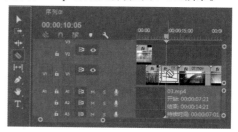

图 4-143

步骤 09 再次单击 ▶（选择工具）按钮，选择剪辑后的 03.mp4 素材文件的前半部分，右击选择该素材，在弹出的快捷菜单中执行【波纹删除】命令，如图 4-144 所示。

图 4-144

步骤 10 再次单击 ◢（剃刀工具）按钮并选择 V1 轨道上的 03.mp4 素材文件，将时间线拖动到第 10 秒 1 帧的位置，单击鼠标左键剪辑 03.mp4 素材文件，如图 4-145 所示。

图 4-145

步骤 11 使用同样的方式将剪辑后的 03.mp4 素材文件的后半部分进行波纹删除，如图 4-146 所示。

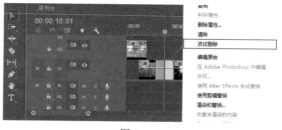

图 4-146

步骤 12 选择 V1 轨道上的 07.mov 素材文件，将时间线拖动到第 13 秒 17 帧的位置，按相同的方法剪辑该素材文件，并选择 07.mov 的后部分素材文件，将其进行【波纹删除】操作，如图 4-147 所示。接着为 07.mov 素材文件添加效果。在【效果】

面板搜索框中搜索【镜头光晕】效果，然后按住鼠标左键将该效果拖动到V1轨道的07.mov素材文件上，如图4-148所示。

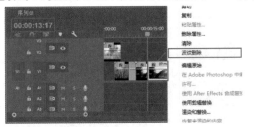

图4-147

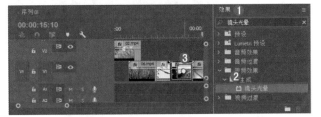

图4-148

步骤 13 选择V1轨道上的【07.mov】素材文件，在【效果控件】面板中展开【镜头光晕】效果，将时间线拖动到8秒10帧位置，单击【光晕中心】前面的（切换动画）按钮，开启自动关键帧，并设置此时的【光晕中心】为（1390,-45），如图4-149所示。继续将时间线拖动到11秒23帧位置，设置【光晕中心】为（1684,-45），此时画面效果如图4-150所示。

图4-149   图4-150

步骤 14 继续将时间线滑动到第17秒18帧的位置，按相同的方法剪辑04.mov素材文件并执行【波纹删除】命令，删除04.mov素材文件的后部分素材，如图4-151所示。

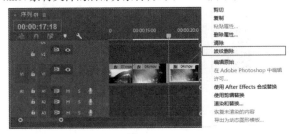

图4-151

步骤 15 将【项目】面板中的05.mp4、03.mp4素材文件拖曳到【时间轴】面板中的V2轨道上，将01.mp4素材文件拖曳到

V3轨道上，设置V2轨道上的05.mp4素材文件的起始时间为第16秒12帧的位置，V3轨道上的01.mp4素材文件的起始时间为第19秒11帧的位置，如图4-152所示。

图4-152

步骤 16 将时间线拖动到第21秒14帧的位置，单击（剃刀工具）按钮，剪辑V2轨道上的05.mp4素材文件，接着选择05.mp4素材文件后的部分，将其执行【波纹删除】命令，如图4-153所示。

图4-153

步骤 17 右击选择V2轨道上的03.mp4素材文件，在快捷菜单中执行【速度/持续时间】命令，在弹出的窗口中勾选【倒放速度】，设置完成后，单击【确定】按钮，如图4-154所示。此时播放时画面为倒放效果。

图4-154

步骤 18 选择V2轨道上的03.mp4素材文件，单击工具箱中的（剃刀工具）按钮，将时间线分别滑动到第22秒5帧的位置，结束时间为第25秒17帧的位置，单击鼠标左键进行剪辑，如图4-155所示。接着分别选择剪辑后的03.mp4素材文件的前部分和后部分，按下Delete键进行删除，如图4-156所示。

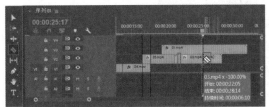

图4-155

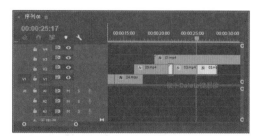

图 4-156

步骤 19 选择 V3 轨道上的 01.mp4 素材文件，将时间线滑动到第 22 秒 11 帧的位置，用同样的方法使用剃刀工具进行剪辑，最后选择 01.mp4 素材文件的后半部分，按下 Delete 键进行删除，如图 4-157 所示。

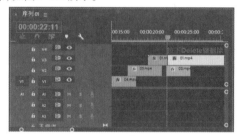

图 4-157

Part 02　为视频添加过渡效果

步骤 01 为素材添加过渡效果。在【效果】面板的搜索框中搜索【交叉溶解】效果，然后按住鼠标左键将该效果拖动到 V2 轨道的 02.mp4 素材文件的结束位置处，如图 4-158 所示。

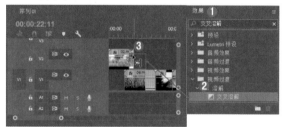

图 4-158

步骤 02 选择 V2 轨道上的【交叉溶解】效果，在【效果控件】面板中设置【持续时间】为 2 秒 5 帧，如图 4-159 所示。此时过渡效果如图 4-160 所示。

图 4-159

图 4-160

步骤 03 在【效果】面板的搜索框中搜索【胶片溶解】效果，然后按住鼠标左键将该效果拖动到 V1 轨道的 06.mp4 素材文件和 03.mp4 素材文件的中间位置处，如图 4-161 所示。此时画面效果如图 4-162 所示。

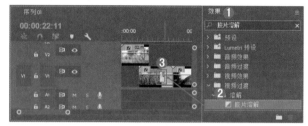

图 4-161

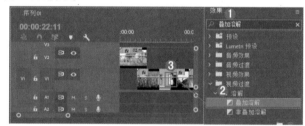

图 4-162

步骤 04 在【效果】面板的搜索框中搜索【叠加溶解】效果，然后按住鼠标左键将该效果拖动到 V1 轨道的 03.mp4 素材文件的结束位置处，如图 4-163 所示。此时过渡效果如图 4-164 所示。

图 4-163

图 4-164

步骤 05 在【效果】面板的搜索框中搜索【渐隐为黑色】效果，然后按住鼠标左键将该效果拖动到 V1 轨道的 07.mov 和 04.mov 素材文件的中间位置处，如图 4-165 所示。此时画面效果如图 4-166 所示。

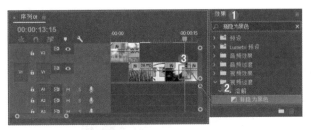

图 4-165

图 4-166

步骤 06 在【效果】面板的搜索框中再次搜索【交叉溶解】效果，按住鼠标左键将该效果拖动到 V2 轨道的 05.mp4 素材文件的起始位置处，如图 4-167 所示。选择该效果，在【效果控件】面板中设置【持续时间】为 1 秒 11 帧，如图 4-168 所示。画面效果如图 4-169 所示。

图 4-167

图 4-168

图 4-169

步骤 07 在【效果】面板的搜索框中继续搜索【交叉溶解】效果，按住鼠标左键将该效果拖动到 V3 轨道的 01.mp4 素材文件的起始位置处，如图 4-170 所示。

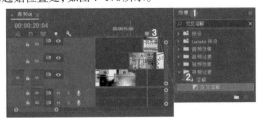

图 4-170

步骤 08 选择该效果，在【效果控件】面板中设置【持续时间】为 3 秒，如图 4-171 所示。此时画面效果如图 4-172 所示。

图 4-171

图 4-172

步骤 09 最后在【效果】面板的搜索框中继续搜索【渐隐为白色】效果，按住鼠标左键将该效果拖动到 V2 轨道的 03.mp4 素材文件的结束帧位置，如图 4-173 所示。

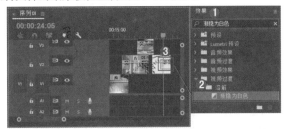

图 4-173

步骤 10 选择该效果，在【效果控件】面板中设置【持续时间】为 2 秒，如图 4-174 所示。此时画面效果如图 4-175 所示。

图 4-174   图 4-175

Part 03 制作字幕效果

步骤 01 为画面添加字幕效果。执行菜单栏中的【文件】/【新建】/【旧版标题】命令，在弹出的对话框中设置【名称】为【字幕 01】，然后单击【确定】按钮，如图 4-176 所示。

步骤 02 单击 T（文字工具）按钮，在画面底部单击鼠标左键输入合适的文字并设置合适的【字体系列】，设置【字体大小】为 85，【颜色】为白色，然后单击【字幕】面板上方的 三（居中对齐）按钮，并适当调整文字的位置，如图 4-177 所示。

步骤 03 在【字幕】面板中单击 T（基于当前字幕新建字幕）按钮，在弹出的对话框中设置【名称】为【字幕 02】，如图 4-178 所示。接着继续单击 T（文字工具）按钮，选中画面底部的字幕，将文字进行更改且其他参数不变，文字效果如

图4-179所示。

图4-176

图4-177

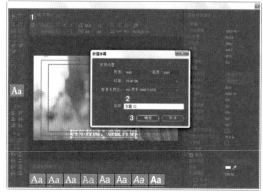

图4-178

图4-179

步骤04 使用同样的方法继续在当前【字幕】面板中单击 （基于当前字幕新建字幕）按钮，新建【字幕03】【字幕04】【字幕05】，在【字幕】面板中更换合适的文字，并适当调整文字的位置，如图4-180所示。

图4-180

步骤05 制作完成后，关闭【字幕】面板。将【项目】面板中的【字幕01】【字幕02】【字幕03】【字幕04】【字幕05】素材文件分别拖曳到【时间轴】面板中的V4轨道上，设置【字幕03】的持续时间为3秒19帧，【字幕05】的起始时间为第22秒12帧的位置，结束时间为第25秒17帧的位置，如图4-181所示。

图4-181

步骤06 选择V4轨道上的【字幕01】素材文件，在【效果控件】面板中将时间线滑动到起始位置，设置【不透明度】为0%，激活【不透明度】前面的 （切换动画）按钮，开启自动关键帧，继续将时间线滑动到第23帧的位置，设置【不透明度】为100%，将时间线滑动到第3秒的位置，设置【不透明度】为100%，最后将时间线滑动到第4秒24帧的位置，设置【不透明度】为0%，如图4-182所示。此时文字呈现淡入淡出效果，如图4-183所示。

图4-182　　　　图4-183

步骤07 选择【字幕01】素材文件的【效果控件】面板中的【不透明度】属性，使用快捷键Ctrl+C复制该效果，接着选择V4轨道上的【字幕02】素材文件，在【效果控件】面板底部的空白处使用快捷键Ctrl+V粘贴该效果，如图4-184所示。此时【字幕02】素材文件被赋予同样的文字效果，如图4-185所示。

图 4-184

图 4-185

步骤 08 继续复制【字幕01】素材文件的【效果控件】面板中的【不透明度】属性，使用同样的方法将不透明度属性粘贴到【字幕03】【字幕04】【字幕05】上方，赋予文字相同的效果。此时画面效果如图4-186～图4-188所示。

图 4-186

图 4-187

图 4-188

Part 04　为视频添加配乐

步骤 01 最后将【项目】面板中的【配乐.mp3】素材文件拖曳到A1轨道上，如图4-189所示。

图 4-189

步骤 02 将时间线拖曳到第25秒17帧的位置，单击 （剃刀工具）按钮，接着单击鼠标左键进行剪辑，如图4-190所示。接着单击 （选择工具）按钮，选择【配乐.mp3】素材文件的后部分，按下Delete键进行删除操作，如图4-191所示。

图 4-190

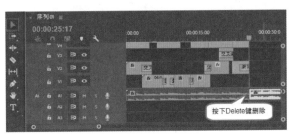

图 4-191

步骤 03 本实例制作完成，此时可以滑动时间线查看效果，如图4-192所示。

图 4-192

第4章　视频剪辑

85

实例：视频镜头组接

文件路径：Chapter 04 视频剪辑→实例：视频镜头组接

本实例主要使用【位置】属性制作出镜头快速移动的画面感，使用【缩放】属性制作画面由小及大又由大变小的视觉效果，最后使用【高斯模糊】效果将画面进行虚化，如图4-193所示。

扫一扫，看视频

图 4-193

操作步骤

Part 01　视频剪辑

步骤01 在菜单栏中单击【文件】，执行【新建】/【项目】命令，然后在弹出的【新建项目】窗口中设置合适的项目名称，并单击【浏览】设置保存路径。如图4-194所示。选择【文件】/【新建】/【序列】命令，接着会弹出【新建序列】窗口，在【HDV】文件夹下选择【HDV 720p30】，如图4-195所示。

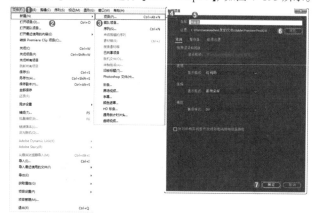

图 4-194

图 4-195

步骤02 在【项目】面板的空白处双击鼠标左键，导入全部素材文件，最后单击【打开】按钮进行导入素材，如图4-196所示。

图 4-196

步骤03 首先在【时间轴】面板中单击V1轨道最前方的 V1（对插入和覆盖进行源修补）按钮，如图4-197所示。此时拖曳到时间轴面板中的视、音频文件只对视频轨道发生作用。

图 4-197

步骤04 选择【项目】面板中的01.mp4、02.mov素材文件，按住鼠标左键依次拖曳到V3轨道上，如图4-198所示。

图 4-198

步骤05 此时在画面中弹出一个【剪辑不匹配警告】窗口，在窗口中单击【更改序列设置】按钮，如图4-199所示。此时

中文版Premiere Pro CC 从入门到精通（微课视频 全彩版）

序列大小被更改。

图 4-199

步骤 **06** 选择V3轨道上的01.mp4素材文件，在【效果控件】面板中设置【缩放】为105，如图4-200所示。此时画面效果如图4-201所示。

图 4-200

图 4-201

步骤 **07** 选择V3轨道上的02.mov素材文件，并将时间线拖动到第14秒8帧的位置，然后将光标放在素材文件的结束帧位置处，当光标变为 时，按住鼠标左键向左侧拖动，当拖动到时间线位置时，释放鼠标，此时02.mov素材文件的持续时间被缩短，如图4-202所示。

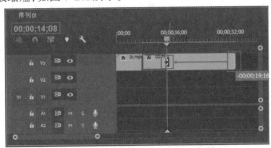

图 4-202

步骤 **08** 选择【项目】面板中的03.mov、04.mov素材文件，按住鼠标左键依次拖曳到V2、V1轨道上，设置V2轨道上的03.mov素材文件的起始时间为第12秒8帧，V1轨道上的04.mov素材文件的起始时间为第18秒21帧，如图4-203所示。

图 4-203

步骤 **09** 右击选择V2轨道上的03.mov素材文件，在菜单栏

中执行【速度】/【持续时间】命令，如图4-204所示。此时在弹出的【剪辑速度/持续时间】窗口中设置【速度】为130，设置完成后单击【确定】按钮，如图4-205所示。

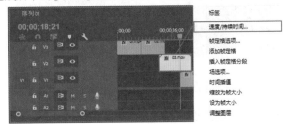

图 4-204

图 4-205

步骤 **10** 选择V2轨道上的03.mov素材文件，将时间线滑动到第12秒8帧的位置，在【效果控件】面板中设置【位置】为(−960,360)，单击【位置】前面的 （切换动画）按钮，开启自动关键帧，继续将时间线滑动到第14秒6帧的位置，设置【位置】为(640,360)，如图4-206所示。此时该素材文件由左向右逐渐进入画面，如图4-207所示。

图 4-206

图 4-207

步骤 **11** 制作模糊效果。在【效果】面板的搜索框中搜索【高斯模糊】，按住鼠标左键将该效果拖曳到V2轨道的03.mov素材文件上，如图4-208所示。

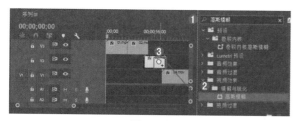

图 4-208

步骤 12　在【效果控件】面板中展开【高斯模糊】效果，将时间线滑动到第 16 秒 24 帧位置时，设置【模糊度】为 0，单击【模糊度】前面的 🖻（切换动画）按钮，开启自动关键帧，继续将时间线拖动到第 18 秒 26 帧的位置，设置【模糊度】为 120，如图 4-209 所示。此时画面效果如图 4-210 所示。

图 4-209

图 4-210

步骤 13　选择 V1 轨道上的 04.mov 素材文件，并将时间线滑动到第 27 秒 17 帧的位置，然后将光标放在素材文件的结束帧位置处，当光标变为 🖻 时，按住鼠标左键向左侧拖动，当拖动到时间线位置时释放鼠标，如图 4-211 所示。此时 04.mov 素材文件的持续时间缩短。

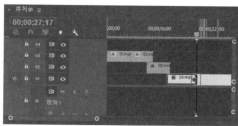
图 4-211

Part 02　为视频文件添加过渡效果

步骤 01　为素材文件添加过渡效果。在【效果】面板的搜索框中搜索【交叉缩放】效果，然后按住鼠标左键将该效果拖动到 V3 轨道的 01.mp4 素材文件的结束位置处，如图 4-212 所示。

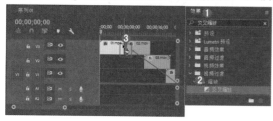
图 4-212

步骤 02　选择 V3 轨道上的【交叉缩放】效果，在【效果控件】面板中设置【持续时间】为 1 秒，如图 4-213 所示。此时画面效果如图 4-214 所示。

图 4-213

图 4-214

步骤 03　在【效果】面板的搜索框中搜索【推】效果，然后按住鼠标左键将该效果拖动到 V3 轨道的 02.mov 素材文件的结束位置处，如图 4-215 所示。

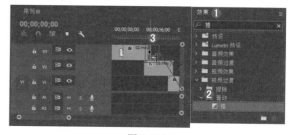
图 4-215

步骤 04　选择 V3 轨道上的【推】效果，在【效果控件】面板中设置【持续时间】为 2 秒，如图 4-216 所示。此时画面效果如图 4-217 所示。

图 4-216

图 4-217

步骤 05 在【效果】面板的搜索框中搜索【交叉溶解】效果，然后按住鼠标左键将该效果拖动到V2轨道的03.mov素材文件的结束位置处，如图4-218所示。

图4-218

步骤 06 选择V2轨道上的【交叉溶解】效果，在【效果控件】面板中设置【持续时间】为1秒，如图4-219所示。此时画面效果如图4-220所示。

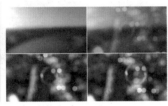

图4-219　　　　　　　图4-220

步骤 07 最后在【效果】面板的搜索框中搜索【双侧平推门】效果，然后按住鼠标左键将该效果拖动到V1轨道的04.mov素材文件的结束位置处，如图4-221所示。此时画面效果如图4-222所示。

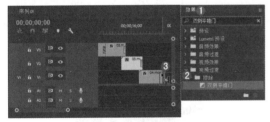

图4-221

图4-222

Part 03　制作字幕效果

步骤 01 为画面添加字幕。执行菜单栏中的【文件】/【新建】/【旧版标题】命令，在弹出的对话框中设置【名称】为【字幕01】，然后单击【确定】按钮，如图4-223所示。

图4-223

步骤 02 单击 T（文字工具）按钮，在画面中心位置单击鼠标左键输入合适的文字并设置合适的【字体系列】，设置【字体大小】为100，【字偶间距】为-5，【颜色】为浅灰色，然后单击【字幕】面板上方的 ≡（居中对齐）按钮，并适当调整文字的位置，如图4-224所示。

图4-224

步骤 03 在【字幕】面板上方单击 T（基于当前字幕新建字幕）按钮，在弹出的对话框中设置【名称】为【字幕02】，如图4-225所示。继续单击 T（文字工具）按钮，选中画面中的文字并更改文字内容，最后适当移动文字的位置，如图4-226所示。

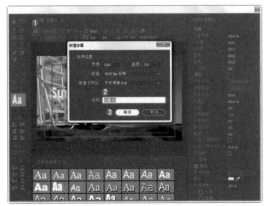

图4-225

图 4-226

图 4-229

步骤 04 使用同样的方法继续在【字幕】面板中单击 T （基于当前字幕新建字幕）按钮，新建【字幕03】和【字幕04】，单击 T （文字工具）按钮，更改文字内容并适当移动文字的位置，此时文字效果如图4-227所示。

图 4-227

图 4-230

步骤 05 文字制作完成后，关闭【字幕】面板。将【项目】面板中的【字幕01】【字幕02】【字幕03】【字幕04】素材文件分别拖曳到【时间轴】面板中的V4轨道上，设置【字幕02】的起始时间为第6秒5帧的位置，【字幕03】的起始时间为第12秒18帧的位置，【字幕04】的起始时间为第18秒21帧的位置，如图4-228所示。

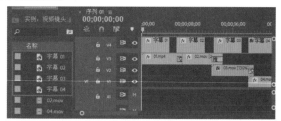

图 4-228

步骤 06 选择V4轨道上的【字幕01】素材文件，在【效果控件】面板中将时间线滑动到起始位置，设置【位置】为(640，-1)，【不透明度】为100%，激活【位置】和【不透明度】前面的 （切换动画）按钮，开启自动关键帧。将时间线滑动到第15帧的位置，设置【位置】为(640,360)，继续将时间线滑动到第24帧的位置，设置【不透明度】为53%，最后将时间线滑动到第2秒23帧的位置，设置【不透明度】为0%，如图4-229所示。此时文字效果如图4-230所示。

步骤 07 选择V4轨道上的【字幕02】素材文件，在【效果控件】面板中将时间线滑动到第6秒5帧的位置，设置【缩放】为370，【不透明度】为100%，激活【缩放】和【不透明度】前面的 （切换动画）按钮，开启自动关键帧，继续将时间线滑动到第6秒22帧的位置，设置【缩放】为100，将时间线滑动到第9秒18帧的位置，设置【不透明度】为0%，如图4-231所示。此时文字效果如图4-232所示。

图 4-231

图 4-232

中文版Premiere Pro CC 从入门到精通（微课视频 全彩版）

步骤 08 选择 V4 轨道上的【字幕 03】素材文件,在【效果控件】面板中将时间线滑动到第 12 秒 18 帧的位置,设置【位置】为(-352,360),【不透明度】为 100%,如图 4-233 所示。激活【位置】和【不透明度】前面的 ⏱ (切换动画)按钮,开启自动关键帧。将时间线滑动到第 14 秒 8 帧的位置,设置【位置】为(640,360),将时间线滑动到第 15 秒 7 帧的位置,设置【不透明度】为 50%,最后将时间线滑动到第 16 秒 5 帧的位置,设置【不透明度】为 0%,此时文字效果如图 4-234 所示。

图 4-233

图 4-234

步骤 09 继续选择 V4 轨道上的【字幕 04】素材文件,在【效果控件】面板中将时间线滑动到第 22 秒 7 帧的位置,设置【不透明度】为 100%,激活【不透明度】前面的 ⏱ (切换动画)按钮,开启自动关键帧,继续将时间线滑动到第 23 秒 19 帧的位置,设置【不透明度】为 0%,如图 4-235 所示。此时文字效果如图 4-236 所示。

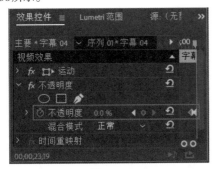

图 4-235

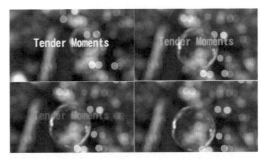

图 4-236

步骤 10 在【效果】面板的搜索框中搜索【高斯模糊】效果,然后按住鼠标左键将该效果拖曳到 V4 轨道的【字幕 04】素材文件上,如图 4-237 所示。

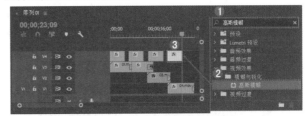

图 4-237

步骤 11 选择 V4 轨道上的【字幕 04】素材文件,在【效果控件】面板中将时间线滑动到第 18 秒 21 帧的位置,设置【模糊度】为 150,单击【模糊度】前面的 ⏱ (切换动画)按钮,开启自动关键帧,继续将时间线滑动到第 20 秒 25 帧的位置,设置【模糊度】为 0,如图 4-238 所示。此时文字呈现模糊效果如图 4-239 所示。

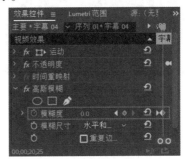

图 4-238

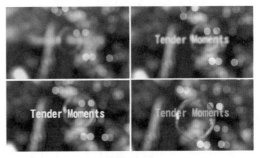

图 4-239

步骤 01 最后将【项目】面板中的【配乐.mp3】素材文件拖曳到A1轨道上,如图4-240所示。

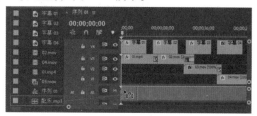

图 4-240

步骤 02 将时间线拖曳到第4秒15帧的位置,单击 ◆(剃刀工具)按钮并单击鼠标左键进行剪辑,如图4-241所示。接着单击 ▶(选择工具)按钮,选择【配乐.mp3】素材文件的前部分,按下Delete键将其删除,如图4-242所示。

图 4-241

图 4-242

步骤 03 按住鼠标左键将【配乐.mp3】素材文件向前移动到起始帧位置,如图4-243所示。

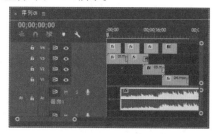

图 4-243

步骤 04 将时间线拖曳到第27秒17帧的位置,再次单击 ◆(剃刀工具)按钮并单击鼠标左键进行剪辑,如图4-244所示。接着单击 ▶(选择工具)按钮,选择【配乐.mp3】素材文件的后部分,然后按下Delete键将其删除,如图4-245所示。

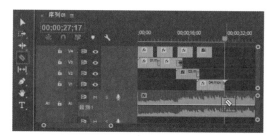

图 4-244

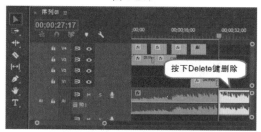

图 4-245

步骤 05 制作配乐的淡入淡出效果。双击A1轨道前的空白位置调出 ◇(添加/删除关键帧)按钮,接着选择【配乐.mp3】素材文件,分别将时间线滑动到【配乐.mp3】素材文件的起始位置和结束位置,并单击 ◇ 按钮添加关键帧。接着在起始位置后4秒和结束位置前3秒处再次单击 ◇ 按钮,为【配乐.mp3】素材文件添加关键帧,如图4-246所示。

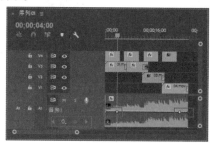

图 4-246

步骤 06 将光标分别放在第一个关键帧和最后一个关键帧上方,按住鼠标左键将关键帧向下拖曳,制作出淡入淡出效果,如图4-247所示。

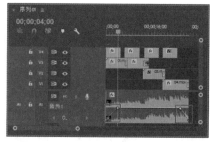

图 4-247

步骤 07 本实例制作完成,此时可以滑动时间线查看画面效果，如图4-248所示。

图 4-248

实例：微电影《一生陪伴，爱的承诺》视频剪辑

文件路径：Chapter 04 视频剪辑→实例：微电影《一生陪伴，爱的承诺》视频剪辑

本实例主要使用【渐隐为白色】【交叉溶解】等为画面添加过渡效果，使用【不透明度】属性制作淡入文字，最后使用关键帧制作出淡入淡出的配乐，实例效果如图4-249所示。

扫一扫，看视频

图 4-249

操作步骤

Part 01 视频剪辑

步骤 01 在菜单栏中选择【文件】/【新建】/【项目】命令，然后在弹出的【新建项目】窗口中设置合适的项目名称，并单击【浏览】按钮设置保存路径，如图4-250所示。选择【文件】/【新建】/【序列】命令，将弹出【新建序列】窗口，在HDV文件夹下选择【HDV 720P25】，如图4-251所示。

图 4-250

图 4-251

步骤 02 在【项目】面板的空白处双击鼠标左键，导入全部素材文件，最后单击【打开】按钮进行导入素材，如图4-252所示。

图 4-252

步骤 03 将【项目】面板中的01.mp4素材文件拖曳到【时间轴】面板中的V1轨道上，如图4-253所示。此时会弹出一个【剪辑不匹配警告】窗口，在窗口中单击【更改序列设置】按钮，如图4-254所示。

图 4-253

图 4-254

步骤 04 将时间线拖曳到第6秒8帧的位置,选择V1轨道上的01.mp4素材文件,将光标定位在素材文件的结束帧位置,当光标变为 [剪] 时,按住鼠标左键将素材文件向左侧拖曳至时间线位置,缩短素材文件的持续时间,如图4-255所示。

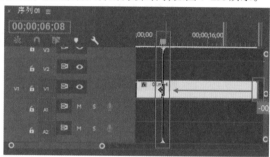

图 4-255

提示:轨道前方的 [V1] 和 [A1] 按钮

在【时间轴】面板中单击V1轨道最前方的 [V1] (对插入和覆盖进行源修补)按钮,取消选择A1轨道上的 [A1] 按钮,此时拖曳进来的视、音频文件只对视频轨道发生作用。反之,若取消V1轨道上的 [V1] 按钮,选择A1轨道上的 [A1] 按钮,此时拖曳进来的视、音频文件只对音频轨道发生作用。

步骤 05 同样方法,继续将【项目】面板中的02.mp4、03.mp4素材文件,依次拖拽到时间轴面板中的V2、V3轨道上,将04.mp4也拖动到V3轨道中03.mp4的后方,设置V2轨道上的02.mp4素材文件的起始时间为4秒44帧位置,结束时间为9秒33帧位置,V3轨道上的03.mp4素材文件的起始时间为9秒8帧位置。将05.mp4、06.mp4素材文件,依次拖拽到时间轴面板中的V4轨道上,设置V4轨道上的05.mp4素材文件的起始时间为16秒18帧位置,如图4-256所示。

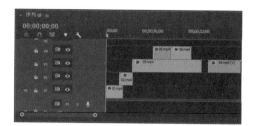

图 4-256

步骤 06 接下来将素材文件进行剪辑处理。首先将时间线滑动到2秒36帧位置,选择V1轨道上的01.mp4素材文件并单击 [剃刀工具] 按钮进行剪辑。如图4-257所示。

图 4-257

步骤 07 选择01.mp4素材文件的前部分,在【效果控件】面板中设置【位置】为(600,196),【缩放】为225,如图4-258所示。此时画面效果如图4-259所示。

图 4-258　　　　　　　　图 4-259

步骤 08 单击 [剃刀工具] 按钮并选择V3轨道上的03.mp4素材文件,将时间线拖动到第15秒13帧的位置,单击鼠标左键剪辑03.mp4素材文件,如图4-260所示。

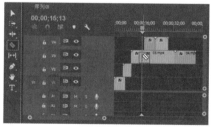

图 4-260

步骤 09 单击 ▶ (选择工具)按钮,选中03.mp4素材文件的前半部分,右击执行【波纹删除】命令,如图4-261所示。此时后方素材自动向前跟进。

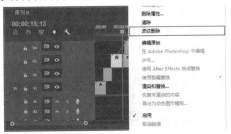

图 4-261

步骤 10 为了便于操作,单击V4轨道前方的 ◎ 按钮,隐藏轨道内容。接着继续将时间线滑动到第12秒18帧的位置,单击 ◇（剃刀工具）按钮再次剪辑03.mp4素材文件,如图4-262所示。选中03.mp4素材文件的后半部分,然后按下Delete键将其删除,如图4-263所示。

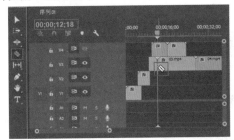

图 4-262

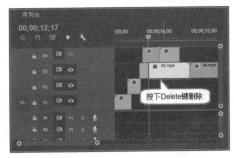

图 4-263

步骤 11 单击 ▶（选择工具）按钮,选择V3轨道上的04.mp4素材文件将其拖曳到03.mp4素材文件的结束位置,如图4-264所示,设置结束时间为第16秒50帧,如图4-265所示。

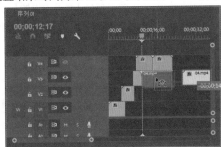

图 4-264

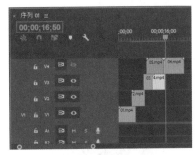

图 4-265

步骤 12 显现V4轨道,选择V4轨道上的两个素材文件,按住鼠标左键将其向右移动,将05.mp4素材文件起始时间设置为第16秒18帧的位置,如图4-266所示。

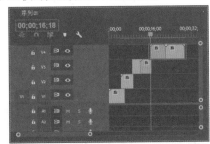

图 4-266

步骤 13 选择V4轨道上的05.mp4素材文件,将时间线滑动到第18秒16帧的位置,单击 ◇（剃刀工具）按钮,接着单击鼠标左键进行剪辑,如图4-267所示。使用同样的方法选择05.mp4素材文件的后部分,执行【波纹删除】命令,如图4-268所示。

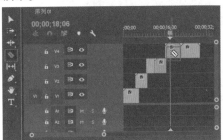

图 4-267

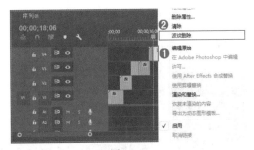

图 4-268

步骤 14 将06.mp4素材文件设置为倒放,右击选择该素材文件，在菜单栏中执行【速度/持续时间】命令，在弹出的窗口中勾选【倒放速度】，设置完成后单击【确定】按钮，如图4-269所示。此时滑动时间线进行查看，该素材文件以倒放的形式进行播放。

图 4-269

步骤 15 继续选择V4轨道上的06.mp4素材文件，将时间线滑动到第20秒27帧的位置时，单击 (剃刀工具)按钮并单击鼠标左键进行剪辑，继续将时间线滑动到第24秒52帧的位置，再次单击【剃刀工具】按钮剪辑该文件，如图4-270所示。右击选择06.mp4素材文件的中间部分，执行【波纹删除】命令，如图4-271所示。

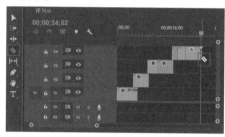

图 4-270

图 4-271

步骤 16 放慢镜头速度，再次右击选择V4轨道上的06.mp4素材文件的后部分，执行【速度/持续时间】命令，在弹出的窗口中设置【速度】为20，设置完成后单击【确定】按钮，如图4-272所示。此时画面效果如图4-273所示。

图 4-272　　　　　　图 4-273

Part 02　为视频添加过渡效果

步骤 01 为素材添加过渡效果。在【效果】面板的搜索框中搜索【渐隐为白色】，然后按住鼠标左键将该效果拖动到V1轨道的01.mp4素材文件的起始位置处，如图4-274所示。

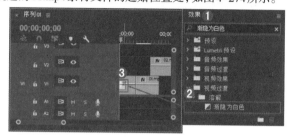

图 4-274

步骤 02 选择V1轨道上的【渐隐为白色】效果，在【效果控件】面板中设置【持续时间】为1秒，如图4-275所示。此时效果如图4-276所示。

图 4-275　　　　　　图 4-276

步骤 03 在【效果】面板的搜索框中搜索【交叉溶解】效果，然后按住鼠标左键将该效果拖动到V1轨道上两个素材文件的中间位置，如图4-277所示。

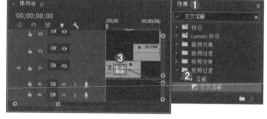

图 4-277

步骤 04 选择该效果，在【效果控件】面板中设置【持续时间】为1秒31帧，如图4-278所示。此时画面效果如图4-279所示。

图 4-278　　　　　　图 4-279

步骤 05 按住鼠标左键继续将【交叉溶解】效果拖动到V2轨道的02.mp4素材文件的起始位置上，如图4-280所示。

图4-280

步骤 06 选择V2轨道上的【交叉溶解】效果，在【效果控件】面板中设置【持续时间】为第1秒16帧的位置，如图4-281所示。此时效果如图4-282所示。

图4-281　　　　　　　图4-282

步骤 07 再次在【效果】面板的搜索框中搜索【渐隐为白色】，然后按住鼠标左键将该效果拖动到V3轨道的03.mp4素材文件的起始位置上，如图4-283所示。

图4-283

步骤 08 选择该效果，在【效果控件】面板中设置【持续时间】为40帧，如图4-284所示。此时效果如图4-285所示。

图4-284　　　　　　　图4-285

步骤 09 在【效果】面板的搜索框中搜索【交叉溶解】，按

住鼠标左键将该效果拖动到V3轨道的03.mp4素材文件和04.mp4素材文件的中间位置，如图4-286所示。使用同样的方法在【效果控件】面板中设置【持续时间】为1秒，如图4-287所示。此时效果如图4-288所示。

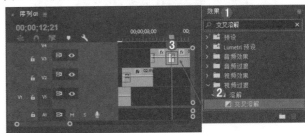

图4-286

图4-287　　　　　　　图4-288

步骤 10 在【效果】面板的搜索框中搜索【双侧平推门】，按住鼠标左键将该效果拖动到V4轨道的05.mp4素材文件的起始位置上，如图4-289所示。此时效果如图4-290所示。

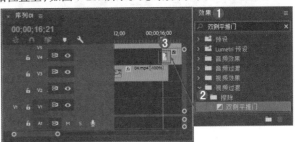

图4-289

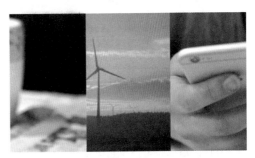

图4-290

步骤 11 继续在【效果】面板的搜索框中搜索【交叉溶解】，按住鼠标左键将该效果拖动到V4轨道的06.mp4素材文件的起始位置处，如图4-291所示。在【效果控件】面板中设置该效果的【持续时间】为2秒，此时效果如图4-292所示。

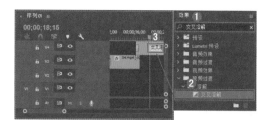

图 4-291

图 4-292

步骤 12 在【效果】面板的搜索框中搜索【叠加溶解】效果，按住鼠标左键将该效果拖动到V4轨道的两个素材文件的中间位置，如图4-293所示。画面效果如图4-294所示。

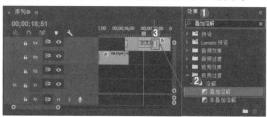

图 4-293

图 4-294

Part 03 制作字幕效果

步骤 01 为画面添加字幕。执行菜单栏中的【文件】/【新建】/【旧版标题】命令，在弹出的对话框中设置【名称】为【字幕01】，然后单击【确定】按钮，如图4-295所示。

步骤 02 单击 **T**（文字工具）按钮，在画面底部单击鼠标左键输入合适的文字并设置合适的【字体系列】，设置【字体大小】为50，【颜色】为白色，然后单击【字幕】面板上方的 ▤（居

中对齐）按钮并适当调整文字的位置，如图4-296所示。

图 4-295

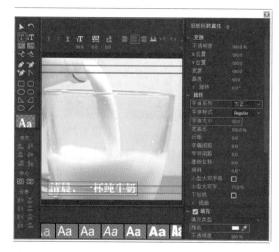

图 4-296

步骤 03 在【字幕】面板中单击 **T**（基于当前字幕新建字幕）按钮，在弹出的对话框中设置【名称】为【字幕02】，如图4-297所示。接着继续单击 **T**（文字工具）按钮，选中画面底部的字幕，将文字进行更改，并适当移动文字的位置，如图4-298所示。

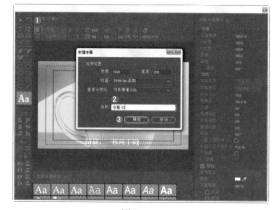

图 4-297

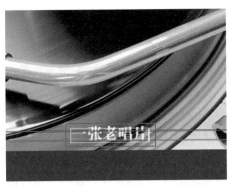

图 4-298

步骤 04 使用同样的方法继续在当前【字幕】面板中单击T (基于当前字幕新建字幕) 按钮，新建【字幕 03】【字幕 04】【字幕 05】【字幕 06】，并更改文字内容然后适当调整文字的位置，如图 4-299 所示。

图 4-299

步骤 05 制作完成后，关闭【字幕】面板。将【项目】面板中的所有字幕素材文件依次拖曳到【时间轴】面板中的 V5 轨道上并设置【字幕 01】的【持续时间】为 4 秒 44 帧，【字幕 02】的【持续时间】为 4 秒 24 帧，【字幕 03】的【持续时间】为 3 秒 10 帧，【字幕 04】的【持续时间】为 4 秒，【字幕 05】的【持续时间】为 4 秒 33 帧，【字幕 06】的【持续时间】为 1 秒 51 帧，如图 4-300 所示。

图 4-300

步骤 06 选择 V5 轨道上的【字幕 01】素材文件，在【效果控件】面板中将时间线滑动到起始位置，设置【不透明度】为 0%，激活【不透明度】前面的 (切换动画) 按钮，开启自动关键帧，继续将时间线滑动到第 2 秒 20 帧的位置，

设置【不透明度】为 100%，将时间线滑动到第 4 秒 43 帧的位置，设置【不透明度】为 0%，如图 4-301 所示。此时文字呈现淡入淡出效果，如图 4-302 所示。

图 4-301　　　　　　　　图 4-302

步骤 07 在【效果控件】面板中选择【字幕 01】的【不透明度】属性，使用快捷键 Ctrl+C 复制该效果，接着在【时间轴】面板中选择【字幕 02】素材文件，在【效果控件】面板底部的空白处使用快捷键 Ctrl+V 粘贴该效果，如图 4-303 所示。此时【字幕 02】素材文件被赋予同样的不透明度属性。使用同样的方法将【不透明度】效果粘贴到【字幕 03】【字幕 04】【字幕 05】【字幕 06】素材文件上制作相同的文字效果。

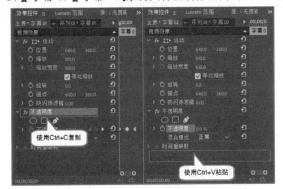

图 4-303

Part 04　为视频添加配乐

步骤 01 最后将【项目】面板中的【配乐 .mp3】素材文件拖曳到 A1 轨道上，如图 4-304 所示。

图 4-304

步骤 02 将时间线拖到第 22 秒 41 帧的位置，单击 (剃刀工具) 按钮并单击鼠标左键剪辑【配乐 .mp3】素材文件，如图 4-305 所示。接着单击 (选择工具) 按钮，选择【配乐 .mp3】素材文件的后部分，按下 Delete 键进行删除操作，如图 4-306 所示。

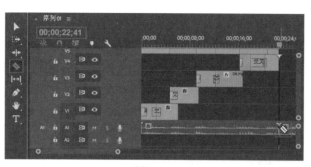

图 4-305

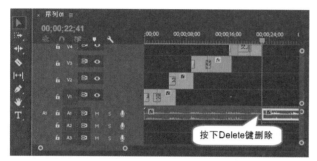

图 4-306

步骤 03 制作配乐的淡入淡出效果。双击A1轨道前的空白位置调出 ◇ （添加/删除关键帧）按钮，在【配乐.mp3】素材文件的起始位置和结束位置单击 ◇ （添加/删除关键帧）按钮，各添加一个关键帧。接着在起始位置后4秒和结束位置前3秒处再次单击【添加关键帧】按钮，添加一个关键帧，如图4-307所示。

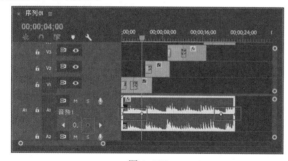

图 4-307

步骤 04 将鼠标分别放在第一个关键帧和最后一个关键帧上方，并按住鼠标左键将关键帧向下拖曳，制作出淡入淡出效果，如图4-308所示。

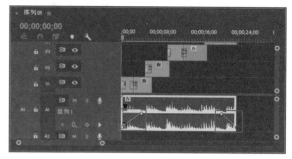

图 4-308

步骤 05 本实例制作完成，此时可以滑动时间线查看效果，如图4-309所示。

图 4-309

读书笔记

Chapter
5
第5章

扫一扫，看视频

视频效果

本章内容简介：

视频效果是Premiere中非常强大的功能。由于其效果种类众多，可模拟各种质感、风格、调色、效果等，深受视频工作者的喜爱。在Premiere Pro CC 2018中大约包含100余种视频效果，被广泛应用于视频、电视、电影、广告制作等设计领域。读者朋友在学习时，可以多试一下每一种视频效果所呈现的效果，以及修改各种参数带来的变换，以加深对每种效果的印象和理解。

重点知识掌握：

- 视频效果的概念
- 视频效果的操作流程
- 在Premiere中常用视频效果的应用

5.1 认识视频效果

视频效果作为 Premiere 中的重要部分之一,其种类繁多、应用范围广泛。在制作作品时,使用视频效果可烘托画面气氛,将作品进一步升华,从而呈现出更加震撼的视觉效果。在学习视频效果时,由于效果数量非常多,参数也比较多,建议大家不要背参数,可以分别调节每一个参数自己体验一下该参数产生变化对作品的影响,从而加深印象。

5.1.1 什么是视频效果

Premiere 中的视频效果是可以应用于视频素材或其他素材图层的,通过添加效果并设置参数即可制作出很多绚丽效果,其中包含很多效果组分类,而每个效果组又包括很多效果,如图 5-1 所示。

图 5-1

5.1.2 为什么要使用视频效果

在创作作品时,不仅需要对素材进行基本的编辑,如修改位置、设置缩放等,而且可以为素材的部分元素添加合适的视频效果,使得作品更具灵性。例如,为人物后方的白色文字添加【发光】视频效果,从而使画面更具视觉冲击力,如图 5-2 所示。

未设置效果　　　添加"Alpha 发光"效果

图 5-2

重点 5.1.3 与视频效果相关的面板

在 Premiere 中使用视频效果时,主要用到【效果】面板和【效果控件】面板。如果当前界面中没有找到这两个面板,可以在菜单栏中选择【窗口】,并勾选下方的【效果】和【效果控件】即可,如图 5-3 所示。

图 5-3

1.【效果】面板

在【效果】面板中可以搜索或手动找到需要的效果。图 5-4 所示为搜索某个效果的名称,该名称的所有效果都被显示出来。图 5-5 所示为手动找到需要的效果。

图 5-4

图 5-5

2.【效果控件】面板

【效果控件】面板主要用于修改该效果的参数。在找到需要的效果后，可以将【效果】面板中的效果拖动到【时间轴】面板中的素材上，此时该效果添加成功，如图5-6所示。然后单击被添加效果的素材，此时在【效果控件】面板中就可以看到该效果的参数了，如图5-7所示。

图 5-6

图 5-7

【重点】5.1.4 轻松动手学:视频效果操作流程

文件路径:Chapter 05 视频效果→轻松动手学:视频效果操作流程

扫一扫,看视频

在视频制作中经常会使用到特效,将其应用在画面中可打破画面枯燥、乏味的局面,为画面增添了几分新意。下面以【百叶窗】为例,针对视频效果进行操作讲解。

（1）在 Premiere 中新建项目和序列,接着导入素材文件,将素材文件拖曳到【时间轴】面板中,如图5-8 所示。

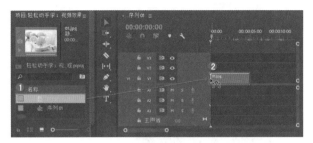

图 5-8

（2）在【时间轴】面板中右击选择该素材文件,在弹出的窗口中执行【缩放为帧大小】命令,如图5-9 所示。此时画面效果如图5-10 所示。

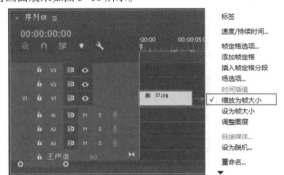

图 5-9

图 5-10

（3）在【时间轴】面板中选择该素材文件,然后在【效果控件】面板中设置【缩放】为110,如图5-11 所示。此时画面效果如图5-12 所示。

图 5-11

图 5-12

（4）在【效果】面板中搜索【百叶窗】效果,并将其拖曳到 V1 轨道的 01.jpg 素材上,如图5-13 所示。

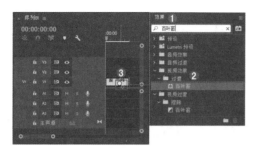

图 5-13

（5）然后在【效果控件】面板中展开【百叶窗】效果，并设置【过渡完成】为 50%，【方向】为 60°，【宽度】为 30，如图 5-14 所示。

图 5-14

（6）该素材文件添加视频效果后的前后对比效果如图 5-15 所示。

图 5-15

5.2 Obsolete 类视频效果

该视频效果组只包括【快速模糊】效果，如图 5-16 所示。

图 5-16

【快速模糊】效果可根据所调整的模糊数值来控制画面

的模糊程度。选择【效果】面板中的【视频效果】/【Obsolete】/【快速模糊】，如图 5-17 所示。【快速模糊】效果的参数面板如图 5-18 所示。

图 5-17　　　　　　　图 5-18

- 模糊度：调整画面的模糊程度。图 5-19 所示为设置不同【模糊度】数值的对比效果。

图 5-19

- 模糊维度：包括【水平和垂直】【水平】【垂直】3 种模糊方式。图 5-20 所示为设置不同【模糊维度】的对比效果。

图 5-20

- 重复边缘像素：勾选该选项，可对画面边缘像素进行模糊处理。

5.3 变换类视频效果

变换类视频效果可以使素材产生变化效果。该视频效果组包括【垂直翻转】【水平翻转】【羽化边缘】【裁剪】效果，如图 5-21 所示。

图 5-21

重点 5.3.1 垂直翻转

【垂直翻转】可使素材产生翻转效果。选择【效果】面板中的【视频效果】/【变换】/【垂直翻转】，如图5-22所示。该效果没有参数面板。

图 5-22

应用【垂直翻转】效果前后的对比如图5-23所示。

图 5-23

重点 5.3.2 水平翻转

【水平翻转】可使素材产生翻转效果。选择【效果】面板中的【视频效果】/【变换】/【水平翻转】，如图5-24所示。该效果没有参数面板。

图 5-24

应用【水平翻转】效果前后的对比如图5-25所示。

图 5-25

5.3.3 羽化边缘

【羽化边缘】效果可针对素材边缘进行羽化模糊处理。选择【效果】面板中的【视频效果】/【变换】/【羽化边缘】，如图5-26所示。【羽化边缘】效果的参数面板如图5-27所示。

图 5-26　　　　　　　　图 5-27

数量：控制素材边缘的羽化度。图5-28所示为不同【数量】参数的对比效果。

图 5-28

重点 5.3.4 裁剪

【裁剪】效果可以通过参数来调整画面裁剪的大小。选择【效果】面板中的【视频效果】/【变换】/【裁剪】，如图5-29所示。【裁剪】效果的参数面板如图5-30所示。

图 5-29　　　　　　　　图 5-30

- 左侧：设置画面左侧的裁剪大小。
- 顶部：设置画面顶部的裁剪大小。
- 右侧：设置画面右侧的裁剪大小。
- 底部：设置画面底部的裁剪大小。图5-31所示为设置不同裁剪参数的对比效果。

图 5-31

- 缩放：勾选【缩放】后，会根据画布大小自动将裁剪后的素材平铺于整个画面。对比效果如图5-32所示。

图 5-32

- 羽化：针对素材边缘进行羽化模糊处理。

5.4 实用程序类视频效果

该视频效果组只包括【Cineon转换器】效果，如图5-33所示。

图 5-33

【Cineon转换器】可改变画面的明度、色调、高光和灰度等。选择【效果】面板中的【视频效果】/【实用程序】/【转换器】，如图5-34所示。【Cineon转换器】效果的参数面板如图5-35所示。

图 5-34　　　　　图 5-35

- 转换类型：包括【线性到对数】【对数到线性】【对数到对数】3种色调转换类型。
- 10位黑场：设置画面细节的黑点数量。
- 内部黑场：设置画面整体的黑点数量。图5-36所示为设置不同【内部黑场】数值的对比效果。

图 5-36

- 10位白场：设置画面细节的白点数量。
- 内部白场：设置画面整体的白点数量。
- 灰度系数：调整画面的灰度。
- 高光滤除：设置画面中的高光数量。图5-37所示为设置不同【高光滤除】数值的对比效果。

图 5-37

5.5 扭曲类视频效果

该视频效果组包括【位移】【变形稳定器VFX】【变换】【放大】【旋转】【果冻效应修复】【波形变形】【球面化】【紊乱置换】【边角定位】【镜像】和【镜头扭曲】等12种效果，如图5-38所示。

图 5-38

中文版Premiere Pro CC 从入门到精通（微课视频 全彩版）

【重点】5.5.1 位移

【位移】效果可以使画面水平或垂直移动,画面中空缺的像素会自动进行补充。选择【效果】面板中的【视频效果】/【扭曲】/【位移】,如图5-39所示。【位移】的参数面板如图5-40所示。

图 5-39　　　　　　图 5-40

- 将中心移位至:根据位移程度调整画面的中心位置。图5-41所示为设置不同【将中心移位至】参数的对比效果。

图 5-41

- 与原始图像混合:调整完成的效果与原图像效果进行混合处理。

5.5.2 变形稳定器VFX

【变形稳定器VFX】可以消除因摄像机移动而导致的画面抖动,将抖动效果转化为稳定的平滑拍摄效果。选择【效果】面板中的【视频效果】/【扭曲】/【变形稳定器VFX】,如图5-42所示。【变形稳定器VFX】的参数面板如图5-43所示。

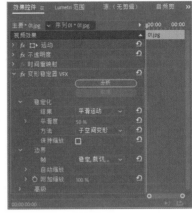

图 5-42　　　　　　图 5-43

- 稳定化:设置画面的稳定程度。
- 边界:将超出序列帧剪辑限度的图像素剪掉。
- 高级:将画面内容进行详细分析,并且可在【高级】参数组下隐藏警告栏。

5.5.3 变换

【变换】可对图像的位置、大小、角度及不透明度进行调整。选择【效果】面板中的【视频效果】/【扭曲】/【变换】,如图5-44所示。【变换】的参数面板如图5-45所示。

图 5-44　　　　　　图 5-45

- 锚点:根据参数可调整画面中心点的位置。
- 位置:设置图像位置的坐标。图5-46所示为设置不同【位置】参数的对比效果。

图 5-46

- 等比缩放：勾选该选项，图像会以序列比例进行等比例缩放。
- 缩放高度：设置画面的高度缩放情况。
- 缩放宽度：设置画面的宽度缩放情况。
- 倾斜：设置图像的倾斜角度。图5-47所示为设置不同【倾斜】数值的对比效果。

图 5-47

- 倾斜轴：设置素材倾斜的方向。
- 旋转：设置素材旋转的角度。
- 不透明度：设置素材在画面中的不透明度。图5-48所示为设置不同的【不透明度】参数的对比效果。

图 5-48

- 使用合成的快门角度：勾选该选项，在运动着的画面中可使用混合图像的快门角度。
- 快门角度：设置运动模糊时拍摄画面的快门角度。

【重点】5.5.4　放大

　　【放大】可以使素材产生放大的效果。选择【效果】面板中的【视频效果】/【扭曲】/【放大】，如图5-49所示。【放大】的参数面板如图5-50所示。

图 5-49　　　　　图 5-50

- 形状：以圆形或方形进行局部放大，效果如图5-51所示。

图 5-51

- 中央：设置放大区域的位置。
- 放大率：调整放大镜的放大倍数。
- 链接：设置放大镜与放大倍数的关系。
- 大小：设置放大区域的面积。
- 羽化：设置放大形状的边缘模糊程度。图5-52所示为不同【羽化】参数的对比效果。

图 5-52

- 不透明度：设置放大镜的透明程度。
- 缩放：包含【标准】【柔和】【扩散】3种缩放类型。
- 混合模式：将放大区域进行混合模式的调整，从而改变放大区域的效果。
- 调整图层大小：选择调整图层后，会根据源素材文件来调整图层的大小情况。

5.5.5　旋转

　　【旋转】在默认情况下以中心为轴点，可使素材产生旋转变形的效果。选择【效果】面板中的【视频效果】/【扭曲】/【旋转】，如图5-53所示。【旋转】的参数面板如图5-54所示。

图 5-53　　　　　图 5-54

- **角度**：在旋转时设置素材文件的旋转角度。图5-55所示为设置不同【角度】数值的对比效果。

图5-55

- **旋转扭曲半径**：控制素材在旋转扭曲过程中的半径值。图5-56所示为设置不同【旋转扭曲半径】数值的对比效果。

图5-56

- **旋转扭曲中心**：设置素材的旋转轴点。

5.5.6　果冻效应修复

【果冻效应修复】可修复素材在拍摄时产生的抖动、变形等效果。选择【效果】面板中的【视频效果】/【扭曲】/【果冻效应修复】，如图5-57所示。【果冻效应修复】的参数面板如图5-58所示。

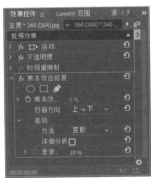

图5-57　　　　　　图5-58

- **果冻效应比率**：指定扫描时间的百分比。
- **扫描方向**：包含【上→下】【下→上】【左→右】【右→左】4种扫描方式。
- **高级**：【高级】子菜单下包含【变形】和【像素运动】两种方法，以及【详细分析】的像素运动细节调整。
- **像素运动细节**：调整画面中像素的运动情况。

【重点】5.5.7　波形变形

【波形变形】可使素材产生类似水波的波浪形状。选择【效果】面板中的【视频效果】/【扭曲】/【波形变形】，如图5-59所示。【波形变形】的参数面板如图5-60所示。

图5-59　　　　　　图5-60

- **波形类型**：可在下拉列表中选择波形的形状，如图5-61所示。

图5-61

- **波形高度**：在应用该效果时，可调整素材的波纹高度，数值越大高度越高。图5-62所示设置不同【波纹高度】数值的对比效果。

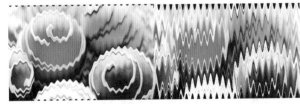

图5-62

- **波形宽度**：可调整素材的波纹宽度，数值越大宽度越宽。

- **方向**：控制波浪的旋转角度。图5-63所示为不同【方向】数值的对比效果。

图 5-63

- **波形速度**：可调整画面产生波形速度的快慢。
- **固定**：在下拉列表中可选择目标固定的类型，如图5-64所示。

图 5-64

- **相位**：设置波浪的水平移动位置。
- **消除锯齿**：可消除波浪边缘的锯齿像素。

5.5.8　球面化

　　【球面化】可使素材产生类似放大镜的球形效果。选择【效果】面板中的【视频效果】/【扭曲】/【球面化】，如图5-65所示。【球面化】的参数面板如图5-66所示。

图 5-65　　　　　　图 5-66

- **半径**：设置球面在画面中的大小。图5-67所示为设置不同【半径】数值的对比效果。

图 5-67

- **球面中心**：设置球面的水平位移情况。图5-68所示为设置不同【球面中心】数值的对比效果。

图 5-68

5.5.9　紊乱置换

　　【紊乱置换】会使素材产生扭曲变形的效果。选择【效果】面板中的【视频效果】/【扭曲】/【紊乱置换】，如图5-69所示。【紊乱置换】的参数面板如图5-70所示。

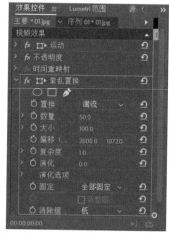

图 5-69　　　　　　图 5-70

- **置换**：在下拉列表中包含多种置换命令，如图5-71所示。

图 5-71

- 数量：控制画面的变形程度。图5-72所示为设置不同【数量】参数的对比效果。

图 5-72

- 大小：设置画面的扭曲幅度。
- 偏移（湍流）：设置扭曲的坐标位置。
- 复杂度：控制画面变形的复杂程度。图5-73所示为设置不同【复杂度】参数的对比效果。

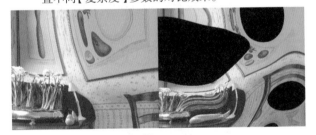

图 5-73

- 演化：控制画面中像素的变形程度。
- 演化选项：可针对画面的放大区域进行出入点设置、剪辑设置和抗锯齿设置。

【重点】5.5.10　边角定位

　　【边角定位】可重新设置素材的左上、右上、左下、右下4个位置的参数，从而调整素材的四角位置。选择【效果】面板中的【视频效果】/【扭曲】/【边角定位】，如图5-74所示。【边角定位】的参数面板如图5-75所示。

图 5-74　　　　　　　图 5-75

　　【左上】【右上】【左下】【右下】：针对素材的四角位置进行透视调整。图5-76所示为调整不同【边角定位】参数的对比效果。

图 5-76

5.5.11　镜像

　　【镜像】可以使素材制作出对称翻转效果。选择【效果】面板中的【视频效果】/【扭曲】/【镜像】，如图5-77所示。【镜像】的参数面板如图5-78所示。

图 5-77　　　　　　　图 5-78

- 反射中心：设置镜面反射中心的位置，通常搭配【反射角度】一起使用。图5-79所示为调整【反射中心】参数的对比效果。

图 5-79

- 反射角度：设置镜面反射的倾斜角度。图5-80所示为设置不同【反射角度】参数的对比效果。

图 5-80

重点 5.5.12　镜头扭曲

【镜头扭曲】用于调整素材在画面中水平或垂直的扭曲程度。选择【效果】面板中的【视频效果】/【扭曲】/【镜头扭曲】，如图5-81所示。【镜头扭曲】的参数面板如图5-82所示。

图 5-81

图 5-82

- 曲率：设置镜头的弯曲程度。图5-83所示为设置不同【曲率】参数的对比效果。

图 5-83

- 垂直偏移/水平偏移：设置素材在垂直方向或水平方向的像素偏离轴点的程度。图5-84所示为设置不同【垂直偏移】参数的对比效果。

图 5-84

- 垂直棱镜效果/水平棱镜效果：素材在垂直或水平方向的拉伸程度。
- 填充：勾选该选项，即可为图像填充Alpha通道。
- 填充颜色：设置素材偏移过度时所导致无像素位置的颜色。

5.6　时间类视频效果

该视频效果组包含【像素运动模糊】【抽帧时间】【时间扭曲】【残影】4种视频效果，如图5-85所示。

图 5-85

5.6.1　像素运动模糊

【像素运动模糊】可使画面在播放时模拟像素运动的模糊效果。选择【效果】面板中的【视频效果】/【时间】/【像素运动模糊】，如图 5-86 所示。【像素运动模糊】的参数面板如图 5-87 所示。

图 5-86　　　　　　图 5-87

- 快门控制：包含【手动】和【自动】两种方式。
- 快门角度：是快门速度与帧速率关系的一种有效途径，角度越大，快门速度越慢。
- 快门采样：对像素进行取样处理，从而进行综合性运算。
- 矢量详细信息：矢量数据一般通过记录坐标的方式来控制画面中的像素点。

5.6.2　抽帧时间

【抽帧时间】可以使画面在播放时产生抽帧现象。选择【效果】面板中的【视频效果】/【时间】/【抽帧时间】，如图 5-88 所示。【抽帧时间】的参数面板如图 5-89 所示。

图 5-88　　　　　　图 5-89

- 帧速率：是指视频中每秒所显示的静止帧格数。

5.6.3　时间扭曲

【时间扭曲】能够在更改图层的回放速度时精确控制各种参数，包括速度、运动模糊和源裁剪等。选择【效果】面板中的【视频效果】/【时间】/【时间扭曲】，如图 5-90 所示。【时间扭曲】的参数面板如图 5-91 所示。

图 5-90　　　　　　图 5-91

- 方法：包含【全帧】【帧混合】【像素运动】3 种类型。
- 调整时间方式：包含【速度】和【源帧】2 种调整时间的方法。
- 速度：在播放时调整时间扭曲的快慢。
- 源帧：根据参数的设置，调整源帧速度。
- 调节：可调节画面的平滑程度及明暗程度。
- 运动模糊：模拟快门在拍摄时的运动模糊度。
- 遮罩图层：可对其他图层产生遮罩效果。
- 遮罩通道：包含【明亮度】【反转明亮度】【Alpha】【反转 Alpha】4 种遮罩通道。
- 变形图层：可将【时间轴】面板中的其他图层进行像素变形操作。
- 显示：可显示【遮罩】【前景】【背景】3 种显示方式。
- 源裁剪：设置画面中像素的裁剪面积。可分为【左侧】【右侧】【顶部】【底部】。图 5-92 所示为设置不同【源裁剪】参数的对比效果。

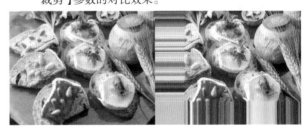

图 5-92

5.6.4　残影

【残影】可将画面中不同帧像素进行混合处理。选择【效果】面板中的【视频效果】/【时间】/【残影】，如图 5-93 所示。【残影】的参数面板如图 5-94 所示。

图 5-93   图 5-94

- 残影时间（秒）：设置图像的曝光程度，以秒为单位。图 5-95 所示为设置不同【残影时间（秒）】的对比效果。

图 5-95

- 残影数量：设置图像中残影的数量。
- 起始强度：调整画面的明暗强度。图 5-96 所示为设置不同【起始强度】的对比效果。

图 5-96

- 衰减：设置画面线性衰减情况。
- 残影运算符：在下拉列表中包含 7 种运算符方式，如图 5-97 所示。

图 5-97

5.7 杂色与颗粒类视频效果

杂色与颗粒类视频效果可以为画面添加杂色，制作复古的质感。该视频效果组包含【中间值】【杂色】【杂色 Alpha】【杂色 HLS】【杂色 HLS 自动】【蒙尘与划痕】6 种视频效果，如图 5-98 所示。

图 5-98

5.7.1 中间值

【中间值】可将每个像素替换为另一像素，此像素具有指定半径的邻近像素的中间颜色值选择，常用于制作类似绘画的效果。选择【效果】面板中的【视频效果】/【杂色与颗粒】/【中间值】，如图 5-99 所示。【中间值】的参数面板如图 5-100 所示。

图 5-99   图 5-100

- 半径：控制画面的虚化程度。图 5-101 所示为设置不同【半径】参数的对比效果。

中文版 Premiere Pro CC 从入门到精通（微课视频 全彩版）

图 5-101

- 在 Alpha 通道：勾选【在 Alpha 通道】时，调整效果可应用于 Alpha 通道。

5.7.2　杂色

【杂色】可以为画面添加混杂不纯的颜色颗粒。选择【效果】面板中的【视频效果】/【杂色与颗粒】/【杂色】，如图 5-102 所示。【杂色】的参数面板如图 5-103 所示。

图 5-102　　　　　　图 5-103

- 杂色数量：设置杂色在画面中存在的数量。图 5-104 所示为设置不同【杂色数量】的对比效果。

图 5-104

- 杂色类型：勾选【使用颜色杂色】时，画面中单色的噪点会变为彩色。
- 剪切：勾选【剪切杂色值】后，杂色下方会显现出素材画面。取消该选项则只显示杂色。

5.7.3　杂色 Alpha

【杂色 Alpha】可以使素材产生不同大小的单色颗粒。选择【效果】面板中的【视频效果】/【杂色与颗粒】/【杂色

Alpha】，如图 5-105 所示。【杂色 Alpha】的参数面板如图 5-106 所示。

图 5-105　　　　　　图 5-106

- 杂色：在【杂色】下拉列表中包含【均匀随机】【随机方形】【均匀动画】【方形动画】4 种类型，可控制杂色的噪波数量。
- 数量：设置噪点在画面中存在的数量。图 5-107 所示为设置不同【数量】的对比效果。

图 5-107

- 原始 Alpha：在下拉列表中包含【相加】【固定】【比例】【边缘】4 种噪波方式。
- 溢出：包含【剪切】【反绕】【回绕】3 种颗粒处理方式。
- 随机植入：设置颗粒的随机存在位置。
- 杂色选项（动画）：可在画面中设置循环杂色的数量。

5.7.4　杂色 HLS

【杂色 HLS】可设置画面中杂色的色相、亮度、饱和度和颗粒大小等。选择【效果】面板中的【视频效果】/【杂色与颗粒】/【杂色 HLS】，如图 5-108 所示。【杂色 HLS】的参数面板如图 5-109 所示。

图 5-108　　　　　　图 5-109

- 杂色：包括【均匀】【方形】【颗粒】3种噪波类型。
- 色相：设置画面中颗粒的颜色倾向。图5-110所示为设置不同【色相】数值的对比效果。

图 5-110

- 亮度：设置画面中颗粒的明暗程度。图5-111所示为设置不同【亮度】数值的对比效果。

图 5-111

- 饱和度：设置颗粒的饱和度变化。
- 颗粒大小：设置颗粒的面积大小，仅在设置【杂色】为【颗粒】时可用。
- 杂色相位：设置颗粒的移动程度。

5.7.5 杂色 HLS 自动

【杂色HLS自动】与【杂色HLS】相似，可通过参数调整噪波色调。选择【效果】面板中的【视频效果】/【杂色与颗粒】/【杂色HLS自动】，如图5-112所示。【杂色HLS自动】的参数面板如图5-113所示。

图 5-112　　　　图 5-113

- 杂色：包括【均匀】【方形】【颗粒】3种噪波类型。
- 色相：设置画面中颗粒的色相调整。
- 亮度：设置画面中颗粒的明暗程度。
- 饱和度：设置画面中噪波饱和度的强弱。图5-114所示为设置不同【饱和度】数值的对比效果。

图 5-114

- 颗粒大小：设置颗粒的面积大小。
- 杂色动画速度：设置颗粒的移动程度。

5.7.6 蒙尘与划痕

【蒙尘与划痕】可通过数值的调整区分画面中各颜色像素，使层次感更加强烈。选择【效果】面板中的【视频效果】/【杂色与颗粒】/【蒙尘与划痕】，如图5-115所示。【蒙尘与划痕】的参数面板如图5-116所示。

图 5-115　　　　图 5-116

- 半径：设置蒙尘和划痕颗粒的半径值。图5-117所示为设置不同【半径】数值的对比效果。

图 5-117

- 阈值：设置画面中各色调之间的容差值。
- 在Alpha通道：勾选【在Alpha通道】时，调整效果可应用于Alpha通道。

5.8 模糊与锐化类视频效果

模糊与锐化类视频效果可以将素材变得更模糊或更锐化。该视频效果组包含【复合模糊】【方向模糊】【相机模糊】

【通道模糊】【钝化蒙版】【锐化】【高斯模糊】7种视频效果,如图5-118所示。

图 5-118

5.8.1 复合模糊

　　【复合模糊】应用后,可根据轨道的选择,自动将画面生成一种模糊的效果感。选择【效果】面板中的【视频效果】/【模糊与锐化】/【复合模糊】,如图5-119所示。【复合模糊】的参数面板如图5-120所示。

图 5-119　　　　　　　　　图 5-120

- 模糊图层:设置模糊对象的图层。
- 最大模糊:以方形像素块在画面中呈现的模糊效果,数值越大,像素块的形状越大。图5-121所示为设置不同【最大模糊】数值的对比效果。

图 5-121

- 如果图层大小不同:勾选【伸缩对应图以适合】后,可以为两个不同尺寸的素材自动调整像素模糊的大小。
- 反转模糊:勾选该选项,会将画面中的模糊效果进行

反转处理。图5-122所示为勾选【反转模糊】的前后对比效果。

图 5-122

重点 5.8.2 方向模糊

　　【方向模糊】可根据模糊角度和长度将画面进行模糊处理。选择【效果】面板中的【视频效果】/【模糊与锐化】/【方向模糊】,如图5-123所示。【方向模糊】的参数面板如图5-124所示。

图 5-123　　　　　　图 5-124

- 方向:设置画面中的模糊方向。图5-125所示为设置不同【方向】的对比效果。

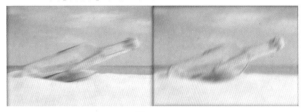

图 5-125

- 模糊长度:设置画面中模糊像素的距离。

5.8.3 相机模糊

　　【相机模糊】可模拟摄像机在拍摄过程中出现的虚焦现象。选择【效果】面板中的【视频效果】/【模糊与锐化】/【相机模糊】,如图5-126所示。【相机模糊】的参数面板如图5-127所示。

图 5-126　　　　　　　图 5-127

百分比模糊：设置画面的模糊程度。图 5-128 所示为设置不同【百分比模糊】参数的对比效果。

图 5-128

5.8.4　通道模糊

【通道模糊】可以对 RGB 通道中的红、绿、蓝、Alpha 通道进行模糊处理。数值越大，该颜色在画面中存在得越少。选择【效果】面板中的【视频效果】/【模糊与锐化】/【通道模糊】，如图 5-129 所示。【通道模糊】的参数面板如图 5-130 所示。

图 5-129　　　　　　　图 5-130

- 红色模糊度：控制画面中的红色数量和在红色通道内

的模糊程度。图 5-131 所示为设置不同【红色模糊度】数值的对比效果。

图 5-131

- 绿色模糊度：控制画面中的绿色数量和在绿色通道内的模糊程度。图 5-132 所示为设置不同【绿色模糊度】数值的对比效果。

图 5-132

- 蓝色模糊度：控制画面中的蓝色数量和在蓝色通道内的模糊程度。
- Alpha 模糊度：控制画面中 Alpha 通道的模糊程度。图 5-133 所示为设置不同【Alpha 模糊度】数值的对比效果。

图 5-133

- 边缘特性：勾选【边缘特性】选项，可以将素材边缘进行均匀模糊。
- 模糊维度：包含【水平和垂直】【水平】【垂直】3 种方向模糊类型。

5.8.5　钝化蒙版

【钝化蒙版】效果在模糊画面的同时可调整画面的曝光和对比度。选择【效果】面板中的【视频效果】/【模糊与锐化】/【钝化蒙版】，如图 5-134 所示。【钝化蒙版】的参数面板如图 5-135 所示。

中文版Premiere Pro CC 从入门到精通（微课视频 全彩版）

图 5-134   图 5-135

- 数量：设置画面的锐化程度，数值越大，锐化效果越明显。
- 半径：设置画面的曝光半径。图 5-136 所示为设置不同【半径】参数的对比效果。

图 5-136

- 阈值：设置画面中模糊度的容差值。图 5-137 所示为设置不同【阈值】参数的对比效果。

图 5-137

〔重点〕5.8.6　锐化

【锐化】可快速聚焦模糊边缘，提高画面清晰度。选择【效果】面板中的【视频效果】/【模糊与锐化】/【锐化】，如图 5-138 所示。【锐化】的参数面板如图 5-139 所示。

图 5-138   图 5-139

锐化量：调整素材锐化的强弱程度。图 5-140 所示为设置不同【锐化量】参数的对比效果。

图 5-140

〔重点〕5.8.7　高斯模糊

【高斯模糊】效果可使画面既模糊又平滑，可有效降低素材的层次细节。选择【效果】面板中的【视频效果】/【模糊与锐化】/【高斯模糊】，如图 5-141 所示。【高斯模糊】的参数面板如图 5-142 所示。

图 5-141   图 5-142

- 模糊度：控制画面中高斯模糊效果的强度。图 5-143 所示为设置不同【模糊度】参数的对比效果。

图 5-143

- 模糊尺寸：包含【水平】【垂直】【水平和垂直】3种方向模糊处理方式。
- 重复边缘像素：勾选该选项后，可以对素材边缘进行像素模糊处理。

实例：高斯模糊效果制作荧光字

文件路径：Chapter 05　视频效果→实例：高斯模糊效果制作荧光字

发光感文字可以增强文字的活泼性，本实例主要使用【高斯模糊】制作发光文字边缘，然后使用【垂直翻转】制作出倒影效果。实例效果如图5-144所示。

图 5-144

扫一扫，看视频

操作步骤

步骤 01　在菜单栏中选择【文件】/【新建】/【项目】命令，然后在弹出的【新建项目】窗口中设置【名称】，单击【浏览】按钮设置保存路径，如图5-145所示。

图 5-145

步骤 02　在【项目】面板的空白处右击，选择【新建项目】/【序列】命令。接着弹出【新建序列】窗口，并在DV-PAL文件夹下选择【标准48kHz】，如图5-146所示。

图 5-146

步骤 03　在【项目】面板的空白处双击鼠标左键，导入01.png、【背景.jpg】素材文件，最后单击【打开】按钮导入素材，如图5-147所示。

图 5-147

步骤 04　选择【项目】面板中的素材文件，并按住鼠标左键将其拖曳到【时间轴】面板中的V1、V2轨道上，如图5-148所示。

图 5-148

步骤 05　选择V1轨道上的【背景.jpg】素材文件，在【效果控件】面板中展开【运动】效果，并设置【位置】为(360,288)，【缩放】为90，如图5-149所示。

步骤 06　选择V2轨道上的01.png素材文件，并设置【位置】

中文版Premiere Pro CC 从入门到精通（微课视频 全彩版）

为(360,215),如图5-150所示。

图5-149　　　　　　图5-150

步骤 07 使用旧版标题制作文字效果。将时间线滑动到起始帧的位置,单击菜单栏中的【文件】/【新建】/【旧版标题】命令,如图5-151所示。

图5-151

步骤 08 在工具栏中单击 T (文字工具)按钮,并在工作区域中输入相应的文字,设置合适的【字体系列】,设置【字体大小】为150,【颜色】为青色,然后在画面中适当调整字体的位置,如图5-152所示。

图5-152

步骤 09 关闭【字幕】面板。选择【项目】面板中的【字幕01】

文件,并按住鼠标左键将其拖曳到V3轨道上,如图5-153所示。

图5-153

步骤 10 选择V3轨道上的【字幕01】文件,在【效果】面板中搜索【高斯模糊】,并按住鼠标左键将其拖曳到【字幕01】上,如图5-154所示。

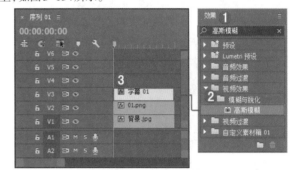

图5-154

步骤 11 在【效果控件】面板中设置【位置】为(360,225),并展开【高斯模糊】,设置【模糊度】为50,如图5-155所示。

图5-155

步骤 12 使用同样的方法继续创建【字幕02】。在工具栏中单击 T (文字工具)按钮,并在工作区域中输入相应的文字,设置合适的【字体系列】,设置【字体大小】为148,设置【颜色】为白色,然后适当调整文字的位置,如图5-156所示。

步骤 13 关闭【字幕】面板,选择【项目】面板中的【字幕02】文件,并按住鼠标左键将其拖曳到V4轨道上。选择V3、V4轨道上的【字幕01】和【字幕02】文件,按住Alt键的同时按住鼠标左键向上拖曳将其复制到V5和V6轨道上,如

图5-157所示。

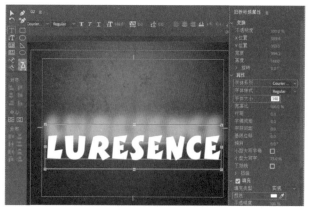

图 5-156

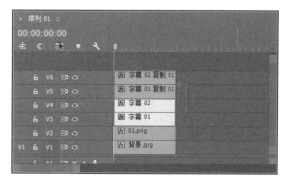

图 5-157

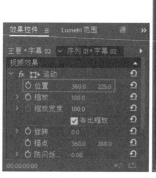

图 5-158　　　　　图 5-159

步骤 16 在【效果】面板中搜索【垂直翻转】,并按住鼠标左
键将其拖曳到【字幕01复制01】文件上,如图5-160所示。

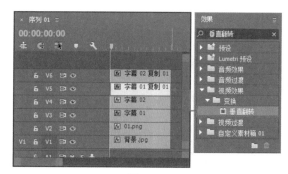

图 5-160

步骤 17 选择V6轨道上的【字幕02复制01】文件,并在
【效果控件】面板中设置【位置】为(360,424),【不透明度】为
30%,如图5-161所示。

图 5-161

步骤 18 在【效果】面板中搜索【垂直翻转】,并按住鼠标左
键将其拖曳到【字幕02复制01】文件上,如图5-162所示。

步骤 19 拖动时间轴查看效果,如图5-163所示。

图 5-162

图 5-163

5.9 沉浸式视频类效果

该视频效果组下包含【VR 分形杂色】【VR 发光】【VR 平面到球面】【VR 投影】【VR 数字故障】【VR 旋转球面】【VR 模糊】【VR 色差】【VR 锐化】【VR 降噪】【VR 颜色渐变】11 种视频效果，如图5-164所示。

图 5-164

5.9.1 VR 分形杂色

【VR 分形杂色】可用于沉浸式分形杂色效果的应用。选择【效果】面板中的【视频效果】/【沉浸式视频】/【VR 分形杂色】，如图5-165所示。【VR 分形杂色】的参数面板如图5-166所示。

图 5-165　　　　　图 5-166

5.9.2 VR 发光

【VR 发光】用于VR沉浸式光效的应用。选择【效果】面板中的【视频效果】/【沉浸式视频】/【VR 发光】，如图5-167所示。【VR 发光】的参数面板如图5-168所示。

图 5-167　　　　　图 5-168

5.9.3 VR 平面到球面

【VR 平面到球面】用于VR沉浸式效果中图像从平面到球面的效果处理。选择【效果】面板中的【视频效果】/【沉浸式视频】/【VR 平面到球面】，如图5-169所示。【VR 平面到球面】的参数面板如图5-170所示。

图 5-169　　　　　图 5-170

5.9.4 VR 投影

【VR 投影】用于VR沉浸式投影效果的应用。选择【效果】面板中的【视频效果】/【沉浸式视频】/【VR 投影】，如图5-171所示。【VR 投影】的参数面板如图5-172所示。

图 5-171　　　　　图 5-172

5.9.5　VR 数字故障

【VR 数字故障】用于VR沉浸式效果中文字的数字故障处理。选择【效果】面板中的【视频效果】/【沉浸式视频】/【VR 数字故障】，如图 5-173 所示。【VR 数字故障】的参数面板如图 5-174 所示。

图 5-173　　　　　图 5-174

5.9.6　VR 旋转球面

【VR 旋转球面】用于VR沉浸式效果中旋转球面效果的应用。选择【效果】面板中的【视频效果】/【沉浸式视频】/【VR 旋转球面】，如图 5-175 所示。【VR 旋转球面】的参数面板如图 5-176 所示。

图 5-175　　　　　图 5-176

5.9.7　VR 模糊

【VR 模糊】用于VR沉浸式模糊效果的应用。选择【效果】面板中的【视频效果】/【沉浸式视频】/【VR 模糊】，如图 5-177 所示。【VR 模糊】的参数面板如图 5-178 所示。

图 5-177　　　　　图 5-178

5.9.8　VR 色差

【VR 色差】用于VR沉浸式效果中图像的颜色校正。选择【效果】面板中的【视频效果】/【沉浸式视频】/【VR色差】，如图 5-179 所示。【VR 色差】的参数面板如图 5-180 所示。

图 5-179　　　　　图 5-180

5.9.9　VR 锐化

【VR 锐化】用于VR沉浸式效果中图像的锐化处理。选择【效果】面板中的【视频效果】/【沉浸式视频】/【VR锐化】，如图 5-181 所示。【VR 锐化】的参数面板如图 5-182 所示。

图 5-181　　　　　图 5-182

中文版Premiere Pro CC 从入门到精通（微课视频 全彩版）

5.9.10 VR 降噪

【VR 降噪】用于VR沉浸式效果中图像降噪的处理。选择【效果】面板中的【视频效果】/【沉浸式视频】/【VR 降噪】，如图5-183所示。【VR 降噪】的参数面板如图5-184所示。

图 5-183　　　　　　　图 5-184

5.9.11 VR 颜色渐变

【VR 颜色渐变】用于VR沉浸式效果中图像颜色渐变的处理。选择【效果】面板中的【视频效果】/【沉浸式视频】/【VR 颜色渐变】，如图5-185所示。【VR 颜色渐变】的参数面板如图5-186所示。

图 5-185　　　　　　　图 5-186

5.10 生成类视频效果

该视频效果组包含【书写】【单元格图案】【吸管填充】【四色渐变】【圆形】【棋盘】【椭圆】【油漆桶】【渐变】【网格】【镜头光晕】【闪电】12种视频效果，如图5-187所示。

图 5-187

5.10.1 书写

【书写】可以制作出类似画笔的笔触感。选择【效果】面板中的【视频效果】/【生成】/【书写】，如图5-188所示。【书写】的参数面板如图5-189所示。

图 5-188　　　　　　　图 5-189

- 画笔位置：设置画笔的所在位置。
- 颜色：设置画笔的书写颜色。
- 画笔大小：设置画笔的粗细程度。图5-190所示为设置不同【画笔大小】数值的对比效果。

图 5-190

- 画笔硬度：设置书写时笔刷的硬度。
- 画笔不透明度：设置笔刷的不透明度。
- 描边长度（秒）：设置笔触在素材上的停留时长。
- 画笔间隔（秒）：设置笔触之间的间隔时间。
- 绘制时间属性：包含【不透明度】和【颜色】2种色彩类型。
- 画笔时间属性：包含【大小】【硬度】【大小和硬度】等3种笔触类型。
- 绘制样式：包含【在原始图像上】【在透明背景上】【显示原始图像】等3种混合样式。图5-191所示为3种混合样式的对比效果。

图 5-191

5.10.2　单元格图案

【单元格图案】可以通过参数的调整在素材上方制作出纹理效果。选择【效果】面板中的【视频效果】/【生成】/【单元格图案】，如图5-192所示。【单元格图案】的参数面板如图5-193所示。

图 5-192　　　　　图 5-193

- 单元格图案：设置【单元格图案】的类型，在下拉列表中包含12种纹理样式，如图5-194所示。

图 5-194

图5-195所示为设置不同【单元格图案】样式的对比效果。

图 5-195

- 反转：勾选【反转】选项时，画面的纹理颜色将进行转换。
- 对比度：调整画面中纹理图案的对比度强弱。

图5-196所示为设置不同【对比度】参数的对比效果。

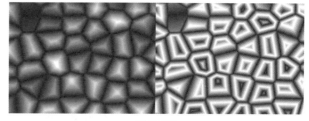

图 5-196

- 溢出：设置蜂巢图案溢出部分的方式。包含【剪切】【柔和固定】【反绕】3种方式。
- 分散：设置蜂巢图案在画面中的分布情况。
- 大小：设置蜂巢图案的大小。
- 偏移：设置蜂巢图案的坐标位置。图5-197所示为设置不同【偏移】参数的对比效果。

图 5-197

- 平铺选项：设置蜂巢图案在画面中水平或垂直的分布数量。
- 演化：设置蜂巢图案在画面中运动的角度及颜色分布。
- 演化选项：设置蜂巢图案的运动参数及分布变化。

5.10.3　吸管填充

【吸管填充】可调整素材色调将素材进行填充修改。选择【效果】面板中的【视频效果】/【生成】/【吸管填充】，如图5-198所示。【吸管填充】的参数面板如图5-199所示。

图 5-198　　　　　图 5-199

- 采样点：设置取样颜色的区域。
- 采样半径：设置颜色的取样半径。
- 平均像素颜色：在下拉列表中包含【跳过空白】【全部】【全部预乘】【包括 Alpha】4 种设置平均像素半径的方式。
- 保持原始的 Alpha：勾选该选项，素材即可保持原有的 Alpha。
- 与原始图像混合：设置素材中填充色的不透明度。图 5-200 所示为设置不同【与原始图像混合】参数的对比效果。

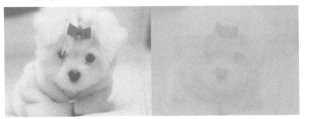

图 5-200

重点 5.10.4　四色渐变

【四色渐变】可通过颜色及参数的调节，使素材上方产生 4 种颜色的渐变效果。选择【效果】面板中的【视频效果】/【生成】/【四色渐变】，如图 5-201 所示。【四色渐变】的参数面板如图 5-202 所示。

图 5-201　　　　图 5-202

- 位置和颜色：设置渐变颜色的坐标位置和颜色倾向，不同的数值会使画面产生不同的效果。
- 混合：设置渐变色在画面中的明度。
- 抖动：设置颜色变化的流量。
- 不透明度：设置画面中渐变色的不透明度。
- 混合模式：设置渐变层与原素材的混合方式，在列表中包含 16 种混合方式。图 5-203 所示为设置不同【混合模式】的对比效果。

图 5-203

实例：使用四色渐变效果打造唯美色调

文件路径：Chapter 05　视频效果→实例：使用四色渐变效果打造唯美色调

唯美的色调通常能让人的心情加温，本实例首先使用【亮度曲线】调整画面亮度，接着使用【四色渐变】效果制作出浪漫的色调。实例对比效果如图 5-204 所示。

扫一扫，看视频

图 5-204

操作步骤

步骤 01　在菜单栏中选择【文件】/【新建】/【项目】命令，然后弹出【新建项目】窗口，设置【名称】，并单击【浏览】按钮设置保存路径，如图 5-205 所示。在【项目】面板的空白处右击，选择【新建项目】/【序列】命令。接着弹出【新建序列】窗口，并在 DV-PAL 文件夹下选择【标准 48kHz】，如图 5-206 所示。

图 5-205

127

图 5-206

步骤 02 在【项目】面板的空白处双击鼠标左键,导入01.jpg素材文件,最后单击【打开】按钮导入素材,如图5-207所示。

图 5-207

步骤 03 选择【项目】面板中的01.jpg素材文件,按住鼠标左键将其拖曳到V1轨道上,如图5-208所示。

图 5-208

步骤 04 在【时间轴】面板中右击选择01.jpg素材文件,在弹出的快捷菜单中执行【缩放为帧大小】命令,如图5-209所示。此时画面效果如图5-210所示。

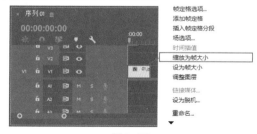

图 5-209

图 5-210

步骤 05 调整画面位置及大小。选择V1轨道上的01.jpg素材文件,在【效果控件】中展开【运动】,设置【位置】为(325,288),【缩放】为110,如图5-211所示。此时画面效果如图5-212所示。

图 5-211　　　　　　　　图 5-212

步骤 06 使用曲线调整画面亮度。在【效果】面板中搜索【亮度曲线】,然后按住鼠标左键将其拖曳到V1轨道的01.jpg素材文件上,如图5-213所示。

图 5-213

步骤 07 选择V1轨道上的01.jpg素材文件,在【效果控件】中展开【亮度曲线】,接着在【亮度波形】曲线上单击添加一个控制点并向左上角拖曳,增加画面的亮度,如图5-214所示。此时画面效果如图5-215所示。

图 5-214　　　　　　　　图 5-215

步骤 08 在【效果】面板中搜索【四色渐变】，然后按住鼠标左键将其拖曳到V1轨道的01.jpg素材文件上，如图5-216所示。

图 5-216

步骤 09 选择V1轨道上的01.jpg素材文件，在【效果控件】中展开【四色渐变】，设置【颜色1】为绿色，【颜色2】和【颜色4】均为橙色，【颜色3】为蓝色，如图5-217所示。此时画面效果如图5-218所示。

图 5-217　　　　　　图 5-218

步骤 10 在【四色渐变】中设置【不透明度】为80%，【混合模式】为【叠加】，如图5-219所示。此时画面效果如图5-220所示。

图 5-219　　　　　　图 5-220

步骤 11 为画面添加光晕效果。在【效果】面板中搜索【镜头光晕】，然后按住鼠标左键将其拖曳到V1轨道的01.jpg素材文件上，如图5-221所示。

图 5-221

步骤 12 选择V1轨道上的01.jpg素材文件，在【效果控件】中展开【镜头光晕】，设置【光晕中心】为(3756.2，46.2)，【光晕亮度】为110%，如图5-222所示。

图 5-222

5.10.5　圆形

【圆形】可以在素材上方制作一个圆形，并通过调整圆形的颜色、不透明度、羽化等参数更改圆形效果。选择【效果】面板中的【视频效果】/【生成】/【圆形】，如图5-223所示。【圆形】的参数面板如图5-224所示。

图 5-223　　　　　　图 5-224

- 中心：设置圆形的中心坐标位置。
- 半径：设置圆形的半径大小。
- 边缘：包括【边缘半径】【厚度】【厚度*半径】【厚度和羽化*半径】4种边缘类型。图5-225所示为设置不同【边缘】类型的对比效果。

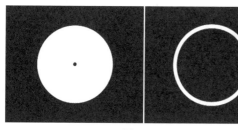

图 5-225

- 未使用：当【边缘】类型为【无】时，方可显示【未使用】。
- 羽化：设置圆形的边缘模糊程度。
- 反转圆形：勾选该选项，画面颜色将进行反转。
- 颜色：设置圆形的填充颜色。
- 不透明度：设置圆形在画面中的不透明度。
- 混合模式：设置圆形层与原素材层的混合模式。图5-226所示为设置不同【混合模式】的对比效果。

图 5-226

5.10.6　棋盘

添加【棋盘】后，在素材上方可自动呈现黑白矩形交错的棋盘效果。选择【效果】面板中的【视频效果】/【生成】/【棋盘】，如图5-227所示。【棋盘】效果的参数面板如图5-228所示。

图 5-227　　　　　图 5-228

- 锚点：设置棋盘格的坐标位置。
- 大小依据：包括【边角点】【宽度滑块】【宽度和高度

滑块】3种棋盘形状。
- 边角：设置棋盘格的边角位置和大小。
- 宽度：设置棋盘格的宽度。图5-229所示为设置不同【宽度】参数的对比效果。

图 5-229

- 高度：设置棋盘格的高度。
- 羽化：设置棋盘格宽度和高度的羽化程度。
- 颜色：设置棋盘格的画面填充颜色。
- 不透明度：设置棋盘格的不透明度。
- 混合模式：设置棋盘格和原素材的混合程度。图5-230所示为设置不同【混合模式】的对比效果。

图 5-230

5.10.7　椭圆

添加【椭圆】后会在素材上方自动出现一个圆形，通过参数的调整可更改椭圆的位置、颜色、宽度、柔和度等。选择【效果】面板中的【视频效果】/【生成】/【椭圆】，如图5-231所示。【椭圆】的参数面板如图5-232所示。

图 5-231　　　　　图 5-232

- 中心：设置椭圆的坐标位置。
- 宽度：设置椭圆在画面中的宽度。
- 高度：设置椭圆在画面中的高度。
- 厚度：设置椭圆的边缘厚度。

中文版Premiere Pro CC 从入门到精通（微课视频 全彩版）

- 柔和度：设置椭圆边缘的羽化程度。
- 内部颜色：设置椭圆线条的内部填充颜色。
- 外部颜色：设置椭圆线条的边缘填充颜色。
- 在原始图像上合成：勾选该选项，椭圆下方可显现出原素材文件。图5-233所示为勾选【在原始图像上合成】参数的前后对比效果。

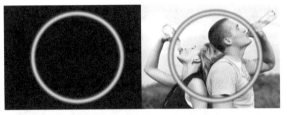

图 5-233

5.10.8 油漆桶

【油漆桶】可为素材的指定区域填充所选颜色。选择【效果】面板中的【视频效果】/【生成】/【油漆桶】，如图5-234所示。【油漆桶】的参数面板如图5-235所示。

图 5-234   图 5-235

- 填充点：设置填充颜色的所在位置。
- 填充选择器：包括【颜色和Alpha】【直接颜色】【透明度】【不透明度】【Alpha通道】5种颜色填充形式。
- 容差：设置填充区域的颜色容差度。图5-236所示为设置不同【容差】参数的对比效果。

图 5-236

- 查看阈值：勾选该选项后，画面将以黑白阈值效果呈现。
- 描边：设置画笔的描边方式，其中包括【消除锯齿】【羽化】【扩展】【阻塞】【描边】5种类型。
- 未使用：当【描边】为【消除锯齿】时，参数面板中会出现【未使用】参数。
- 反转填充：勾选【反转填充】时，颜色会反向填充。
- 颜色：设置画面中的填充颜色。
- 不透明度：设置填充颜色的不透明度。
- 混合模式：设置填充的颜色和原素材的混合模式。

【重点】5.10.9 渐变

【渐变】可在素材上方填充线性渐变或径向渐变。选择【效果】面板中的【视频效果】/【生成】/【渐变】，如图5-237所示。【渐变】的参数面板如图5-238所示。

图 5-237   图 5-238

- 渐变起点：设置渐变的初始位置。
- 起始颜色：设置渐变的初始颜色。
- 渐变终点：设置渐变的结束位置。
- 结束颜色：设置渐变的结束颜色。
- 渐变形状：包括【线性渐变】和【径向渐变】2种渐变方式。图5-239所示为【线性渐变】和【径向渐变】的对比效果。

图 5-239

- 渐变扩散：设置画面中渐变的扩散程度。
- 与原始图像混合：设置渐变层与原素材层的混合程度。

5.10.10　网格

应用【网格】效果可以使素材文件上方自动呈现矩形网格。选择【效果】面板中的【视频效果】/【生成】/【网格】，如图5-240所示。【网格】的参数面板如图5-241所示。

图 5-240　　　　　　　　　图 5-241

- 锚点：设置水平和垂直方向的网格数量。
- 大小依据：在列表中包含【边角点】【宽度滑块】【宽度和高度滑块】3种类型。
- 边角：设置画面中网格边角的所在位置。
- 宽度：设置画面中矩形网格的宽度。
- 高度：设置画面中矩形网格的高度。
- 边框：设置网格的粗细程度。
- 羽化：设置网格水平或垂直线段的模糊程度，如图5-242所示。

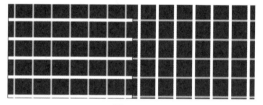

图 5-242

- 反转网格：勾选【反转网格】时，画面中的颜色会随着网格效果进行反转。
- 颜色：设置网格的填充颜色。
- 不透明度：设置网格在画面中的不透明度。
- 混合模式：设置网格层与素材层的混合模式。图5-243所示为不同【混合模式】的对比效果。

图 5-243

【重点】5.10.11　镜头光晕

【镜头光晕】可模拟在自然光下拍摄时所遇到的强光，从而使画面产生的光晕效果。选择【效果】面板中的【视频效果】/【生成】/【镜头光晕】，如图5-244所示。【镜头光晕】的参数面板如图5-245所示。

图 5-244　　　　　　　　　图 5-245

- 光晕中心：设置光晕中心所在的位置。
- 光晕亮度：设置镜头光晕的范围及明暗程度。图5-246所示为设置不同【光晕亮度】参数的对比效果。

图 5-246

- 镜头类型：包括3种透镜焦距，分别是【50～300毫米变焦】【35毫米定焦】【105毫米定焦】。
- 与原始图像混合：设置镜头光晕效果与原素材层的混合程度。

实例：使用镜头光晕制作璀璨风景

扫一扫，看视频

文件路径：Chapter 05　视频效果→实例：使用镜头光晕制作璀璨风景

本实例主要使用【圆形】制作出过渡画面，然后使用【镜头光晕】模拟太阳光照射所产生的光晕现象。实例效果如图5-247所示。

图 5-247

操作步骤

步骤 01 在菜单栏中选择【文件】/【新建】/【项目】命令，然后弹出【新建项目】窗口，设置【名称】，并单击【浏览】按钮设置保存路径，如图 5-248 所示。然后在【项目】面板的空白处右击，选择【新建项目】/【序列】命令。接着会弹出【新建序列】窗口，并在 DV-PAL 文件夹下选择【标准 48kHz】，如图 5-249 所示。

图 5-248

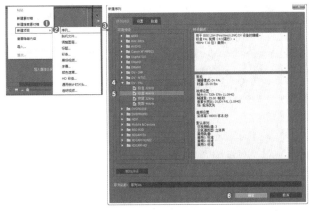

图 5-249

步骤 02 在【项目】面板的空白处双击鼠标左键，导入 1.jpg、2.jpg 和 3.jpg 素材文件，最后单击【打开】按钮导入素材，如图 5-250 所示。

图 5-250

步骤 03 选择【项目】面板中的 1.jpg、2.jpg、3.jpg 素材文件，按住鼠标左键依次将其拖曳到 V1、V2、V3 轨道上，如图 5-251 所示。

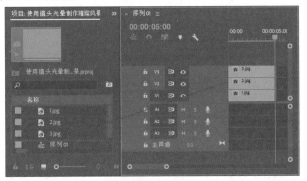

图 5-251

步骤 04 隐藏 V2、V3 轨道上的素材文件并选择 V1 轨道上的 1.jpg 素材文件，在【效果控件】面板中设置【缩放】为 25，如图 5-252 所示。此时画面效果如图 5-253 所示。

图 5-252

图 5-253

步骤 05 在【效果】面板中搜索【圆形】，然后按住鼠标左键将该效果拖曳到 V1 轨道的 1.jpg 素材文件上，如图 5-254 所示。

图 5-254

步骤 06 选择V1轨道上的1.jpg素材文件，展开【圆形】，设置【混合模式】为【模板Alpha】，将时间线滑动到起始位置，设置【半径】为0，单击【半径】前面的⏱(切换动画)按钮，创建关键帧。继续将时间线滑动到第1秒的位置，设置【半径】为1543，如图5-255所示。此时画面效果如图5-256所示。

图 5-255

图 5-256

步骤 07 显现并选择V2轨道上的2.jpg素材文件，在【效果控件】面板中设置【缩放】为31，将时间线滑动到第24帧的位置，设置【不透明度】为0%，为素材创建关键帧。继续将时间线滑动到第1秒20帧的位置，设置【不透明度】为100%，

如图5-257所示。此时画面效果如图5-258所示。

图 5-257

图 5-258

步骤 08 为画面添加光晕效果。在【效果】面板中搜索【镜头光晕】，然后按住鼠标左键将该效果拖曳到V2轨道的2.jpg素材文件上，如图5-259所示。

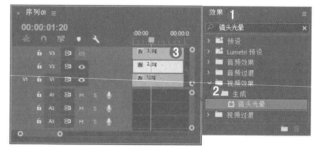

图 5-259

步骤 09 选择2.jpg素材文件，展开【镜头光晕】，设置【光晕中心】为(1111,175)，【光晕亮度】为100%，【镜头类型】为【50～300毫米变焦】，如图5-260所示。此时画面效果如图5-261所示。

图 5-260　　　　　　　　图 5-261

步骤 10 显现并选择V3轨道上的3.jpg素材文件，设置【位置】为(353,402)，【缩放】为26，将时间线滑动到第3秒10帧的位置，设置【不透明度】为0%，为素材创建关键帧。继续将时间线滑动到第4秒7帧的位置，设置【不透明度】为100%，如图5-262所示。此时画面效果如图5-263所示。

图 5-262

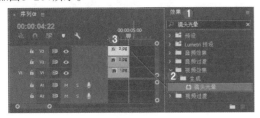

图 5-263

步骤 11 制作光晕效果。在【效果】面板中搜索【镜头光晕】，然后按住鼠标左键将该效果拖曳到V3轨道的3.jpg素材文件上，如图5-264所示。

步骤 12 选择V3轨道上的3.jpg素材文件，在【效果控件】面板中展开【镜头光晕】，设置【光晕中心】为(2687,457)，【光晕亮度】为120%，【镜头类型】为【105毫米定焦】，【与原图像混合】设置为10%，如图5-265所示。此时光晕效果如图5-266所示。

图 5-265　　　　　　　　图 5-266

步骤 13 滑动时间线查看实例效果，如图5-267所示。

图 5-267

5.10.12 闪电

【闪电】可模拟天空中的闪电形态。选择【效果】面板中的【视频效果】/【生成】/【闪电】，如图5-268所示。【闪电】的参数面板如图5-269所示。

图 5-268　　　　　　　　图 5-269

图 5-264

135

- 起始点：设置闪电线条起始位置的坐标点。
- 结束点：设置闪电线条结束位置的坐标点。
- 分段：设置闪电主干上的段数分支。图5-270所示为设置不同【分段】数值的闪电对比效果。

图 5-270

- 振幅：以闪电主干为中心点，设置闪电的扩张范围。
- 细节级别：设置闪电的粗细及自身曝光度。
- 细节振幅：设置闪电在每一个分支上的弯曲程度。
- 分支：设置主干上的分支数量。
- 再分支：设置分支上的再分支数量，相对【分支】更为精细。
- 分支角度：设置闪电各分支的倾斜角度。
- 分支段长度：设置闪电各个子分支的长度。
- 分支段：设置闪电分支的段数，参数越大，线段越密集。
- 分支宽度：设置闪电子分支中宽度的直径。
- 速度：设置闪电在画面中变换形态的速度。
- 稳定性：设置闪电在画面中的稳定度。
- 固定端点：勾选此选项时，闪电的初始点和结束点会固定在某一坐标上。若不勾选此选项，闪电会在画面中呈现摇摆不定的画面感。
- 宽度：设置闪电的整体直径宽度。
- 宽度变化：根据参数的变化随机调整闪电的粗细。
- 核心宽度：设置闪电中心宽度的粗细变化。
- 外部颜色：设置闪电最外边缘的发光色调。
- 内部颜色：设置闪电内部填充颜色的色调。
- 拉力：设置闪电分支的伸展程度。
- 拖拉方向：设置闪电拉伸的方向。
- 随机植入：设置闪电的随机变化形状。
- 混合模式：设置闪电特效和原素材的混合方式。
- 模拟：勾选【在每一帧处重新运行】可改变闪电的变换形态。图5-271所示为勾选【在每一帧处重新运行】的前后对比效果。

图 5-271

5.11 视频类视频效果

该视频效果组中包含【SDR遵从情况】【剪辑名称】【时间码】【简单文本】4种视频效果，如图5-272所示。

图 5-272

5.11.1 SDR遵从情况

【SDR遵从情况】可设置素材的亮度、对比度及阈值。选择【效果】面板中的【视频效果】/【视频】/【SDR遵从情况】，如图5-273所示。【SDR遵从情况】的参数面板如图5-274所示。

图 5-273　　　　图 5-274

- 亮度：设置亮度在画面中所占的比例。图5-275所示为设置不同【亮度】参数的对比效果。

图 5-275

- 对比度：调整画面色调的明暗对比程度。
- 软阈值：校正动作的最小值，可控制画面明暗。

5.11.2 剪辑名称

【剪辑名称】会在素材上方显现出素材的名称。选择【效果】面板中的【视频效果】/【视频】/【剪辑名称】，如图5-276所示。【剪辑名称】的参数面板如图5-277所示。

图 5-276　　　　　图 5-277

- 位置：调整【剪辑名称】的坐标位置。
- 对齐方式：包含【左】【中】【右】3种对齐方式。
- 大小：指定文字大小。图5-278所示为不同字号的对比效果。

图 5-278

- 不透明度：调整名称底部黑色矩形的不透明度。
- 显示：包含【序列剪辑名称】【项目剪辑名称】【文件名称】3种显示类型。
- 源轨道：设置名称在各个轨道中的针对性。

【重点】**5.11.3　时间码**

【时间码】是指摄像机在记录图像信号时的一种数字编码。选择【效果】面板中的【视频效果】/【视频】/【时间码】，如图5-279所示。【时间码】的参数面板如图5-280所示。

图 5-279　　　　　图 5-280

- 位置：设置时间码在素材上的位置坐标。
- 大小：设置时间码在画面中显示的大小状态。
- 不透明度：调整数字底部黑色矩形的不透明度。
- 场符号：勾选【场符号】时，在数字右侧可实现一个倒三角形状。
- 格式：设置时间码在画面中的显示方式。图5-281所示为不同【格式】类型的对比效果。

图 5-281

- 时间码源：设置时间码的初始状态。
- 时间显示：设置时间码的显示制式。在下拉列表中存在7种显示类型，如图5-282所示。

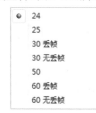

图 5-282

- 位移：可调整时间码中的数字信息。
- 标签文本：在下拉列表中包含10种时间码文本格式。
- 源轨道：设置时间码的轨道遮罩情况。

【重点】5.11.4 简单文本

【简单文本】可在素材上方进行文字编辑。选择【效果】面板中的【视频效果】/【视频】/【简单文本】，如图5-283所示。【简单文本】的参数面板如图5-284所示。

图5-283　　　　　　图5-284

- 位置：设置文本的坐标位置。
- 对齐方式：包含【左】【中】【右】3种对齐方式。
- 大小：可调整文本字体的大小。
- 不透明度：调整数字底部黑色矩形的不透明度。图5-285所示为设置不同【不透明度】参数的对比效果。

图5-285

5.12 调整类视频效果

该视频效果组中包含【ProcAmp】【光照效果】【卷积内核】【提取】【色阶】5种视频效果，如图5-286所示。

图5-286

5.12.1 ProcAmp

【ProcAmp】可调整素材的亮度、对比度、色相、饱和度。选择【效果】面板中的【视频效果】/【调整】/【ProcAmp】，如图5-287所示。【ProcAmp】的参数面板如图5-288所示。

图5-287　　　　　　图5-288

- 亮度：控制画面的明暗程度。图5-289所示为设置不同【亮度】参数的对比效果。

图5-289

- 对比度：调整画面中对比度的范围差异。
- 色相：调整画面的颜色倾向。
- 饱和度：调整画面中图像的鲜艳程度。
- 拆分屏幕：勾选【拆分屏幕】，可同时查看参数调整前后的画面对比效果，在实际应用中较为便捷，如图5-290所示。

中文版Premiere Pro CC 从入门到精通（微课视频 全彩版）

图 5-290

- 拆分百分比：在拆分屏幕时可调整画面左右部分的百分比。

【重点】5.12.2 光照效果

【光照效果】可模拟灯光照射在物体上的状态。选择【效果】面板中的【视频效果】/【调整】/【光照效果】，如图 5-291 所示。【光照效果】的参数面板如图 5-292 所示。

图 5-291　　　　　　图 5-292

- 光照 1：为素材添加灯光照射效果。【光照 2】【光照 3】【光照 4】【光照 5】为同样道理，这里以光照 1 为例。
- 环境光照颜色：调整素材周围环境的颜色倾向。图 5-293 所示为设置不同颜色的对比效果。

图 5-293

- 环境光照强度：控制周围环境光的强弱程度。

- 表面光泽：设置光源的明暗程度。
- 表面材质：设置图像表面的材质效果。
- 曝光：控制灯光的曝光强弱。
- 凹凸层：选择产生浮雕的轨道。
- 凹凸通道：设置产生浮雕的通道。
- 凹凸高度：控制浮雕的深浅和大小。
- 白色部分凸起：勾选该选项，可以反转浮雕的方向。

5.12.3　卷积内核

【卷积内核】可以通过参数来调整画面的色阶。选择【效果】面板中的【视频效果】/【调整】/【卷积内核】，如图 5-294 所示。【卷积内核】的参数面板如图 5-295 所示。

图 5-294　　　　　　图 5-295

- M11、M12、M13：1 级调整画面的明暗及对比度。
- M21、M22、M23：2 级调整画面的明暗及对比度。图 5-296 所示为设置不同参数的对比效果。

图 5-296

- M31、M32、M33：3 级调整画面的明暗及对比度。
- 偏移：控制画面曝光程度。
- 缩放：控制画面的进光数量。
- 处理 Alpha：勾选该选项，素材会计算在 Alpha 通道中。

5.12.4　提取

【提取】可将彩色画面转化为黑白效果。选择【效果】面板中的【视频效果】/【调整】/【提取】，如图 5-297 所示。【提取】的参数面板如图5-298所示。

图 5-297

图 5-298

- 输入黑色阶：控制素材中黑色像素的数量。
- 输入白色阶：控制素材中白色像素的数量。图5-299所示为设置不同【输入白色阶】参数的对比效果。

图 5-299

- 柔和度：控制素材中灰色像素的数量。

【重点】5.12.5　色阶

　　【色阶】可调整画面中的明暗层次关系。选择【效果】面板中的【视频效果】/【调整】/【色阶】，如图5-300所示。【色阶】的参数面板如图5-301所示。

图 5-300　　　　　　图 5-301

- 输入黑色阶：控制素材在画面中的黑色的数量比例。图5-302所示为设置不同【输入黑色阶】参数的对比效果。

图 5-302

- 输入白色阶：控制素材在画面中的白色的数量比例。
- 输出黑色阶：控制素材在画面中的黑色的数量明暗。
- 输出白色阶：控制素材在画面中的白色的数量明暗。
- 灰度系数：控制画面的灰度值。

5.13　过渡类视频效果

　　该视频效果组中包含【块溶解】【径向擦除】【渐变擦除】【百叶窗】【线性擦除】5种视频效果，如图5-303所示。

图 5-303

5.13.1　块溶解

　　【块溶解】可以将素材制作出逐渐显现或隐去的溶解效果。选择【效果】面板中的【视频效果】/【过渡】/【块溶解】，如图5-304所示。【块溶解】的参数面板如图5-305所示。

图 5-304　　　　　　图 5-305

- 过渡完成：设置素材的溶解程度。
- 块宽度：在溶解过程中单位块像素的宽度。
- 块高度：在溶解过程中单位块像素的高度。图5-306所示为设置不同【块高度】参数的对比效果。

图 5-306

- 羽化：设置单位块像素的边缘羽化程度。
- 柔化边缘（最佳品质）：勾选该选项，可柔化单位块像素的边缘，使画面呈现出更加柔和的效果。

实例：块溶解效果制作手机合成

文件路径：Chapter 05　视频效果→实例：块溶解效果制作手机合成

本实例主要使用【颜色平衡(HLS)】调整手机界面中图像的颜色，然后使用【块溶解】制作画面淡入效果。实例效果如图5-307所示。

扫一扫，看视频

图 5-307

操作步骤

步骤 01　在菜单栏中选择【文件】/【新建】/【项目】命令，然后弹出【新建项目】窗口，设置【名称】，并单击【浏览】按钮设置保存路径，如图5-308所示。

步骤 02　在【项目】面板的空白处双击鼠标左键，导入全部素材文件1.jpg、2.png，最后单击【打开】按钮导入素材，如图5-309所示。

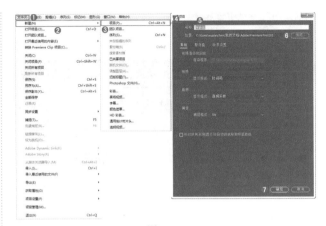

图 5-308

图 5-309

步骤 03　选择【项目】面板中的素材文件，按住鼠标左键依次将其拖曳到V1、V2轨道上，如图5-310所示。此时在【项目】面板中自动生成序列与1.jpg素材文件等大的序列。

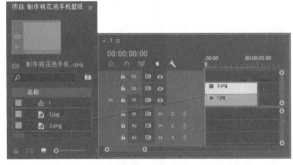

图 5-310

步骤 04　选择V2轨道上的2.png素材文件，在【效果控件】面板中设置【位置】为(771,438)，如图5-311所示。此时画面效果如图5-312所示。

图 5-311　　　　　　　　图 5-312

步骤 05　更改手机壁纸色调。在【效果】面板中搜索【颜色平衡(HLS)】，然后按住鼠标左键将该效果拖曳到V2轨道的2.png素材文件上，如图5-313所示。

图 5-313

步骤 06　选择2.png素材文件，在【效果控件】面板中设置【色相】为65°，【亮度】为20，【饱和度】为35，如图5-314所示。此时画面效果如图5-315所示。

图 5-314　　　　　　　　图 5-315

步骤 07　在【效果】面板中搜索【块溶解】，然后按住鼠标左键将该效果拖曳到V2轨道的2.png素材文件上，如图5-316所示。

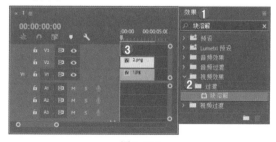

图 5-316

步骤 08　选择2.png素材文件，在【效果控件】面板中将时间线滑动到起始位置，设置【过渡完成】为100%，单击【过渡完成】前面的⦿按钮，创建关键帧。继续将时间轴滑动到第1秒16帧的位置，设置【过渡完成】为0%，如图5-317所示。最终效果如图5-318所示。

图 5-317

图 5-318

5.13.2　径向擦除

　　【径向擦除】会沿着所设置的中心轴点进行表针式画面擦除。选择【效果】面板中的【视频效果】/【过渡】/【径向擦除】，如图5-319所示。【径向擦除】的参数面板如图5-320所示。

图 5-319　　　　　　　　图 5-320

- 过渡完成：设置画面中素材擦除的面积大小。图5-321所示为设置不同【过渡完成】参数的对比效果。

图 5-321

- 起始角度:设置擦除时夹角的角度朝向。
- 擦除中心:设置在擦除时径向擦除的轴点位置。
- 擦除:设置径向擦除类型,包含【顺时针】【逆时针】【两者兼有】3种。
- 羽化:设置边缘的羽化模糊程度。

5.13.3 渐变擦除

【渐变擦除】可以制作出类似色阶梯度渐变的感觉。选择【效果】面板中的【视频效果】/【过渡】/【渐变擦除】,如图5-322所示。【渐变擦除】的参数面板如图5-323所示。

图 5-322   图 5-323

- 过渡完成:设置画面中素材梯度渐变的数量。图5-324所示为设置不同【过渡完成】数值的对比效果。

图 5-324

- 过渡柔和度:调整渐变擦除时边缘的柔和度。
- 渐变图层:设置渐变擦除的遮罩轨道。
- 渐变放置:包含【平铺渐变】【中心渐变】【伸缩渐变以适合】3种渐变类型,可设置渐变的平铺方式。
- 反转渐变:勾选该选项,在画面中可将渐变效果进行反向选择。

5.13.4 百叶窗

【百叶窗】在视频播放时可使画面产生类似百叶窗叶片摆动的状态。选择【效果】面板中的【视频效果】/【过渡】/【百叶窗】,如图5-325所示。【百叶窗】的参数面板如图5-326所示。

图 5-325   图 5-326

- 过渡完成:设置画面中素材擦除的所占数量。
- 方向:设置百叶窗叶片的过渡角度。 图5-327所示为设置不同【方向】的对比效果。

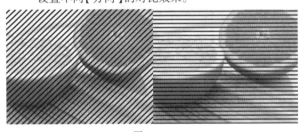

图 5-327

- 宽度:设置画面中叶片的宽度。
- 羽化:设置叶片边缘的羽化程度。

5.13.5 线性擦除

【线性擦除】可使素材以线性的方式进行画面擦除。选择【效果】面板中的【视频效果】/【过渡】/【线性擦除】,如图5-328所示。【线性擦除】的参数面板如图5-329所示。

图 5-328   图 5-329

- 过渡完成：设置画面中素材所擦除的面积。图5-330所示为设置不同【过渡完成】参数的对比效果。

图 5-330

- 擦除角度：设置线性擦除角度。
- 羽化：设置线性擦除的边缘模糊情况。

5.14 透视类视频效果

该视频效果组中包含【基本3D】【投影】【放射阴影】【斜角边】【斜面Alpha】5种视频效果，如图5-331所示。

图 5-331

5.14.1 基本 3D

【基本3D】可使素材产生翻转或透视的3D效果。选择【效果】面板中的【视频效果】/【透视】/【基本3D】，如图5-332所示。【基本3D】的参数面板如图5-333所示。

图 5-332　　　　图 5-333

- 旋转：设置素材的水平翻转的角度。图5-334所示为

设置不同【旋转】参数的对比效果。

图 5-334

- 倾斜：设置素材垂直翻转的角度。
- 与图像的距离：设置素材在节目监视器中拉近或推远的空间状态。
- 镜面高光：模拟光束由左上角向下散放的光照感。
- 预览：勾选【绘制预选线框】，在预览时素材进行隐藏，与此同时在合成面板中会出现十字框。

5.14.2 投影

【投影】可使素材边缘呈现阴影效果。选择【效果】面板中的【视频效果】/【透视】/【投影】，如图5-335所示。【投影】的参数面板如图5-336所示。

图 5-335　　　　图 5-336

- 阴影颜色：设置阴影的投射颜色。
- 不透明度：设置阴影的不透明度。
- 方向：设置阴影产生的方向和角度。图5-337所示为设置不同投影【方向】的对比效果。

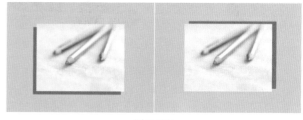

图 5-337

- 距离：设置阴影和原素材的拉伸距离。
- 柔和度：设置阴影边缘的柔和程度。

5.14.3　放射阴影

【放射阴影】可使一个三维层的投影投射到一个二维层中，与【投影】相似。选择【效果】面板中的【视频效果】/【透视】/【放射阴影】，如图5-338所示。【放射阴影】的参数面板如图5-339所示。

图 5-338　　　　　　　图 5-339

- 阴影颜色：设置阴影区域的颜色。
- 不透明度：设置阴影的不透明度。
- 光源：设置光源的坐标起始位置。
- 投影距离：设置阴影和原素材的拉伸距离。
- 柔和度：设置阴影边缘的柔和程度。
- 渲染：包括【常规】【玻璃边缘】两种渲染方式。
- 颜色影响：设置环境颜色对阴影的影响程度。
- 仅阴影：勾选该选项，素材仅显示阴影模式。图5-340所示为勾选【仅阴影】前后的对比效果。

图 5-340

- 调整图层：调整图层的大小尺寸。

5.14.4　斜角边

【斜角边】可使素材边缘制作出斜切状立体感效果。选择【效果】面板中的【视频效果】/【透视】/【斜角边】，如图5-341所示。【斜角边】的参数面板如图5-342所示。

图 5-341　　　　　　　图 5-342

- 边缘厚度：设置素材边缘的斜切面厚度。图5-343所示为设置不同【边缘厚度】参数的前后对比效果。

图 5-343

- 光照角度：设置素材的光照方向。
- 光照强度：设置光源照射的强度。

【重点】5.14.5　斜面Alpha

【斜面Alpha】可通过Alpha通道使素材产生三维效果。选择【效果】面板中的【视频效果】/【透视】/【斜面Alpha】，如图5-344所示。【斜面Alpha】的参数面板如图5-345所示。

图 5-344　　　　　　　图 5-345

- 边缘厚度：设置素材边缘的厚度。图5-346所示为设置不同【边缘厚度】参数的对比效果。

图 5-346

- 光照角度：设置光源照射在素材上的方向。
- 光照强度：设置光源照射在素材上的强度。

5.15 通道类视频效果

该视频效果组中包含【反转】【复合运算】【混合】【算术】【纯色合成】【计算】【设置遮罩】7种视频效果，如图5-347所示。

图 5-347

5.15.1 反转

应用【反转】后，素材可以自动进行通道反转。选择【效果】面板中的【视频效果】/【通道】/【反转】，如图5-348所示。【反转】的参数面板如图5-349所示。

图 5-348   图 5-349

- 声道：在下拉列表中可设置需要反转颜色【声道】类型，如图5-350所示。

图 5-350

- 与原始图像混合：设置反转后的画面与原素材进行混合的百分比。图5-351所示为设置不同【与原始图像混合】参数的对比效果。

图 5-351

5.15.2 复合运算

【复合运算】用于指定的视频轨道与原素材的通道混合设置。选择【效果】面板中的【视频效果】/【通道】/【复合运算】，如图5-352所示。【复合运算】的参数面板如图5-353所示。

图 5-352   图 5-353

- 第二个源图层：指定要混合的素材文件轨道。
- 运算符：用于画面混合方式的计算。图5-354所示为设置不同【运算符】的对比效果。

图 5-354

- 在通道上运算：包含【RGB】【ARGB】【Alpha】3种通道的运算应用。
- 溢出特性：包含【剪切】【回绕】【缩放】3种处理方式。
- 伸缩第二个源以适合：勾选该选项后，二级原素材会自动调整自身大小。
- 与原始图像混合：设置画面中第二素材与原素材的混合百分比。

5.15.3　混合

　　【混合】用于制作两个素材在进行混合时的叠加效果。选择【效果】面板中的【视频效果】/【通道】/【混合】，如图 5-355 所示。【混合】的参数面板如图 5-356 所示。

图 5-355

图 5-356

- 与图层混合：指定要混合的素材轨道。
- 模式：设置混合的计算方式。包含【交叉淡化】【仅颜色】【仅色彩】【仅变暗】【仅变亮】5种计算模式。
- 与原始图层混合：设置该素材层的不透明度。图 5-357 所示为设置不同【与原始图层混合】参数的对比效果。

图 5-357

- 如果图层大小不同：当指定的素材层与原素材层大小不同时，可采取【居中】或【伸缩以适合】两种处理方式。

5.15.4　算术

　　【算术】用于控制画面中RGB颜色的阈值情况。选择【效果】面板中的【视频效果】/【通道】/【算术】，如图 5-358 所示。【算术】的参数面板如图 5-359 所示。

图 5-358　　　　　　　图 5-359

- 运算符：在下拉列表中可设置指定混合运算的方式，如图 5-360 所示。

图 5-360

- 红色值：设置画面中红色通道内的阈值数量。图 5-361 所示为设置不同【红色值】参数的对比效果。

图 5-361

- 绿色值：设置画面中绿色通道内的阈值数量。
- 蓝色值：设置画面中蓝色通道内的阈值数量。
- 剪切：勾选【剪切结果值】会在画面中将多余的信息量以剪切的方式去除。

5.15.5 纯色合成

【纯色合成】可将指定素材与所选颜色进行混合。选择【效果】面板中的【视频效果】/【通道】/【纯色合成】，如图5-362所示。【纯色合成】的参数面板如图5-363所示。

图 5-362　　　　　　图 5-363

- 源不透明度：设置画面中素材的不透明度。图5-364所示为设置不同【源不透明度】数值的对比效果。

图 5-364

- 颜色：选定一种【颜色】与原素材进行混合。
- 不透明度：控制指定颜色的【不透明度】。
- 混合模式：设置指定颜色与原素材的混合模式。

5.15.6 计算

【计算】可指定一种素材文件与原素材文件进行通道混合。选择【效果】面板中的【视频效果】/【通道】/【计算】，如图5-365所示。【计算】的参数面板如图5-366所示。

图 5-365　　　　　　图 5-366

- 输入通道：设置选定素材的通道输入。
- 反转输入：勾选该选项，可将指定通道信息进行反转。图5-367所示为勾选【反转输入】前后的画面对比效果。

图 5-367

- 第二个源：视频轨道与计算融合了原始剪辑。
- 第二个图层不透明度：第二个视频轨道的透明度设置。
- 混合模式：设置素材的混合运算方式。
- 保持透明度：勾选该选项，可确保不修改原图层的Alpha通道。

5.15.7 设置遮罩

【设置遮罩】可设置指定通道作为遮罩并与原素材进行混合。选择【效果】面板中的【视频效果】/【通道】/【设置遮罩】，如图5-368所示。【设置遮罩】的参数面板如图5-369所示。

图 5-368　　　　　　图 5-369

- 从图层获取遮罩：设置获取遮罩的指定视频轨道。
- 用于遮罩：在下拉列表中包含9种设置遮罩的混合方式。
- 反转遮罩：将指定素材遮罩进行翻转。图5-370所示为勾选【反转遮罩】前后的对比效果。

图 5-370

- 如果图层大小不同：勾选【伸展遮罩以适合】可将素材拉伸至合适尺寸。
- 将遮罩与原始图像合成：勾选【将遮罩与原始图像合成】选项，会将指定的素材与遮罩混合。
- 预乘遮罩图层：将遮罩以正片叠加的模式呈现。

5.16 风格化类视频效果

该视频效果组包含【Alpha 发光】【复制】【彩色浮雕】【抽帧】【曝光过度】【查找边缘】【浮雕】【画笔描边】【粗糙边缘】【纹理化】【闪光灯】【阈值】【马赛克】13种视频效果，如图5-371所示。

图 5-371

【重点】5.16.1 Alpha 发光

【Alpha发光】可在素材上方制作出发光效果。选择【效果】面板中的【视频效果】/【风格化】/【Alpha 发光】，如图5-372所示。【Alpha 发光】的参数面板如图5-373所示。

图 5-372

图 5-373

- 发光：设置发光区域的大小。
- 亮度：设置发光的强弱。
- 起始颜色：设置发光的起始颜色。
- 结束颜色：设置发光的结束颜色。
- 淡出：勾选该选项时，发光会产生平滑的过渡效果。

实例：使用Alpha发光效果制作图案发光

文件路径：Chapter 05　视频效果→实例：使用Alpha发光效果制作图案发光

在制作中主要使用【Alpha发光】，将普通文字图案制作出发光效果，如图5-374所示。

扫一扫，看视频

图 5-374

操作步骤

步骤 01 在菜单栏中选择【文件】/【新建】/【项目】命令，然后弹出【新建项目】窗口，设置【名称】，并单击【浏览】按钮设置保存路径，如图5-375所示。

图 5-375

步骤 02 在【项目】面板的空白处双击鼠标左键，导入素材文件1.jpg、2.png、3.png，最后单击【打开】按钮导入素材，如图5-376所示。

图 5-376

步骤 03 选择【项目】面板中的全部素材文件，按住鼠标左键依次将其拖曳到V1～V3轨道上，如图5-377所示。此时在【项目】面板中自动生成序列。

图 5-377

步骤 04 隐藏V3轨道上的3.png素材文件。接着选择V2轨道上的2.png素材文件，在【效果控件】面板中将时间线滑动到第20帧的位置，设置【不透明度】为0%，为其创建关键帧。将时间轴滑动到第1秒20帧的位置，设置【不透明度】为100%，如图5-378所示。此时效果如图5-379所示。

图 5-378   图 5-379

步骤 05 在【效果】面板中搜索【Alpha 发光】，然后按住鼠标左键将其拖曳到V2轨道的2.png素材文件上，如图5-380所示。

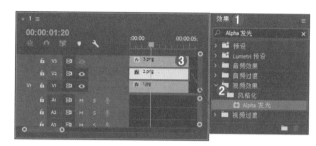

图 5-380

步骤 06 选择V2轨道上的2.png素材文件，在【效果控件】面板中设置【发光】为12,【亮度】为255,【起始颜色】和【结束颜色】均为青色，如图5-381所示。此时画面效果如图5-382所示。

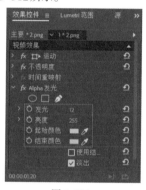

图 5-381   图 5-382

步骤 07 显现并选择V3轨道上的素材文件，展开【不透明度】属性，将时间线滑动到第1秒20帧的位置，设置【不透明度】为0%，为其创建关键帧。将时间轴滑动到第2秒24帧的位置，设置【不透明度】为100%，如图5-383所示。此时最终效果如图5-384所示。

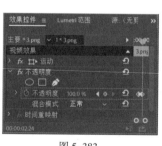

图 5-383   图 5-384

5.16.2 复制

【复制】可将素材进行复制，从而产生大量相同的素材。选择【效果】面板中的【视频效果】/【风格化】/【复制】，如图5-385所示。【复制】的参数面板如图5-386所示。

中文版Premiere Pro CC 从入门到精通（微课视频 全彩版）

图 5-385

图 5-386

计数:设置素材的复制数量。图5-387所示为设置不同【计数】数值的对比效果。

图 5-387

5.16.3 彩色浮雕

【彩色浮雕】可在素材上方制作出彩色凹凸感效果。选择【效果】面板中的【视频效果】/【风格化】/【彩色浮雕】,如图5-388所示。【彩色浮雕】的参数面板如图5-389所示。

图 5-388

图 5-389

- 方向:设置浮雕的角度。
- 起伏:设置浮雕的距离和大小。图5-390所示为设置不同【起伏】数值的对比效果。

图 5-390

- 对比度:设置画面浮雕的颜色对比度。
- 与原始图像混合:该效果与原素材之间的混合程度。

实例:使用彩色浮雕效果制作美式漫画

文件路径:Chapter 05 视频效果→实例:使用彩色浮雕效果制作美式漫画

本实例主要使用【彩色浮雕】将人像转化为漫画效果。实例效果如图5-391所示。

扫一扫,看视频

图 5-391

操作步骤

步骤 01 在菜单栏中选择【文件】/【新建】/【项目】命令,然后弹出【新建项目】窗口,设置【名称】,并单击【浏览】按钮设置保存路径,如图5-392所示。

图 5-392

步骤 02 在【项目】面板的空白处双击鼠标左键,导入全部素材文件,最后单击【打开】按钮导入素材,如图5-393所示。

图 5-393

步骤 03 选择【项目】面板中的1.jpg、2.png素材文件，按住鼠标左键依次将其拖曳到V1、V2轨道上，设置结束时间为第5秒的位置，如图5-394所示。此时在【项目】面板中自动生成序列。

图 5-394

步骤 04 在【时间轴】面板中选择1.jpg素材文件，在【效果】面板中搜索【彩色浮雕】，然后按住鼠标左键将其拖曳到V1轨道的1.jpg素材文件上，如图5-395所示。

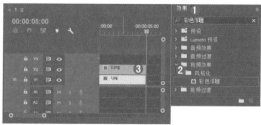

图 5-395

步骤 05 选择V1轨道上的1.jpg素材文件，在【效果控件】面板中展开【彩色浮雕】，设置【方向】为105°，【起伏】为15，【对比度】为215，如图5-396所示。此时效果如图5-397所示。

图 5-396

图 5-397

步骤 06 在【效果】面板中搜索【画笔描边】，然后按住鼠标左键将其拖曳到V1轨道的1.jpg素材文件上，如图5-398所示。

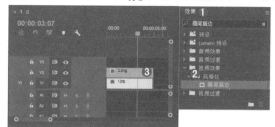

图 5-398

步骤 07 选择V1轨道上的1.jpg素材文件，在【效果控件】面板中设置【描边角度】为180°，【画笔大小】为3，如图5-399所示。此时效果如图5-400所示。

图 5-399

图 5-400

步骤 08 使用旧版标题制作文字效果。执行菜单栏中的【文件】/【新建】/【旧版标题】命令，在打开的窗口中设置【名称】为【字幕01】，单击【确定】按钮，如图5-401所示。

图 5-401

步骤 09 单击 T (文字工具)按钮，在工作区域中输入合适的文字，设置合适的【字体系列】，【字体大小】为140，【颜色】为深绿色，如图5-402所示。继续在该文字下方输入文字，设置合适的【字体系列】，【字体大小】为75，【字偶间距】为-13，【颜色】为更深一点的深绿色，如图5-403所示。

中文版Premiere Pro CC 从入门到精通（微课视频 全彩版）

图 5-402

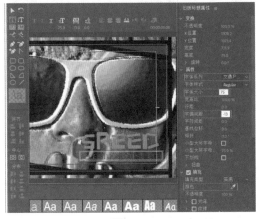

图 5-403

步骤 10 关闭【字幕】面板。将【项目】面板中的【字幕 01】素材文件拖曳到 V3 轨道上,如图 5-404 所示。

图 5-404

步骤 11 选择 V3 轨道上的【字幕 01】素材文件,在【效果控件】面板中展开【不透明度】属性,设置【不透明度】为 80%,如图 5-405 所示。此时文字呈现半透明效果,如图 5-406 所示。

图 5-405

图 5-406

步骤 12 在【效果】面板中搜索【彩色浮雕】,然后按住鼠标左键将其拖曳到 V3 轨道的【字幕 01】素材文件上,如图 5-407 所示。

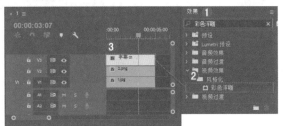

图 5-407

步骤 13 选择 V3 轨道上的【字幕 01】素材文件,设置【方向】为 45°,【起伏】为 2,如图 5-408 所示。实例最终效果如图 5-409 所示。

图 5-408

图 5-409

5.16.4 抽帧

【抽帧】在播放时可产生跳帧播放的效果。选择【效果】面板中的【视频效果】/【风格化】/【抽帧】,如图 5-410 所示。【抽帧】的参数面板如图 5-411 所示。

图 5-410

图 5-411

级别:设置画面中曝光的强弱,以产生跳帧播放效果。

图5-412所示为设置不同【级别】数值的对比效果。

图 5-412

5.16.5 曝光过度

【曝光过度】可通过参数设置来调整画面曝光强弱。选择【效果】面板中的【视频效果】/【风格化】/【曝光过度】，如图5-413所示。【曝光过度】的参数面板如图5-414所示。

图 5-413　　　　　　　图 5-414

阈值：设置曝光的强度大小。图5-415所示为设置不同【阈值】参数的对比效果。

图 5-415

5.16.6 查找边缘

【查找边缘】可以使画面产生类似彩色铅笔绘画的线条感。选择【效果】面板中的【视频效果】/【风格化】/【查找边缘】，如图5-416所示。【查找边缘】的参数面板如图5-417所示。

图 5-416　　　　　　　图 5-417

应用该效果后，画面自动生成【查找边缘】效果，如图5-418所示。

图 5-418

- 反转：用于画面像素的反向选择。
- 与原始图像混合：该效果与原素材之间的混合情况。

5.16.7 浮雕

【浮雕】会使画面产生灰色的凹凸感效果。选择【效果】面板中的【视频效果】/【风格化】/【浮雕】，如图5-419所示。【浮雕】的参数面板如图5-420所示。

图 5-419　　　　　　　图 5-420

- 方向：设置浮雕的角度偏向。
- 起伏：设置画面中浮雕的凹凸程度。
- 对比度：强化浮雕的纹理及颜色。
- 与原始图像混合：设置和原图像的混合数值。图5-421所示为设置不同【与原始图像混合】参数的对比效果。

图 5-421

重点 5.16.8 画笔描边

【画笔描边】可使素材表面产生类似画笔涂鸦或水彩画的效果。选择【效果】面板中的【视频效果】/【风格化】/【画笔描边】，如图5-422所示。【画笔描边】的参数面板如图5-423所示。

图 5-422   图 5-423

- 描边角度：设置画面中画笔描边的方向。
- 画笔大小：设置画笔的直径大小。图5-424所示为设置不同【画笔大小】参数的对比效果。

图 5-424

- 描边长度：设置画笔笔触的长短。
- 描边浓度：设置画面中描边的深浅程度。

- 描边浓度：使像素进行叠加，改变图片形状，产生奇幻效果。
- 绘画表面：包含【在原始图像上绘画】【在透明背景上绘画】【在白色上绘画】【在黑色上绘画】4种绘制方式。
- 与原始图像混合：设置该效果与原素材图像的混合程度。

5.16.9 粗糙边缘

【粗糙边缘】可以将素材边缘制作出腐蚀感效果。选择【效果】面板中的【视频效果】/【风格化】/【粗糙边缘】，图5-425所示。【粗糙边缘】的参数面板如图5-426所示。

图 5-425   图 5-426

- 边缘类型：包括【粗糙】【粗糙色】【切割】【尖刺】【锈蚀】【锈蚀色】【影印】【影印色】8种边缘类型。图5-427所示为设置不同【边缘类型】的对比效果。

图 5-427

- 边缘颜色：设置素材边缘的颜色。
- 边框：可调整腐蚀形状的大小。
- 边缘锐化：调整画面边缘的清晰度。
- 不规则影响：设置【不规则影响】数值。
- 比例：设置素材在画面中的所占比例。
- 伸缩宽度或高度：设置腐蚀边缘的宽度或高度。
- 偏移（湍流）：设置腐蚀效果的偏移程度。

- 复杂度：设置画面中的复杂度数值。
- 演化：控制边缘的粗糙程度。
- 演化选项：针对循环及随机植入参数的设置。

5.16.10 纹理化

【纹理化】可在素材表面呈现出类似贴图感的纹理效果。选择【效果】面板中的【视频效果】/【风格化】/【纹理化】，如图5-428所示。【纹理化】的参数面板如图5-429所示。

图 5-428　　　　　　图 5-429

- 纹理图层：选择该素材与所要合成轨道中的素材，制作覆盖感效果，如图5-430所示。

图 5-430

- 光照方向：设置光照的方向。
- 纹理对比度：设置纹理的对比度。图5-431所示为【纹理对比度】设置为0.5和2时的效果对比。

图 5-431

- 纹理位置：纹理位置包括：【平铺纹理】【居中纹理】和【伸缩纹理以适合】3种方式。

5.16.11 闪光灯

【闪光灯】可以模拟真实闪光灯的闪烁效果。选择【效果】面板中的【视频效果】/【风格化】/【闪光灯】，如图5-432所示。【闪光灯】的参数面板如图5-433所示。

图 5-432　　　　　　图 5-433

- 闪光色：设置闪光灯闪烁的颜色。
- 与原始图像混合度：设置调整效果与原始素材的混合程度。图5-434所示为设置不同【与原始图像混合度】参数的对比效果。

图 5-434

- 闪光持续时间（秒）：以秒为单位，设置闪烁的闪烁时长。
- 闪光周期（秒）：以秒为单位，设置每次闪烁的间隔时间。
- 随机闪光几率：设置随机闪烁的频闪。
- 闪光：包含【仅对颜色操作】或【使图层透明】两种闪光方式。
- 闪光运算符：选择闪光的闪烁方式。在下拉列表中包含13种闪烁方式。
- 随机植入：设置频闪的随机植入，参数越大时画面的透明度越高。

5.16.12 阈值

应用【阈值】可自动将画面转化为黑白图像。选择【效果】

面板中的【视频效果】/【风格化】/【阈值】，如图5-435所示。【阈值】的参数面板如图5-436所示。

图 5-435　　　　　　　图 5-436

级别：设置画面中黑白比例大小，参数越大，黑色数量所占比例越大。图5-437所示为设置不同【级别】参数的对比效果。

图 5-437

【重点】**5.16.13　马赛克**

【马赛克】可将画面自动转换为以像素块为单位拼凑的画面。选择【效果】面板中的【视频效果】/【风格化】/【马赛克】，如图5-438所示。【马赛克】的参数面板如图5-439所示。

图 5-438　　　　　　　图 5-439

- **水平块**：设置马赛克的水平数量。图5-440所示为设置不同【水平块】参数的对比效果。

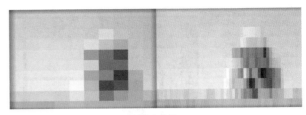

图 5-440

- **垂直块**：设置马赛克的垂直数量。
- **锐化颜色**：勾选【锐化颜色】可强化像素块的颜色阈值。

实例：局部添加马赛克效果

文件路径：Chapter 05　视频效果→实例：局部添加马赛克效果

本实例主要使用【马赛克】处理动物面部区域，具有遮挡的作用。实例效果如图5-441所示。

扫一扫，看视频

图 5-441

操作步骤

步骤 01　在菜单栏中选择【文件】/【新建】/【项目】命令，然后弹出【新建项目】窗口，设置【名称】，并单击【浏览】按钮设置保存路径，如图5-442所示。然后在【项目】面板的空白处右击，选择【新建项目】/【序列】命令。接着会弹出【新建序列】窗口，并在DV-PAL文件夹下选择【标准48kHz】，如图5-443所示。

图 5-442

图 5-443

步骤 02 在【项目】面板的空白处双击鼠标左键，导入1.jpg和2.jpg素材文件，最后单击【打开】按钮导入素材，如图5-444所示。

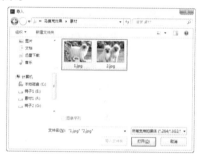

图 5-444

步骤 03 选择【项目】面板中的1.jpg和2.jpg素材文件，按住鼠标左键依次将其拖曳到V1轨道上，设置结束时间为第10秒的位置，如图5-445所示。

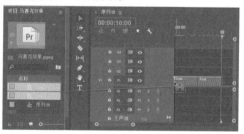

图 5-445

步骤 04 选择V1轨道上的1.jpg素材文件，在【效果控件】面板中设置【缩放】为50，如图5-446所示。此时画面效果如图5-447所示。

图 5-446

图 5-447

步骤 05 选择2.jpg素材文件，在【效果控件】面板中设置【缩放】为52，如图5-448所示。此时画面效果如图5-449所示。

图 5-448

图 5-449

步骤 06 接下来将V1轨道上的素材文件进行复制。在【时间轴】面板中将时间线拖动到第10秒之后的空白位置，选择1.jpg和2.jpg素材文件，使用快捷键Ctrl+C进行复制，如图5-450所示。使用快捷键Ctrl+V进行粘贴，此时在V1轨道的时间线前方出现复制出的素材文件，如图5-451所示。

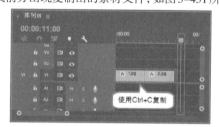

图 5-450

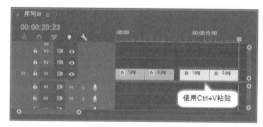

图 5-451

步骤 07 选择复制出的1.jpg和2.jpg素材文件，按住鼠标左键将其拖曳到V2轨道中，并与V1轨道中的素材文件对齐，如图5-452所示。

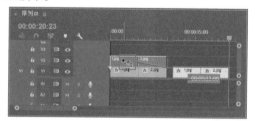

图 5-452

步骤 08 制作马赛克效果。在【效果】面板中搜索【裁剪】，然后按住鼠标左键将该效果拖曳到V2轨道的1.jpg素材文件

中文版Premiere Pro CC 从入门到精通（微课视频 全彩版）

上，如图5-453所示。

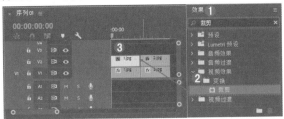

图5-453

步骤 09 选择V2轨道上的1.jpg素材文件，在【效果控件】面板中展开【裁剪】效果，设置【左侧】为60%，【顶部】为7%，【右侧】为10%，【底部】为60%，如图5-454所示。此时隐藏V1轨道查看效果，如图5-455所示。

图5-454　　　　　　　图5-455

步骤 10 在【效果】面板中搜索【马赛克】，然后按住鼠标左键将该效果拖曳到V2轨道的1.jpg素材文件上，如图5-456所示。

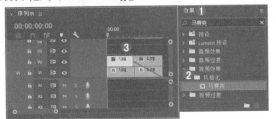

图5-456

步骤 11 选择1.jpg素材文件，在【效果控件】面板中展开【马赛克】，设置【水平块】和【垂直块】均为20，如图5-457所示。显现V1轨道上的素材文件，效果如图5-458所示。

图5-457　　　　　　　图5-458

步骤 12 使用同样的方式在【效果】面板中搜索【裁剪】，然后按住鼠标左键将该效果拖曳到V2轨道的2.jpg素材文件上，如图5-459所示。

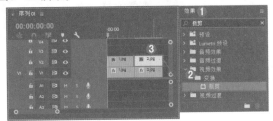

图5-459

步骤 13 选择V2轨道上的2.jpg素材文件，在【效果控件】面板中展开【裁剪】效果，设置【左侧】为18%，【顶部】为15%，【右侧】为45%，【底部】为44%，如图5-460所示。此时隐藏V1轨道查看2.jpg素材文件的效果，如图5-461所示。

图5-460　　　　　　　图5-461

步骤 14 在【效果】面板中搜索【马赛克】，然后按住鼠标左键将该效果拖曳到V2轨道的2.jpg素材文件上，如图5-462所示。

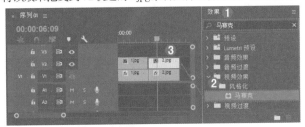

图5-462

步骤 15 选择2.jpg素材文件，在【效果控件】中展开【马赛克】效果，设置【水平块】和【垂直块】均为20，如图5-463所示。显现V1轨道上的素材文件，此时画面效果如图5-464所示。

图5-463　　　　　　　图5-464

步骤 16 此时滑动时间线查看效果如图5-465所示。

图 5-465

综合实例：音乐会宣传创意广告

文件路径：Chapter 05 视频效果→综合实例：音乐会宣传创意广告

本实例主要使用【百叶窗】【亮度曲线】等进行画面调整并使用关键帧制作出动画效果。实例效果如图5-466所示。

扫一扫，看视频

图 5-466

操作步骤

步骤 01 在菜单栏中选择【文件】/【新建】/【项目】命令，然后弹出【新建项目】窗口，设置【名称】，并单击【浏览】按钮设置保存路径，如图5-467所示。

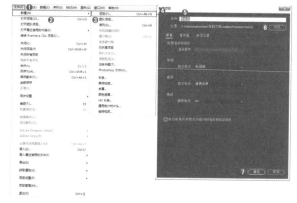

图 5-467

步骤 02 在【项目】面板的空白处双击鼠标左键，然后在打开的对话框中选择全部素材文件，并单击【打开】按钮导入素材，如图5-468所示。

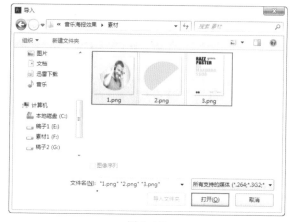

图 5-468

步骤 03 执行菜单栏中的【文件】/【新建】/【颜色遮罩】命令，在弹出的【新建颜色遮罩】窗口中设置【宽度】为1500，【高度】为2000，并单击【确定】按钮，如图5-469所示。接着会弹出一个【拾色器】窗口，在窗口中设置颜色为白色，设置完成后单击【确定】按钮。在弹出的窗口中设置合适的名称，设置完成后单击【确定】按钮，如图5-470所示。此时在【项目】面板中出现【颜色遮罩】素材文件。

图 5-469

图 5-470

步骤 04 选择【项目】面板中的【颜色遮罩】素材文件，按住鼠标左键将其拖曳到时间轴面板中，此时会自动新建与【颜色遮罩】尺寸等大的序列。此时的【颜色遮罩】显示在V1轨道上，如图5-471所示。

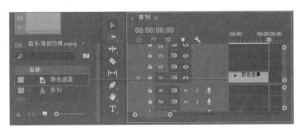

图 5-471

步骤 05 选择【项目】面板中的1.png、2.png、3.png素材文件，按住鼠标左键依次将其拖曳到V2、V4、V5轨道上，如图5-472所示。

图 5-472

步骤 06 在【效果】面板中搜索【百叶窗】，然后按住鼠标左键将其拖曳到V2轨道的1.png素材文件上，如图5-473所示。

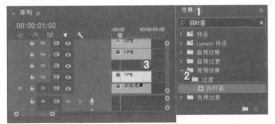

图 5-473

步骤 07 单击V4、V5轨道上的 👁 (切换轨道输出)按钮，隐藏V4、V5轨道上的素材文件。接着选择1.png素材文件，在【效果控件】面板中展开【百叶窗】效果，设置【宽度】为3，将时间轴滑动到第6帧的位置，设置【过渡完成】为100%，单击【过渡完成】前面的 👁 按钮，创建关键帧。继续将时间轴滑动到第1秒15帧的位置，设置【过渡完成】为0%，如图5-474所示。此时效果如图5-475所示。

图 5-474

图 5-475

步骤 08 使用旧版标题制作线段，在菜单栏中执行【文件】/【新建】/【旧版标题】命令，在弹出的窗口中设置【名称】为【字幕01】，单击【确定】按钮，如图5-476所示。

图 5-476

步骤 09 在【字幕】面板的工具栏中单击 ╱ (直线工具)按钮，在工作区域中的人像图片上方按住鼠标左键绘制一条斜线，设置【线宽】为5，【颜色】为黑色，如图5-477所示。

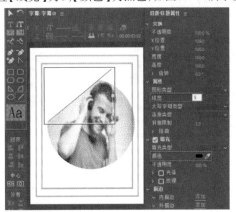

图 5-477

步骤 10 关闭【字幕】面板，将【项目】面板中的【字幕01】素材文件拖曳到【时间轴】面板中的V3轨道上，如图5-478所示。

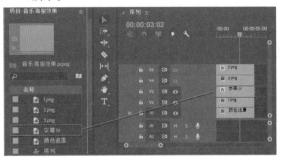

图 5-478

步骤 11 选择V3轨道上的【字幕01】素材文件，在【效果控件】面板中展开【不透明度】属性，将时间线滑动到第1秒5帧的位置时，设置【不透明度】为0%，为【不透明度】属性创建关键帧。继续将时间线滑动到第2秒3帧的位置，设置【不透明度】为100%，如图5-479所示。此时效果如图5-480所示。

图 5-479　　　　　　　　图 5-480

步骤 12 此时单击V4轨道上的 ▧（切换轨道输出）按钮，显现并选择V4轨道上的2.png素材文件，在【效果控件】面板中设置【位置】为(373,797)，【锚点】为(626,593.5)，然后展开【不透明度】属性，将时间线滑动到第22帧的位置，设置【不透明度】为0%，为【不透明度】属性创建关键帧。继续将时间线滑动到第2秒17帧的位置，设置【不透明度】为60%，如图5-481所示。此时效果如图5-482所示。

图 5-481　　　　　　　　图 5-482

步骤 13 调整黄色形状的亮度。在【效果】面板中搜索【亮度曲线】，按住鼠标左键将其拖曳到V4轨道的2.png素材文件上，如图5-483所示。

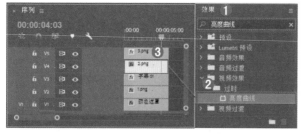

图 5-483

步骤 14 选择V4轨道上的2.png素材文件，在【效果控件】面板中展开【亮度曲线】，在【亮度波形】曲线上单击添加一个控制点并向左上角拖曳，如图5-484所示。此时黄色形状效果如图5-485所示。

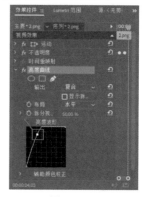 

图 5-484　　　　　　　　图 5-485

步骤 15 单击V5轨道上的 ▧ 按钮，显现并选择V5轨道上的3.png素材文件，展开【不透明度】属性，将时间线滑动到第2秒12帧的位置，设置【不透明度】为0%，为【不透明度】创建关键帧。继续将时间线滑动到第4秒13帧的位置，设置【不透明度】为100%，如图5-486所示。滑动时间线查看效果，如图5-487所示。

图 5-486　　　　　　　　图 5-487

中文版Premiere Pro CC 从入门到精通（微课视频 全彩版）

扫一扫，看视频

Chapter 6
第6章

视频过渡

本章内容简介：

视频过渡可针对两个素材之间进行效果处理，也可针对单独素材的首尾部分进行过渡处理。在本章中讲解到视频过渡的操作流程、各个过渡效果组的使用方法及视频过渡在实战中的综合运用等。

重点知识掌握：

- 认识视频过渡
- 添加或删除视频过渡
- 掌握视频过渡的常用效果

在影片制作中视频过渡效果具有至关重要的作用,它可将两段素材更好地融合过渡,接下来我们一起学习 Premiere 中的视频过渡效果。

6.1.1 什么是视频过渡

视频过渡效果也可以称为视频转场或视频切换,主要用于素材与素材之间的画面场景切换。通常在影视制作中,将视频过渡效果添加在两个相邻素材之间,在播放时可产生相对平缓或连贯的视觉效果,可以吸引观者眼球,增强画面氛围感,如图 6-1 所示。

图 6-1

视频过渡效果在操作时可分为【效果】面板和【效果控件】面板两种,如图 6-2 和图 6-3 所示。

图 6-2

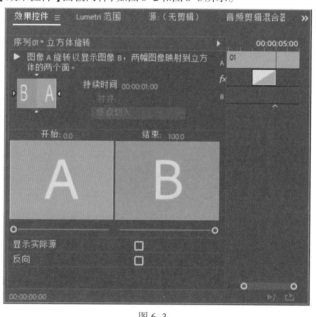

图 6-3

【重点】6.1.2 轻松动手学: 在视频中添加/删除过渡效果

文件路径: Chapter 06 视频过渡→轻松动手学: 在视频中添加/删除过渡效果

1. 添加视频过渡效果

(1)在菜单栏中选择【文件】/【新建】/【项目】命令,然后弹出【新建项目】窗口,设置【名称】,并单击【浏览】按钮设置保存路径, 如图 6-4 所示。然后在【项目】面板的空白处右击,选择【新建项目】/【序列】命令。接着会弹出【新建序列】窗口,并在 DV-PAL 文件夹下选择【标准 48kHz】, 如图 6-5 所示。

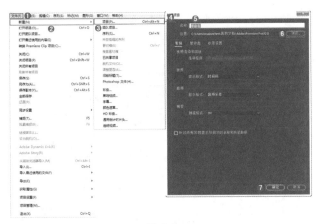

图 6-4

图 6-5

（2）在【项目】面板的空白处双击鼠标左键，导入 01.jpg、02.jpg 素材文件，最后单击【打开】按钮导入，如图 6-6 所示。

图 6-6

（3）选择【项目】面板中的 01.jpg、02.jpg 素材文件，按住鼠标左键将其拖曳到 V1 轨道上，如图 6-7 所示。

图 6-7

（4）在【时间轴】面板中选中 01.jpg、02.jpg 素材文件，右击，在弹出的菜单中执行【缩放为帧大小】命令，如图 6-8 所示。此时画面效果如图 6-9 所示。

图 6-8

图 6-9

（5）在【时间轴】面板中依次选择 01.jpg、02.jpg 素材文件，在【效果控件】面板中设置【缩放】均为 110，如图 6-10 所示。此时画面效果如图 6-11 所示。

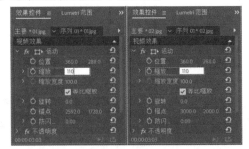

图 6-10

图 6-11

（6）为素材添加过渡效果。首先展开【效果】面板，在【视频过渡】的折叠按钮下方选择合适的视频过渡效果组，展开选择的效果组并选择合适的过渡效果，如图6-12所示。

图6-12

提示：如何快速找到视频效果

在【效果】面板上方的搜索框中直接搜索想要添加的过渡效果，此时【效果】面板中快速出现搜索的效果，在一定程度上可节约操作时间，如图6-13所示。

图6-13

（7）按住鼠标左键将过渡效果拖曳到【时间轴】面板中两个素材文件的中间位置，即可为视频添加过渡效果，如图6-14所示。此时画面效果如图6-15所示。

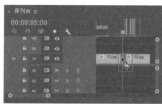 

图6-14　　　　　　　图6-15

提示：如何将转场的时间变长、速度变慢

在默认情况下，转场的持续时间为1秒，持续时间越长，速度越慢；持续时间越短，速度越快。若想更改转场的持续时间和速度，有两种方法。首先可以在【时间轴】面

板中选择该转场效果，然后右击，在弹出的菜单中执行【设置过渡持续时间】命令，如图6-16所示。接着在弹出的窗口中即可更改转场的持续时间，更改完成后单击【确定】按钮即可完成操作，如图6-17所示。

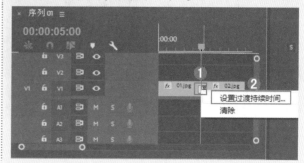

图6-16

图6-17

其次还可以在【效果控件】面板中更改转场的持续时间及速度。首先在【时间轴】面板中选择过渡效果，在【效果控件】面板中将【持续时间】的数值进行编辑，数值越大，转场时间越长，同时速度会越慢，如图6-18所示。除此以外，还可以选择转场，并按住鼠标左键拖动其起始或末尾位置，使其变得更长或更短。

图6-18

2. 删除视频过渡效果

若想删除该过渡效果，可右击选择该效果，在弹出的快捷菜单中执行【清除】命令，如图6-19所示。此时过渡效果被删除，如图6-20所示。

中文版Premiere Pro CC 从入门到精通（微课视频 全彩版）

图 6-19

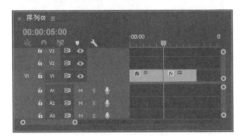

图 6-20

提示：如何快速删除视频效果

在【时间轴】面板中单击鼠标左键选择需要删除的过渡效果，此时按下键盘上的 Delete 键或 Backspace 键即可进行快速删除，如图 6-21 所示。

图 6-21

重点 ### 6.1.3 编辑转场效果

为素材添加过渡效果后若想将该效果进行编辑，可在【时间轴】面板中单击鼠标左键选择该效果，接着在【效果控件】面板中会显示出该效果的一系列参数，从中可编辑该过渡效果的【持续时间】【对齐方式】【显示实际源】【边框宽度】【边框颜色】【反相】【消除锯齿品质】等。需注意：不同的转场效果参数也不同，如图 6-22 所示。

图 6-22

6.2 3D 运动类过渡效果

【3D 运动】类视频过渡可将相邻的两个素材进行层次划分，实现从二维到三维的过渡效果。该效果组下包括【立方体旋转】和【翻转】两种过渡效果，如图 6-23 所示。

扫一扫，看视频

图 6-23

6.2.1 立方体旋转

【立方体旋转】可将素材在过渡中制作出空间立方体效果。选择【效果】面板中的【视频过渡】/【3D 运动】/【立方体旋转】，如图 6-24 所示。【立方体旋转】的参数面板如图 6-25 所示。

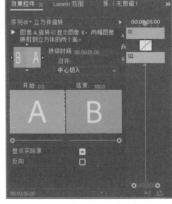

图 6-24　　　　　　　　　图 6-25

图 6-26 所示为应用【立方体旋转】的画面效果。单击选中【时间轴】面板中添加的过渡效果，即可修改参数。

图 6-26

-  （播放）：单击该按钮可在【效果控件】面板中预览该过渡的效果。
- 持续时间：设置过渡效果在素材中的停留时间。
- 对齐：在下拉列表中可选择素材的对齐方式，包括【中心切入】【起点切入】【终点切入】【自定义起点】4种。
- 开始和结束：设置在过渡效果中开始和结束的时间比。
- 显示实际源：勾选该选项可在【效果控件】中进行素材预览。图6-27所示为勾选【显示实际源】前后的对比效果。

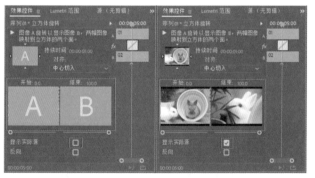

图 6-27

- 反向：勾选该选项，过渡效果将进行反转。

6.2.2 翻转

应用【翻转】，以中心为垂直轴线，素材A逐渐翻转隐去，渐渐显示出素材B。选择【效果】面板中的【视频过渡】/【3D运动】/【翻转】，如图6-28所示。【翻转】的参数面板如图6-29所示。

图 6-28　　　　　图 6-29

图6-30所示为应用【翻转】的画面效果。

图 6-30

- 显示实际源：勾选该选项，可在【效果控件】中进行素材预览。
- 反向：勾选该选项，过渡效果将进行反转。图6-31所示为勾选【反向】前后的对比效果。

图 6-31

- 自定义：单击【自定义】按钮，会自动弹出一个【翻转设置】对话框，可在对话框内设置【带】数量及【填充颜色】，如图6-32所示。

图 6-32

中文版Premiere Pro CC 从入门到精通（微课视频 全彩版）

6.3 划像类过渡效果

【划像】类过渡效果可将素材A进行伸展逐渐切换到素材B。其中包括【交叉划像】【圆划像】【盒形划像】【菱形划像】4种特效，如图6-33所示。

图6-33

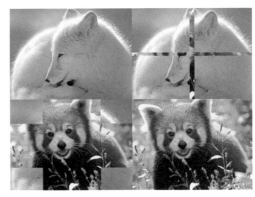

图6-36

: 该图标默认出现在素材A预览区域中心，单击其他位置可将转场的中心位置修改。图6-37所示为正圆在不同位置时的画面对比效果。

图6-37

6.3.1 交叉划像

【交叉划像】可将素材A逐渐从中间分裂，向四角处伸展直至显示出素材B。选择【效果】面板中的【视频过渡】/【划像】/【交叉划像】，如图6-34所示。【交叉划像】的参数面板如图6-35所示。

6.3.2 圆划像

【圆划像】在播放时素材B会以圆形的呈现方式逐渐扩大到素材A上方，直到完全显现出素材B。选择【效果】面板中的【视频转换】/【划像】/【圆划像】，如图6-38所示。【圆划像】效果的参数面板如图6-39所示。

图6-34　　　　　图6-35

图6-36所示为应用【交叉划像】的画面效果。

图6-38　　　　　图6-39

图6-40所示为应用【圆划像】的画面效果。

图 6-40

6.3.3　盒形划像

【盒形划像】在播放时素材B会以矩形形状逐渐扩大到素材A画面中，直到完全显现出素材B。选择【效果】面板中的【视频过渡】/【划像】/【盒形划像】，如图6-41所示。【盒形划像】参数面板如图6-42所示。

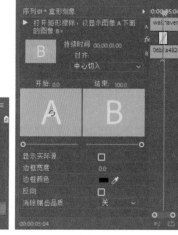

图 6-41　　　　　　　图 6-42

图6-43所示为应用【盒形划像】的画面效果。

图 6-43

6.3.4　菱形划像

【菱形划像】在播放时素材B会以菱形形状逐渐出现在素材A上方并逐渐扩大，直到素材B占据整个画面。选择【效果】面板中的【视频转换】/【划像】/【菱形划像】，如图6-44所示。【菱形划像】的参数面板如图6-45所示。

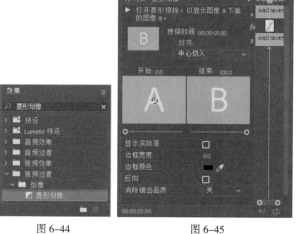

图 6-44　　　　　　　图 6-45

图6-46所示为应用【菱形划像】的画面效果。

图 6-46

6.4　擦除类视频过渡效果

【擦除】类视频过渡效果可将两个素材呈现擦拭过渡出现的画面效果。其中包括【划出】【双侧平推门】【带状擦除】【径向擦除】【插入】【时钟式擦除】【棋盘】【棋盘擦除】【楔形擦除】【水波块】【油漆飞溅】【渐变擦除】【百叶窗】【螺旋框】【随机块】【随机擦除】【风车】17种特效，如图6-47所示。

中文版Premiere Pro CC 从入门到精通（微课视频 全彩版）

图 6-47

6.4.1　划出

【划出】在播放时会使素材A从左到右逐渐划出直到素材A消失完全显现出素材B。选择【效果】面板中的【视频过渡】/【擦除】/【划出】，如图6-48所示。【划出】的参数面板如图6-49所示。

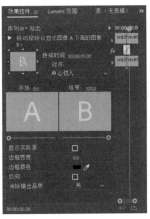

图 6-48　　　　　　　图 6-49

图6-50所示为应用【划出】的画面效果。

图 6-50

6.4.2　双侧平推门

【双侧平推门】在播放时素材A从中间向两边推去逐渐显现出素材B，直到素材B填满整个画面。选择【效果】面板中的【视频过渡】/【擦除】/【双侧平推门】，如图6-51所示。【双侧平推门】效果的参数面板如图6-52所示。

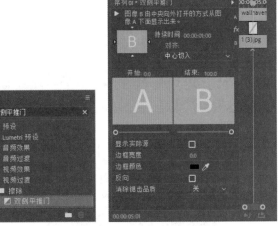

图 6-51　　　　　　　图 6-52

图6-53所示为应用【双侧平推门】的画面效果。

图 6-53

6.4.3　带状擦除

【带状擦除】将素材B以条状形态出现在画面两侧，由两侧向中间不断运动，直至素材A消失。选择【效果】面板中的【视频过渡】/【擦除】/【带状擦除】，如图6-54所示。【带状擦除】的参数面板如图6-55所示。

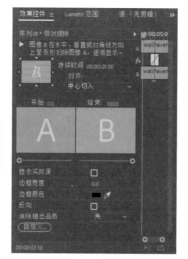

图 6-54　　　　　　图 6-55

图 6-56所示为应用【带状擦除】的画面效果。

图 6-56

6.4.4　径向擦除

　　【径向擦除】以左上角为中心点,顺时针擦除素材A并逐渐显示出素材B。选择【效果】面板中的【视频过渡】/【擦除】/【径向擦除】,如图6-57所示。【径向擦除】的参数面板如图6-58所示。

图 6-57　　　　　　图 6-58

图6-59所示为应用【径向擦除】的画面效果。

图 6-59

6.4.5　插入

　　【插入】将素材B由素材A的左上角慢慢延伸到画面中,直至覆盖整个画面。选择【效果】面板中的【视频过渡】/【擦除】/【插入】,如图6-60所示。【插入】的参数面板如图6-61所示。

图 6-60　　　　　　图 6-61

图6-62所示为应用【插入】的画面效果。

图 6-62

中文版Premiere Pro CC 从入门到精通（微课视频 全彩版）

6.4.6 时钟式擦除

【时钟式擦除】在播放时素材A会以时钟转动的方式进行画面旋转擦除，直到画面完全显示出素材B。选择【效果】面板中的【视频过渡】/【擦除】/【时钟式擦除】，如图6-63所示。【时钟式擦除】的参数面板如图6-64所示。

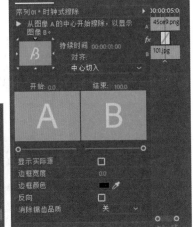

图 6-63　　　　　　　　图 6-64

图6-65所示为应用【时钟式擦除】的画面效果。

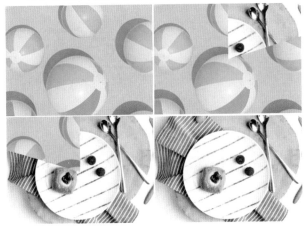

图 6-65

6.4.7 棋盘

在使用【棋盘】过渡效果时素材B会以方块的形式逐渐显现在素材A上方，直到素材A完全被素材B覆盖。选择【效果】面板中的【视频过渡】/【擦除】/【棋盘】，如图6-66所示。【棋盘】效果的参数面板如图6-67所示。

图 6-66　　　　　　　　图 6-67

图6-68所示为应用【棋盘】的画面效果。

图 6-68

6.4.8 棋盘擦除

【棋盘擦除】会使素材B以棋盘的形式进行画面擦除。选择【效果】面板中的【视频转换】/【擦除】/【棋盘擦除】，如图6-69所示。【棋盘擦除】的参数面板如图6-70所示。

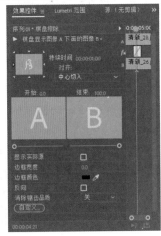

图 6-69　　　　　　　　图 6-70

图6-71所示为应用【棋盘擦除】的画面效果。

图 6-71

6.4.9　楔形擦除

　　【楔形擦除】会使素材B以扇形形状逐渐呈现在素材A中，直到素材A被素材B完全覆盖。选择【效果】面板中的【视频过渡】/【擦除】/【楔形擦除】，如图6-72所示。【楔形擦除】的参数面板如图6-73所示。

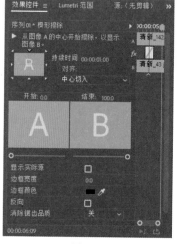

图 6-72　　　　　　　　　图 6-73

图6-74所示为应用【楔形擦除】的画面效果。

图 6-74

6.4.10　水波块

　　【水波块】可将素材A以水波形式横向擦除，直到画面完全显现出素材B。选择【效果】面板中的【视频过渡】/【擦除】/【水波块】，如图6-75所示。【水波块】的参数面板如图6-76所示。

图 6-75　　　　　　　　　图 6-76

图6-77所示为应用【水波块】的画面效果。

图 6-77

6.4.11　油漆飞溅

　　【油漆飞溅】可将素材B以油漆点状呈现在素材A上方，直到素材B覆盖整个画面。选择【效果】面板中的【视频过渡】/【擦除】/【油漆飞溅】，如图6-78所示。【油漆飞溅】的参数面板如图6-79所示。

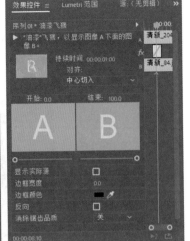

图 6-78   图 6-79

图6-80所示为应用【油漆飞溅】的画面效果。

图 6-80

6.4.12　渐变擦除

　　【渐变擦除】在播放时可将素材A淡化直到完全显现出素材B。选择【效果】面板中的【视频过渡】/【擦除】/【渐变擦除】，如图6-81所示。【渐变擦除】的参数面板如图6-82所示。

图 6-81   图 6-82

　　在素材A与素材B之间应用该效果时，会弹出一个【渐变擦除设置】对话框，此时在对话框中可调整需要过渡的图像及过渡的【柔和度】，如图6-83所示。

图 6-83

图6-84所示为应用【渐变擦除】的画面效果。

图 6-84

6.4.13　百叶窗

　　【百叶窗】模拟真实百叶窗拉动的动态效果，以百叶窗的形式将素材A逐渐过渡到素材B。选择【效果】面板中的【视频过渡】/【擦除】/【百叶窗】，如图6-85所示。【百叶窗】的参数面板如图6-86所示。

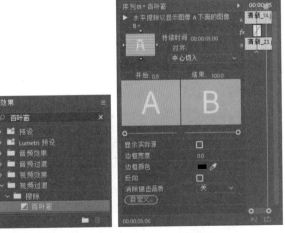

图 6-85   图 6-86

图6-87所示为应用【百叶窗】的画面效果。

图6-87

6.4.14 螺旋框

【螺旋框】会使素材B以螺块状形态逐渐呈现在素材A中。选择【效果】面板中的【视频过渡】/【擦除】/【螺旋框】，如图6-88所示。【螺旋框】的参数面板如图6-89所示。

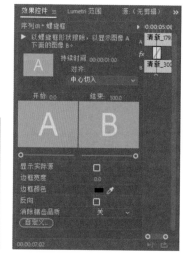

图6-88   图6-89

图6-90所示为应用【螺旋框】的画面效果。

图6-90

6.4.15 随机块

【随机块】可将素材B以多个方块形状呈现在素材A上方。选择【效果】面板中的【视频过渡】/【擦除】/【随机块】，如图6-91所示。【随机块】效果的参数面板如图6-92所示。

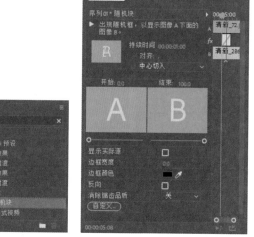

图6-91   图6-92

图6-93所示为应用【随机块】的画面效果。

图6-93

6.4.16 随机擦除

【随机擦除】可将素材B由上到下随机以方块的形式擦除素材A。选择【效果】面板中的【视频过渡】/【擦除】/【随机擦除】，如图6-94所示。【随机擦除】的参数面板如图6-95所示。

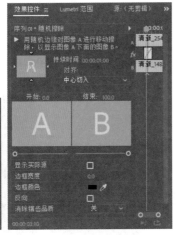

图 6-94　　　　　　图 6-95

图6-96所示为应用【随机擦除】的画面效果。

图 6-96

6.4.17　风车

　　【风车】可模拟风车旋转的擦除效果。素材B以风车旋转叶形式逐渐出现在素材A中，直到素材A被素材B全部覆盖。选择【效果】面板中的【视频过渡】/【擦除】/【风车】，如图6-97所示。【风车】的参数面板如图6-98所示。

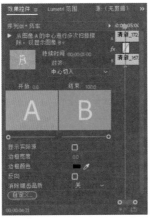

图 6-97　　　　　　图 6-98

图6-99所示为应用【风车】的画面效果。

图 6-99

6.5　沉浸式视频类过渡效果

　　【沉浸式视频】类过渡效果可将两个素材以沉浸的方式进行画面的过渡。其中包括【VR光圈擦除】【VR光线】【VR渐变擦除】【VR漏光】【VR球形模糊】【VR色度泄漏】【VR随机块】【VR默比乌斯缩放】8种效果，如图6-100所示。需注意：这些过渡效果需要GPU加速，可使用VR头戴设备体验。

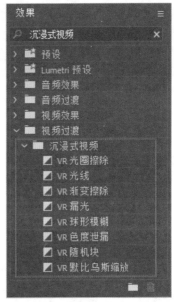

图 6-100

6.5.1　VR光圈擦除

　　【VR光圈擦除】可模拟相机拍摄时的光圈擦除效果。选择【效果】面板中的【视频过渡】/【沉浸式视频】/【VR光圈擦除】，如图6-101所示。【VR光圈擦除】的参数面板如图6-102所示。

图 6-101   图 6-102

6.5.2　VR光线

　　【VR光线】用于VR沉浸式的光线效果。选择【效果】面板中的【视频过渡】/【沉浸式视频】/【VR光线】，如图6-103所示。【VR光线】的参数面板如图6-104所示。

图 6-103   图 6-104

6.5.3　VR渐变擦除

　　【VR渐变擦除】用于VR沉浸式的画面渐变擦除效果。选择【效果】面板中的【视频过渡】/【沉浸式视频】/【VR渐变擦除】，如图6-105所示。【VR渐变擦除】的参数面板如图6-106所示。

图 6-105   图 6-106

6.5.4　VR漏光

　　【VR漏光】用于VR沉浸式画面的光感调整。选择【效果】面板中的【视频过渡】/【沉浸式视频】/【VR漏光】，如图6-107所示。【VR漏光】的参数面板如图6-108所示。

图 6-107   图 6-108

6.5.5　VR球形模糊

　　【VR球形模糊】用于VR沉浸式中模拟模糊球状的应用。选择【效果】面板中的【视频过渡】/【沉浸式视频】/【VR球形模糊】，如图6-109所示。【VR球形模糊】的参数面板如图6-110所示。

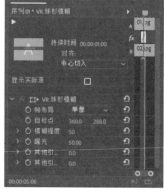

图 6-109   图 6-110

6.5.6　VR色度泄漏

　　【VR色度泄漏】用于画面中VR沉浸式的颜色调整。选择【效果】面板中的【视频过渡】/【沉浸式视频】/【VR色度泄漏】，如图6-111所示。【VR色度泄漏】的参数面板如图6-112所示。

图 6-111　　　　　　　　图 6-112

6.5.7　VR 随机块

【VR 随机块】用于设置VR沉浸式的画面状态。选择【效果】面板中的【视频过渡】/【沉浸式视频】/【VR随机块】，如图6-113所示。【VR随机块】的参数面板如图6-114所示。

图 6-113　　　　　　　　图 6-114

6.5.8　VR 默比乌斯缩放

【VR默比乌斯缩放】用于VR沉浸式的画面效果调整。选择【效果】面板中的【视频过渡】/【沉浸式视频】/【VR默比乌斯缩放】，如图6-115所示。【VR默比乌斯缩放】效果的参数面板如图6-116所示。

图 6-115　　　　　　　　图 6-116

6.6　溶解类视频过渡效果

【溶解】类视频过渡效果可将画面从素材A逐渐过渡到素材B中，过渡效果自然柔和。其中包括【MorphCut】【交叉溶解】【叠加溶解】【渐隐为白色】【渐隐为黑色】【胶片溶解】【非叠加溶解】7种过渡效果，如图6-117所示。

图 6-117

6.6.1　MorphCut

【MorphCut】可修复素材之间的跳帧现象。选择【效果】面板中的【视频过渡】/【溶解】/【MorphCut】，如图6-118所示。【MorphCut】效果的参数面板如图6-119所示。

图 6-118　　　　　　　　图 6-119

6.6.2　交叉溶解

【交叉溶解】可使素材A的结束部分与素材B的开始部分交叉叠加，直到完全显示出素材B。选择【效果】面板中的【视频过渡】/【溶解】/【交叉溶解】，如图6-120所示。【交叉溶解】效果的参数面板如图6-121所示。

图 6-120 　　　　　　图 6-121

图 6-122 所示为应用【交叉溶解】的画面效果。

图 6-122

6.6.3　叠加溶解

【叠加溶解】可使素材 A 的结束部分与素材 B 的开始部分相叠加，并且在过渡的同时会将画面色调及亮度进行相应地调整。选择【效果】面板中的【视频过渡】/【溶解】/【叠加溶解】，如图 6-123 所示。【叠加溶解】的参数面板如图 6-124 所示。

图 6-123 　　　　　　图 6-124

图 6-125 所示为应用【叠加溶解】的画面效果。

图 6-125

6.6.4　渐隐为白色

【渐隐为白色】可使素材 A 逐渐变为白色，再由白色逐渐过渡到素材 B 中。选择【效果】面板中的【视频过渡】/【溶解】/【渐隐为白色】，如图 6-126 所示。【渐隐为白色】的参数面板如图 6-127 所示。

图 6-126 　　　　　　图 6-127

图 6-128 所示为应用【渐隐为白色】的画面效果。

图 6-128

6.6.5　渐隐为黑色

【渐隐为黑色】可使素材 A 逐渐变为黑色，再由黑色逐渐过渡到素材 B 中。选择【效果】面板中的【视频过渡】/【溶解】

中文版 Premiere Pro CC 从入门到精通（微课视频 全彩版）

/【渐隐为黑色】,如图6-129所示。【渐隐为黑色】的参数面板如图6-130所示。

图 6-129　　　　　　　　图 6-130

图6-131所示为应用【渐隐为黑色】的画面效果。

图 6-131

6.6.6　胶片溶解

　　【胶片溶解】可使素材A的透明度逐渐降低,直到完全显示出素材B。选择【效果】面板中的【视频过渡】/【溶解】/【胶片溶解】,如图6-132所示。【胶片溶解】的参数面板如图6-133所示。

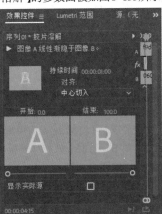

图 6-132　　　　　　　　图 6-133

图6-134所示为应用【胶片溶解】的画面效果。

图 6-134

6.6.7　非叠加溶解

　　【非叠加溶解】在视频过渡时素材B中较明亮的部分将直接叠加到素材A画面中。选择【效果】面板中的【视频过渡】/【溶解】/【非叠加溶解】,如图6-135所示。【非叠加溶解】的参数面板如图6-136所示。

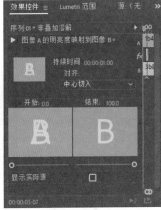

图 6-135　　　　　　　　图 6-136

图6-137所示为应用【非叠加溶解】的画面效果。

图 6-137

6.7 滑动类视频过渡效果

　　【滑动】类视频过渡效果主要通过画面滑动来进行素材A和素材B的过渡切换。其中包括【中心拆分】【带状滑动】【拆分】【推】【滑动】5种效果，如图6-138所示。

图 6-138

6.7.1　中心拆分

　　【中心拆分】可将素材A切分成4部分，分别向画面4角处移动，直到移出画面显示出素材B。选择【效果】面板中的【视频过渡】/【滑动】/【中心拆分】，如图6-139所示。【中心拆分】的参数面板如图6-140所示。

图 6-139

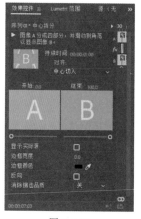

图 6-140

　　图6-141所示为应用【中心拆分】的画面效果。

图 6-141

6.7.2　带状滑动

　　【带状滑动】将素材B以细长条形状覆盖在素材A上方，并由左右两侧向中间滑动。选择【效果】面板中的【视频过渡】/【滑动】/【带状滑动】，如图6-142所示。【带状滑动】的参数面板如图6-143所示。

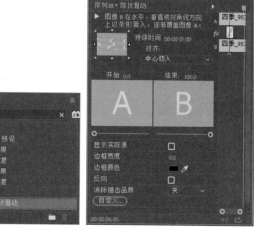

图 6-142　　　　　　　　图 6-143

　　图6-144所示为应用【带状滑动】的画面效果。

图 6-144

6.7.3　拆分

　　【拆分】可将素材A从中间分开向两侧滑动并逐渐显示出素材B。选择【效果】面板中的【视频过渡】/【滑动】/【拆分】，如图6-145所示。【拆分】的参数面板如图6-146所示。

中文版Premiere Pro CC 从入门到精通（微课视频 全彩版）

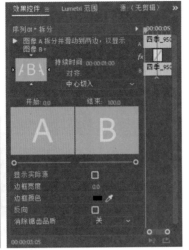

图 6-145　　　　　图 6-146

图6-147所示为应用【拆分】的画面效果。

图 6-147

6.7.4　推

【推】将素材B由左向右进入画面,直到完全覆盖素材A。选择【效果】面板中的【视频过渡】/【滑动】/【推】,如图6-148所示。【推】的参数面板如图6-149所示。

图 6-148　　　　　图 6-149

图6-150所示为应用【推】的画面效果。

图 6-150

6.7.5　滑动

【滑动】与【推】类似,将素材B由左向右进行推动,直到完全覆盖素材A。选择【效果】面板中的【视频过渡】/【滑动】/【滑动】,如图6-151所示。【滑动】的参数面板如图6-152所示。

图 6-151　　　　　图 6-152

图6-153所示为应用【滑动】的画面效果。

图 6-153

6.8 缩放类视频过渡效果

【缩放】类视频过渡效果可将素材A和素材B以缩放的形式进行画面过渡。其中只包括【交叉缩放】过渡效果，如图6-154所示。

图6-154

【交叉缩放】可将素材A不断地放大直到移出画面，同时素材B由大到小进入画面。选择【效果】面板中的【视频过渡】/【缩放】/【交叉缩放】，如图6-155所示。【交叉缩放】的参数面板如图6-156所示。

 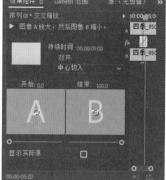

图6-155　　　　　图6-156

图6-157所示为应用【交叉缩放】的画面效果。

图6-157

6.9 页面剥落类视频过渡效果

【页面剥落】类视频过渡效果通常应用在表现空间及时间的画面场景中。其中包括【翻页】和【页面剥落】两种视频效果，如图6-158所示。

图6-158

6.9.1 翻页

【翻页】可将素材A以翻书的形式进行过渡，卷起时背面为透明状态，直到完全显示出素材B。选择【效果】面板中的【视频过渡】/【页面剥落】/【翻页】，如图6-159所示。【翻页】的参数面板如图6-160所示。

 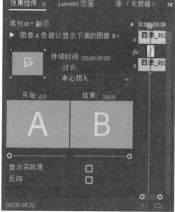

图6-159　　　　　图6-160

图6-161所示为应用【翻页】的画面效果。

图6-161

6.9.2 页面剥落

【页面剥落】可将素材A以翻页的形式过渡到素材B中，卷起时背面为不透明状态，直到完全显示出素材B。选择【效果】面板中的【视频过渡】/【页面剥落】/【页面剥落】，如图6-162所示。【页面剥落】的参数面板如图6-163所示。

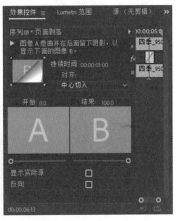

图6-162　　　　　　　　图6-163

图6-164所示为应用【页面剥落】的画面效果。

图6-164

6.10 过渡效果经典实例

实例：卡通影片转场效果

文件路径：Chapter 06 视频过渡→实例：卡通影片转场效果

本实例主要应用【盒形划像】和【风车】制作转场动画，并创建关键帧动画制作动画效果，如图6-165所示。

扫一扫，看视频

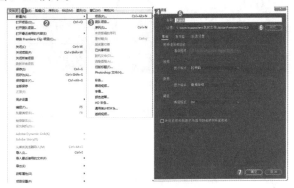

图6-165

操作步骤

步骤 01　在菜单栏中选择【文件】/【新建】/【项目】命令，然后弹出【新建项目】窗口，设置【名称】，并单击【浏览】按钮设置保存路径，如图6-166所示，然后在【项目】面板的空白处右击，选择【新建项目】/【序列】命令。接着弹出【新建序列】窗口，并在DV-PAL文件夹下选择【标准48kHz】，如图6-167所示。

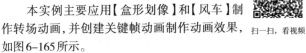

图6-166

图6-167

步骤 02 在【项目】面板的空白处双击鼠标左键，导入全部素材文件，最后单击【打开】按钮导入，如图6-168所示。

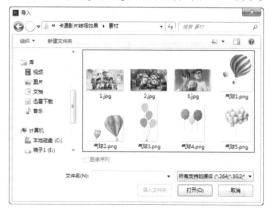

图 6-168

步骤 03 选择【项目】面板中的1.jpg、2.jpg、3.jpg素材文件，按住鼠标左键将其拖曳到V1轨道上，接着按住鼠标左键将【项目】面板中的【气球1.png】【气球3.png】【气球4.png】素材文件拖曳到V2轨道上，设置结束时间为第15秒，如图6-169所示。

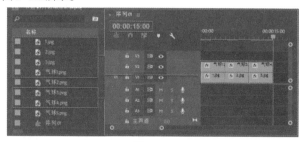

图 6-169

步骤 04 在【时间轴】面板中分别选择1.jpg、2.jpg、3.jpg素材文件，设置1.jpg素材文件的【缩放】为56，2.jpg素材文件的【缩放】为32，3.jpg素材文件的【缩放】为40。如图6-170所示。

图 6-170

步骤 05 为了便于观看，首先单击V2轨道前的 ◎ (切换轨道输出)按钮，将V2轨道中的素材文件进行隐藏。在【效果】面板中搜索【盒形划像】，然后按住鼠标左键将该效果拖曳到V1轨道的1.jpg和2.jpg素材文件的中间位置，如图6-171所示。

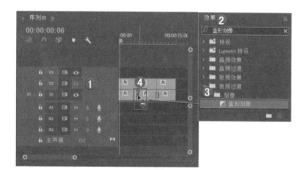

图 6-171

步骤 06 在【效果】面板中搜索【风车】，然后按住鼠标左键将其拖曳到V1轨道的2.jpg和3.jpg素材文件的中间位置，如图6-172所示。

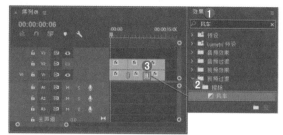

图 6-172

步骤 07 滑动时间线查看效果，如图6-173所示。

图 6-173

步骤 08 单击V2轨道前方的 ◎ 按钮，显现V2轨道上的素材文件。选择V2轨道上的【气球1.png】素材文件，在【效果控制】面板中设置【缩放】为80，将时间线滑动到起始位置，设置【位置】为(547,715)，单击【位置】前面的 ◎ 按钮，创建关键帧。继续将时间轴滑动到第1秒18帧的位置，设置位置为(547,137)，如图6-174所示。此时效果如图6-175所示。

图 6-174

中文版Premiere Pro CC 从入门到精通（微课视频 全彩版）

图 6-175

步骤 09 选择V2轨道上的【气球3.png】素材文件,在【效果控制】面板中设置【位置】为(148,60),将时间轴滑动到第5秒14帧的位置,设置【缩放】为102,【不透明度】为0%,激活【缩放】和【不透明度】前面的 按钮,创建关键帧。继续将时间轴滑动到第7秒14帧的位置,设置【缩放】为23,【不透明度】为100%,如图6-176所示。此时效果如图6-177所示。

图 6-176

图 6-177

步骤 10 选择V2轨道上的【气球4.png】素材文件,在【效果控制】面板中设置【位置】为(594,482),接着将时间轴滑动到第11秒10帧的位置,设置【缩放】为250,【不透明度】为0%,激活【缩放】和【不透明度】前面的 按钮,创建关键帧。继续将时间线滑动到第13秒18帧的位置,设置【缩放】为65,【不透明度】为100%,如图6-178所示。此时效果如图6-179所示。

图 6-178

图 6-179

步骤 11 选择【项目】面板中的【气球2.png】和【气球5.png】素材文件,按住鼠标左键将其拖曳到V3轨道上,设置【气球2.png】素材文件的起始时间为第2秒4帧,结束时间与V2轨道上的【气球1.png】素材文件对齐,设置【气球5.png】素材文件的起始时间为第7秒19帧,结束时间与V2轨道上的【气球3.png】素材文件对齐,如图6-180所示。

图 6-180

步骤 12 选择V3轨道上的【气球2.png】素材文件,在【效果控制】面板中设置【缩放】为40,接着将时间轴滑动到第2秒13帧的位置,设置【位置】为(60,−95),单击【位置】前面的 按钮,创建关键帧,继续将时间线滑动到第4秒18帧的位置,设置【位置】为(60,145),如图6-181所示。此时效果如图6-182所示。

图 6-181

图 6-182

步骤 13 选择V3轨道上的【气球5.png】素材文件,在【效果控制】面板中设置【位置】为(618,110),将时间轴滑动到第7秒19帧的位置,设置【不透明度】为0%,激活【不透明度】前面的 按钮,创建关键帧。继续将时间轴滑动到第9秒14帧的位置,设置【不透明度】为100%,如图6-183所示。此时效果如图6-184所示。

图 6-183

图 6-184

步骤 14 此时滑动时间轴查看动画效果,如图6-185所示。

图 6-185

实例: 清新风格电子相册

文件路径: Chapter 06 视频过渡→实例: 清新风格电子相册

清新风格格调以画面干净、透彻、色彩简明为特点, 深受广大女性喜爱。本实例主要应用了【渐隐为白色】【风车】【带状滑动】【渐隐为黑色】制作转场效果如图6-186所示。

扫一扫, 看视频

图 6-186

操作步骤

Part 01　制作图片转场效果

步骤 01 在菜单栏中选择【文件】/【新建】/【项目】命令, 然后弹出【新建项目】窗口, 设置【名称】, 并单击【浏览】按钮设置保存路径, 如图6-187所示。在【项目】面板的空白处右击, 选择【新建项目】/【序列】命令。接着会弹出【新建序列】窗口,

并在DV-PAL文件夹下选择【标准48kHz】, 如图6-188所示。

图 6-187

图 6-188

步骤 02 在【项目】面板的空白处双击鼠标左键或使用快捷键Ctrl+I, 导入素材文件1.jpg、2.jpg、3.jpg, 单击【打开】按钮, 如图6-189所示。

图 6-189

步骤 03 选择【项目】面板中的1.jpg、2.jpg、3.jpg素材文件, 按住鼠标左键依次将其拖曳到V1轨道上, 并设置每个素材文件的持续时间为2秒, 结束时间为第6秒, 如图6-190所示。

图 6-190

步骤 04 在【时间轴】面板中选择 1.jpg 素材文件，右击执行【缩放为帧大小】命令，如图 6-191 所示，然后在【效果控件】面板中设置【缩放】为 110，如图 6-192 所示。

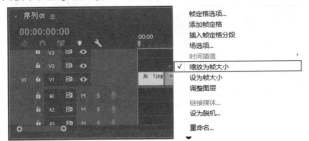

图 6-191

图 6-192

步骤 05 在【时间轴】面板中分别选择 2.jpg、3.jpg 素材文件，设置 2.jpg 素材文件的【缩放】为 54，3.jpg 素材文件的【缩放】为 51，如图 6-193 所示。

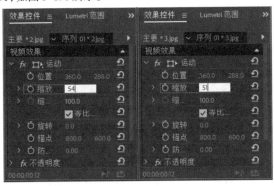

图 6-193

步骤 06 制作图片转场效果。在【效果】面板中搜索【渐隐为白色】，然后按住鼠标左键将其拖曳到 V1 轨道的 1.jpg 素材文件的起始位置处，如图 6-194 所示。

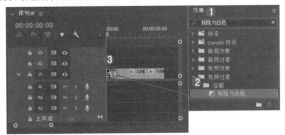

图 6-194

步骤 07 在【效果】面板中搜索【风车】，然后按住鼠标左键将其拖曳到 V1 轨道的 1.jpg 和 2.jpg 素材文件的中间位置，如图 6-195 所示。

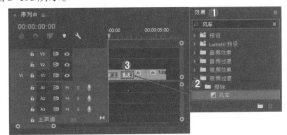

图 6-195

步骤 08 在【效果】面板中搜索【带状滑动】，然后按住鼠标左键将其拖曳到 V1 轨道的 2.jpg 和 3.jpg 素材文件的中间位置，如图 6-196 所示。

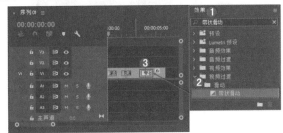

图 6-196

步骤 09 制作由白色变为黑色的画面结束效果。在【效果】面板中搜索【渐隐为黑色】，然后按住鼠标左键将其拖曳到 V1 轨道的 3.jpg 素材文件的结束位置处，如图 6-197 所示。

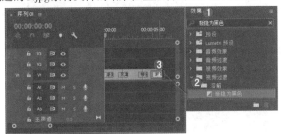

图 6-197

步骤 10 此时滑动时间线查看图片的转场效果,如图6-198所示。

图 6-198

Part 02　制作文字效果

步骤 01 选择菜单栏中的【文件】/【新建】/【旧版标题】命令,并在弹出的对话框中设置【名称】为【字幕01】,如图6-199所示。

图 6-199

步骤 02 单击 **T** (文字工具)按钮,在工作区域中输入相应的文字,然后设置合适的【字体系列】,【字体大小】为80,【颜色】为浅灰色,如图6-200所示。

图 6-200

步骤 03 单击【字幕】面板上方的 **T** (基于当前字幕新建字幕)按钮,在弹出的【新建字幕】窗口中设置【名称】为【字幕02】,接着单击【确定】按钮执行此操作,如图6-201所示。

图 6-201

步骤 04 在【字幕02】面板中单击 **T** (文字工具)按钮,在工作区域中选中"清新"二字,将其更改为"阳光"。单击 ▶ (选择工具)按钮,将文字移动到工作区域右上角的位置,其他参数不变,如图6-202所示。

图 6-202

步骤 05 使用同样的方法继续单击 **T** (基于当前字幕新建字幕)按钮,新建【字幕03】,将文字更改为"喜悦",并移动到工作区域左下角的位置,如图6-203所示。

步骤 06 关闭【字幕】面板。将【项目】面板中的【字幕01】【字幕02】【字幕03】素材文件拖曳到【时间轴】面板中的V2轨道上,将这3个素材文件分别与V1轨道上的1.jpg、2.jpg、3.jpg素材文件对齐,如图6-204所示。

图 6-203

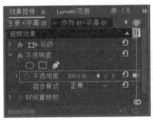

图 6-204

步骤 07 选择 V2 轨道上的【字幕 01】素材文件，在【效果控制】面板中将时间线滑动到起始帧的位置，设置【不透明度】为 100%，激活【不透明度】前面的 ⓞ 按钮，创建关键帧。继续将时间线滑动到第 1 秒的位置，设置【不透明度】为 0%，如图 6-205 所示。此时效果如图 6-206 所示。

图 6-205　　　　图 6-206

步骤 08 选择 V2 轨道上的【字幕 03】素材文件，在【效果控制】面板中将时间线滑动到第 4 秒 24 帧的位置，设置【不透明度】为 100%，激活【不透明度】前面的 ⓞ，创建关键帧。继续将时间线滑动到第 5 秒 24 帧的位置，设置【不透明度】为 0%，如图 6-207 所示。此时效果如图 6-208 所示。

图 6-207　　　　

图 6-208

步骤 09 制作文字的过渡效果。在【效果】面板中搜索【交叉溶解】，然后按住鼠标左键将其拖曳到 V2 轨道的【字幕 01】【字幕 02】和【字幕 02】【字幕 03】素材文件的中间位置，如图 6-209 所示。

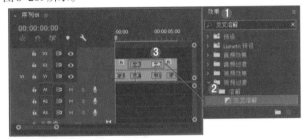

图 6-209

步骤 10 本实例制作完成，滑动时间线查看效果，如图 6-210 所示。

图 6-210

实例：水果促销广告

文件路径：Chapter 06　视频过渡→实例：水果促销广告

本实例主要应用【渐隐为白色】【棋盘】【水波块】【油漆飞溅】制作水果图片转场，最后创建文字转场动画，如图 6-211 所示。

扫一扫，看视频

图 6-211

操作步骤

Part 01　制作视频过渡效果

步骤 01 选择菜单栏中的【文件】/【新建】/【项目】命令，然后弹出【新建项目】窗口，设置【名称】，并单击【浏览】按钮设置保存路径，如图6-212所示，然后在【项目】面板的空白处右击，选择【新建项目】/【序列】命令。接着弹出【新建序列】窗口，并在DV-PAL文件夹下选择【标准48kHz】，如图6-213所示。

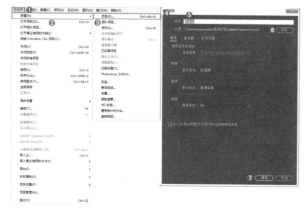

图 6-212

图 6-213

步骤 02 在【项目】面板的空白处双击鼠标左键，导入素材文件1.jpg、2.jpg、3.jpg、4.jpg，如图6-214所示。

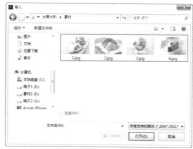

图 6-214

步骤 03 选择【项目】面板中的素材文件，按住鼠标左键依次将其拖曳到V1轨道上，设置这4个素材文件的持续时间均为3秒，结束时间为第12秒，如图6-215所示。

图 6-215

步骤 04 选择【时间轴】面板中V1轨道上的各个素材文件，在【效果控件】中设置【缩放】均为52，如图6-216所示。

图 6-216

步骤 05 为素材文件制作视频过渡效果。在【效果】面板中搜索【渐隐为白色】，然后按住鼠标左键将其拖曳到V1轨道的1.jpg素材文件的起始位置，如图6-217所示。

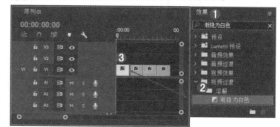

图 6-217

步骤 06 在【效果】面板中搜索【棋盘】，按住鼠标左键将其拖曳到V1轨道的1.jpg和2.jpg素材文件的中间位置，如图6-218所示。

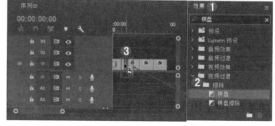

图 6-218

步骤 07 在【效果】面板中搜索【水波块】，按住鼠标左键将其拖曳到V1轨道的2.jpg和3.jpg素材文件的中间位置，如图6-219所示。

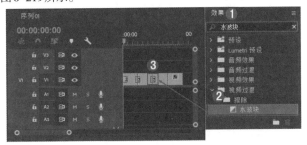

图 6-219

步骤 08 在【效果】面板中搜索【油漆飞溅】，按住鼠标左键将其拖曳到V1轨道的3.jpg和4.jpg素材文件的中间位置，如图6-220所示。

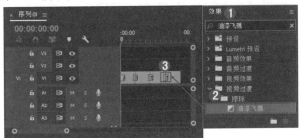

图 6-220

步骤 09 滑动时间线查看图片效果，如图6-221所示。

图 6-221

Part 02 制作文字效果

步骤 01 使用旧版标题制作文字效果。将时间线滑动到起始帧位置，执行菜单栏中的【文件】/【新建】/【旧版标题】命令，在弹出的【新建字幕】窗口中设置【名称】为【字幕01】单击【确定】按钮，如图6-222所示。

步骤 02 单击 T（文字工具）按钮，在工作区域中输入文字"炎炎夏日"，然后设置合适的【字体系列】，设置【字体大小】

为77，【颜色】为白色，如图6-223所示。

图 6-222

图 6-223

步骤 03 为了将文字与画面拉开层次，强化文字视觉感，我们在【字幕】面板中勾选【阴影】，设置【颜色】为黑色，【不透明度】为30%，如图6-224所示。

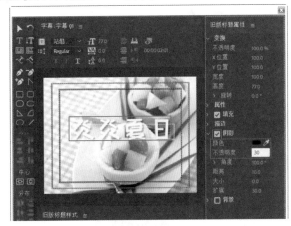

图 6-224

步骤 04 继续创建新的文字。单击【字幕】面板上方的 ▣（基于当前字幕新建字幕）按钮，在弹出的【新建字幕】窗口中设置【名称】为【字幕02】，接着单击【确定】按钮执行操作，如图6-225所示。

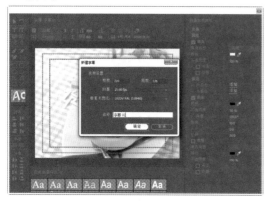

图 6-225

步骤 05 在【字幕02】面板中单击 T（文字工具）按钮，在工作区域中选中"炎炎夏日"文字，将其更改为"相约这里"。单击 ▶（选择工具）按钮，将文字移动到工作区域左下角位置，将【字体大小】更改为70，其他参数不变，如图6-226所示。

图 6-226

步骤 06 使用同样的方法继续基于当前字幕新建【字幕03】，将文字更改为"不见不散"，如图6-227所示。

图 6-227

步骤 07 关闭【字幕】面板。将【项目】面板中的【字幕01】【字幕02】【字幕03】素材文件拖曳到【时间轴】面板中的V2轨道上，设置【字幕01】结束时间为第4秒，【字幕02】结束时间为第5秒，【字幕03】结束时间为第11秒，如图6-228所示。

图 6-228

步骤 08 为文字素材文件制作过渡效果。在【效果】面板中搜索【渐隐为白色】，然后按住鼠标左键将其拖曳到V2轨道的【字幕01】素材文件的起始位置，如图6-229所示。

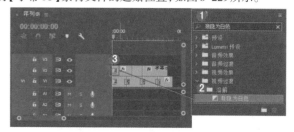

图 6-229

步骤 09 继续为文字制作风车过渡效果。在【效果】面板中搜索【风车】，然后按住鼠标左键将其拖曳到V2轨道的【字幕01】和【字幕02】素材文件的中间位置，如图6-230所示。

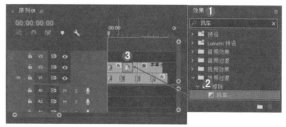

图 6-230

步骤 10 在【效果】面板中搜索【双侧平推门】，然后按住鼠标左键将其拖曳到V2轨道的【字幕02】和【字幕03】素材文件的中间位置，如图6-231所示。

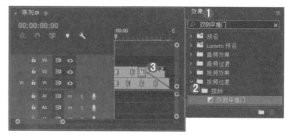

图 6-231

步骤 11 在【效果】面板中搜索【交叉缩放】,然后按住鼠标左键将其拖曳到V2轨道的【字幕03】素材文件的结束位置,如图6-232所示。

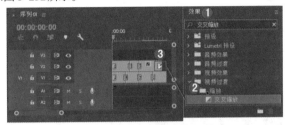

图 6-232

步骤 12 此时视频效果制作完成。滑动时间线查看制作效果,如图6-233所示。

图 6-233

实例:唯美风格电子婚纱相册

文件路径:Chapter 06 视频过渡→实例:唯美风格电子婚纱相册

扫一扫,看视频

电子相册具有传统相册无法媲美的优越性,在制作中可将静止的照片呈现出动态效果。本实例主要使用【风车】【滑动】【交叉溶解】【中心拆分】等过渡效果进行制作,如图6-234所示。

图 6-234

操作步骤

步骤 01 在菜单栏中选择【文件】/【新建】/【项目】命令,然后弹出【新建项目】窗口,设置【名称】,并单击【浏览】按钮设置保存路径。如图6-235所示。然后在【项目】面板的空白处右击,选择【新建项目】/【序列】命令。接着会弹出【新建序列】窗口,并在DV-PAL文件夹下选择【标准48kHz】,如图6-236所示。

图 6-235

图 6-236

步骤 02 在【项目】面板的空白处双击鼠标左键,然后在打开的对话框中选择全部素材文件,并单击【打开】按钮导入,如图6-237所示。

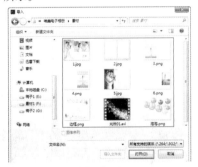

图 6-237

步骤 03 选择【项目】面板中的1.jpg、2.jpg和5.jpg素材文件,按住鼠标左键依次将其拖曳到V1轨道上,设置结束时间为第15秒,如图6-238所示。

图 6-238

步骤 04 在【时间轴】面板中选择这3个素材文件，右击，执行【缩放为帧大小】命令，如图6-239所示。

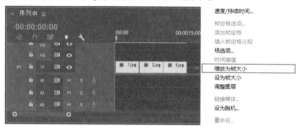

图 6-239

步骤 05 在【时间轴】面板中分别选择1.jpg、2.jpg、5.jpg素材文件，在【效果控件】面板中设置【缩放】均为105，如图6-240所示。

图 6-240

步骤 06 选择【项目】面板中的【泡泡.png】、3.png、6.png素材文件，按住鼠标左键依次将其拖曳到V2轨道上，设置6.png素材文件的起始时间为第11秒22帧，结束时间与V1轨道上的5.jpg素材文件对齐，如图6-241所示。

图 6-241

步骤 07 选择V2轨道上的【泡泡.png】素材文件，将时间轴滑动到起始位置，设置【位置】为(327，-155)，单击【位置】前面的◯按钮，创建关键帧。继续将时间轴滑动到第2秒6帧的位置，设置【位置】为(327,575)，如图6-242所示。继续将时间轴滑动到第3秒4帧的位置，设置【不透明度】为100%，激活【不透明度】前面的◯按钮，创建关键帧。将时间轴滑动到第5秒的位置，设置【不透明度】为0%。此时效果如图6-243所示。

图 6-242   图 6-243

步骤 08 选择V2轨道上的3.png素材文件，设置【缩放】为63，如图6-244所示。此时效果如图6-245所示。

图 6-244   图 6-245

步骤 09 选择V2轨道上的6.png素材文件，设置【缩放】为57，将时间线滑动到第11秒22帧的位置，设置【不透明度】为0%，激活【不透明度】前面的◯按钮，创建关键帧。将时间轴滑动到第12秒8帧的位置，设置【不透明度】为100%，如图6-246所示。此时效果如图6-247所示。

图 6-246   图 6-247

步骤 10 选择【项目】面板中的4.png、【边框.png】素材文件，将其拖曳到V3轨道上，设置4.png素材文件的起始时间为第8

中文版Premiere Pro CC 从入门到精通（微课视频 全彩版）

秒，结束时间为第10秒。【边框.png】素材文件的结束时间与V2轨道上的6.png素材文件对齐。接着将【项目】面板中的【光效01.avi】素材文件拖曳到V4轨道上，设置起始时间为第6秒23帧，结束时间为第9秒23帧，如图6-248所示。

图 6-248

步骤 11 选择V3轨道上的4.png素材文件，设置【缩放】为63，如图6-249所示。此时画面效果如图6-250所示。

图 6-249　　　　　　图 6-250

步骤 12 选择V3轨道上的【边框.png】素材文件，设置【缩放】为130。将时间线滑动到第10秒21帧的位置，设置【不透明度】为0%，激活【不透明度】前面的◎按钮，创建关键帧如图6-251所示。将时间轴滑动到第15秒的位置，设置【不透明度】为100%，此时画面效果如图6-252所示。

图 6-251　　　　　　图 6-252

步骤 13 选择V4轨道上的【光效01.avi】素材文件，设置【缩放】为203,【混合模式】为【滤色】，如图6-253所示。此时效果如图6-254所示。

图 6-253　　　　　　图 6-254

步骤 14 制作视频过渡效果。在【效果】面板中搜索【风车】，然后按住鼠标左键将其拖曳到V1轨道上1.jpg和2.jpg素材文件的中间位置，如图6-255所示。

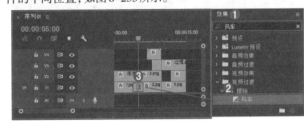

图 6-255

步骤 15 在【效果】面板中搜索【双侧平推门】，然后按住鼠标左键将其拖曳到V1轨道上2.jpg和5.jpg素材文件的中间位置，如图6-256所示。

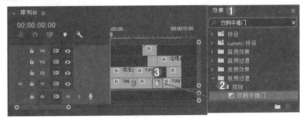

图 6-256

步骤 16 在【效果】面板中搜索【滑动】，按住鼠标左键将其拖曳到V2轨道上【泡泡.png】和3.png素材文件的中间位置，如图6-257所示。

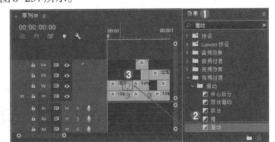

图 6-257

步骤 17 在【效果】面板中搜索【交叉溶解】，按住鼠标左键将其拖曳到V3轨道上4.png素材文件的起始位置，如图6-258所示。

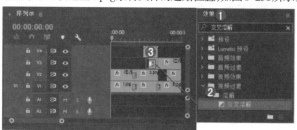

图 6-258

步骤 18 在【效果】面板中搜索【中心拆分】，按住鼠标左键将其拖曳到V3轨道上4.png和【边框.png】素材文件的中间位置，如图6-259所示。

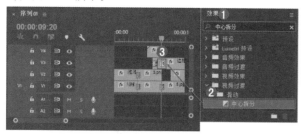

图 6-259

步骤 19 此时滑动时间线查看效果，如图6-260所示。

图 6-260

实例：沿海旅行宣传广告

文件路径：Chapter 06 视频过渡→实例：沿海旅行宣传广告。

沿海地区一般气候宜人、风景优美，本实例主要使用到【划出】【立方体旋转】【随机块】【交叉缩放】等过渡效果进行制作，如图6-261所示。

扫一扫，看视频

图 6-261

操作步骤

Part 01　制作图片转场效果

步骤 01 在菜单栏中选择【文件】/【新建】/【项目】命令，然后弹出【新建项目】窗口，设置【名称】，并单击【浏览】按钮设置保存路径，如图6-262所示。然后在【项目】面板的空白处右击，选择【新建项目】/【序列】命令。接着会弹出【新建序列】窗口，并在DV-PAL文件夹下选择【标准48kHz】，如图6-263所示。

图 6-262

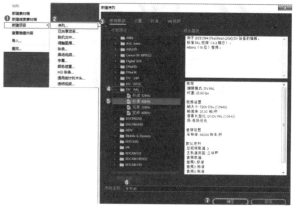

图 6-263

中文版Premiere Pro CC 从入门到精通（微课视频 全彩版）

步骤 02 在【项目】面板的空白处双击鼠标左键，导入全部素材文件，最后单击【打开】按钮导入，如图6-264所示。

图 6-264

步骤 03 选择【项目】面板中的全部素材文件，按住鼠标左键依次将其拖曳到V1轨道上，设置每个素材文件的持续时间为3秒，如图6-265所示。

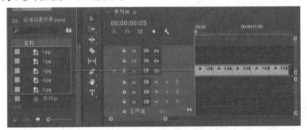

图 6-265

步骤 04 分别选择这5个素材文件。在【效果控件】面板中设置1.jpg、2.jpg和3.jpg素材文件的【缩放】为50，4.jpg和5.jpg素材文件的【缩放】为25，如图6-266所示。

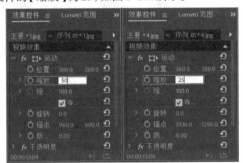

图 6-266

步骤 05 为风景图片添加过渡效果。在【效果】面板中搜索【中心拆分】，然后按住鼠标左键将其拖曳到V1轨道上的1.jpg和2.jpg素材文件的中间位置，如图6-267所示。

步骤 06 在【效果】面板中搜索【螺旋框】，然后按住鼠标左键将其拖曳到V1轨道上的2.jpg和3.jpg素材文件的中间位置，如图6-268所示。

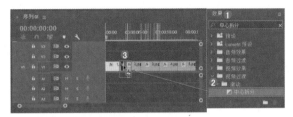

图 6-267

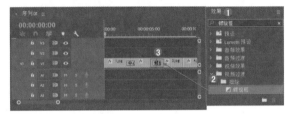

图 6-268

步骤 07 在【效果】面板中搜索【划出】，然后按住鼠标左键将其拖曳到V1轨道上的3.jpg和4.jpg素材文件的中间位置，如图6-269所示。

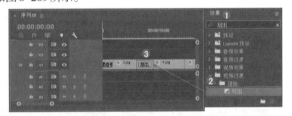

图 6-269

步骤 08 在【效果】面板中搜索【立方体旋转】，然后按住鼠标左键将其拖曳到V1轨道上的4.jpg和5.jpg素材文件的中间位置，如图6-270所示。

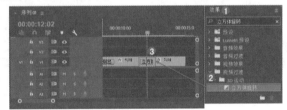

图 6-270

步骤 09 此时拖动时间线查看效果，如图6-271所示。

图 6-271

Part 02 制作文字转场效果

步骤 01 执行菜单栏中的【文件】/【新建】/【旧版标题】命令，并在弹出的对话框中设置【名称】为【字幕 01】，然后单击【确定】按钮，如图 6-272 所示。

图 6-272

步骤 02 单击 T (文字工具) 按钮，在工作区域中输入相应的文字，然后设置合适的【字体系列】,【字体大小】为 108,【颜色】为浅灰色，如图 6-273 所示。接着在【字幕】面板中向下拖动滑杆，勾选【阴影】，设置阴影的【不透明度】为 80%,【角度】为 135°，如图 6-274 所示。

图 6-273

图 6-274

步骤 03 单击【字幕面板】上方的 图 (基于当前字幕新建字幕) 按钮，在弹出的【新建字幕】窗口中设置【名称】为【字幕 02】，接着单击【确定】按钮执行此操作，如图 6-275 所示。

步骤 04 在【字幕 02】面板中单击 T (文字工具) 按钮，在工作区域中选中"蔚蓝"二字，将其更改为"广阔"。单击 (选择工具) 按钮，将文字移动到工作区域左侧，其他参数不变，如图 6-276 所示。

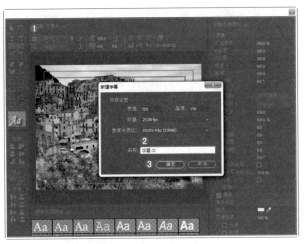

图 6-275　　　　　　　　　　　　　　　　　　　　图 6-276

步骤 05　使用同样的方法继续单击 ^T（基于当前字幕新建字幕）按钮，新建【字幕03】【字幕04】【字幕05】，并更改文字内容及位置，如图6-277所示。

图 6-277

步骤 06　关闭【字幕】面板。将【项目】面板中的【字幕01】【字幕02】【字幕03】【字幕04】【字幕05】素材文件拖曳到【时间轴】面板中的V2轨道上，将其分别与V1轨道上的素材文件对齐，如图6-278所示。

步骤 07　为文字添加过渡效果。在【效果】面板中搜索【随机块】，然后按住鼠标左键将其拖曳到V2轨道上的【字幕01】和【字幕02】素材文件的中间位置，如图6-279所示。

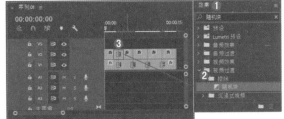

图 6-278　　　　　　　　　　　　　　　　　　　图 6-279

步骤 08　在【效果】面板中搜索【插入】，然后按住鼠标左键将其拖曳到V2轨道上的【字幕02】和【字幕03】素材文件的中间位置，如图6-280所示。

步骤 09　在【效果】面板中搜索【交叉缩放】，然后按住鼠标左键将其拖曳到V2轨道上的【字幕03】和【字幕04】素材文件的中间位置，如图6-281所示。

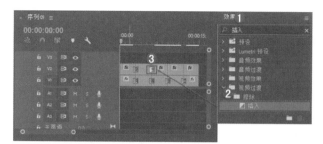

图 6-280

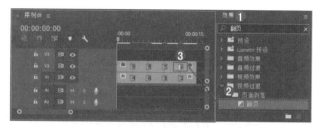

图 6-282

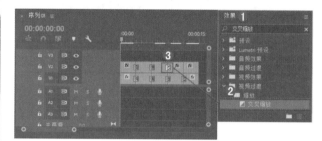

图 6-281

图 6-283

步骤 10 最后在【效果】面板中搜索【翻页】,然后按住鼠标左键将其拖曳到V2轨道上的【字幕04】和【字幕05】素材文件的中间位置,如图6-282所示。

步骤 11 本实例制作完成,滑动时间线查看效果,如图6-283所示。

 读书笔记

中文版Premiere Pro CC 从入门到精通（微课视频 全彩版）

扫一扫，看视频

Chapter 7

第7章

关键帧动画

本章内容简介：

　　动画是一门综合艺术，它融合了绘画、漫画、电影、数字媒体、摄影、音乐、文学等艺术学科，可以给观者带来更多的视觉体验。在 Premiere 中，可以为图层添加关键帧动画，产生基本的位置、缩放、旋转、不透明度等动画效果，还可以为已经添加【效果】的素材设置关键帧动画，产生效果的变化。

重点知识掌握：

- 了解什么是关键帧
- 创建关键帧和删除关键帧
- 复制和粘贴关键帧
- 关键帧在动画制作中的应用

7.1 认识关键帧

关键帧动画通过为素材的不同时刻设置不同的属性，使该过程中产生动画的变换效果。

【重点】7.1.1 什么是关键帧

【帧】是动画中的单幅影像画面，是最小的计量单位。影片是由一张张连续的图片组成的，每幅图片就是一帧，PAL制式每秒25帧，NTSC制式每秒30帧，而【关键帧】是指动画上关键的时刻，至少有两个关键时刻才构成动画。可以通过设置动作、效果、音频及多种其他属性参数使画面形成连贯的动画效果。关键帧动画至少要通过两个关键帧来完成，如图7-1和图7-2所示。

图 7-1

图 7-2

【重点】7.1.2 轻松动手学：为素材设置关键帧动画

文件路径：Chapter 07 关键帧动画→轻松动手学：为素材设置关键帧动画

（1）在菜单栏中执行【文件】/【新建】/【项目】命令，并在弹出的窗口中设置【名称】，接着单击【浏览】按钮设置保存路径，最后单击【确定】按钮，如图7-3所示。

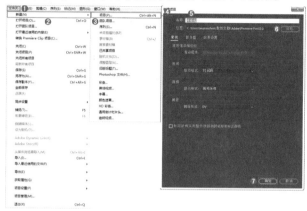

图 7-3

（2）在【项目】面板的空白处右击，执行【新建项目】/【序列】命令。接着在弹出的【新建序列】窗口中选择DV-PAL文件夹下的【标准48kHz】，如图7-4所示。

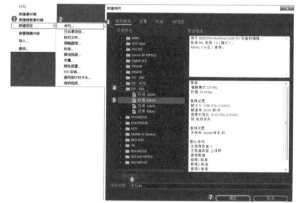

图 7-4

（3）在【项目】面板的空白处双击鼠标左键，导入01.jpg素材文件，最后单击【打开】按钮导入，如图7-5所示。

图 7-5

（4）将【项目】面板中的01.jpg素材文件拖曳到【时间

中文版Premiere Pro CC 从入门到精通（微课视频 全彩版）

轴】面板中的 V1 轨道上，如图 7-6 所示。

图 7-6

（5）在【时间轴】面板中右击该素材文件，执行【缩放为帧大小】命令，如图 7-7 所示。此时图片缩放到画布以内，如图 7-8 所示。

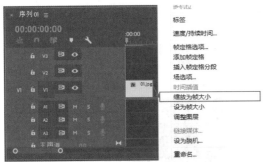

图 7-7

图 7-8

（6）在【时间轴】面板中选择 01.jpg 素材文件，将时间轴移动到起始帧，然后在【效果控件】面板中激活【缩放】和【不透明度】前的 ⏱（切换动画）按钮，创建关键帧，当按钮变为蓝色 ⏱ 时关键帧开启。接着设置【缩放】为 400，【不透明度】为 0%。将时间线滑动到第 3 秒的位置时，设置【缩放】为 110，【不透明度】为 100%，如图 7-9 所示。此时画面呈现动画效果，如图 7-10 所示。特别注意：当本书中出现"激活【不透明度】前面的 ⏱（切换动画）按钮时"，表示此时的不透明度属性是需要被激活的状态，并变为蓝色 ⏱。若已经被激活则无须单击；若未被激活，则需要单击。

图 7-9

图 7-10

7.2 创建关键帧

关键帧动画常用于影视制作、微电影、广告等动态设计中。在 Premiere 中创建关键帧的方法主要有 3 种，可在【效果控件】面板中单击【切换动画】按钮添加关键帧、使用【添加/移除关键帧】按钮添加关键帧或在节目监视器中直接创建关键帧。

【重点】7.2.1 单击【切换动画】按钮添加关键帧

在【效果控件】面板中，每个属性前都有 ⏱（切换动画）按钮，单击该按钮即可启用关键帧，此时切换动画按钮变为蓝色 ⏱，再次单击该按钮，则会关闭该属性的关键帧，此时【切换动画】按钮变为灰色 ⏱。在创建关键帧时，至少在同一属性中添加两个关键帧，此时画面才会呈现出动画效果。

（1）首先打开 Premiere 软件，新建项目和序列并导入合适的图片。将图片拖曳到【时间轴】面板中，如图 7-11 所示。选择【时间轴】面板中的素材，在【效果控件】面板中将时间线滑动到合适位置，更改所选属性的参数。以【缩放】属性为例，此时单击【缩放】属性前的 （切换动画）按钮，即可创建第 1 个关键帧，如图 7-12 所示。

图 7-11

图 7-12

（2）继续滑动时间轴，然后更改属性的参数，此时会自动创建出第 2 个关键帧，如图 7-13 所示。此时按键盘空格键播放动画，即可看到动画效果，如图 7-14 所示。

图 7-13

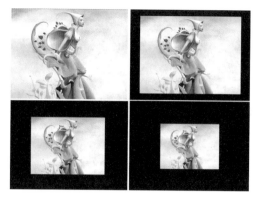

图 7-14

【重点】7.2.2 使用【添加/移除关键帧】按钮添加关键帧

（1）在【效果控件】面板中将时间线滑动到合适位置，单击选择属性前的 （切换动画）按钮，即可创建第 1 个关键帧，如图 7-15 所示。

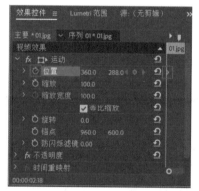

图 7-15

（2）此时该属性后会显示 （添加 / 删除关键帧）按钮，将时间线继续滑动到其他位置，单击 按钮，即可手动创建第 2 个关键帧，如图 7-16 所示。此时该属性的参数与第 1 个关键帧参数一致，若需要更改，则直接更改参数即可。

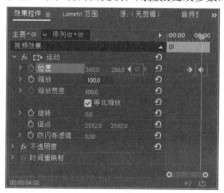

图 7-16

中文版Premiere Pro CC 从入门到精通（微课视频 全彩版）

{重点}7.2.3 在【节目】监视器中添加关键帧

（1）在【效果控件】面板中将时间线移动到合适的位置，更改所选属性的参数，然后单击属性前面的 ⏱ 按钮，此时会自动创建关键帧，如图7-17所示。效果如图7-18所示。

图7-17

图7-18

（2）此时将时间轴位置进行移动，在【节目】监视器中选中该素材，双击鼠标左键，此时素材周围出现控制点，如图7-19所示。接下来将光标放置在控制点上方，按住鼠标左键缩放素材大小，如图7-20所示，此时在【效果控件】面板中的时间线上自动创建关键帧，如图7-21所示。

图7-19

图7-20

图7-21

👓 提示：在【效果】面板中为效果设置关键帧

在为【效果】面板中的效果添加关键帧或更改关键帧参数时，方法与【运动】和【不透明度】属性的添加方式相同，如图7-22和图7-23所示。

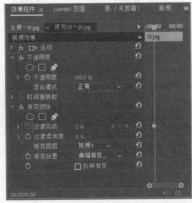

图7-22

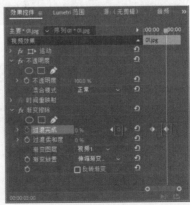

图7-23

在【时间轴】面板中双击V1轨道上1.jpg素材前的空白位置, 如图7-24所示。

选择V1轨道上1.jpg素材, 右击, 执行【显示剪辑关键帧】/【不透明度】/【不透明度】命令, 如图7-25所示。

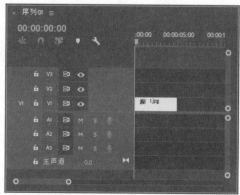

图 7-24   图 7-25

将时间线移动到起始帧的位置, 单击V1轨道前的【添加/移除关键帧】按钮, 此时在素材上方添加了一个关键帧, 如图7-26所示。

继续将时间线移动到合适位置, 然后单击V1轨道前的【添加/移除关键帧】按钮, 此时为素材添加第2个关键帧, 如图7-27所示。

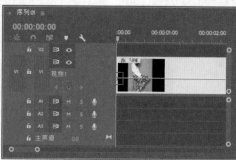

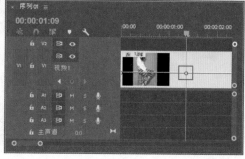

图 7-26   图 7-27

选择素材上方的关键帧, 并将该关键帧的位置向上移动(向上表示不透明度数值增大), 如图7-28所示。画面调整前后的对比效果如图7-29所示。

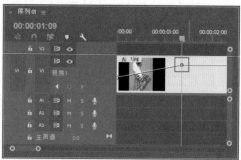

图 7-28   图 7-29

7.3 移动关键帧

移动关键帧所在的位置可以控制动画的节奏, 比如两个关键帧隔得越远动画呈现的效果越慢, 越近则越快。

【重点】7.3.1　移动单个关键帧

在【效果控件】面板中展开已制作完成的关键帧效果，单击工具箱中的▶（移动工具）按钮，将光标放在需要移动的关键帧上方，按住鼠标左键左右移动，当移动到合适的位置时松开鼠标，完成移动操作，如图7-30所示。

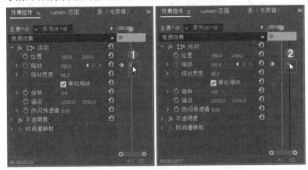

图 7-30

【重点】7.3.2　移动多个关键帧

（1）单击工具箱中的▶（移动工具）按钮，按住鼠标左键将需要移动的关键帧进行框选，接着将选中的关键帧向左或向右进行拖曳即可完成移动操作，如图7-31所示。

图 7-31

（2）当想要移动的关键帧不相邻时，单击工具箱中的▶（移动工具）按钮，按住 Ctrl 键或 Shift 键并选中需要移动的关键帧将其进行拖曳，如图7-32所示。

图 7-32

 提示：在【节目】监视器中对【位置】属性进行手动制作关键帧

（1）首先选择设置完关键帧的【位置】属性，如图7-33所示。在【节目】监视器中双击鼠标左键，此时素材周围出现控制点，如图7-34所示。

图 7-33　　　　　　　　图 7-34

（2）单击工具箱中的▶（移动工具）按钮，在【节目】监视器中拖动路径的控制柄，将直线路径手动拖曳为弧形，如图7-35所示。此时滑动时间线查看效果时，素材以弧形的运动方式呈现在画面中，如图7-36所示。

图 7-35　　　　　　　　图 7-36

7.4　删除关键帧

在实际操作中，有时会在素材文件中添加一些多余的关键帧，这些关键帧既无实质性用途又使动画变得复杂，此时需要将多余的关键帧进行删除处理。删除关键帧的常用方法有以下3种。

7.4.1　使用快捷键快速删除关键帧

单击工具箱中的▶（移动工具）按钮，在【效果控件】面板中选择需要删除的关键帧，按下Delete键即可完成删除操作，如图7-37所示。

图 7-37

209

7.4.2 使用【添加/移除关键帧】按钮删除关键帧

在【效果控件】中将时间线滑动到需要删除的关键帧上，此时单击已启用的 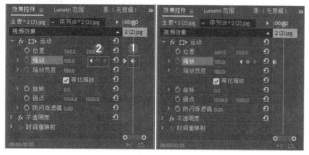(添加/移除关键帧)按钮，即可删除关键帧，如图7-38所示。

图 7-38

7.4.3 在快捷菜单中清除关键帧

单击工具箱中的 (移动工具)按钮，右击选择需要删除的关键帧，在弹出的快捷菜单中执行【清除】命令，即可删除关键帧，如图7-39所示。

图 7-39

7.5 复制关键帧

在制作影片或动画时，经常会遇到不同素材使用同一组关键帧动画的情况。此时可选中这组制作完的关键帧动画，使用复制、粘贴命令以更便捷的方式完成其他素材的动画制作。复制关键帧有以下3种方法。

【重点】7.5.1 使用Alt键复制

单击工具箱中的 (移动工具) 按钮，在【效果控件】面板中单击鼠标左键选择需要复制的关键帧，然后按住 Alt 键将其向左或向右拖曳进行复制，如图7-40所示。

图 7-40

7.5.2 在快捷菜单中复制

（1）单击工具箱中的 (移动工具)按钮，在【效果控件】面板中右击选择需要复制的关键帧，此时会弹出一个快捷菜单，在快捷菜单中执行【复制】命令，如图7-41所示。

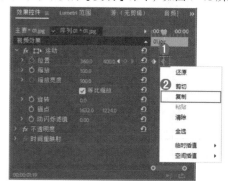

图 7-41

（2）将时间线拖动到合适的位置，右击，在弹出的菜单中执行【粘贴】命令，此时复制的关键帧出现在时间线上，如图7-42所示。

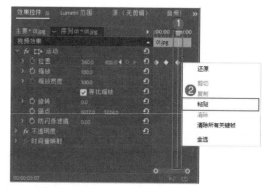

图 7-42

7.5.3 使用快捷键复制

（1）单击工具箱中的 (移动工具)按钮，单击选中需要复制的关键帧，然后使用快捷键Ctrl+C进行复制，如图7-43所示。

（2）将时间线滑动到合适的位置，使用快捷键 Ctrl+V 进

中文版Premiere Pro CC 从入门到精通（微课视频 全彩版）

行粘贴，如图7-44所示。这种方法在制作动画时操作简单且节约时间，是较为常用的方法。

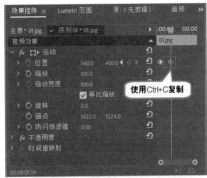

图 7-43

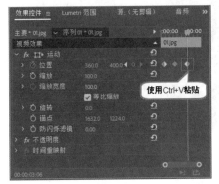

图 7-44

【重点】7.5.4 复制关键帧到另外一个素材中

除了可以在同一个素材中复制粘贴关键帧以外，还可以将关键帧动画复制到其他素材上。

（1）选择一个素材中的关键帧，例如选择【位置】属性中的所有关键帧，如图7-45所示。

（2）使用快捷键Ctrl+C进行复制，然后在【时间轴】面板中选择另外一个素材，并选择【效果控件】中的【位置】属性，如图7-46所示。

图 7-45

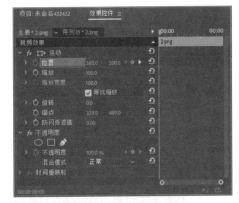

图 7-46

（3）使用快捷键Ctrl+V完成复制，如图7-47所示。

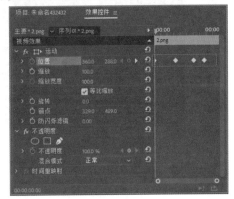

图 7-47

7.6 关键帧插值

插值是指在两个已知值之间填充未知数据的过程。关键帧插值可以控制关键帧的速度变化状态，主要分为【临时插值】和【空间插值】两种。在一般情况下，系统默认使用线性插值法。若想更改插值类型，可右击选择关键帧，在弹出的快捷菜单中进行类型更改，如图7-48所示。

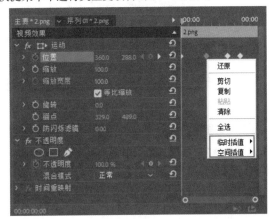

图 7-48

7.6.1 临时插值

【临时插值】是控制关键帧在时间线上的速度变化状态。【临时插值】快捷菜单如图7-49所示。

图 7-49

1. 线性

【线性】插值可以创建关键帧之间的匀速变化。首先在【效果控件】面板中针对某一属性添加两个或两个以上关键帧，然后右击添加的关键帧，在弹出的快捷菜单中执行【临时插值】/【线性】命令，滑动时间线，当时间线与关键帧位置重合时，该关键帧由灰色变为蓝色 ，此时的动画效果更为匀速平缓，如图7-50所示。

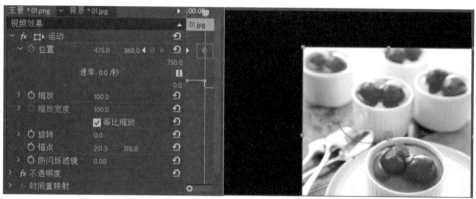

图 7-50

2. 贝塞尔曲线

【贝塞尔曲线】插值可以在关键帧的任一侧手动调整图表的形状以及变化速率。在快捷菜单中选择【临时插值】/【贝塞尔曲线】命令时，滑动时间线，当时间线与关键帧位置重合时，该关键帧样式为 ，并且可在【节目】监视器中通过拖动曲线控制柄来调节曲线两侧，从而改变动画的运动速度。在调节过程中，单独调节其中一个控制柄，同时另一个控制柄不发生变化，如图7-51所示。

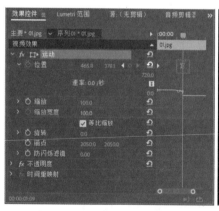

图 7-51

3. 自动贝塞尔曲线

【自动贝塞尔曲线】插值可以调整关键帧的平滑变化速率。选择【临时插值】/【自动贝塞尔曲线】命令时，滑动时间线，当时间线与关键帧位置重合时，该关键帧样式为 。在曲线节点的两侧会出现两个没有控制线的控制点，拖动控制点可将自动曲线转换为弯曲的【贝塞尔曲线】状态，如图7-52所示。

中文版Premiere Pro CC 从入门到精通（微课视频 全彩版）

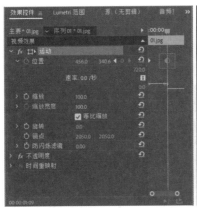

图 7-52

4. 连续贝塞尔曲线

【连续贝塞尔曲线】插值可以创建通过关键帧的平滑变化速率。选择【临时插值】/【连续贝塞尔曲线】命令,滑动时间线,当时间线与关键帧位置重合时,该关键帧样式为 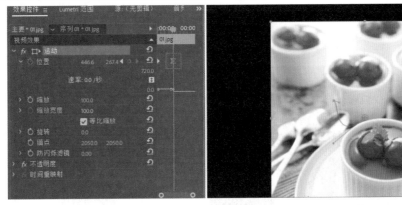。双击【节目】监视器中的画面,此时会出现两个控制柄,可以通过拖动控制柄来改变两侧的曲线弯曲程度,从而改变动画效果,如图 7-53 所示。

图 7-53

5. 定格

【定格】插值可以更改属性值且不产生渐变过渡。选择【临时插值】/【定格】命令时,滑动时间线,当时间线与关键帧位置重合时,该关键帧样式为 ,两个速率曲线节点将根据节点的运动状态自动调节速率曲线的弯曲程度。当动画播放到该关键帧时,将出现保持前一关键帧画面的效果,如图 7-54 所示。

图 7-54

6. 缓入

【缓入】插值可以减慢进入关键帧的值变化。选择【临时插值】/【缓入】命令时，滑动时间线，当时间线与关键帧位置重合时，该关键帧样式为 Σ，速率曲线节点前面将变成缓入的曲线效果。当滑动时间线播放动画时，动画在进入该关键帧时速度逐渐减缓，消除因速度波动大而产生的画面不稳定感，如图7-55所示。

图 7-55

7. 缓出

【缓出】插值可以逐渐加快离开关键帧的值变化。选择【临时插值】/【缓出】命令时，滑动时间线，当时间线与关键帧位置重合时，该关键帧样式为 Σ。速率曲线节点后面将变成缓出的曲线效果。当播放动画时，可以使动画在离开该关键帧时速率减缓，同样可消除因速度波动大而产生的画面不稳定感，与缓入是相同的道理，如图7-56所示。

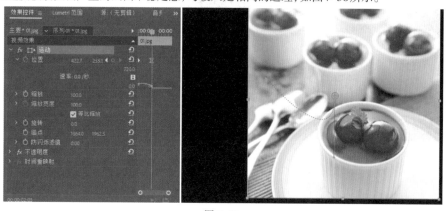

图 7-56

7.6.2 空间插值

【空间插值】可以设置关键帧的过渡效果，如转折强烈的线性方式、过渡柔和的自动贝塞尔曲线方式等，如图7-57所示。

图 7-57

1. 线性

在选择【空间插值】/【线性】命令时，关键帧两侧线段为直线，角度转折较明显，如图7-58所示。播放动画时会产

生位置突变的效果。

图 7-58

2. 贝塞尔曲线

在选择【空间插值】/【贝塞尔曲线】命令时,可在【节目】监视器中手动调节控制点两侧的控制柄,通过控制柄来调节曲线形状和画面的动画效果,如图7-59所示。

图 7-59

3. 自动贝塞尔曲线

在选择【空间插值】/【自动贝塞尔曲线】命令时,更改自动贝塞尔关键帧数值时,控制点两侧的手柄位置会自动更改,以保持关键帧之间的平滑速率。如果手动调整自动贝塞尔曲线的方向手柄,则可以将其转换为连续贝塞尔曲线的关键帧,如图7-60所示。

图 7-60

4. 连续贝塞尔曲线

在选择【空间插值】/【连续贝塞尔曲线】命令时,也可以手动设置控制点两侧的控制柄来调整曲线方向,与【自动贝塞尔曲线】操作相同,如图7-61所示。

图 7-61

7.7 常用关键帧动画实例

我们通过对关键帧动画的创建、编辑等操作的学习,应该对关键帧有了很清晰的认识。本节通过大量的实例,为读者朋友开启动画制作的大门,动画的创建方式比较简单,但是需要注意完整作品的制作思路。

实例:不透明度动画效果

文件路径:Chapter 07 关键帧动画→实例:不透明度动画效果

扫一扫,看视频

本实例主要使用【不透明度】属性将素材制作出半透明效果并呈现出淡入淡出的视觉感,搭配【缩放】及【位置】属性制作出动画效果。实例效果如图7-62所示。

图 7-62

操作步骤

步骤 01 在菜单栏中选择【文件】/【新建】/【项目】命令,

然后弹出【新建项目】窗口，设置【名称】，并单击【浏览】按钮设置保存路径，如图7-63所示。

步骤 02 在【项目】面板的空白处双击鼠标左键，导入全部素材文件，最后单击【打开】按钮导入，如图7-64所示。

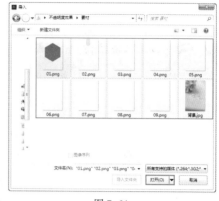

图 7-63　　　　　　　　　　　　　　　　　图 7-64

步骤 03 选择【项目】面板中的素材文件，按住鼠标左键依次将其拖曳到【时间轴】面板中的轨道上，此时在【项目】面板中自动生成序列，如图7-65所示。为了便于操作，单击V3~V10轨道前的 ◎(切换轨道输出)按钮，将轨道进行隐藏，如图7-66所示。

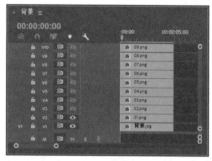

图 7-65　　　　　　　　　　　　　　　　　图 7-66

步骤 04 选择V2轨道上的01.png素材文件，将时间线拖动到起始位置，设置【位置】为(251.3,318)，【不透明度】为50%。单击【缩放】前面的 ◎(切换动画)按钮，创建关键帧，并设置【缩放】为0。将时间线拖动到第20帧的位置，设置【缩放】为100，如图7-67所示。此时画面效果如图7-68所示。

【不透明度】为40%。将时间线滑动到第20帧的位置时，单击【位置】前面的 ◎(切换动画)按钮，创建关键帧，并设置【位置】为(250,195)。将时间线滑动到第1秒15帧的位置时，设置【位置】为(250,375)，如图7-69所示。此时画面效果如图7-70所示。

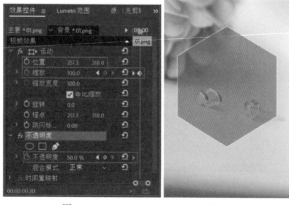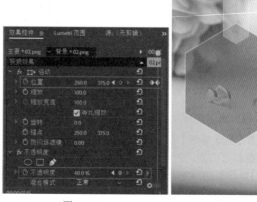

图 7-67　　　　　　图 7-68　　　　　　　　图 7-69　　　　　　图 7-70

步骤 05 显现并选择V3轨道上的02.png素材文件，设置

步骤 06 显现并选择V4轨道上的03.png素材文件，将时间

线滑动到第1秒15帧的位置时,单击【位置】前面的 🕐(切换动画)按钮,创建关键帧,并设置【位置】为(-173,375)。将时间线滑动到第2秒10帧的位置时,设置【位置】为(250,375),如图7-71所示。此时画面效果如图7-72所示。

图 7-71　　　　　　　　　图 7-72

步骤 07 显现并选择V5轨道上的04.png素材文件,将时间线滑动到第1秒15帧的位置时,单击【位置】前面的 🕐(切换动画)按钮,创建关键帧,并设置【位置】为(675,375)。将时间线滑动到第2秒10帧的位置时,设置【位置】为(250,375),如图7-73所示。此时画面效果如图7-74所示。

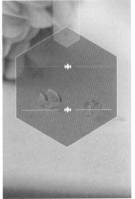

图 7-73　　　　　　　　　图 7-74

步骤 08 显现并选择V6轨道上的05.png素材文件,将时间线滑动到第2秒10帧的位置时,激活【不透明度】前面的 🕐(切换动画)按钮,创建关键帧,并设置【不透明度】为0%。将时间线滑动到第3秒的位置时,设置【不透明度】为100%,如图7-75所示。此时画面效果如图7-76所示。

步骤 09 显现并选择V7轨道上的06.png素材文件,将时间线滑动到第3秒的位置时,激活【位置】和【不透明度】前面的 🕐(切换动画)按钮,创建关键帧,并设置【位置】为(250,584),【不透明度】为0%。将时间线滑动到第3秒15帧的位置时,设置【位置】为(250,375),【不透明度】为100%,如图7-77所示。此时画面效果如图7-78所示。

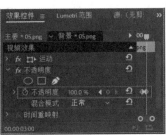

图 7-75　　　　　　　　　图 7-76

图 7-77　　　　　　　　　图 7-78

步骤 10 显现并选择V8轨道上的07.png素材文件,将时间线滑动到第3秒15帧的位置时,激活【不透明度】前面的 🕐(切换动画)按钮,创建关键帧,并设置【不透明度】为0%。将时间线滑动到第4秒的位置时,设置【不透明度】为100%,如图7-79所示。此时画面效果如图7-80所示。

图 7-79　　　　　　　　　图 7-80

步骤 11 显现并选择V9轨道上的08.png素材文件,将时间线滑动到第4秒的位置时,单击【位置】前面的 🕐(切换动画)

按钮,创建关键帧,并设置【位置】为(250,216)。将时间线滑动到第4秒10帧的位置时,设置【位置】为(250,375),如图7-81所示。此时画面效果如图7-82所示。

图7-81　　　　　　　　图7-82

步骤(12) 显现并选择V10轨道上的09.png素材文件,设置【位置】为(256.6,477)。将时间线滑动到第4秒10帧的位置时,单击【缩放】前面的◎(切换动画)按钮,创建关键帧,并设置【缩放】为0。将时间线滑动到第4秒21帧的位置时,设置【缩放】为100,如图7-83所示。此时画面效果如图7-84所示。

步骤(13) 此时拖动时间线查看最终效果,如图7-85所示。

图7-83　　　　　　　　图7-84

图7-85

提示:为什么调节【不透明度】属性后方的参数会自动出现关键帧

在Premiere中,默认状态下【不透明度】属性前方的【切换动画】按钮显示为蓝色◎,如图7-86所示。此时关键帧为开启状态,只需编辑不透明度的参数即可为该属性添加关键帧。本书实例中讲解到需单击该属性前的【切换动画】按钮创建关键帧,意为说明此处需添加不透明度关键帧,其次让读者再次确认自身计算机中【不透明度】关键帧是否被开启,若【不透明度】关键帧显示为蓝色◎(即已经被开启状态),无须再次单击。

特别注意:当本书中出现"激活【不透明度】前面的◎(切换动画)按钮时",表示此时的不透明度属性需要是被激活的状态,并变为蓝色◎。

图7-86

实例:清新风格MG动画

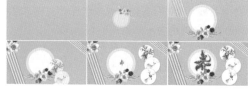

扫一扫,看视频

文件路径:Chapter 07　关键帧动画→实例:清新风格MG动画

本实例在制作时主要使用到【运动】属性及【不透明度】属性为画面添加关键帧制作动画效果,然后使用【投影】增强素材的空间感,使用【亮度与对比度】调整素材颜色,实例效果如图7-87所示。

图7-87

操作步骤

步骤(01) 在菜单栏中执行【文件】/【新建】/【项目】命令,并在弹出的窗口中设置合适的【名称】,接着单击【浏览】按钮设置保存路径,最后单击【确定】按钮,如图7-88所示。

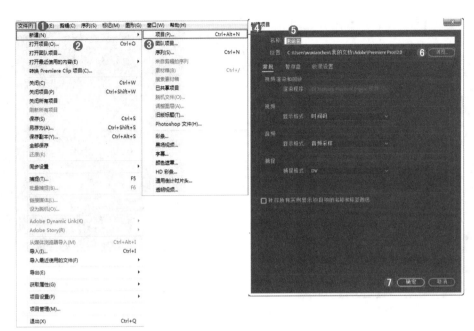

图 7-88

步骤 02　在【项目】面板的空白处双击鼠标左键,导入全部素材文件,最后单击【打开】按钮导入,如图7-89所示。

图 7-89

步骤 03　选择【项目】面板中的素材文件,按住鼠标左键依次将其拖曳到【时间轴】面板中,如图7-90所示。为了便于操作,在【时间轴】面板中单击V3~V6轨道前的◎(切换轨道输出)按钮,隐藏轨道内容,如图7-91所示。

图 7-90

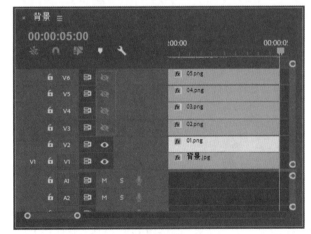

图 7-91

步骤 04　选择V2轨道上的01.png素材,在【效果控件】面板中展开【运动】属性,设置【位置】为(352.4,217.9),【锚点】为(352.4,217.9)。将时间线滑动到第10帧的位置,激活【缩放】【旋转】【不透明度】前面的◎按钮,创建关键帧,再分别设置【缩放】【旋转】【不透明度】的数值均为0。继续将时间线滑动到第1秒的位置,分别设置【缩放】为100,【不

219

透明度】为100%,【旋转】为1×0.0°，如图7-92所示。查看效果如图7-93所示。

图 7-92

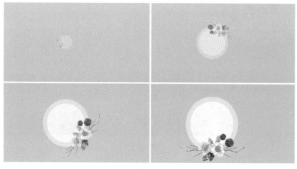

图 7-93

提示：1×0.0°是什么

　　设置素材旋转一圈时会看到1×0.0°这样的数值显示，其实这样的数值就是代表360°，1×0.0°里面的"1"是代表一圈的意思，如图7-94所示。

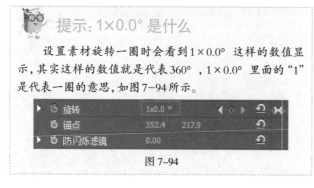

图 7-94

步骤 05 显现并选择V3轨道上的02.png素材文件，将时间线滑动到第1秒的位置，并激活【位置】和【不透明度】前面的 🔘 按钮，创建关键帧，设置【位置】为(413.5, -220.5),【不透明度】为0%。将时间线滑动到第1秒20帧时,设置【位置】为(413.5,218.5),【不透明度】为100%,如图7-95所示。查看效果,如图7-96所示。

图 7-95

图 7-96

步骤 06 显现并选择V4轨道上的03.png素材文件,将时间线滑动到第1秒20帧的位置,并激活【位置】和【不透明度】前面的 🔘 按钮,创建关键帧,设置【位置】为(599.5, 218.5),【不透明度】为0%。将时间线滑动到第2秒10帧时,设置【位置】为(578.1,462.7),【不透明度】为100%,如图7-97所示。查看效果,如图7-98所示。

图 7-97

图 7-98

步骤 07 显现并选择V5轨道上的【04.png】素材，将时间线滑动到到2秒10帧的位置，并激活【位置】和【不透明度】前面的，创建关键帧，设置【位置】为(322.5,535.5)，【不透明度】为0%。将时间线滑动到3秒时，设置【位置】为(615.1,104.1)，【不透明度】为100%，最后设置【旋转】为27°，【锚点】为(582.6,119.5)，如图7-99所示。查看效果，如图7-100所示。

图 7-99

图 7-100

步骤 08 在【效果】面板中搜索【投影】效果，并按住鼠标左键将其拖曳到04.png素材文件上，如图7-101所示。

图 7-101

步骤 09 在【效果控件】面板中展开【投影】效果，设置【阴影颜色】为深粉色，【不透明度】为50%，【方向】为135°，【距离】为5，【柔和度】为40，如图7-102所示。

步骤 10 在【效果】面板中搜索【亮度与对比度】效果，并按住鼠标左键将其拖曳到04.png素材文件上，如图7-103所示。

图 7-102

图 7-103

步骤 11 在【效果控件】面板中展开【亮度与对比度】效果，设置【亮度】为-10，【对比度】为10，如图7-104所示。查看效果，如图7-105所示。

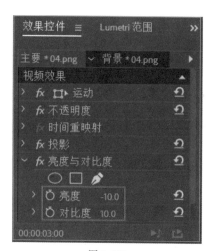

图7-104

图7-105

步骤 12 显现并选择V6轨道上的05.png素材文件,设置【位置】为(359.6,216.7),如图7-106所示。

步骤 13 在【效果】面板中搜索【投影】效果,并按住鼠标左键将其拖曳到05.png素材文件上,如图7-107所示。

图7-106

步骤 14 在【效果控件】面板中展开【投影】效果,设置【阴影颜色】为灰黄色,【距离】为5,【柔和度】为30。将时间线滑动到第3秒的位置,激活【缩放】和【投影】效果中的【不透明度】前面的 按钮,创建关键帧。设置【缩放】为0,【不透

明度】为0%。将时间线滑动到第3秒20帧的位置时,设置【缩放】为70,【不透明度】为100%,如图7-108所示。

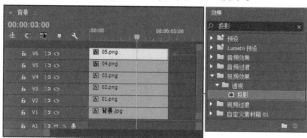

图7-107

图7-108

步骤 15 本实例制作完成,拖动时间线查看效果,如图7-109所示。

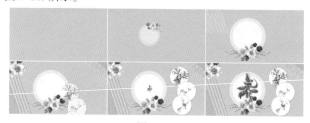

图7-109

实例:倒计时字幕

扫一扫,看视频

文件路径:Chapter 07 关键帧动画→实例:倒计时字幕

本实例主要使用【位置】【缩放】及【不透明度】属性制作出背景动画效果,使用【旋转】制作环形旋转效果,最后使用文字制作倒计时文字及数字,如图7-110所示。

图 7-110

操作步骤

步骤 01 在菜单栏中选择【文件】/【新建】/【项目】命令，然后弹出【新建项目】窗口，设置【名称】，并单击【浏览】按钮设置保存路径，再单击【确定】按钮，如图 7-111 所示。

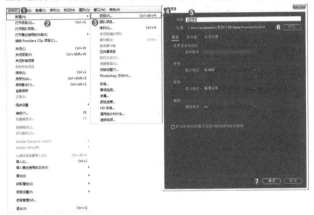

图 7-111

步骤 02 在【项目】面板的空白处双击鼠标左键，然后在打开的对话框中选择全部的素材文件，并单击【打开】按钮导入，如图 7-112 所示。

图 7-112

步骤 03 将【项目】面板中的【背景.jpg】、01.png、02.png、03.png、04.png 素材文件分别拖曳到 V1 ~ V5 轨道上，并设置素材的结束时间为第 7 秒的位置，如图 7-113 所示，此时在【项目】面板中自动生成序列。为了便于操作，在【时间轴】面板中单击 V3 ~ V5 轨道前的 ◉（切换轨道输出）按钮，隐藏轨道内容，如图 7-114 所示。

图 7-113

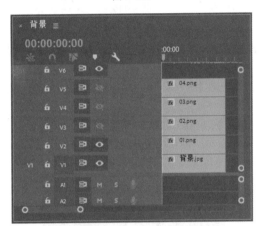

图 7-114

步骤 04 选择 V2 轨道上的 01.png 素材，将时间线滑动到起始帧位置，再单击【位置】前面的 ◎ 按钮，创建关键帧，并设置【位置】为 (-283,348)。再将时间线滑动到第 1 秒时，设置【位置】为 (289,348)，如图 7-115 所示。

图 7-115

步骤 05 显现并选择 V3 轨道上的 02.png 素材，将时间线滑动到初始位置，再单击【位置】前面的 ◎ 按钮，创建关键帧，并设置【位置】为 (780,340)，如图 7-116 所示。再将时间线滑动到第 1 秒时，设置【位置】为 (292,340)。

图 7-116

步骤 06 显现并选择V4轨道上的03.png素材，将时间线滑动到起始帧位置，设置【位置】为(296.2,268.6)，【锚点】为(287.1,295.3)，并激活【不透明度】前面的 ⭕ 按钮，创建关键帧，设置【不透明度】为0%。将时间线滑动到第1秒时，设置【不透明度】为100%，如图7-117所示。接着单击【缩放】【旋转】前面的 ⭕ 按钮，创建关键帧，并设置【缩放】为0，【旋转】为0，如图7-118所示。将时间线滑动到第2秒时，设置【缩放】为112，将时间线滑动到第7秒时，设置【旋转】为1×0.0°。

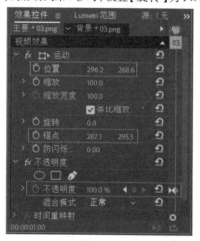

图 7-117

图 7-118

步骤 07 显现并选择V5轨道上的04.png素材，并设置【位置】为(253.3,298.7)。将时间线滑动到第2秒时，设置【不透明度】为0%。将时间线滑动到第3秒时，设置【不透明度】为100%，如图7-119所示。此时画面效果如图7-120所示。

 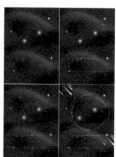

图 7-119　　　　　　　　图 7-120

步骤 08 制作倒计时数字。执行菜单栏中的【文件】/【新建】/【旧版标题】命令，在弹出的窗口中设置【名称】为【字幕01】，单击【确定】按钮，如图7-121所示。

图 7-121

步骤 09 在【字幕】面板中单击工具箱中的 Ｔ(文字工具)按钮，在工作区域中输入文字"倒计时"，然后设置合适的【字体系列】，【字体大小】为88，【颜色】为白色，再单击【外描边】后面的【添加】按钮，设置【类型】为【深度】，【填充类型】为【线性渐变】，【颜色】为由黄色到粉红色的渐变，最后适当调节文字位置，如图7-122所示。

步骤 10 关闭【字幕】面板，然后将【项目】面板中的【字幕01】素材文件拖曳到V6轨道上，并设置起始帧为第3秒位置处，结束帧为第7秒位置处，如图7-123所示。

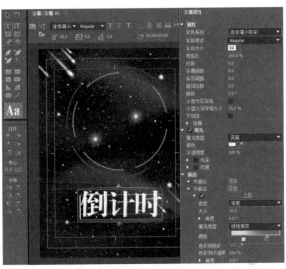

图 7-122

图 7-123

步骤 11 选择【V6轨道上的【字幕01】，设置【位置】为（282,376）。将时间线滑动到第3秒，设置【不透明度】为0%，将时间线滑动到第4秒，设置【不透明度】为100%，如图7-124所示。

图 7-124

步骤 12 使用同样的方法创建【字幕02】。在工作区域中输入数字3，设置合适的【字体系列】，【字体大小】为500，【颜色】为白色，单击【外描边】后面的【添加】按钮，设置【类型】为【深度】，设置【填充类型】为【线性渐变】，【颜色】为由黄色到红色的渐变，然后适当调节文字位置，如图7-125所示。

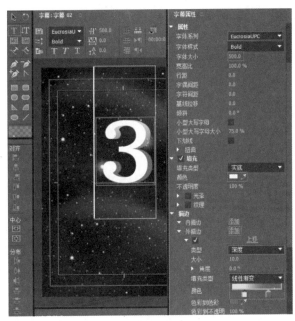

图 7-125

步骤 13 以此类推，创建出字体"2"和"1"并将其拖曳到V7～V9轨道上。分别设置【字幕02】起始帧为第4秒，结束帧为第5秒；【字幕03】起始帧为第5秒，结束帧为第6秒；【字幕04】起始帧为第6秒，结束帧为第7秒，如图7-126所示。

图 7-126

步骤 14 此时，滑动时间轴查看最终效果，如图7-127所示。

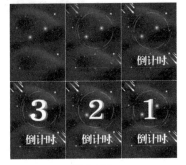

图 7-127

实例：卡通合成动画效果

文件路径：Chapter 07 关键帧动画→实例：卡通合成动画效果

本实例主要使用【位置】及【不透明度】属

扫一扫，看视频

性制作关键帧,呈现动画效果,使用【缩放】属性为文字及文字背景制作出缩放效果,如图7-128所示。

图 7-128

操作步骤

步骤 01 在菜单栏中执行【文件】/【新建】/【项目】命令,并在弹出的窗口中设置【名称】,接着单击【浏览】按钮设置保存路径,最后单击【确定】按钮,如图7-129所示。

步骤 02 在【项目】面板的空白处双击鼠标左键,导入全部素材文件,最后单击【打开】按钮导入,如图7-130所示。

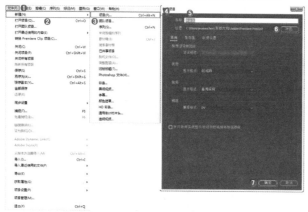

图 7-129

图 7-130

步骤 03 选择【项目】面板中的素材,并按住鼠标左键依次将其拖曳到轨道上,如图7-131所示。此时在【项目】面板中自动新建序列。为了便于操作,在【时间轴】面板中单击V3~V9轨道前的 ◎(切换轨道输出)按钮,隐藏轨道内容,如图7-132所示。

图 7-131

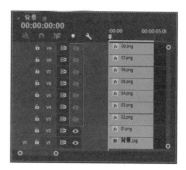

图 7-132

步骤 04 选择V2轨道上的01.png素材,并将时间线滑动到初始位置,在【效果控件】面板中展开【不透明度】属性,激活【不透明度】前面的 ◎ 按钮,创建关键帧,设置【不透明度】为0%。将时间线滑动到第10帧的位置,设置【不透明度】为100%,如图7-133所示。查看效果,如图7-134所示。

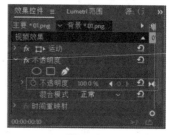

图 7-133

图 7-134

步骤 05 显现并选择V3轨道上的02.png素材,设置【位置】

中文版Premiere Pro CC 从入门到精通（微课视频 全彩版）

和【锚点】均为(660.7，287.8)。将时间线滑动到第10帧的位置，再单击【缩放】前面的 按钮，创建关键帧，设置【缩放】为0。将时间线滑动到第1秒的位置，设置【缩放】为100，如图7-135所示。查看效果，如图7-136所示。

图 7-135

图 7-136

步骤 06 显现并选择V4轨道上的03.png素材，将时间线滑动到第1秒的位置，单击【位置】前面的 按钮，创建关键帧，设置【位置】为(608,391)。将时间线滑动到第1秒15帧的位置时，设置【位置】为(608,300)，如图7-137所示。查看效果，如图7-138所示。

图 7-137

图 7-138

步骤 07 显现并选择V5轨道上的04.png素材，将时间线滑动到第1秒15帧的位置，激活【不透明度】前面的 按钮，创建关键帧，设置【不透明度】为0%。将时间线滑动到第2秒的位置时，设置【不透明度】为100%，如图7-139所示。查看效果，如图7-140所示。

图 7-139

图 7-140

步骤 08 显现并选择V6轨道上的05.png素材，将时间线滑动到第2秒的位置，激活【位置】和【不透明度】前面的 按钮，创建关键帧，设置【位置】为(909,300)，【不透明度】为0%。将时间线滑动到第2秒15帧的位置时，设置【位置】为(608,300)，【不透明度】为100%，如图7-141所示。查看效果，如图7-142所示。

图 7-141

图 7-142

步骤 09 显现并选择V7轨道上的06.png素材，将时间线滑动到第2秒15帧的位置时，单击【位置】前面的 按钮，创建关键帧，设置【位置】为(-464,300)。将时间线滑动到第3秒5帧的位置时，设置【位置】为(608,300)，如图7-143所示。查看效果，如图7-144所示。

图 7-143

图 7-144

步骤 10 显现并选择V8轨道上的07.png素材，将时间线滑动到第3秒5帧的位置时，单击【位置】前面的 按钮，创建关键帧，设置【位置】为(608,577)。将时间线滑动到第3秒20帧的位置时，设置【位置】为(608,300)，如图7-145所示。查看效果，如图7-146所示。

图 7-145

图 7-146

步骤 11 显现并选择V9轨道上的08.png素材文件，设置【位置】和【锚点】均为(662.7, 318.2)。将时间线滑动到第3秒20帧的位置时，单击【缩放】前面的 按钮，创建关键帧，设置【缩放】为0。将时间线滑动到第4秒10帧的位置时，设置【缩放】为100，如图7-147所示。查看效果如图7-148所示。

图 7-147

图 7-148

步骤 12 拖动时间轴查看效果，如图7-149所示。

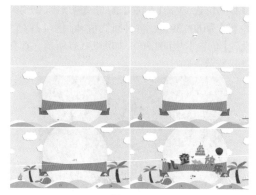

图 7-149

实例：破碎文字效果

扫一扫，看视频

文件路径：Chapter 05 视频效果→实例：破碎文字效果

本实例主要使用【创建4点多边形蒙版】为文字制作出淡出、淡入的效果，实例效果如图7-150所示。

中文版Premiere Pro CC 从入门到精通（微课视频 全彩版）

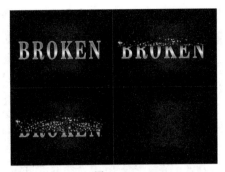

图 7-150

操作步骤

步骤 01 在菜单栏中选择【文件】/【新建】/【项目】命令，然后弹出【新建项目】窗口，设置【名称】，并单击【浏览】按钮设置保存路径，如图 7-151 所示。

步骤 02 在【项目】面板的空白处右击，选择【新建项目】/【序列】命令。接着会弹出【新建序列】窗口，并在 DV-PAL 文件夹下选择【标准48kHz】，如图 7-152 所示。

图 7-151

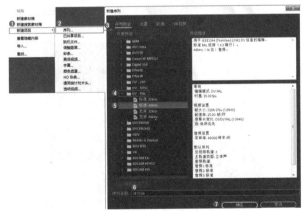

图 7-152

步骤 03 在【项目】面板的空白处双击鼠标左键，然后在打开的对话框中选择【背景.jpg】素材文件，并单击【打开】按

钮导入，如图 7-153 所示。

图 7-153

步骤 04 将【项目】面板中的【背景.jpg】素材文件拖曳到【时间轴】面板中的V1轨道上，如图 7-154 所示。

图 7-154

步骤 05 使用旧版标题制作文字效果。将时间线滑动到起始帧位置，然后执行菜单栏中的【文件】/【新建】/【旧版标题】命令，在弹出的窗口中设置【名称】为【字幕01】，单击【确定】按钮如图 7-155 所示。

图 7-155

步骤 06 单击 **T**（文字工具）按钮，然后在工作区域中单击鼠标左键并输入文字BROKEN，设置合适的【字体系列】，【字体大小】为183，设置【宽高比】为62.6%，【字符间距】为16，设置【颜色】为灰色，勾选【光泽】效果。接着单击【内描边】后面的【添加】按钮，设置【颜色】为浅灰色。勾选【阴影】效

果。设置阴影【颜色】为黑色,【不透明度】为70%,【距离】为8,如图7-156所示。

图 7-156

步骤 07 关闭【字幕】面板。选择【项目】面板中的【字幕01】素材文件,并将其拖曳到V2轨道上,如图7-157所示。

图 7-157

步骤 08 选择V2轨道上的【字幕01】素材文件,然后在【效果控件】面板中展开【运动】属性,设置【位置】为(360,264),再展开【不透明度】属性,并单击■(创建4点多边形蒙版)按钮,然后在【节目】监视器中适当调节蒙版形状,如图7-158和图7-159所示。

图 7-158

图 7-159

 提示:蒙版的好处

蒙版可以制作出淡出、淡入的效果,可以为制作的效果增添更加丰富的内容。

步骤 09 选择V2轨道上的【字幕01】,并将时间线滑动到起始帧的位置,单击【蒙版路径】前面的■(切换动画)按钮,然后将时间线滑动到第1秒的位置,在【节目】监视器中调整矩形框的位置,如图7-160和图7-161所示。

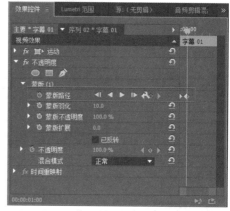

图 7-160

图 7-161

步骤 10 再将时间轴分别滑动到第2秒、3秒和4秒的位置,继续调节【节目】监视器中矩形框的位置,如图7-162和

中文版Premiere Pro CC 从入门到精通(微课视频 全彩版)

图 7-163 所示。

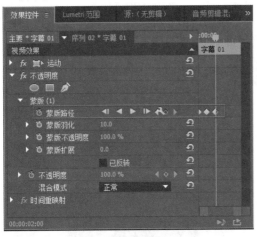

图 7-162

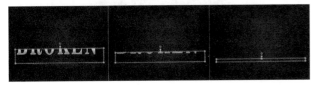

图 7-163

步骤 11 在【项目】面板的空白处双击鼠标左键，在打开的对话框中选择 01.png 素材文件，单击【打开】按钮导入，然后选择【项目】面板中的 01.png 素材文件并将其拖曳到 V3 轨道上，如图 7-164 和图 7-165 所示。

图 7-164

图 7-165

步骤 12 选择 V3 轨道上的 01.png 素材文件，再在【效果控

件】面板中展开【运动】属性，设置【位置】为 (319,257)，【缩放】为 87，如图 7-166 和图 7-167 所示。

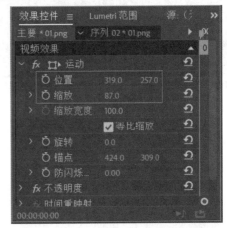

图 7-166

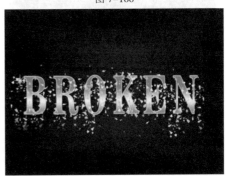

图 7-167

步骤 13 此时选择 V2 轨道上的【字幕 01】素材文件，在【效果控件】面板中选择【不透明度】属性下方的【蒙版 (1)】，使用快捷键 Ctrl+C 进行复制，接着选择 V3 轨道上的 01.png 素材文件，在【效果控件】面板中选择【不透明度】属性，使用快捷键 Ctrl+V 进行粘贴，如图 7-168 所示。选择 01.png 将时间轴移动到第 0 帧，重新修改蒙版形状；将时间轴移动到第 1 秒，重新修改蒙版形状。如图 7-169 所示。

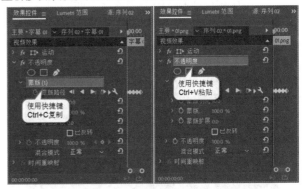

图 7-168

第0秒，修改蒙版形状　　　　第1秒，修改蒙版形状

图 7-169

步骤 14 将时间线滑到2秒17帧时，设置【不透明度】为100%，并单击【不透明度】后面的 ◀ ◎ ▶ 按钮，此时创建一个关键帧，将时间线滑到3秒10帧时，设置【不透明度】为0%。接着继续将时间轴移动到第2秒，重新修改蒙版形状；将时间轴移动到第3秒，重新修改蒙版形状；将时间轴移动到第4秒，重新修改蒙版形状。如图7-170和图7-171所示。

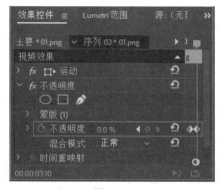

图 7-170

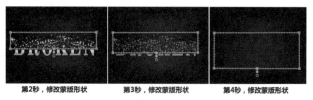

第2秒，修改蒙版形状　　第3秒，修改蒙版形状　　第4秒，修改蒙版形状

图 7-171

步骤 15 此时，滑动时间轴查看最终效果，如图7-172所示。

图 7-172

实例：卡通趣味标志效果

扫一扫，看视频

文件路径：Chapter 07　关键帧动画→实例：卡通趣味标志效果

本实例在制作时主要使用【运动】及【不透明度】属性将不同颜色的形状制作出Q弹感并在画面中呈现动画效果。实例效果如图7-173所示。

图 7-173

操作步骤

步骤 01 在菜单栏中执行【文件】/【新建】/【项目】命令，并在弹出的窗口中设置【名称】，接着单击【浏览】按钮设置保存路径，最后单击【确定】按钮，如图7-174所示。

图 7-174

步骤 02 在【项目】面板的空白处右击，执行【新建项目】/【序列】命令。接着在弹出的【新建序列】窗口中选择DV-PAL文件夹下的【标准48kHz】，如图7-175所示。

中文版Premiere Pro CC 从入门到精通（微课视频 全彩版）

图 7-175

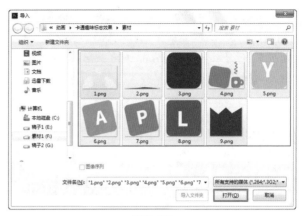

图 7-178

步骤 03 在画面中制作白色背景。在菜单栏中执行【文件】/【新建】/【颜色遮罩】命令。在弹出的对话框中单击【确定】按钮,如图 7-176 所示。接着在弹出的【拾色器】对话框中设置颜色为白色,单击【确定】按钮,此时会弹出一个【选择名称】对话框,设置新的名称为【颜色遮罩】,设置完成后继续单击【确定】按钮,如图 7-177 所示。

图 7-176

图 7-177

步骤 04 在【项目】面板的空白处双击鼠标左键,导入全部素材文件,最后单击【打开】按钮导入,如图 7-178 所示。

步骤 05 选择【项目】面板中的素材文件,并按住鼠标左键依次将其拖曳到【时间轴】面板中的各个轨道上,设置全部素材文件的结束时间为第7秒7帧,设置V3轨道上的2.png素材文件起始时间为第11帧,V6轨道上的5.png起始时间为第2秒20帧,如图 7-179 所示。

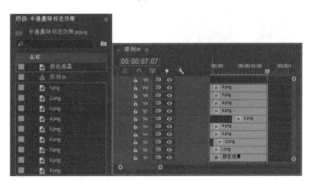

图 7-179

步骤 06 除V1和V6轨道上的素材文件外,将其他轨道上的素材文件在【效果控件】面板中设置【缩放】均为44,如图 7-180 所示。接着为了便于操作,在【时间轴】面板中单击V3~V10轨道前的 ◉ (切换轨道输出)按钮,隐藏轨道内容,如图 7-181 所示。

图 7-180

步骤 07 选择V2轨道上的1.png素材,将时间线滑动到起始帧的位置,激活【不透明度】前面的 ◉ 按钮,创建关键帧,设置【不透明度】为0%;将时间线滑动到第11帧的位置时,设置【不透明度】为100%,如图 7-182 所示。此时效果如图 7-183 所示。

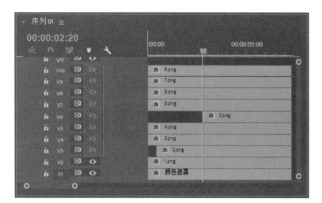

图 7-181

图 7-182　　　　　　　图 7-183

步骤 08 将时间线滑动到第11帧位置。显现并选择V3轨道上的2.png素材文件,设置【位置】为(360,456),此时选择V2轨道上的1.png素材,在【效果控件】面板中单击选择【不透明度】属性,使用快捷键Ctrl+C进行复制,接着选择V3轨道上的2.png素材文件,在【效果控件】面板下方的空白处使用快捷键Ctrl+V进行粘贴,如图7-184所示。此时效果如图7-185所示。

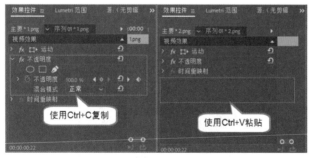

图 7-184

图 7-185

步骤 09 显现并选择V4轨道上的3.png素材,制作图形Q弹效果。首先将时间线滑动到第21帧的位置时,单击【位置】前面的 按钮,创建关键帧,并设置【位置】为(216,-60);将时间线滑动到第1秒7帧的位置时,设置【位置】为(216,405);将时间线滑动到第1秒13帧的位置时,设置【位置】为(216,390);将时间线滑动到第1秒18帧的位置时,设置【位置】为(216,405),如图7-186所示。此时效果如图7-187所示。

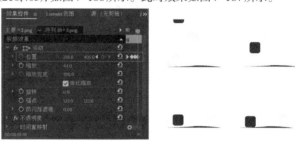

图 7-186　　　　　　　图 7-187

步骤 10 显现并选择V5轨道上的4.png素材,将时间线滑动到第1秒22帧的位置时,单击【位置】前面的 按钮,创建关键帧,并设置【位置】为(543,-80);将时间线滑动到第2秒8帧的位置时,设置【位置】为(543,393);将时间线滑动到第2秒14帧的位置时,设置【位置】为(543,355);将时间线滑动到第2秒19帧的位置时,设置【位置】为(543,393),如图7-188所示。效果如图7-189所示。

图 7-188　　　　　　　图 7-189

步骤 11 显现并选择V6轨道上的5.png素材文件,设置【位置】为(420,374)。将时间线滑动到第2秒20帧的位置时,设置【缩放】为243,【不透明度】为0%。激活【缩放】和【不透明度】前面的 按钮,创建关键帧。接着将时间线滑动到第2秒23帧的位置时,设置【不透明度】为100%,如图7-190所示。将时间线滑动到第3秒7帧的位置,设置【缩放】为44,此时画面效果如图7-191所示。

步骤 12 显现并选择V7轨道上的6.png素材,将时间线滑动到第3秒9帧的位置时,单击【位置】前面的 按钮,创建关键帧,并设置【位置】为(292,680);将时间线滑动到第3秒19帧的位置时,设置【位置】为(292,370);将时间线滑动到第4秒的位置时,设置【位置】为(292,420);将时间线滑动到第4秒5帧的位置时,设置【位置】为(292,345);将时间线滑动到第4秒10帧的位置时,设置【位置】为(292,382);最后将时间线滑动到第4秒15帧的位置时,设置【位置】为(292,370),如图7-192所示。此时效果如图7-193所示。

图 7-190

图 7-191

图 7-192

图 7-193

步骤 13 使用同样的方法制作V8轨道上的8.png和V9轨道上的7.png素材文件的动画效果,此时效果如图7-194所示。

图 7-194

步骤 14 最后显现并选择V10轨道上的9.png素材,设置【位置】为(360,87)。接下来展开【不透明度】属性,将时间线滑动到第6秒9帧的位置时,激活【不透明度】前面的 🕐 按钮,创建关键帧,并设置【不透明度】为0%;将时间线滑动到第6秒24帧的位置时,设置【不透明度】为100%,如图7-195所示。此时效果如图7-196所示。

图 7-195

图 7-196

步骤 15 拖动时间轴查看效果,如图7-197所示。

图 7-197

提示:打开制作完成的工程文件,在【时间轴】面板中不显示序列,怎么办

有时我们将已制作完成的工程文件再次打开时,会在【时间轴】面板中不显示序列及素材文件,如图7-198所示。此时在【项目】面板中双击序列文件,即可在【时间轴】面板中显示出来,如图7-199所示。

图 7-198

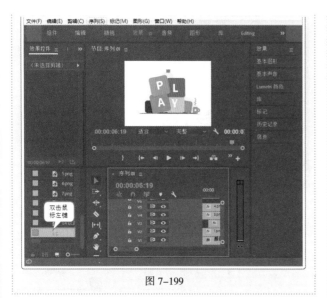

图 7-199

实例："狂欢大放送"电商促销动画

文件路径：Chapter 07　关键帧动画→实例："狂欢大放送"电商促销动画

本实例主要通过为不同的属性设置动画设置出各种元素出现的效果，如图7-200所示。

扫一扫，看视频

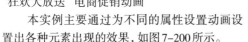

图 7-200

操作步骤

Part 01　制作狂欢动画

步骤 01　在菜单栏中选择【文件】/【新建】/【项目】命令，然后弹出【新建项目】窗口，设置【名称】，并单击【浏览】按钮设置保存路径，最后单击【确定】按钮，如图7-201所示。

步骤 02　在【项目】面板的空白处右击，选择【新建项目】/【序列】命令。接着会弹出【新建序列】窗口，并在DV-PAL文件夹下选择【标准48kHz】，再单击【确定】按钮，如图7-202所示。

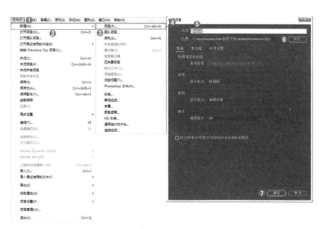

图 7-201

图 7-202

步骤 03　在【项目】面板的空白处双击鼠标左键，在打开的对话框中选择全部素材文件，并单击【打开】按钮导入，如图7-203所示。

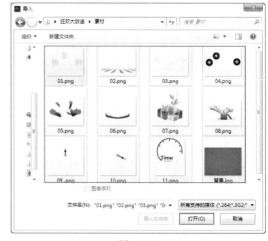

图 7-203

步骤 04　单击【项目】面板下面的 ■（新建素材箱）按钮创建素材箱，并命名为【图片】。除背景素材外将其他素材文件拖曳到【素材箱】内，如图7-204所示。

中文版Premiere Pro CC 从入门到精通（微课视频 全彩版）

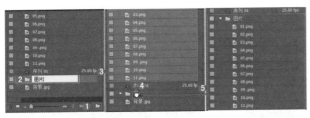

图 7-204

步骤 05 将【项目】面板中的全部素材文件拖曳到【时间轴】面板轨道上,并注意每个素材所在的轨道名称,如图 7-205 所示。为了便于操作,在【时间轴】面板中单击 V3~V12 轨道前的 ◉ (切换轨道输出)按钮,隐藏轨道内容,如图 7-206 所示。

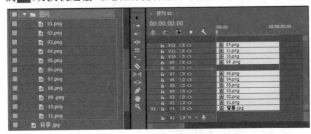

图 7-205

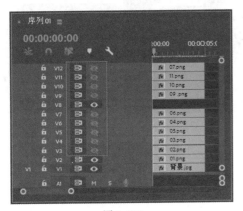

图 7-206

步骤 06 选择 V2 轨道上的 01.png 素材文件,然后在【效果控件】面板中设置【缩放】为 77,如图 7-207 所示。效果如图 7-208 所示。

图 7-207

图 7-208

步骤 07 显现并选择 V3 轨道上的 02.png 素材文件,在【效果控件】面板中设置【位置】为 (360, 320),【缩放】为 78,设置【混合模式】为【叠加】,如图 7-209 所示。此时效果如图 7-210 所示。

图 7-209

图 7-210

步骤 08 显现并选择 V4 轨道上的 03.png 素材,然后设置【位置】为 (347,294),【缩放】为 83。然后将时间线滑动到第 2 秒的位置时,设置【不透明度】为 0%。将时间线滑动到第 3 秒的位置时,设置【不透明度】为 100%,如图 7-211 所示。此时效果如图 7-212 所示。

图 7-211

图 7-212

步骤 09 显现并选择 V5 轨道上的 05.png 素材,设置【位置】为 (360,305),然后将时间线滑动到初始位置,单击【缩放】前面的 ◉ 按钮,并设置【缩放】为 0。将时间线滑动到第 1 秒 15 帧的位置时,设置【缩放】为 57,如图 7-213 所示。此时效果如图 7-214 所示。

图 7-213

图 7-214

步骤 10 显现并选择 V6 轨道上的 04.png 素材,设置【位置】为 (347,263),【缩放】为 89,设置【混合模式】为【滤色】,然后将时间线滑动到第1秒的位置时，激活【不透明度】前面的按钮，并设置【不透明度】为0%，再将时间线滑动到第2秒时，设置【不透明度】为100%，如图7-215所示。此时查看效果如图7-216所示。

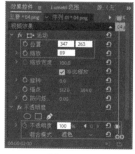

图 7-215　　　　　　　　图 7-216

步骤 11　显现并选择V7轨道上的06.png素材，设置【位置】为（360,404），然后将时间线滑动到初始位置，单击【缩放】和【旋转】前面的按钮，创建关键帧，设置【缩放】为0，【旋转】为0°，再将时间线滑动到第2秒的位置时，设置【缩放】为60，设置【旋转】为1×1.0°，如图7-217所示。查看效果，如图7-218所示。

图 7-217　　　　　　　　图 7-218

步骤 12　显现并选择V9轨道上的09.png素材，并设置【位置】为(353,168)，【缩放】为29，如图7-219所示。此时查看效果，如图7-220所示。

图 7-219　　　　　　　　图 7-220

步骤 13　显现并选择V10轨道上的10.png素材，然后将时间线滑动到初始位置，设置【位置】为(353.2,161.6)，【缩放】为29，【锚点】为(310,290.9)。单击【旋转】前面的按钮，创建

关键帧，设置【旋转】为0°，再将时间线滑动到第2秒的位置时，设置【旋转】为241°，如图7-221所示。此时查看效果，如图7-222所示。

图 7-221　　　　　　　　图 7-222

步骤 14　显现并选择V11轨道上的11.png素材，然后设置【位置】为(353,193)，【缩放】为29，如图7-223所示。此时查看效果，如图7-224所示。

图 7-223　　　　　　　　图 7-224

步骤 15　显现并选择V12轨道上的07.png素材，设置【位置】为(360,353)，然后将时间线滑动到第2秒的位置时，激活【缩放】和【不透明度】前面的按钮，创建关键帧，设置【缩放】为0，【不透明度】为0%，再将时间线滑动到第3秒的位置时，设置【缩放】为38，【不透明度】为100%，如图7-225所示。此时查看效果，如图7-226所示。

图 7-225　　　　　　　　图 7-226

Part 02 创建字幕

步骤 01 执行菜单栏中的【文件】/【新建】/【旧版标题】命令，并在对话框中编辑合适的【名称】，然后单击【确定】按钮，如图7-227所示。

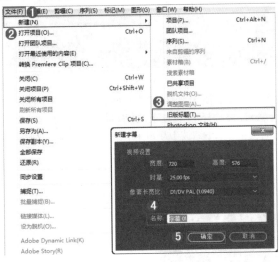

图 7-227

步骤 02 在【字幕】面板中单击 **T**（文字工具）按钮，然后在工作区域中输入文字【狂欢大放送】，接着设置合适的【字体系列】，【字体大小】为80，【填充类型】为【实底】，【颜色】为白色，再单击【外描边】后面的【添加】按钮，设置【类型】为【深度】，【大小】为90，【角度】为13，【填充类型】为【实底】，【颜色】为深红色，如图7-228所示。

图 7-228

步骤 03 关闭【字幕】面板。将【项目】面板中的【字幕01】素材文件拖曳到V8轨道上，如图7-229所示。

步骤 04 选择V8轨道上的【字幕01】素材文件，将时间线滑动到起始帧位置，并单击【缩放】前面的 ⊙ 按钮，创建关键帧，并设置【缩放】为0。将时间帧滑动到第2秒时，设置【缩放】为100，如图7-230所示。

图 7-229

图 7-230

步骤 05 滑动时间轴查看最终效果，如图7-231所示。

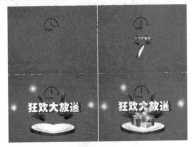

图 7-231

实例：老动画效果

文件路径：Chapter 07　关键帧动画→实例：老动画效果

扫一扫，看视频

本实例主要使用【不透明度】属性制作出移动的剪影效果，如图7-232所示。

图 7-232

操作步骤

步骤 01 在菜单栏中选择【文件】/【新建】/【项目】命令，然后弹出【新建项目】窗口，设置【名称】，并单击【浏览】按钮设置保存路径，如图7-233所示。

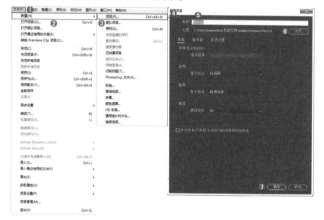

图 7-233

步骤 02 在【项目】面板的空白处右击，选择【新建项目】/【序列】命令。接着会弹出【新建序列】窗口，并在DV-PAL文件夹下选择【标准48kHz】，如图7-234所示。

图 7-234

步骤 03 在【项目】面板的空白处双击鼠标左键，导入全部素材文件，最后单击【打开】按钮导入，如图7-235所示。

图 7-235

步骤 04 选择【项目】面板中的素材文件，并按住鼠标左键依次将其拖曳到【时间轴】面板中，如图7-236所示。

图 7-236

步骤 05 为了便于操作，将【时间轴】面板中V2~V5轨道进行隐藏，并选择V1轨道上的【背景.jpg】素材，在【效果控件】面板中设置【缩放】为90，如图7-237所示。此时背景如图7-238所示。

图 7-237　　　　　　　　图 7-238

步骤 06 显现并选择V2轨道上的01.png素材文件，设置【缩放】为130。将时间线滑动到起始帧位置，激活【不透明度】前面的按钮，创建关键帧，并设置【不透明度】为0%。将时间线滑动到第15帧的位置时，设置【不透明度】为100%。将时间线滑动到第1秒的位置时，设置【不透明度】为0%，【混合模式】为排除，如图7-239所示。

步骤 07 显现并选择V3轨道上的02.png素材，设置【缩放】为130。将时间线滑动到第15帧的位置时，激活【不透明度】前面的按钮，并设置【不透明度】为0%。将时间线滑动到第1秒的位置时，设置【不透明度】为100%。将时间线滑动到第1秒15帧的位置时，设置【不透明度】为0%，【混合模式】为排除，如图7-240所示。

图 7-239　　　　　　　　图 7-240

步骤 08 显现并选择V4轨道上的03.png素材,设置【缩放】为130。将时间线滑动到第1秒的位置时,激活【不透明度】前面的 按钮,并设置【不透明度】为0%。将时间线滑动到第1秒15帧的位置时,设置【不透明度】为100%。将时间线滑动到第2秒的位置时,设置【不透明度】为0%,【混合模式】为排除,如图7-241所示。

步骤 09 显现并选择V5轨道上的04.png素材,设置【缩放】为130。将时间线滑动到第1秒15帧的位置时,激活【不透明度】前面的 按钮,并设置【不透明度】为0%。将时间线滑动到第2秒的位置时,设置【不透明度】为100%。将时间线滑动到第2秒20帧的位置时,设置【不透明度】为0%,【混合模式】为排除,如图7-242所示。

图 7-241　　　　　　　图 7-242

步骤 10 拖动时间线查看实例效果,如图7-243所示。

图 7-243

实例:淡雅色调产品展示动画

文件路径:Chapter 07　关键帧动画→实例:淡雅色调产品展示动画

本实例主要使用【位置】及【缩放】属性制作移动和伸展效果,使用【混合模式】将圆形素材以半透明状态呈现出来,如图7-244所示。

扫一扫,看视频

图 7-244

操作步骤

步骤 01 在菜单栏中执行【文件】/【新建】/【项目】命令,并在弹出的窗口中设置【名称】,接着单击【浏览】按钮设置保存路径,最后单击【确定】按钮,如图7-245所示。

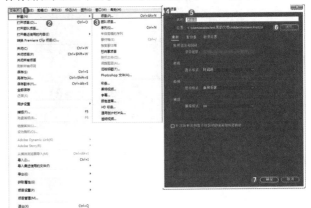

图 7-245

步骤 02 在【项目】面板的空白处双击鼠标左键,导入全部素材文件,最后单击【打开】按钮导入,如图7-246所示。

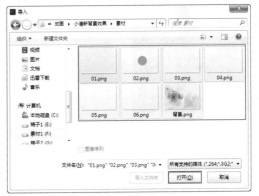

图 7-246

步骤 03 选择【项目】面板中的全部素材文件依次拖曳到【时间轴】面板中,如图7-247所示。此时在【项目】面板中自动生成序列。为了便于操作,单击【时间轴】面板中V3~V7轨道前的 (切换轨道输出)按钮,隐藏V3~V7轨道内容,如图7-248所示。

图 7-247

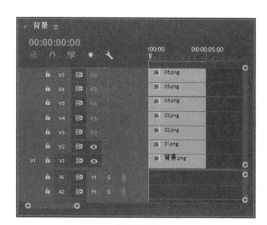

图 7-248

步骤 04 选择V2轨道上的01.png素材，将时间线滑动到初始位置时，设置【缩放】为0，单击【缩放】前面的 按钮，创建关键帧。将时间线滑动到第10帧的位置时，设置【缩放】为100，如图7-249所示。此时效果如图7-250所示。

图 7-249

图 7-250

步骤 05 显现并选择V3轨道上的02.png素材，设置【位置】为(440.6, 277.5)，【锚点】为(440.6, 277.5)，设置【混合模式】为【相乘】。将时间线滑动到第10帧的位置时，设置【缩放】为0，单击【缩放】前面的 按钮，创建关键帧。将时间线滑动到第20帧的位置时，设置【缩放】为100，如图7-251所示。此时效果如图7-252所示。

图 7-251

图 7-252

步骤 06 显现并选择V4轨道上的03.png素材，将时间线滑动到第20帧的位置时，设置【位置】为(-207,207)，单击【位置】前面的 按钮，创建关键帧。将时间线滑动到第1秒10帧的位置时，设置【位置】为(399,270)，如图7-253所示。此时效果如图7-254所示。

图 7-253

图 7-254

步骤 07 显现并选择V5轨道上的04.png素材文件，将时间线滑动到第1秒10帧的位置时，设置【位置】为(908,270)，单击【位置】前面的 按钮，创建关键帧。将时间线滑动到第1秒20帧的位置时，设置【位置】为(399,270)，如图7-255所示。此时效果如图7-256所示。

图 7-255

图 7-256

步骤 08 显现并选择V6轨道上的05.png素材文件,将时间线滑动到第1秒20帧的位置时,设置【位置】为(399,35),单击【位置】前面的 ⏱ 按钮,创建关键帧。将时间线滑动到第2秒10帧的位置时,设置【位置】为(399,270),如图7-257所示。此时效果如图7-258所示。

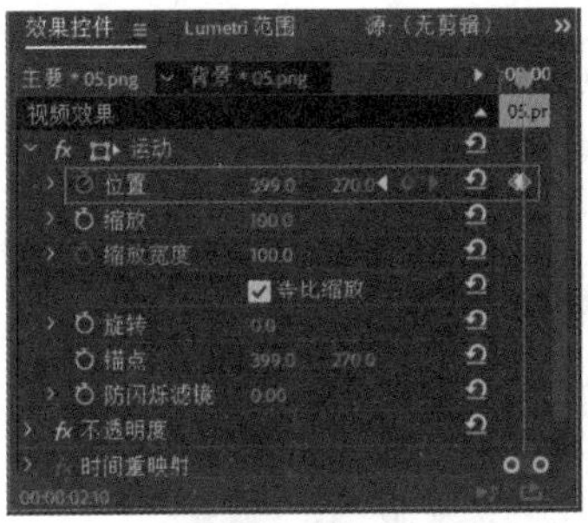

图 7-257

图 7-258

步骤 09 最后显现并选择V7轨道上的06.png素材文件,将时间线滑动到第2秒10帧的位置时,设置【位置】为(399,500),单击【位置】前面的 ⏱ 按钮,创建关键帧。将时间线滑动到第2秒20帧的位置时,设置【位置】为(399,270),如图7-259所示。此时效果如图7-260所示。

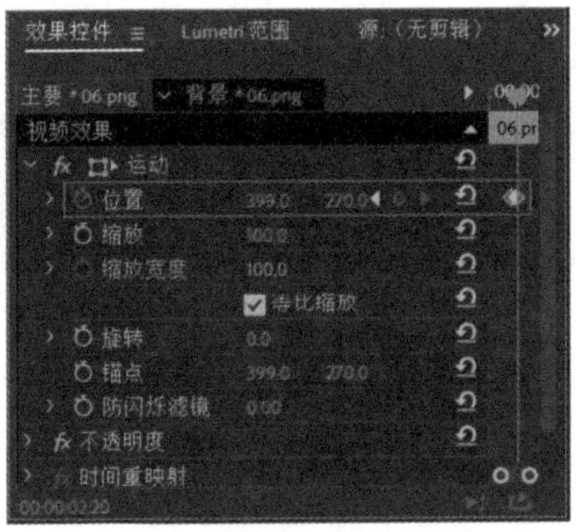

图 7-259

图 7-260

步骤 10 拖动时间线查看实例效果,如图7-261所示。

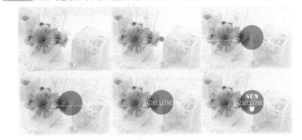

图 7-261

实例:"25周年店庆"主题动画

文件路径:Chapter 07 关键帧动画→实例:"25周年店庆"主题动画

扫一扫,看视频　本实例主要使用【旋转】属性将正圆和前景气球沿一个点或一个轴进行圆周运动,产生类似旋涡状的视觉效果,使用【投影】效果素材将呈现的空间感如图7-262所示。

图 7-262

操作步骤

步骤 01 在菜单栏中执行【文件】/【新建】/【项目】命令,并在弹出的窗口中设置【名称】,接着单击【浏览】按钮设置保存路径,最后单击【确定】按钮,如图7-263所示。

步骤 02 在【项目】面板的空白处右击,执行【新建项目】/【序列】命令。接着在弹出的【新建序列】窗口中选择DV-PAL文件夹下的【标准48kHz】，如图7-264所示。

图 7-263

图 7-264

步骤 03 在【项目】面板的空白处双击鼠标左键，导入全部素材文件，最后单击【打开】按钮导入，如图7-265所示。

图 7-265

步骤 04 选择【项目】面板中的素材文件，并按住鼠标左键依次将其拖曳到【时间轴】面板中，如图7-266所示。

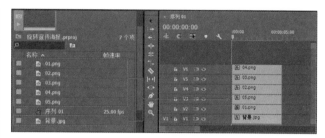

图 7-266

步骤 05 单击【时间轴】面板中V2~V6轨道前的 ◉（切换轨道输出）按钮，将V2~V6轨道内容进行隐藏，然后选择V1轨道上的【背景.jpg】素材文件，在【效果控件】面板中展开【运动】属性，设置【位置】为(333,304)，如图7-267所示。画面效果如图7-268所示。

图 7-267　　　　　　　　图 7-268

步骤 06 显现并选择V2轨道上的01.png素材文件，如图7-269所示。设置【位置】为(373.2,288)，【锚点】为(494,338.2)。将时间线滑动到起始帧位置，展开【效果控件】面板中的【运动】，单击【旋转】前面的 ◉ 按钮，创建关键帧，设置【旋转】为0°。将时间线滑动到第1秒的位置时，设置【旋转】为1×0.0°，如图7-270所示。

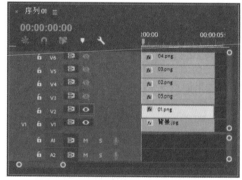

图 7-269

步骤 07 在【效果】面板中搜索【投影】效果，并按住鼠标左键将其拖曳到01.png素材文件，如图7-271所示。

中文版Premiere Pro CC 从入门到精通（微课视频 全彩版）

图 7-270

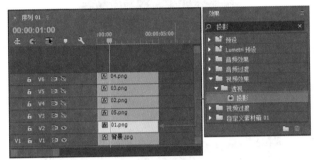

图 7-271

步骤 08 在【效果控件】面板中展开【投影】效果,设置【不透明度】为42%,【方向】为262°,【距离】为16,【柔和度】为58,如图7-272所示。查看效果,如图7-273所示。

图 7-272

图 7-273

步骤 09 显现并选择V3轨道上的05.png素材,设置【位置】为(371,214),如图7-274所示。

图 7-274

步骤 10 将时间线滑动到第2秒时,激活【缩放】和【不透明度】前面的 按钮,创建关键帧,并设置【缩放】为0,【不透明度】为0%;将时间线滑动到第3秒时,设置【缩放】为38,【不透明度】为100%,如图7-275所示。查看效果,如图7-276所示。

图 7-275

图 7-276

步骤 11 显现并选择V4轨道上的02.png素材,设置【位置】为(380.2,283.4),【锚点】为(501.7,332.4),如图7-277所示。

图 7-277

步骤 12 将时间线滑动到起始帧位置,激活【旋转】和【不透明度】前面的 按钮,创建关键帧,并设置【旋转】为0°,【不透明度】为0%。将时间线滑动到第2秒时,设置【旋转】为-1×0.0°,【不透明度】为100%,如图7-278所示。查看效果,如图7-279所示。

图 7-278

图 7-279

提示：怎样调节旋转效果的中心点

在为素材文件添加【旋转】效果时，单击【运动】按钮，可以在【节目】监视器中显现【旋转】矩形框，便可以调节旋转的中心点，如图7-280所示。

图7-280

步骤 13 显现并选择V5轨道上的03.png素材文件，设置【位置】为(407,330)，如图7-281所示。

图7-281

步骤 14 将时间线滑动到起始帧位置，单击【缩放】和【旋转】前面的按钮，创建关键帧，并设置【缩放】为0，【旋转】为0°。将时间线滑动到第2秒时，设置【缩放】为100，【旋转】为1×0.0°，如图7-282所示。

图7-282

步骤 15 显现并选择V6轨道上的04.png素材，设置【位置】为(43,115)，【缩放】为75，【旋转】为-27°，如图7-283所示。

步骤 16 拖动时间轴查看效果，如图7-284所示。

图7-283

图7-284

实例："印象·云南"旅行节目频道包装

文件路径：Chapter 07 关键帧动画→实例："印象·云南"旅行节目频道包装

本实例主要使用【不透明度】属性制作背景图片，使用【缩放】属性制作"云南"文字，最后使用【位置】属性将底部文字进行移动，如图7-285所示。

扫一扫，看视频

图7-285

操作步骤

01 在菜单栏中执行【文件】/【新建】/【项目】命令，并在弹出的窗口中设置【名称】，接着单击【浏览】按钮设置保存路径，最后单击【确定】按钮，如图7-286所示。

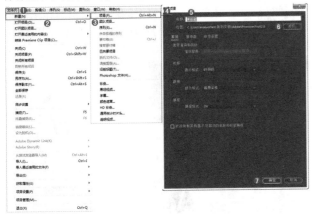

图 7-286

步骤 02 在【项目】面板的空白处双击鼠标左键，选择全部素材文件，最后单击【打开】按钮进行导入，如图7-287所示。

图 7-287

步骤 03 选择【项目】面板中的素材，并按住鼠标左键依次将其拖曳到【时间轴】面板中的轨道上，如图7-288所示。此时【项目】面板中自动生成序列。

步骤 04 为了便于操作，单击V3～V5轨道前的 ◎ (切换轨道输出)按钮，将轨道进行隐藏，然后选择V2轨道上的01.png素材，将时间线滑动到起始帧位置，在【效果控件】面板中展开【不透明度】属性，激活【不透明度】前面的 ◎ 按钮，创建关键帧，并设置【不透明度】为0%。将时间线滑动到第1秒的位置时，设置【不透明度】为100%，如图7-289所示。

图 7-288

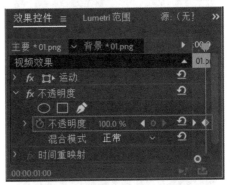

图 7-289

步骤 05 显现并选择V3轨道上的02.png素材，将时间线滑动到第1秒的位置时，激活【不透明度】前面的 ◎ 按钮，创建关键帧，并设置【不透明度】为0%。将时间线滑动到第1秒20帧的位置时，设置【不透明度】为100%，如图7-290所示。

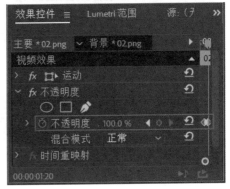

图 7-290

步骤 06 显现并选择V4轨道上的03.png素材，设置【位置】为(391.3,637.3)，【锚点】为(391.3,637.3)。将时间线滑动到第1秒20帧的位置时，单击【缩放】前面的 ◎ 按钮，创建关键帧，并设置【缩放】为0。将时间线滑动到第2秒20帧的位置时，设置【缩放】为100，如图7-291所示。

步骤 07 显现并选择V5轨道上的04.png素材，将时间线滑动到第2秒20帧的位置时，单击【位置】前面的 ◎ 按钮，创建关键帧，并设置【位置】为(367,655)。将时间线滑动到第3秒10帧的位置时，设置【位置】为(367,522)，如图7-292所示。

图 7-291

实例：制作产品细节展示效果

文件路径：Chapter 07　关键帧动画→实例：制作产品细节展示效果

本实例主要使用【裁剪】效果制作主图画面，并使用【位置】属性制作产品细节图的摇摆效果，实例效果如图7-294所示。

扫一扫，看视频

图 7-294

步骤 08　拖动时间线查看实例效果，如图7-293所示。

操作步骤

步骤 01　选择菜单栏中的【文件】/【新建】/【项目】命令，然后会弹出【新建项目】窗口，设置【名称】，并单击【浏览】按钮设置保存路径，如图7-295所示。然后在【项目】面板的空白处右击，选择【新建项目】/【序列】命令。接着会弹出【新建序列】窗口，并在DV-PAL文件夹下选择【标准48kHz】，如图7-296所示。

图 7-293

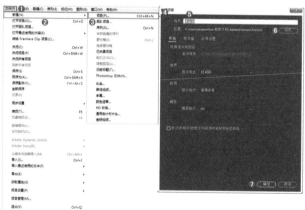

图 7-295

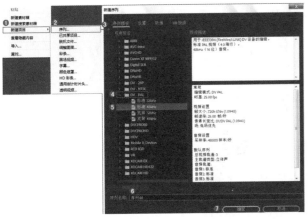

图 7-296

步骤 02 执行【文件】/【导入】命令或者按快捷键Ctrl+I，导入全部素材文件，如图7-297所示。

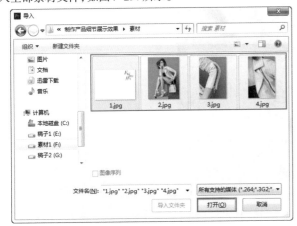

图 7-297

步骤 03 将【项目】面板中的1.jpg、2.jpg、3.jpg、4.jpg素材文件分别拖曳到【时间轴】面板中的轨道上，如图7-298所示。

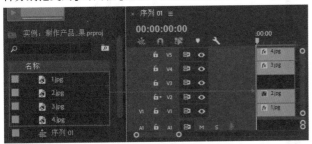

图 7-298

步骤 04 隐藏V2、V4、V5轨道上的素材文件。接着右击选择V1轨道上的1.jpg素材文件，在弹出的快捷菜单中执行【缩放为帧大小】命令，如图7-299所示。此时画面效果如图7-300所示。

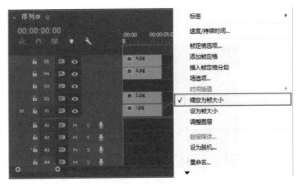

图 7-299

图 7-300

步骤 05 可以看出画面顶部和底部有黑色边框露出。选择V1轨道上的素材文件，在【效果控件】中展开【运动】，设置【缩放】为104，如图7-301所示。此时效果如图7-302所示。

图 7-301

图 7-302

步骤 06 显现并选择V2轨道上的2.jpg素材文件，在【效果控件】面板中展开【运动】，设置【缩放】为70，将时间线拖动到起始帧位置，单击【位置】前面的 ● 按钮，创建关键帧，并设置【位置】为(176,870)，再将时间线滑动到第1秒13帧的位置，设置【位置】为(176,288)，如图7-303所示。此时效果如图7-304所示。

图 7-303　　　　　　　　　　　　　　　　　　图 7-304

步骤 07　在【效果】面板中搜索【裁剪】效果，然后按住鼠标左键将其拖曳到V2轨道的2.jpg素材文件上，如图7-305所示。

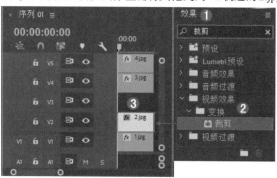

图 7-305

步骤 08　选择V2轨道上的2.jpg素材文件，在【效果控件】面板中展开【裁剪】效果，设置【右侧】为45%，如图7-306所示。此时效果如图7-307所示。

图 7-306　　　　　　　　　　　　　　　　　　图 7-307

步骤 09　选择V2轨道上的2.jpg素材文件，按住Alt键的同时按住鼠标左键将其拖曳到V3轨道上进行复制，如图7-308所示。选择V3轨道上的2.jpg素材文件，在【效果控件】面板中将时间线拖动到起始帧位置，更改【位置】参数为(176,-295)，展开【裁剪】效果，设置【右侧】为0%，设置【左侧】为55%，如图7-309所示。此时效果如图7-310所示。

中文版Premiere Pro CC 从入门到精通（微课视频 全彩版）

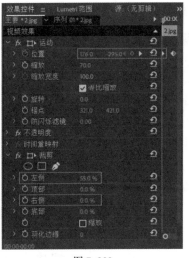

图 7-308　　　　　　　　　　　　　图 7-309　　　　　　　　　　　　图 7-310

步骤 10　显现并选择V4轨道上的3.jpg素材文件,设置【缩放】为128,将时间线滑动到第1秒20帧的位置,设置【位置】为 (463,446),单击【位置】前面的 按钮,创建关键帧。将时间线滑动到第1秒24帧的位置,设置【位置】为(463,429);将时间线 滑动到第2秒3帧的位置,设置【位置】为(475,429);将时间线滑动到第2秒7帧的位置,设置【位置】为(475,445);将时间线滑动 到第2秒10帧的位置,设置【位置】为(464.4,447);将时间线滑动到第2秒13帧的位置,设置【位置】为(462,431.9);将时间线滑 动到第2秒18帧的位置,设置【位置】为(474,428.1);将时间线滑动到第2秒21帧的位置,设置【位置】为(475.6,442.2);继续滑动 到第3秒的位置,设置【位置】为(470,445),如图7-311所示。接着展开【不透明度】属性,将时间线滑动到第1秒16帧的位置, 设置【不透明度】为0%,单击【位置】前面的 按钮,创建关键帧,继续将时间线滑动到第3秒9帧的位置,设置【不透明度】为 100%。此时该图片呈现出摇动的效果,如图7-312所示。

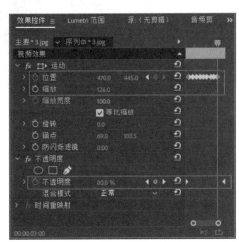

图 7-311　　　　　　　　　　　　　　图 7-312

步骤 11　显现并选择V5轨道上的4.jpg素材文件,设置【缩放】为128,将时间线滑动到第2秒24帧的位置,设置【位置】为 (632,448),【不透明度】为0%,激活【位置】和【不透明度】前面的 按钮,创建关键帧,如图7-313所示。接着将时间线滑动到 第3秒3帧的位置,设置【位置】为(631.6,435.2);将时间线滑动到第3秒6帧的位置,设置【位置】为(637.3,431);将时间线滑动到 第3秒9帧的位置,设置【位置】为(639.2,439.8);将时间线滑动到第3秒12帧的位置,设置【位置】为(633.6,446.4);将时间线滑 动到第3秒15帧的位置,设置【位置】为(632,433);将时间线滑动到第3秒18帧的位置,设置【位置】为(639,432);将时间线滑动 到第3秒20帧的位置,设置【位置】为(639,440);继续将时间线滑动到第3秒23帧的位置,设置【位置】为(628,447);将时间线滑 动到第4秒10帧的位置,设置【不透明度】为100%,效果如图7-314所示。

图7-313

图7-314

步骤 12 此时拖动时间线查看实例效果，如图7-315所示。

图7-315

实例：制作旋转数据图MG动画

扫一扫，看视频

文件路径：Chapter 07 关键帧动画→实例：制作旋转数据图MG动画

本实例主要使用【缩放】和【旋转】属性将圆形形状进行放大并旋转，然后使用【不透明度】属性将文字制作出渐渐浮现的画面效果，实例效果如图7-316

所示。

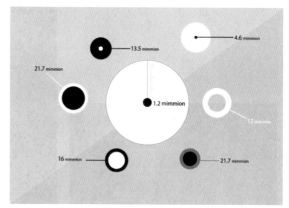

图7-316

操作步骤

步骤 01 在菜单栏中执行【文件】/【新建】/【项目】命令，并在弹出的窗口中设置【名称】，接着单击【浏览】按钮设置保存路径，最后单击【确定】按钮，如图7-317所示。

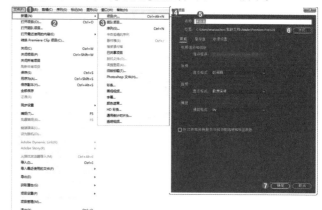

图7-317

步骤 02 在【项目】面板的空白处双击鼠标左键，导入全部素材文件，最后单击【打开】按钮导入，如图7-318所示。

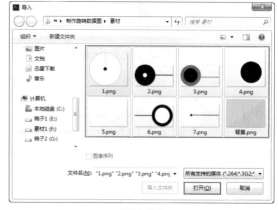

图7-318

步骤 03 选择【项目】面板中的素材文件,并按住鼠标左键依次将其拖曳到【时间轴】面板中的相应轨道上,设置结束时间为第8秒1帧,如图7-319所示。

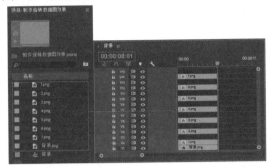

图7-319

步骤 04 隐藏V3~V14轨道上的素材文件并选择V2轨道上的1.png素材文件,在【效果控件】面板中展开【运动】属性,设置【位置】为(1767,1200),将时间线滑动到起始帧位置,单击【缩放】前面的 按钮,创建关键帧,并设置【缩放】为0。将时间线滑动到第24帧的位置时,设置【缩放】为100,如图7-320所示。此时效果如图7-321所示。

图7-320

图7-321

步骤 05 显现并选择V4轨道上的2.png素材文件,设置【位置】为(1285,525),将时间线滑动到第1秒13帧的位置时,单击【缩放】和【旋转】前面的 按钮,创建关键帧,并设置【缩放】为0,【旋转】为1×0.0°。将时间线滑动到第2秒12帧的位置时,设置【缩放】为100,【旋转】为0°,如图7-322所示。此时效果如图7-323所示。

图7-322

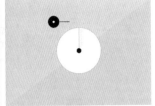

图7-323

步骤 06 显现并选择V6轨道上的3.png素材文件,设置【位置】为(2433,1905),将时间线滑动到第2秒12帧的位置时,单击【缩放】和【旋转】前面的 按钮,创建关键帧,并设置【缩放】为0,【旋转】为1×0.0°。将时间线滑动到第3秒8帧的位置时,设置【缩放】为100,【旋转】为0°,如图7-324所示。此时效果如图7-325所示。

图7-324

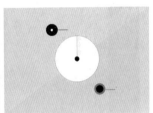

图7-325

步骤 07 使用同样的方法制作V8、V10、V12、V14轨道上的素材文件,如图7-326所示。此时画面效果如图7-327所示。

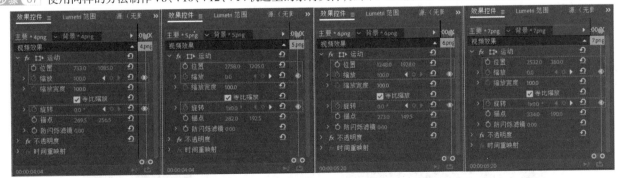

图7-326

步骤 08 制作字幕效果。执行菜单栏中的【文件】/【新建】/【旧版标题】命令,在对话框中设置【名称】为【字幕01】,然后单击【确定】按钮,如图7-328所示。

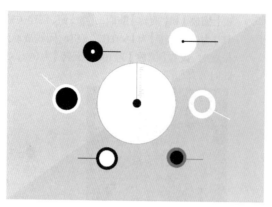

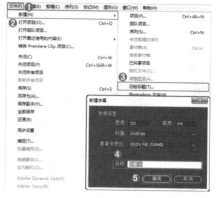

图 7-327   图 7-328

步骤 09 单击 T (文字工具)按钮,然后在工作区域中输入合适的文字,并设置合适的【字体系列】,【字体大小】为70,【颜色】为黑色,如图7-329所示。

步骤 10 在【字幕】面板中单击 T (基于当前字幕新建字幕)按钮,在弹出的对话框中设置【名称】为【字幕02】,单击【确定】按钮新建字幕,如图7-330所示。接下来单击 (选择工具)按钮,将光标移动到文字上方,按住鼠标左键将文字拖动到2.png素材文件的右侧,如图7-331所示。

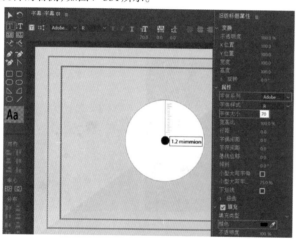

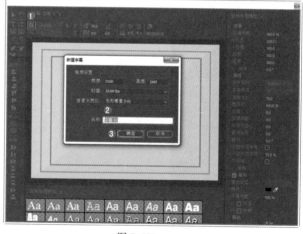

图 7-329   图 7-330

步骤 11 继续单击 T (文字工具)按钮,选中数字部分,将其更改为13.5,如图7-332所示。接着选择字母部分,在选中的状态下设置【字体大小】为50。

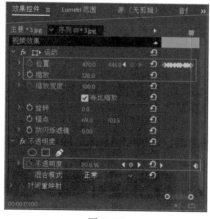

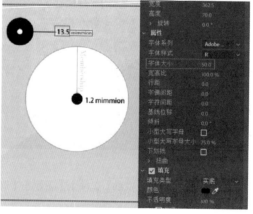

图 7-331   图 7-332

步骤 12 继续在【字幕】面板中单击□(基于当前字幕新建字幕)按钮,在弹出的对话框中设置【名称】为【字幕03】,单击【确定】按钮新建字幕,如图7-333所示。按同样的方法将文字进行适当的移动并更改字幕中的数字,此时效果如图7-334所示。

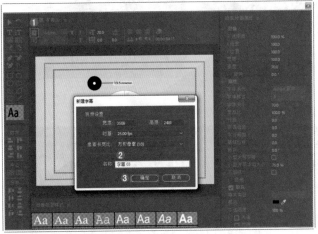

图 7-333

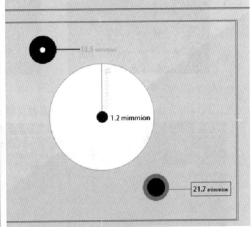

图 7-334

步骤 13 使用同样的方法继续基于当前字幕新建字幕并适当移动文字的位置,制作完成后,关闭【字幕】面板。在【项目】面板底部单击□(新建素材箱)按钮,将该素材箱命名为【文字】,然后按住Ctrl键加选所有文字素材,将其拖曳到素材箱中,如图7-335所示。

步骤 14 将素材箱中的文字依次拖曳到【时间轴】面板中,如图7-336所示。

图 7-335

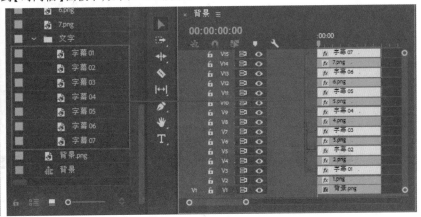

图 7-336

步骤 15 选择V3轨道上的【字幕01】素材文件,展开【不透明度】属性,将时间线滑动到第24帧的位置,设置【不透明度】为0%,并激活【不透明度】前面的█按钮,开启自动关键帧,继续将时间线滑动到第1秒16帧的位置,设置【不透明度】为100%,如图7-337所示。

步骤 16 选择V5轨道上的【字幕02】素材文件,展开【不透明度】属性,将时间线滑动到第3秒4帧的位置,设置【不透明度】为0%,并激活【不透明度】前面的█按钮,开启自动关键帧,继续将时间线滑动到第3秒21帧的位置,设置【不透明度】为100%,如图7-338所示。

步骤 17 选择V7轨道上的【字幕03】素材文件,展开【不透明度】属性,将时间线滑动到第4秒的位置,设置【不透明度】为0%,并激活【不透明度】前面的█按钮,开启自动关键帧,继续将时间线滑动到第4秒17帧的位置,设置【不透明度】为100%,如图7-339所示。

图 7-337

图 7-338

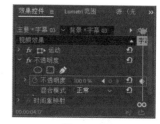
图 7-339

步骤 18 使用同样的方法为其他轨道上的字幕素材文件制作不透明度效果,如图7-340所示。

图 7-340

步骤 19 本实例制作完成,滑动时间线查看效果,如图7-341所示。

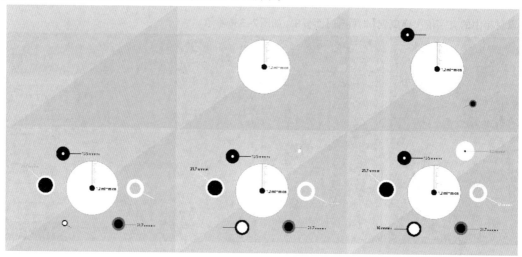
图 7-341

读书笔记

扫一扫，看视频

Chapter 8

第8章

调　色

本章内容简介：

　　调色是Premiere中非常重要的功能，在很大程度上能够决定作品的"好坏"。通常情况下，不同的颜色往往带有不同的情感倾向，在设计作品中也是一样，只有与作品主题相匹配的色彩才能正确地传达作品的主旨内涵，因此正确地使用调色效果对设计作品而言是一道重要关卡。本章主要讲解在Premiere中作品调色的流程，以及各类调色效果的应用。

重点知识掌握：

- 调色的概念
- Premiere 中的调色技法与应用

对于设计师来说，调色是后期处理的"重头戏"。一幅作品的颜色能够在很大程度上影响观者的心理感受。比如同样一张食物的照片，哪张看起来更美味一些？美食照片通常饱和度高一些看起来会美味，如图8-1所示。的确，色彩能够美化照片，同时色彩也具有强大的"欺骗性"。同样一张"行囊"的照片，以不同的颜色进行展示，迎接它的或是轻松愉快的郊游，或是充满悬疑与未知的探险，如图8-2所示。

扫一扫，看视频

图 8-1

图 8-2

调色技术不仅在摄影后期中占有重要的地位，在设计中也是不可忽视的一个重要组成部分。设计作品中经常需要使用到各种各样的图片元素，而图片元素的色调与画面是否匹配也会影响到设计作品的成败。调色不仅要使元素变"漂亮"，更重要的是通过色彩的调整使元素"融合"到画面中。图8-3和图8-4所示可以看到部分元素与画面整体"格格不入"，而经过了颜色的调整，则会使元素不再显得突兀，画面整体气氛更统一。

图 8-3

图 8-4

色彩的力量无比强大，想要掌控这个神奇的力量，Premiere必不可少。Premiere的调色功能非常强大，不仅可以对错误的颜色(即色彩方面不正确的问题，例如曝光过度、亮度不足、画面偏灰、色调偏色等)进行校正，如图8-5所示，更能够通过使用调色功能增强画面的视觉效果，丰富画面情感，打造出风格化的色彩，如图8-6所示。

图 8-5

图 8-6

重点 8.1.1 调色关键词

在进行调色的过程中，我们经常会听到一些关键词：例如"色调""色阶""曝光度""对比度""明度""纯度""饱

中文版Premiere Pro CC 从入门到精通（微课视频 全彩版）

和度""色相""颜色模式""直方图"等。这些词大部分都与"色彩"的基本属性有关。下面就来简单了解一下"色彩"。

在视觉的世界里,色彩被分为两类:无彩色和有彩色,如图8-7所示。无彩色为黑、白、灰;有彩色则是除黑、白、灰以外的其他颜色,如图8-8所示。每种有彩色都有三大属性:色相、明度、纯度(饱和度),无彩色只具有明度这一个属性。

图8-7　　　　　　　　　图8-8

1. 色相

"色相"是我们经常提到的一个词语,指的是画面整体的颜色倾向,又称之为"色调"。例图8-9所示为青绿色调图像,图8-10所示为紫色调图像。

图8-9　　　　　　　　图8-10

2. 明度

"明度"是指色彩的明亮程度。色彩的明暗程度有两种情况,同一颜色的明度变化和不同颜色的明度变化。同一色相的明度深浅变化效果,图8-11所示从左至右明度由高到低。不同的色彩也都存在明暗变化,其中黄色明度最高,紫色明度最低,红、绿、蓝、橙色的明度相近,为中间明度,如图8-12所示。

图8-11　　　　　　　图8-12

3. 纯度

"纯度"是指色彩中所含有色成分的比例,比例越大,纯度越高,同时也称为色彩的彩度。图8-13和图8-14所示为高纯度和低纯度的对比效果。

从上面这些调色命令的名称上来看,大致能猜到这些命令的作用。所谓的"调色",是指通过调整图像的明暗(亮度)、对比度、曝光度、饱和度、色相、色调等方面进行调整,从而实现图像整体颜色的改变。但如此多的调色命令,在真正调色时要从何处入手呢?很简单,只要把握以下几点即可。

图8-13　　　　　　　　图8-14

1. 校正画面整体的颜色错误

处理一幅作品时,通过对图像整体的观察,最先考虑到的就是整体的颜色有没有"错误"。比如偏色(画面过于偏向暖色调/冷色调,偏紫色、偏绿色等)、画面太亮(曝光过度)、太暗(曝光不足)、偏灰(对比度低,整体看起来灰蒙蒙的)、明暗反差过大等。如果出现这些问题,首先要对以上问题进行处理,使作品变为曝光正确、色彩正常的图像,如图8-15和图8-16所示。

图8-15

图8-16

如果在对新闻图片进行处理时,可能无须对画面进行美化,需要最大限度地保留画面真实度,那么图像的调色可能到这里就结束了。如果想要进一步美化图像,接下来再进行继续处理。

2. 细节美化

通过第一步整体的处理,我们已经得到了一张"正常"的图像。虽然这些图像是基本"正确"的,但是仍然可能存在一些不尽如人意的细节。比如想要重点突出的部分比较暗,如图8-17所示;照片背景颜色不美观,如图8-18所示。

图 8-17

图 8-18

想要制作同款产品的不同颜色的效果图,如图8-19所示;或改变头发、嘴唇、瞳孔的颜色,如图8-20所示。对这些细节进行处理也是非常必要的,因为画面的重点常常就集中在一个很小的部分上。使用"调整图层"非常适合处理画面的细节。

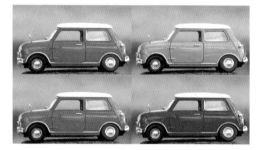

图 8-19

图 8-20

3. 帮助元素融入画面

在制作一些设计作品或者创意合成作品时,经常需要在原有的画面中添加一些其他元素,例如在版面中添加主体人像、为人物添加装饰物、为海报中的产品周围添加一些陪衬元素、为整个画面更换一个新背景等。当后添加的元素出现在画面中时,可能会感觉合成的很"假",或颜色看起来很奇怪。除去元素内容、虚实程度、大小比例、透视角度等问题,最大的可能性就是新元素与原始图像的颜色不统一。例如环境中的元素均为偏冷的色调,而人物则偏暖,如图8-21所示。这时就需要对色调倾向不同的内容进行调色操作了。

图 8-21

例如新换的背景颜色过于浓艳,与主体人像风格不一致时,也需要进行饱和度以及颜色倾向的调整,如图8-22所示。

图 8-22

4. 强化气氛,辅助主题表现

通过前面几个步骤,画面整体、细节及新增元素的颜色都被处理"正确"了。但是单纯"正确"的颜色是不够的,很多时候我们想要使自己的作品脱颖而出,需要的是超越其他作品的视觉感受。所以,我们需要对图像的颜色进行进一步的调整,而这里的调整考虑的是与图像主题相契合。图8-23和图8-24所示为表现不同主题的不同色调作品。

图 8-23　　　　　　　图 8-24

重点 8.1.2　轻松动手学: 视频调色流程

扫一扫,看视频

文件路径: Chapter 08　调色→轻松动手学:视频调色流程

接下来我们以Premiere中的其中一种视频调色特效为实例进行讲解,针对画面进行调色处理。

(1)选择菜单栏中的【文件】/【新建】/【项目】命令,然后会弹出【新建项目】窗口,设置【名称】,并单击【浏览】按钮设置保存路径,如图8-25所示,然后在【项目】面板的空白处右击,选择【新建项目】/【序列】命令。接着会弹出【新建序列】窗口,并在DV-PAL文件夹下选择【标准48kHz】,如图8-26所示。

中文版Premiere Pro CC 从入门到精通(微课视频 全彩版)

图 8-25

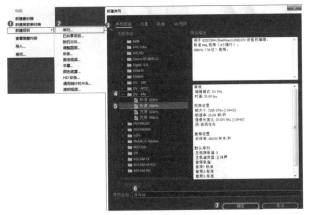

图 8-26

（2）在【项目】面板的空白处双击鼠标左键，导入1.jpg素材文件，最后单击【打开】按钮导入，如图8-27所示。

图 8-27

（3）将【项目】面板中的1.jpg素材文件拖曳到【时间轴】面板中的V1轨道上，如图8-28所示。

（4）选择【时间轴】面板中的素材文件，右击执行【缩放为帧大小】命令，如图8-29所示。此时效果如图8-30所示。

（5）选择【时间轴】面板中的1.jpg素材文件，在【效果控件】面板中设置【缩放】为110，如图8-31所示。此时画面效果如图8-32所示。

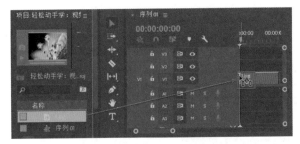

图 8-28

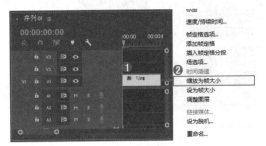

图 8-29

图 8-30　　　　　　图 8-31

图 8-32

（6）可以看出该图片颜色偏暗。首先打开【效果】面板，在【效果】面板中搜索【RGB曲线】，然后按住鼠标左键将其拖曳到V1轨道的1.jpg素材文件上，如图8-33所示。

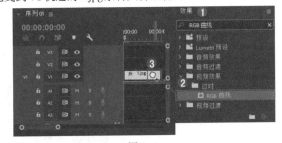

图 8-33

（7）选择V1轨道上的1.jpg素材文件，然后在【效果控件】

面板中打开【RGB曲线】，在【主要】曲线面板上单击添加一个控制点并向左上拖动，此时画面变亮，如图8-34所示。画面效果如图8-35所示。

图8-34 　　　　　　　图8-35

（8）若想将画面呈现得更加翠绿，可继续在【红色】曲线上单击添加一个控制点并向右下拖动，此时画面中的红色数量减少，如图8-36所示。画面效果如图8-37所示。

图8-36 　　　　　　　图8-37

8.2 图像控制类视频调色效果

Premiere中的【图像控制类】视频效果可以平衡画面中强弱、浓淡、轻重的色彩关系，使画面更加符合观者的视觉感受。其中包括【灰度系数校正】【颜色平衡(RGB)】【颜色替换】【颜色过滤】【黑白】5种效果。效果面板如图8-38所示。

图8-38

8.2.1　灰度系数校正

【灰度系数校正】效果可以对素材文件的明暗程度进行调整。选择【效果】面板中的【视频效果】/【图像控制】/【灰度系数校正】，如图8-39所示。【灰度系数校正】效果的参数面板如图8-40所示。

图8-39 　　　　　　　图8-40

灰度系数：设置素材文件的灰度效果，数值越小画面越亮、数值越大画面越暗。图8-41所示为不同参数的【灰度系数】对比效果。

图8-41

> **提示：学习调色时要注意的问题**
>
> 调色命令虽然很多，但并不是每一种都特别常用，或者说，并不是每一种都适合自己使用。其实在实际调色过程中，想要实现某种颜色效果，往往是既可以使用这种命令，又可以使用那种命令。这时千万不要纠结于因为书中或者教程中使用的某个特定命令，而必须去使用这个命令。我们只需要选择自己习惯使用的命令就可以。

【重点】8.2.2　颜色平衡（RGB）

【颜色平衡(RGB)】可根据参数的调整调节画面中三原色的数量值。选择【效果】面板中的【视频效果】/【图像控制】/【颜色平衡(RGB)】，如图8-42所示。【颜色平衡(RGB)】效果的参数面板如图8-43所示。

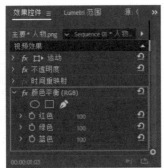

图 8-42　　　　　　　图 8-43

- 红色：针对素材文件中的红色数量进行调整。图8-44所示为不同【红色】数量的对比效果。

图 8-44

- 绿色：针对素材文件中的绿色数量进行调整。图8-45所示为不同【绿色】数量的对比效果。

图 8-45

- 蓝色：针对素材文件中的蓝色数量进行调整。图8-46所示为不同【蓝色】数量的对比效果。

图 8-46

实例：使用颜色平衡（RGB）效果制作冬日晨景

文件路径：Chapter 08　调色→实例：使用颜色平衡(RGB)效果制作冬日晨景

本实例主要使用【阴影/高光】将画面暗部提亮，使用颜色平衡(RGB)制作冷色调，最后使

扫一扫，看视频

用【镜头光晕】制作镜头光晕。图8-47所示为制作前后对比效果。

图 8-47

操作步骤

步骤 01　选择菜单栏中的【文件】/【新建】/【项目】命令，然后弹出【新建项目】窗口，设置【名称】，并单击【浏览】按钮设置保存路径，如图8-48所示。

图 8-48

步骤 02　在【项目】面板的空白处双击鼠标左键，导入全部素材文件，最后单击【打开】按钮导入，如图8-49所示。

图 8-49

步骤 03　选择【项目】面板中的1.jpg素材文件，按住鼠标左键将其拖曳到V1轨道上，如图8-50所示。此时在【项目】面板中自动生成序列。

步骤 04　调整画面阴影部分。在【效果】面板中搜索【阴影

/高光】，然后按住鼠标左键将其拖曳到V1轨道的1.jpg素材文件上，如图8-51所示。

图 8-50

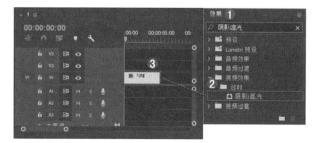

图 8-51

步骤 (05) 此时自动将画面中的暗部细节提亮，如图8-52所示。

图 8-52

步骤 (06) 将画面调整为冷色调。在【效果】面板中搜索【颜色平衡(RGB)】，然后按住鼠标左键将其拖曳到V1轨道的1.jpg素材文件上，如图8-53所示。

图 8-53

步骤 (07) 选择V1轨道上的1.jpg素材文件，在【效果控件】中展开【颜色平衡(RGB)】，设置【红色】为100，【绿色】为105，【蓝色】为135，如图8-54所示。此时画面呈冷色调效果，如图8-55所示。

图 8-54　　　　　　　　图 8-55

步骤 (08) 可以看出此时画面偏暗，接着在【效果】面板的搜索框中搜索【亮度与对比度】，按住鼠标左键将其拖曳到V1轨道的1.jpg素材文件上，如图8-56所示。

图 8-56

步骤 (09) 再次选择V1轨道上的1.jpg素材文件，在【效果控件】中展开【亮度与对比度】效果，设置【亮度】为25，【对比度】为15，如图8-57所示。此时画面变亮了，效果如图8-58所示。

图 8-57　　　　　　　　图 8-58

步骤 (10) 在画面中制作光晕效果。在【效果】面板的搜索框中搜索【镜头光晕】，按住鼠标左键将其拖曳到V1轨道的1.jpg素材文件上，如图8-59所示。

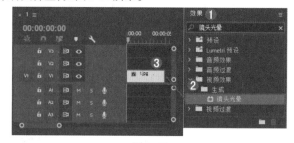

图 8-59

步骤 (11) 选择V1轨道上的1.jpg素材文件，在【效果控件】

中文版Premiere Pro CC 从入门到精通（微课视频 全彩版）

中展开【镜头光晕】效果,设置【光晕中心】为(3240,340),如图8-60所示。此时画面效果如图8-61所示。

图8-60　　　　　　　图8-61

步骤 12 再次在【效果】面板的搜索框中搜索【镜头光晕】,按住鼠标左键将其拖曳到V1轨道的1.jpg素材文件上,如图8-62所示。

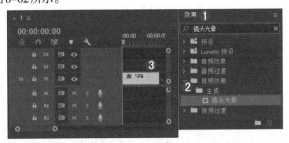

图8-62

步骤 13 选择V1轨道上的1.jpg素材文件,在【效果控件】中展开【镜头光晕】效果,设置【光晕中心】为(2660,585),【光晕亮度】为135%,【镜头类型】为【35毫米定焦】,如图8-63所示。本实例制作完成,最终效果如图8-64所示。

图8-63　　　　　　　图8-64

【重点】8.2.3　颜色替换

　　【颜色替换】效果可将所选择的目标颜色替换为所选择【替换颜色】中的颜色。选择【效果】面板中的【视频效果】/【图像控制】/【颜色替换】,如图8-65所示。【颜色替换】效果的参数面板如图8-66所示。

图8-65　　　　　　　图8-66

- 相似性:设置目标颜色的容差数值。
- 目标颜色:画面中的取样颜色。
- 替换颜色:【目标颜色】替换后的颜色。

　　图8-67所示为设置【相似性】为42,【目标颜色】为蓝色,【替换颜色】为绿色的前后对比效果,此时左侧的素材中蓝色变为绿色。

图8-67

实例: 使用颜色替换效果制作盛夏变晚秋

　　文件路径:Chapter 08　调色→实例:使用颜色替换效果制作盛夏变晚秋

　　本实例主要使用了【颜色替换】替换风景图片的地面颜色,然后使用【亮度与对比度】提升画面亮度,实例前后的对比效果如图8-68所示。

扫一扫,看视频

图8-68

操作步骤

步骤 01 选择菜单栏中的【文件】/【新建】/【项目】命令,然后会弹出【新建项目】窗口,设置【名称】,并单击【浏览】按钮设置保存路径,如图8-69所示。

步骤 02 在【项目】面板的空白处双击鼠标左键,导入1.jpg素材文件,最后单击【打开】按钮导入,如图8-70所示。

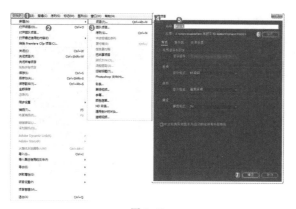

图 8-69

图 8-70

步骤 03 选择【项目】面板中的1.jpg素材文件，按住鼠标左键将其拖曳到V1轨道上，此时在【项目】面板中自动生成序列，如图8-71所示。

图 8-71

步骤 04 将画面中的绿色替换为深黄色。在效果面板中搜索【颜色替换】，然后按住鼠标左键将该效果拖曳到V1轨道的1.jpg素材文件上，如图8-72所示。

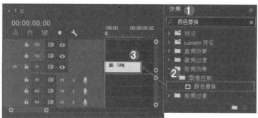

图 8-72

步骤 05 选择V1轨道上的1.jpg素材文件，在【效果控件】中展开【颜色替换】效果，设置【相似性】为38，【目标颜色】为草绿色，【替换颜色】为黄色，如图8-73所示。此时画面效果如图8-74所示。

图 8-73　　　　　　　　　　图 8-74

步骤 06 可以看出此时画面偏暗，接下来将画面进行提亮。在【效果】面板中搜索【亮度与对比度】，然后按住鼠标左键将其拖曳到V1轨道的1.jpg素材文件上，如图8-75所示。

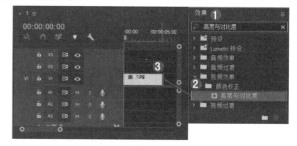

图 8-75

步骤 07 选择V1轨道上的1.jpg素材文件，展开【亮度与对比度】效果，设置【亮度】为20，【对比度】为15，如图8-76所示。画面的最终效果如图8-77所示。

图 8-76　　　　　　　　　　图 8-77

8.2.4 颜色过滤

【颜色过滤】可将画面中的各种颜色通过【相似性】调整为灰度效果。选择【效果】面板中的【视频效果】/【图像控制】/【颜色过滤】，如图8-78所示。【颜色过滤】效果的参数面板如图8-79所示。

图 8-78

图 8-79

- 相似性：设置画面中的灰度值。图8-80所示为不同【相似性】参数的对比效果。

图 8-80

- 颜色：选择哪种颜色，哪种颜色将会被保留。

8.2.5　黑白

【黑白】可将彩色素材文件转换为黑白效果。选择【效果】面板中的【视频效果】/【图像控制】/【黑白】，如图8-81所示。【黑白】效果的参数面板如图8-82所示。

图 8-81

图 8-82

该效果没有参数值，图8-83所示为添加该效果的前后对比效果。

图 8-83

8.3　过时类视频效果

【过时】类视频效果包含【RGB曲线】【RGB颜色校正器】【三向颜色校正器】【亮度曲线】【亮度校正器】【快速颜色校正器】【自动对比度】【自动色阶】【自动颜色】【阴影/高光】10种视频效果。选择【效果】面板中的【视频效果】/【过时】，面板如图8-84所示。

图 8-84

重点 8.3.1　RGB曲线

【RGB曲线】是最常用的调色效果之一，可分别针对每一个颜色通道调节颜色，从而可以调节出更丰富的颜色效果。选择【效果】面板中的【视频效果】/【过时】/【RGB曲线】效果，如图8-85所示。【RGB曲线】效果的参数面板如图8-86所示。

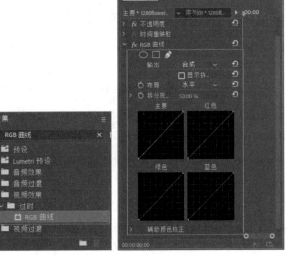

图 8-85　　　　　　图 8-86

- 输出：其中包括【合成】和【输出】两种输出类型。
- 布局：其中包括【水平】和【垂直】两种布局类型。
- 拆分视图百分比：调整素材文件的视图大小。
- 辅助颜色校正：可以通过色相、饱和度和明亮度定义颜色并针对画面中的颜色进行校正。

实例：使用RGB曲线效果制作老旧风景相片

文件路径：Chapter 05　视频效果→实例：使用RGB曲线效果制作老旧风景相片

本实例主要使用【RGB曲线】调整画面颜色，并搭配【混合模式】将边框素材制作出一种泛黄做旧感，画面效果如图8-87所示。

扫一扫，看视频

图8-87

操作步骤

步骤[01]　选择菜单栏中的【文件】/【新建】/【项目】命令，然后会弹出【新建项目】窗口，设置【名称】，并单击【浏览】按钮设置保存路径，如图8-88所示。

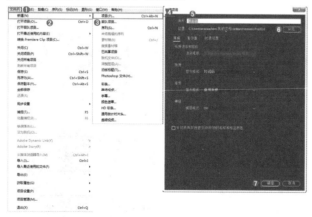

图8-88

步骤[02]　在【项目】面板的空白处双击鼠标左键，导入全部素材文件，最后单击【打开】按钮导入，如图8-89所示。

图8-89

步骤[03]　选择【项目】面板中的1.jpg素材文件，将其拖动到【时间轴】面板中，此时自动新建一个序列，然后将1.jpg素材拖动到V2轨道上，将2.jpg素材拖动到V1轨道上，如图8-90所示。

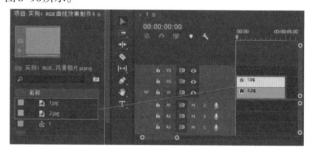

图8-90

步骤[04]　隐藏V2轨道上的1.jpg素材文件，选择V1轨道上的2.jpg素材文件，单击右键执行【缩放为帧大小】，然后在【效果控件】中设置【缩放】为116，展开【不透明度】属性，设置【混合模式】为【变暗】，如图8-91所示。此时画面效果如图8-92所示。

图8-91　　　　　　　　　图8-92

步骤[05]　调整画面色调，制作老旧感照片。在【效果】面板中搜索【RGB曲线】，然后按住鼠标左键将其拖曳到V1轨道的2.jpg素材文件上，如图8-93所示。

中文版Premiere Pro CC 从入门到精通（微课视频 全彩版）

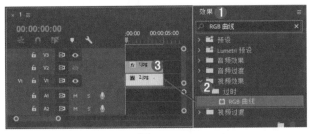

图 8-93

步骤 06 选择 2.jpg 素材文件，展开【RGB 曲线】效果，在【主要】和【红色】曲线面板上单击添加一个控制点并向左上拖动，增强画面的亮度和红色数量，如图 8-94 所示。此时画面效果如图 8-95 所示。

图 8-94   图 8-95

步骤 07 显现并选择 V2 轨道上的素材文件。在【效果控件】面板中展开【不透明度】属性，设置【混合模式】为【线性加深】，如图 8-96 所示。此时画面效果如图 8-97 所示。

图 8-96   图 8-97

步骤 08 使用旧版标题制作文字效果。执行菜单栏中的【文件】/【新建】/【旧版标题】命令，如图 8-98 所示。

步骤 09 单击【T】(文字工具) 按钮，在工作区域中输入合适的主体文字，设置【不透明度】为 90%，设置合适的【字体系列】，【字体大小】为 100，【颜色】为白色，如图 8-99 所示。在文字下方继续输入文字，并设置合适的【字体系列】，【字体大小】为 35，【行距】为 15，【颜色】为白色，如图 8-100 所示。在

输入过程中，若想将文字切换到下一行，按下 Enter 键即可将光标移至下一行中。

图 8-98

图 8-99

图 8-100

步骤 10 关闭【字幕】面板。将【项目】面板中的【字幕 01】素材文件拖曳到 V3 轨道上，如图 8-101 所示。画面最终效果

如图8-102所示。

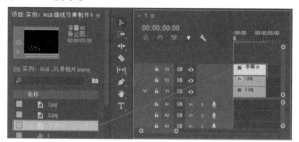

图 8-101

图 8-102

8.3.2 RGB 颜色校正器

【RGB 颜色校正器】是比较强大的调色效果。选择【效果】面板中的【视频效果】/【过时】/【RGB 颜色校正器】，如图8-103所示。【RGB 颜色校正器】效果的参数面板如图8-104所示。

图 8-103

图 8-104

- 输出：可通过【复合】【亮度】【色调范围】调整素材文件的输出值。
- 布局：以【水平】或【垂直】的方式确定视图布局。
- 拆分视图百分比：调整需要校正视图的百分比。
- 色调范围：可通过【高光】【中间调】【阴影】来控制

画面的明暗数值。
- 灰度系数：调整画面中的灰度值。图8-105所示为不同灰度系数的对比效果。

图 8-105

- 基值：从 Alpha 通道中以颗粒状滤出的一种杂色。
- 增益：可调节音频轨道混合器中的增减效果。
- RGB：可对红绿蓝中的灰度系数、基值、增益数值进行设置。
- 辅助颜色校正：可对选择的颜色进行进一步准确校正。

8.3.3 三向颜色校正器

【三向颜色校正器】可对素材文件的阴影、高光和中间调进行调整。选择【效果】面板中的【视频效果】/【过时】/【三向颜色校正器】，如图8-106所示。【三向颜色校正器】参数面板如图8-107所示。

图 8-106　　　　　图 8-107

- 输出：可查看素材文件的色调范围。包含【视频】输出和【亮度】输出两种类型。

- 拆分视图：可在该参数下设置视图的校正情况。
- 色调范围定义：滑动滑块，在该参数下可调节阴影、高光和中间调的色调范围阈值。
- 饱和度：调整素材文件的饱和度情况。图8-108所示为调整【饱和度】数值的对比效果。

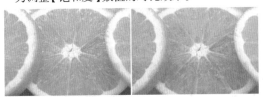

图 8-108

- 辅助颜色校正：可将颜色进行进一步精确调整。
- 自动色阶：调整素材文件的阴影高光情况。
- 阴影：针对画面中的阴影部分进行调整。包含【阴影色相角度】【阴影平衡数量级】【阴影平衡增益】【阴影平衡角度】等。
- 中间调：调整素材文件的中间调颜色。包含【中间调色相角度】【中间调平衡数量级】【中间调平衡增益】【中间调平衡角度】等。
- 高光：调整素材文件的高光部分。包含【高光色相角度】【高光平衡数量级】【高光平衡增益】【高光平衡角度】等。
- 主要：调整画面中的整体色调偏向。包含【主色相角度】【主平衡数量级】【主平衡增益】【主平衡角度】等。图8-109所示为设置不同参数的【主色相角度】的对比效果。

图 8-109

- 主色阶：调整画面中的黑白灰色阶。其中包含【主输入黑色阶】【主输入灰色阶】【主输入白色阶】【主输出黑色阶】【主输出白色阶】等。

【重点】8.3.4　亮度曲线

　　【亮度曲线】可使用曲线来调整素材的亮度。选择【效果】面板中的【视频效果】/【过时】/【亮度曲线】，如图8-110所示。【亮度曲线】的参数面板如图8-111所示。
- 输出：可通过【输出】查看素材文件的最终效果。包含【复合】和【亮度】两种方式。
- 显示拆分视图：勾选该选项可显示素材文件调整前后的对比效果。

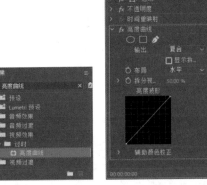

图 8-110　　　　　　　图 8-111

- 布局：包含【水平】和【垂直】两种布局方式。
- 拆分视图百分比：调整视图的大小情况。图8-112所示为设置不同【亮度波形】的对比效果。

图 8-112

8.3.5　亮度校正器

　　【亮度校正器】可调整画面的亮度、对比度和灰度值。选择【效果】面板中的【视频效果】/【过时】/【亮度校正器】，如图8-113所示。【亮度校正器】效果的参数面板如图8-114所示。

图 8-113　　　　　　　图 8-114

- 输出：包括【复合】【亮度】【色调范围】3种类型。
- 布局：包括【垂直】和【水平】两种布局方式。
- 拆分视图百分比：校正画面中视图的大小情况。
- 色调范围定义：包括【阴影】【中间调】【高光】3种色调类型进行色彩的范围的设置。
- 亮度：控制画面的明暗程度和不透明度。图8-115所示为设置不同【亮度】参数的对比效果。

图 8-115

- 对比度：调整 Alpha 通道中的明暗对比度。图 8-116 所示为设置不同【对比度】参数的对比效果。

图 8-116

- 对比度级别：设置素材文件的原始对比值。与【对比度】效果相似。
- 灰度系数：调节图像中的灰度值。
- 基值：画面会根据参数的调节变暗或变亮。
- 增益：通过调整素材文件的亮度从而调整画面整体效果。在画面中，较亮的像素受到的影响会大于较暗的像素受到的影响。
- 色相平衡和角度：可手动调整色盘，更便捷的针对画面进行调色。

8.3.6　快速颜色校正器

【快速颜色校正器】可使用色相、饱和度来调整素材文件的颜色。选择【效果】面板中的【视频效果】/【过时】/【快速颜色校正器】，如图 8-117 所示。【快速颜色校正器】的参数面板如图 8-118 所示。

图 8-117　　　　　图 8-118

- 输出：包括【合成】和【亮度】两种输出方式。
- 布局：包括【水平】和【垂直】两种布局类型。
- 拆分视图百分比：调整校正视图的大小效果。默认值为 50%。
- 色相平衡和角度：可手动调整色盘，更便捷地针对画面进行调色。
- 色相角度：控制高光、中间调或阴影区域的色相。图 8-119 所示为设置不同【色相角度】的对比效果。

图 8-119

- 饱和度：用来调整素材文件的饱和度。
- 输入黑色阶/灰色阶/白色阶：用来调整高光、中间调或阴影的数量。图 8-120 所示为设置不同【输入白色阶】参数的对比效果。

图 8-120

实例：使用快速颜色校正器效果制作嫩绿风景

扫一扫，看视频

文件路径：Chapter 08　调色→实例：使用快速颜色校正器效果制作嫩绿风景

本实例主要使用【快速颜色校正器】将画面调整为浓郁的绿色调，然后使用【自动颜色】以及【RGB 曲线】制作出较为明亮的嫩绿色画面效果。实例对比效果如图 8-121 所示。

图 8-121

操作步骤

步骤 01　选择菜单栏中的【文件】/【新建】/【项目】命令，然后会弹出【新建项目】窗口，设置【名称】，并单击【浏览】按钮设置保存路径，如图 8-122 所示。

步骤 02　在【项目】面板的空白处双击鼠标左键，导入全部素材文件，最后单击【打开】按钮导入，如图 8-123 所示。

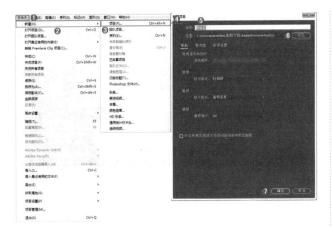

图 8-122

图 8-123

步骤03 选择【项目】面板中的1.jpg素材文件，按住鼠标左键将其拖曳到V1轨道上，如图8-124所示。

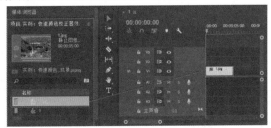

图 8-124

步骤04 将画面调整为绿色调。在【效果】面板中搜索【快速颜色校正器】，然后按住鼠标左键将其拖曳到V1轨道的1.jpg素材文件上，如图8-125所示。

图 8-125

步骤05 选择V1轨道上的1.jpg素材文件，在【效果控件】中展开【快速颜色校正器】，设置【平衡数量级】为35，【平衡增益】为30，【平衡角度】为137°，【饱和度】为130，如图8-126所示。此时画面变为绿色调，如图8-127所示。

图 8-126　　　　　　　　图 8-127

步骤06 在【效果】面板中搜索【自动颜色】，然后按住鼠标左键将其拖曳到V1轨道的1.jpg素材文件上，如图8-128所示。

图 8-128

步骤07 继续选择V1轨道上的1.jpg素材文件，在【效果控件】中展开【自动颜色】效果，设置【瞬时平滑】为3，【减少黑色像素】为0.1%，如图8-129所示。此时画面效果如图8-130所示。

图 8-129　　　　　　　　图 8-130

步骤08 提升画面亮度。在【效果】面板中搜索【RGB曲线】，然后按住鼠标左键将其拖曳到V1轨道的1.jpg素材文件上，如图8-131所示。

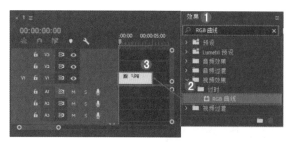

图 8-131

步骤 09 选择V1轨道上的1.jpg素材文件，在【效果控件】中展开【RGB曲线】效果，在【主要】曲线面板中的曲线上单击，添加两个控制点并向左上角拖动；在【绿色】曲线面板中的曲线上单击，添加一个控制点，继续向左上角拖动，如图8-132所示。本实例制作完成，此时画面效果如图8-133所示。

图 8-132　　　　　　　图 8-133

8.3.7　自动对比度

　　【自动对比度】可自动调整素材的对比度。选择【效果】面板中的【视频效果】/【调整】/【自动对比度】，如图8-134所示。【自动对比度】效果的参数面板如图8-135所示。

图 8-134　　　　　　　图 8-135

- 瞬间平滑（秒）：控制素材文件的平滑程度。
- 场景检测：根据【瞬间平滑】参数来自动进行对比度检测处理。

- 减少黑色像素：控制暗部像素在画面中占的百分比。图8-136所示为设置不同【减少黑色像素】参数的对比效果。

图 8-136

- 减少白色像素：控制亮部像素在画面中占的百分比。图8-137所示为设置不同【减少白色像素】参数的对比效果。

图 8-137

- 与原始图像混合：控制素材间的混合程度。

8.3.8　自动色阶

　　【自动色阶】可以自动对素材进行色阶调整。选择【效果】面板中的【视频效果】/【调整】/【自动色阶】，如图8-138所示。【自动色阶】的参数面板如图8-139所示。

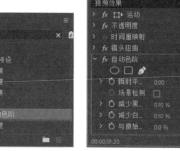

图 8-138　　　　　　　图 8-139

- 瞬间平滑（秒）：控制素材文件的平滑程度。
- 场景检测：根据【瞬间平滑】参数来自动进行色阶检测处理。
- 减少黑色像素：控制暗部像素在画面中占的百分比。图8-140所示为设置不同【减少黑色像素】参数的对比效果。

图8-140

- 减少白色像素：控制亮部像素在画面中占的百分比。图8-141所示为设置不同【减少白色像素】参数的对比效果。

图8-141

8.3.9 自动颜色

【自动颜色】可以为素材的颜色进行自动调节。选择【效果】面板中的【视频效果】/【调整】/【自动颜色】，如图8-142所示。【自动颜色】的参数面板如图8-143所示。

图8-142　　　　　　图8-143

- 瞬间平滑（秒）：控制素材文件的平滑程度。
- 场景检测：根据【瞬间平滑】参数来自动进行颜色检测处理。
- 减少黑色像素：控制暗部像素在画面中占的百分比。图8-144所示为设置不同【减少黑色像素】参数的对比效果。

图8-144

- 减少白色像素：控制亮部像素在画面中占的百分比。图8-145所示为设置不同【减少白色像素】参数的对比效果。

图8-145

【重点】8.3.10　阴影/高光

【阴影/高光】可调整素材的阴影和高光部分。选择【效果】面板中的【视频效果】/【调整】/【阴影/高光】，如图8-146所示。【阴影/高光】的参数面板如图8-147所示。

图8-146　　　　　　图8-147

- 自动数量：勾选该选项后，会自动调整素材文件的阴影和高光部分，此时该效果中的其他参数将不能使用。图8-148所示为勾选该参数的前后对比效果。

图8-148

- 阴影数量：控制素材文件中阴影的数量。
- 高光数量：控制素材文件中高光的数量。图8-149所示为设置不同【高光数量】参数的对比效果。

图 8-149

- 瞬时平滑：在调节时设置素材文件时间滤波的秒数。
- 场景检测：只有勾选【瞬时平滑】，该参数才可以进行场景检测。
- 更多选项：展开该效果可以对素材文件的【阴影】【高光】【中间调】等数量进行调整。

8.4 颜色校正

【颜色校正】类视频效果可对素材的颜色进行细致校正。其中包括【ASC CDL】【Lumetri 颜色】【亮度与对比度】【分色】【均衡】【更改为颜色】【更改颜色】【色彩】【视频限幅器】【通道混合器】【颜色平衡】【颜色平衡(HLS)】12 种效果，如图 8-150 所示。

图 8-150

8.4.1 ASC CDL

【ASC CDL】可对素材文件进行红、绿、蓝 3 种色相及饱和度的调整。选择【效果】面板中的【视频效果】/【颜色校正】/【ASC CDL】，如图 8-151 所示。【ASC CDL】效果的参数面板如图 8-152 所示。

- 红色斜率：调整素材文件中红色数量的斜率值。图 8-153 所示为设置不同【红色斜率】参数的对比效果。

图 8-151　　　　　　图 8-152

图 8-153

- 红色偏移：调整素材文件中红色数量的偏移程度。
- 红色功率：调整素材文件中红色数量的功率大小。
- 绿色斜率：调整素材文件中绿色数量的斜率值。图 8-154 所示为设置不同【绿色斜率】参数的对比效果。

图 8-154

- 绿色偏移：调整素材文件中绿色数量的偏移程度。
- 绿色功率：调整素材文件中绿色数量的功率大小。
- 蓝色斜率：调整素材文件中蓝色数量的斜率值。图 8-155 所示为设置不同【蓝色斜率】参数的对比效果。

图 8-155

- 蓝色偏移：调整素材文件中蓝色数量的偏移程度。
- 蓝色功率：调整素材文件中蓝色数量的功率大小。

8.4.2　Lumetri 颜色

【Lumetri 颜色】可对素材文件在通道中进行颜色调整。选择【效果】面板中的【视频效果】/【颜色校正】/【Lumetri 颜色】效果，如图 8-156 所示。【Lumetri 颜色】效果的参数面板如图 8-157 所示。

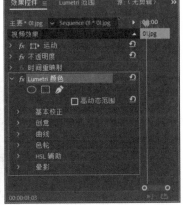

图 8-156　　　　　图 8-157

- 高动态范围：勾选该效果，可针对【Lumetri 颜色】面板的 HDR 模式进行调整。
- 基本校正：可调整素材文件的色温、对比度、曝光程度等，其中包含【现用】【输入 LUT】【HDR 白色】【白平衡】【白平衡选择器】【色温】【色彩】【色调】【曝光】【对比度】【高光】【阴影】【白色】【黑色】【HDR 高光】【饱和度】参数调节，如图 8-158 所示。

图 8-158

- 创意：勾选【现用】后才能启动【创意】效果。
- 曲线：包含【现用】【RGB 曲线】【HDR 范围】【色彩饱和度曲线】效果参数的调节。图 8-159 所示为不同曲线形状的前后对比效果。
- 色轮：勾选【现用】后才可应用【色轮】效果。
- HSL 辅助：对素材文件中颜色的调整具有辅助作用。

其中包含【现用】【键】【设置颜色】【添加颜色】【移除颜色】【显示蒙版】【反转蒙版】【优化】【降噪】【模糊】【更正】【色温】【色彩】【对比度】【锐化】【饱和度】效果，如图 8-160 所示。

图 8-159

图 8-160

- 晕影：对素材文件中颜色【数量】【中点】【圆度】【羽化】效果的调节。

【重点】8.4.3　亮度与对比度

【亮度与对比度】可以调整素材的亮度和对比度参数。选择【效果】面板中的【视频效果】/【颜色校正】/【亮度和对比度】，如图 8-161 所示。【亮度与对比度】效果的参数面板如图 8-162 所示。

图 8-161　　　　　图 8-162

- 亮度:调节画面的明暗程度。图 8-163 所示为设置不同【亮度】参数的对比效果。

图 8-163

- 对比度:调节画面中颜色的对比度。图 8-164 所示为设置不同【对比度】参数的对比效果。

图 8-164

8.4.4 分色

【分色】可以选择一种想要保留的颜色,将其他颜色的饱和度降低。选择【效果】面板中的【视频效果】/【颜色校正】/【分色】,如图 8-165 所示。【分色】效果的参数面板如图 8-166 所示。

图 8-165　　　　图 8-166

- 脱色量:设置色彩的脱色强度,数值越大饱和度越低。图 8-167 所示为设置【保留颜色】为黄色时,不同【脱色量】参数的对比效果。

图 8-167

- 要保留的颜色:选择素材中需要保留的颜色。
- 容差:设置画面中颜色差值范围。
- 边缘柔和度:设置素材文件的边缘柔和程度。
- 匹配颜色:用来设置颜色的匹配情况。

8.4.5 均衡

【均衡】可通过 RGB、亮度、Photoshop 样式自动调整素材的颜色。选择【效果】面板中的【视频效果】/【颜色校正】/【均衡】,如图 8-168 所示。【均衡】效果的参数面板如图 8-169 所示。

图 8-168　　　　图 8-169

- 均衡:设置画面中均衡的类型,包括 RGB、亮度、Photoshop 样式。图 8-170 所示为设置 3 种【均衡】类型的对比效果。

图 8-170

- 均衡量:设置画面的曝光补偿程度。图 8-171 所示为设置不同【均衡量】参数的对比效果。

图 8-171

【重点】8.4.6 更改为颜色

【更改为颜色】可将画面中的一种颜色变为另外一种颜色。选择【效果】面板中的【视频效果】/【颜色校正】/【更改为颜色】，如图8-172所示。【更改为颜色】效果的参数面板如图8-173所示。

图 8-172　　　　　图 8-173

- 自：从画面中选择一种目标颜色。
- 至：设置【目标颜色】所替换的颜色。图8-174所示为颜色替换前后的对比效果。

图 8-174

- 更改：可设置更改的方式，包括【色相】【色相和亮度】【色相和饱和度】【色相、亮度和饱和度】。
- 更改方式：设置颜色的变换方式，包括【设置为颜色】、【变化为颜色】。
- 容差：设置色相、亮度、饱和度数值。
- 柔和度：控制颜色替换后的柔和程度。
- 查看校正遮罩：勾选该选项，会以黑白颜色出现【自】和【至】的遮罩效果。

实例：使用更改为颜色效果制作苹果变色

文件路径：Chapter 08 调色→实例：使用更改为颜色效果制作苹果变色

本实例主要使用【更改为颜色】改变苹果表面的油漆颜色以及苹果表皮颜色。实例对比效果如图8-175所示。

扫一扫，看视频

果如图8-175所示。

图 8-175

操作步骤

步骤 01 选择菜单栏中的【文件】/【新建】/【项目】命令，然后会弹出【新建项目】窗口，设置【名称】，并单击【浏览】按钮设置保存路径，如图8-176所示。

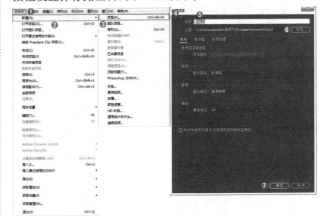

图 8-176

步骤 02 在【项目】面板的空白处双击鼠标左键，导入01.jpg素材文件，最后单击【打开】按钮导入，如图8-177所示。

图 8-177

步骤 03 选择【项目】面板中的01.jpg素材文件，按住鼠标左键将其拖曳到V1轨道上，此时在【项目】面板中自动生成序列，如图8-178所示。

步骤〔04〕 更改苹果表面的油漆颜色。在【效果】面板中搜索【更改为颜色】，然后按住鼠标左键将其拖曳到V1轨道的01.jpg素材文件上，如图8-179所示。

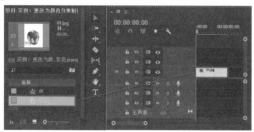

图 8-178

图 8-179

步骤〔05〕 选择V1轨道上的1.jpg素材文件，在【效果控件】中展开【更改为颜色】效果，设置【自】为深红色，【至】为蓝色，【色相】为20%，【柔和度】为10%，如图8-180所示。此时苹果表面的油漆已由红色更改为蓝色，如图8-181所示。

图 8-180   图 8-181

步骤〔06〕 更改苹果颜色。再次在【效果】面板中搜索【更改为颜色】，然后按住鼠标左键将其拖曳到V1轨道的01.jpg素材文件上，如图8-182所示。

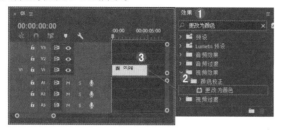

图 8-182

步骤〔07〕 选择V1轨道上的01.jpg素材文件，在【效果控件】中展开【更改为颜色】效果，单击【自】后方的吸管按钮，吸取【节目】监视器中苹果表皮的黄绿色，接着设置【至】为红色，【色相】为80%，如图8-183所示。此时苹果表面由黄绿色更改为红色，如图8-184所示。

图 8-183   图 8-184

步骤〔08〕 提亮画面亮度。在【效果】面板中搜索【亮度曲线】，然后按住鼠标左键将其拖曳到V1轨道的01.jpg素材文件上，如图8-185所示。

图 8-185

步骤〔09〕 继续选择V1轨道上的01.jpg素材文件，在【效果控件】中展开【亮度曲线】效果，在【亮度波形】面板中的曲线上单击，添加一个控制点并向左上拖动，如图8-186所示。本实例制作完成，画面最终效果如图8-187所示。

图 8-186   图 8-187

8.4.7 更改颜色

【更改颜色】与【更改为颜色】相似，可将颜色进行更改替换。选择【效果】面板中的【视频效果】/【颜色校正】/【更改颜色】，如图8-188所示。【更改颜色】效果的参数面板如图8-189所示。

图 8-188　　　　　　　　　图 8-189

- 视图：设置校正颜色的类型。
- 色相变换：针对素材的色相进行调整。
- 亮度变换：针对素材的亮度进行调整。
- 饱和度变换：针对素材的饱和度进行调整。图8-190所示为设置不同【饱和度】数值的对比效果。

图 8-190

- 匹配容差：设置颜色与颜色之前的差值范围。
- 匹配柔和度：设置所更改颜色的柔和程度。

8.4.8 色彩

【色彩】可以通过所更改的颜色对图像进行颜色的变换处理。选择【效果】面板中的【视频效果】/【颜色校正】/【色彩】，如图8-191所示。【色彩】效果的参数面板如图8-192所示。

图 8-191　　　　　　　　　图 8-192

- 将黑色映射到：可以将画面中深色的颜色变为该颜色。图8-193所示为设置颜色前后的对比效果。

图 8-193

- 将白色映射到：可以将画面中浅色的颜色变为该颜色。
- 着色量：设置这两种颜色在画面中的浓度。图8-194所示为设置不同【着色量】参数的对比效果。

图 8-194

8.4.9 视频限幅器

【视频限幅器】可以对画面中素材的颜色值进行限幅调整。选择【效果】面板中的【视频效果】/【颜色校正】/【视频限幅器】，如图8-195所示。【视频限幅器】效果的参数面板如图8-196所示。

图 8-195　　　　　图 8-196

- 显示拆分视图：勾选该选项后，可开启剪切视图模式，从而制作动画效果。
- 布局：包括【水平】和【垂直】两种布局方式。
- 拆分视图百分比：可调整视图的大小。
- 信号最小值：在画面中调整暗部区域的接收信号情况。图 8-197 所示为设置不同的【信号最小值】参数的对比效果。

图 8-197

- 信号最大值：在画面中调整亮部区域的接收信号情况。数值越小画面灰度越高。图 8-198 所示为设置不同【信号最小值】参数的对比效果。

图 8-198

- 色调范围定义：可针对【阴影】或【高光】的阈值和柔和度进行设置。

【重点】8.4.10　通道混合器

　　【通道混合器】常用于修改画面中的颜色。选择【效果】面板中的【视频效果】/【颜色校正】/【通道混合器】，如图 8-199 所示。【通道混合器】效果的参数面板如图 8-200 所示。

图 8-199　　　　　图 8-200

- 红色-红色、绿色-绿色、蓝色-蓝色：分别可以调整画面中红、绿、蓝通道的颜色数量。图 8-201 所示为设置不同【红色-红色】数值的对比效果。

图 8-201

- 红色-绿色、红色-蓝色：调整在红色通道中绿色所占的比例，以此类推。
- 绿色-红色、绿色-蓝色：调整在绿色通道中红色所占的比例，以此类推。
- 蓝色-红色、红色-蓝色：表示在蓝色通道中红色所占的比例，以此类推。
- 单色：勾选该选项，素材文件将变为黑白效果。

【重点】8.4.11　颜色平衡

　　【颜色平衡】可调整素材中阴影红绿蓝、中间调红绿蓝和高光红绿蓝所占的比例。选择【效果】面板中的【视频效果】/【颜色校正】/【颜色平衡】，如图 8-202 所示。【颜色平衡】参数面板如图 8-203 所示。

- 阴影红色平衡、阴影绿色平衡、阴影蓝色平衡：调整素材中阴影部分的红、绿、蓝颜色平衡情况。图 8-204 所示为设置不同【阴影绿色平衡】参数的对比效果。

图 8-202 　　　　　　　图 8-203

图 8-204

- 中间调红色平衡、中间调绿色平衡、中间调蓝色平衡：
  调整素材中间调部分的红、绿、蓝颜色平衡情况。
- 高光红色平衡、高光绿色平衡、高光蓝色平衡：调整素
  材中高光部分的红、绿、蓝颜色平衡情况。

实例：使用颜色平衡效果制作浓郁胶片色

文件路径：Chapter 08　调色→实例：使用颜
色平衡效果制作浓郁胶片色

本实例主要是使用【颜色平衡(HLS)】【颜色
平衡】【高斯模糊】制作出风格化胶片照片效果。
实例对比效果如图 8-205 所示。

扫一扫，看视频

图 8-205

操作步骤

步骤 01　选择菜单栏中的【文件】/【新建】/【项目】命令，
然后会弹出【新建项目】窗口，设置【名称】，并单击【浏览】
按钮设置保存路径，如图 8-206 所示。

图 8-206

步骤 02　在【项目】面板的空白处双击鼠标左键，导入全部
素材文件，最后单击【打开】按钮导入，如图 8-207 所示。

图 8-207

步骤 03　选择【项目】面板中的 01.jpg 素材文件，按住鼠标
左键将其拖曳到 V1 轨道上，如图 8-208 所示。

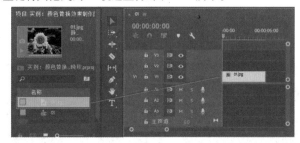

图 8-208

步骤 04　调整画面色调及亮度。在【效果】面板中搜索
【颜色平衡(HLS)】，然后按住鼠标左键将其拖曳到 V1 轨道的
01.jpg 素材文件上，如图 8-209 所示。

图 8-209

步骤 05 选择V1轨道上的01.jpg素材文件,在【效果控件】中展开【颜色平衡(HLS)】,设置【色相】为5,【亮度】为40,【饱和度】为15,如图8-210所示。此时画面变亮了,如图8-211所示。

图 8-210　　　　　图 8-211

步骤 06 再次调整画面色调。在【效果】面板中搜索【颜色平衡】,然后按住鼠标左键将其拖曳到V1轨道的01.jpg素材文件上,如图8-212所示。

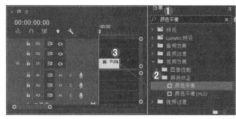

图 8-212

步骤 07 再次选择V1轨道上的01.jpg素材文件,在【效果控件】中展开【颜色平衡】效果,设置【阴影红色平衡】为–100,【阴影绿色平衡】为–25,【阴影蓝色平衡】为–10,【高光红色平衡】为10,【高光绿色平衡】为10,如图8-213所示。此时画面呈绿色调,效果如图8-214所示。

图 8-213　　　　　图 8-214

步骤 08 虚化图片背景,突出主体向日葵。在【效果】面板中搜索【高斯模糊】,然后按住鼠标左键将其拖曳到V1轨道的01.jpg素材文件上,如图8-215所示。

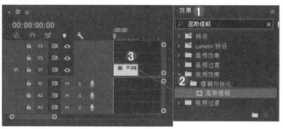

图 8-215

步骤 09 继续选择V1轨道上的01.jpg素材文件,在【效果控件】中展开【高斯模糊】,单击○(创建椭圆形蒙版)按钮,此时在该效果中出现【蒙版(1)】,设置【蒙版羽化】为177.2,勾选【已反转】,如图8-216所示。接着在【节目】监视器中选择椭圆边缘的各个锚点,适当调整蒙版的形状大小及羽化范围,如图8-217所示。

图 8-216　　　　　图 8-217

步骤 10 在【高斯模糊】中设置【模糊度】为45,如图8-218所示。此时实例制作完成,最终效果如图8-219所示。

图 8-218　　　　　图 8-219

8.4.12 颜色平衡(HLS)

【颜色平衡(HLS)】可通过色相、亮度和饱和度等参数调节画面色调。选择【效果】面板中的【视频效果】/【颜色校正】/【颜色平衡(HLS)】,如图8-220所示。【颜色平衡(HLS)】

效果的参数面板如图8-221所示。

图 8-220

图 8-221

- 色相：调整素材的颜色偏向。图8-222所示为设置不同【色相】参数的对比效果。

图 8-222

- 亮度：调整素材的明亮程度。数值越大画面灰度越高。图8-223所示为设置不同【亮度】参数的对比效果。

图 8-223

- 饱和度：调整素材的饱和度强度，数值为 – 100时为黑白色。图8-224所示为设置不同【饱和度】参数的对比效果。

图 8-224

实例：使用颜色平衡(HLS)效果制作复古电影色调

文件路径：Chapter 08　调色→实例：使用颜色平衡(HLS)效果制作复古电影色调

本实例主要是使用【颜色平衡(HLS)】及【四

扫一扫，看视频

色渐变】更改图片自身颜色，制作出风格化的电影画面，如图8-225所示。

图 8-225

操作步骤

步骤 01　选择菜单栏中的【文件】/【新建】/【项目】命令，然后会弹出【新建项目】窗口，设置【名称】，并单击【浏览】按钮设置保存路径，如图8-226所示。

图 8-226

步骤 02　在【项目】面板的空白处双击鼠标左键，导入1.jpg素材文件，最后单击【打开】按钮导入，如图8-227所示。

图 8-227

步骤 03　选择【项目】面板中的1.jpg素材文件，按住鼠标左键将其拖曳到V1轨道上，此时在【项目】面板中自动生成序列，如图8-228所示。

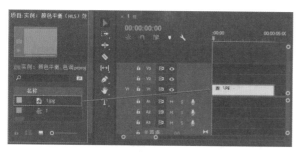

图 8-228

步骤 04 首先调整画面色调。在【效果】面板搜索框中搜索【颜色平衡(HLS)】，然后按住鼠标左键将其拖曳到V1轨道的1.jpg素材文件中，如图8-229所示。

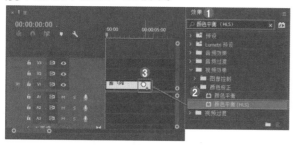

图 8-229

步骤 05 选择V1轨道上的1.jpg素材文件，在【效果控件】中展开【颜色平衡(HLS)】效果，设置【色相】为-190°，【亮度】为10，【饱和度】为30，如图8-230所示。此时画面效果如图8-231所示。

图 8-230　　　　　图 8-231

步骤 06 继续调整画面颜色，使颜色变得更加柔和。在【效果】面板的搜索框中搜索【四色渐变】，然后按住鼠标左键将其拖曳到V1轨道的1.jpg素材文件中，如图8-232所示。

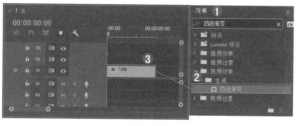

图 8-232

步骤 07 选择V1轨道上的1.jpg素材文件，在【效果控件】

中展开【四色渐变】效果，设置【颜色1】为橘红色，【颜色2】为朱红色，【颜色3】为蓝色，【颜色4】为浅黄色，然后设置【混合模式】为【柔光】，如图8-233所示。此时画面色调如图8-234所示。

图 8-233　　　　　图 8-234

步骤 08 在画面顶部和底部制作黑色长条。在【效果】面板的搜索框中搜索【裁剪】，然后按住鼠标左键将其拖曳到V1轨道的1.jpg素材文件上，如图8-235所示。

图 8-235

步骤 09 选择V1轨道上的1.jpg素材文件，在【效果控件】中展开【裁剪】效果，设置【顶部】为10%，【底部】为10%，如图8-236所示。裁剪效果如图8-237所示。

图 8-236　　　　　图 8-237

步骤 10 此时为画面底部添加字幕。执行菜单栏中的【文件】/【新建】/【旧版标题】命令，并在对话框中设置【名称】为【字幕01】，然后单击【确定】按钮，如图8-238所示。

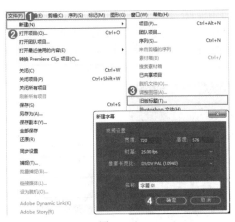

图 8-238

步骤 11 单击 T (文字工具)按钮,在工作区域内输入合适的文字,接着设置合适的【字体系列】,【字体大小】为50,【字偶间距】为-3,【颜色】为白色,如图8-239所示。

图 8-239

步骤 12 为文字添加阴影效果。在【字幕】面板右侧勾选【阴影】,设置【颜色】为黑色,【不透明度】为60,【角度】为100,【距离】为10,【扩展】为30,如图8-240所示。

图 8-240

步骤 13 关闭【字幕】面板。将【项目】面板中的【字幕 01】素材文件拖曳到V2轨道上,如图8-241所示。

图 8-241

步骤 14 本实例制作完成,最终效果如图8-242所示。

图 8-242

综合实例:朦胧暖调画面

文件路径:Chapter 08 调色→综合实例:朦胧暖调画面

扫一扫,看视频

本实例主要使用【高斯模糊】模糊画面周围的环境,接着使用【亮度曲线】和【三向颜色校正器】效果调整画面色调,最后为画面添加光晕,烘托画面气氛。实例对比效果如图8-243所示。

图 8-243

操作步骤

步骤 01 选择菜单栏中的【文件】/【新建】/【项目】命令,弹出【新建项目】窗口,设置【名称】,并单击【浏览】按钮设置保存路径,如图8-244所示。

步骤 02 在【项目】面板的空白处双击鼠标左键,导入全部素材文件,最后单击【打开】按钮导入,如图8-245所示。

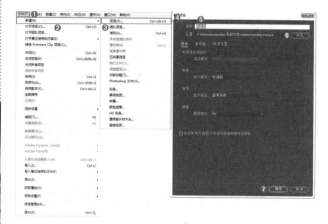

图 8-244

图 8-245

步骤 03 选择【项目】面板中的1.jpg素材文件,按住鼠标左键将其拖曳到V1轨道上,此时在【项目】面板中自动生成序列,如图8-246所示。

图 8-246

步骤 04 制作画面模糊效果。在【效果】面板中搜索【高斯模糊】,然后按住鼠标左键将其拖曳到V1轨道的1.jpg素材文件上,如图8-247所示。

图 8-247

步骤 05 选择V1轨道上的1.jpg素材文件,在【效果控件】中展开【高斯模糊】效果,单击（创建椭圆形蒙版)按钮,在

【蒙版(1)】中设置【蒙版羽化】为250,勾选【已反转】,设置【模糊度】为30,如图8-248所示。接着在【节目】监视器中选择椭圆形蒙版的各个锚点,按住鼠标左键将其向四周拖曳,调整椭圆形蒙版的大小,如图8-249所示。

图 8-248 　　　　　　　图 8-249

步骤 06 可以看出此时画面偏暗,接下来使用曲线提升画面亮度。在【效果】面板中搜索【亮度曲线】,然后按住鼠标左键将其拖曳到V1轨道的1.jpg素材文件上,如图8-250所示。

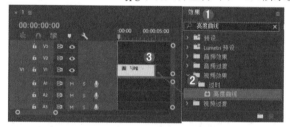

图 8-250

步骤 07 选择V1轨道上的1.jpg素材文件,在【效果控件】中展开【亮度曲线】效果,在【亮度波形】面板中的曲线上单击,添加一个控制点并向上拖动,如图8-251所示。此时画面效果变亮了,如图8-252所示。

图 8-251 　　　　　　　图 8-252

步骤 08 将画面色调制作为暖色。在【效果】面板中搜索【三向颜色校正器】,然后按住鼠标左键将其拖曳到V1轨道的

中文版Premiere Pro CC 从入门到精通（微课视频·全彩版）

1.jpg素材文件上,如图8-253所示。

图 8-253

步骤 09 选择V1轨道上的1.jpg素材文件,在【效果控件】中展开【三向颜色校正器】,分别拖动【阴影】【中间调】和【高光】圆盘中的指针方向,按住鼠标左键向左上角拖曳,使指针分别指向红色区域、橙色区域和黄色区域,如图8-254所示。此时画面效果如图8-255所示。

图 8-254　　　　　　图 8-255

步骤 10 制作午后光晕效果。在【效果】面板中搜索【镜头光晕】,然后按住鼠标左键将其拖曳到V1轨道的1.jpg素材文件上,如图8-256所示。

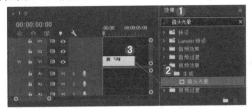

图 8-256

步骤 11 选择V1轨道上的1.jpg素材文件,在【效果控件】中展开【镜头光晕】,设置【光晕中心】为(11400,323),如图8-257所示。此时画面中呈现光晕效果如图8-258所示。

图 8-257　　　　　　图 8-258

步骤 12 由于光晕效果不够明显,再次在【效果】面板中搜索【镜头光晕】,然后按住鼠标左键将其拖曳到V1轨道的1.jpg素材文件上,如图8-259所示。

图 8-259

步骤 13 选择V1轨道上的1.jpg素材文件,在【效果控件】中展开新添加的【镜头光晕】效果,设置【光晕中心】为(1100,200),如图8-260所示。此时画面效果如图8-261所示。

图 8-260　　　　　　图 8-261

步骤 14 选择【项目】面板中的2.png和3.png素材文件,按住鼠标左键分别将其拖曳到V2、V3轨道上,如图8-262所示。

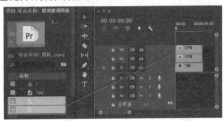

图 8-262

步骤 15 首先隐藏V3轨道上的3.png素材文件,接着选择V2轨道上的2.png素材文件,在【效果控件】中设置【位置】为(1485,980),【缩放】为60,如图8-263所示。此时画面效果如图8-264所示。

图 8-263　　　　　　图 8-264

步骤 (16) 显现并选择V3轨道上的3.png素材文件，在【效果控件】中设置【位置】为(900,600),【缩放】为200，如图8-265所示。最终画面效果如图8-266所示。

图 8-265

图 8-266

综合实例: 水墨画效果

文件路径: Chapter 08 调色→综合实例:水墨画效果

扫一扫，看视频

水墨画是中国传统绘画的代表,是由水和墨绘制的黑白画。本案例首先使用【黑白】去除画面颜色,然后使用【亮度曲线】【高斯模糊】【色阶】等调整画面亮度及质感。实例对比效果如图8-267和图8-268所示。

图 8-267

图 8-268

操作步骤

步骤 (01) 选择菜单栏中的【文件】/【新建】/【项目】命令,然后会弹出【新建项目】窗口,设置【名称】,并单击【浏览】按钮设置保存路径,如图8-269所示。

图 8-269

步骤 (02) 在【项目】面板的空白处双击鼠标左键,导入1.jpg和2.png素材文件,最后单击【打开】按钮导入,如图8-270所示。

图 8-270

步骤 (03) 选择【项目】面板中的1.jpg素材文件,按住鼠标左键将其拖曳到V1轨道上,此时在【项目】面板中自动生成序列,如图8-271所示。

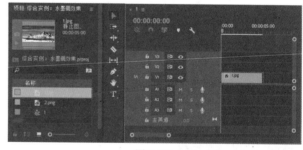

图 8-271

步骤 (04) 制作水墨画效果。首先在【效果】面板中搜索【黑白】,然后按住鼠标左键将其拖曳到V1轨道的1.jpg素材文件上,如图8-272所示。此时画面自动变为黑白色调,如图8-273所示。

步骤 (05) 此时画面偏暗。在【效果】面板中搜索【亮度曲线】,然后按住鼠标左键将其拖曳到V1轨道的1.jpg素材文件上,如图8-274所示。

图 8-272

图 8-273

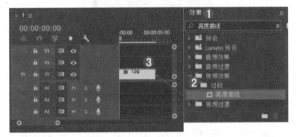

图 8-274

步骤 06 选择V1轨道上的1.jpg素材文件，在【效果控件】中展开【亮度曲线】效果，在【曲线】面板上单击，添加两个控制点并向上拖动，如图8-275所示。此时画面效果如图8-276所示。

图 8-275

图 8-276

步骤 07 在【效果】面板中搜索【高斯模糊】，然后按住鼠标左键将其拖曳到V1轨道的1.jpg素材文件上，如图8-277所示。

图 8-277

步骤 08 选择V1轨道上的1.jpg素材文件，展开【高斯模糊】效果，设置【模糊度】为3，如图8-278所示。此时画面效果如图8-279所示。

图 8-278

图 8-279

步骤 09 提亮画面中暗部细节。在【效果】面板中搜索【色阶】，然后按住鼠标左键将其拖曳到V1轨道的1.jpg素材文件上，如图8-280所示。

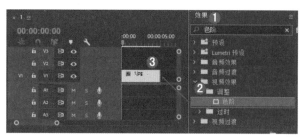

图 8-280

步骤〔10〕选择V1轨道上的1.jpg素材文件,展开【色阶】效果,设置【(RGB)输入白色阶】为195,【(RGB)输出白色阶】为235,如图8-281所示。此时画面效果如图8-282所示。

图 8-281

图 8-282

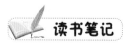
读书笔记

步骤〔11〕选择【项目】面板中的2.png素材文件,按住鼠标左键将其拖曳到V2轨道上,如图8-283所示。

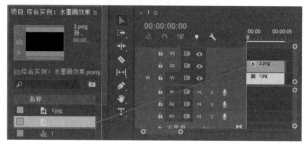

图 8-283

步骤〔12〕选择V2轨道上的2.png素材文件,在【效果控件】中展开【运动】效果,设置【位置】为(655,295),【缩放】为52,如图8-284所示。此时水墨画效果制作完成,最终效果如图8-285所示。

图 8-284

图 8-285

中文版Premiere Pro CC 从入门到精通(微课视频 全彩版)

扫一扫，看视频

抠 像

本章内容简介：

抠像是影视制作中较为常用的技术手段，可抠除人像背景，使背景变得透明，此时即可重新更换背景，从而合成为更奇妙的画面效果。抠像技术可使一个实景画面更有层次感和设计感，是实现制作虚拟场景的重要途径之一。本章主要学习各种抠像类效果的使用方法。

重点知识掌握：

- 抠像的概念
- 抠像类效果的应用
- 使用抠像类效果抠像并合成

9.1 认识抠像

在影视作品中，我们常常可以看到很多夸张的、震撼的、虚拟的镜头画面，尤其是好莱坞的特效电影。例如有些特效电影的人物在高楼来回穿梭、跳跃，这是演员无法完成的动作，因此可以借助一些技术手段处理画面，达到想要的效果。这里讲到的一个概念就是抠像，抠像是指人或物在绿棚或蓝棚中表演，然后在 Adobe Premiere Pro 等后期软件中抠除绿色或蓝色背景，更换为合适的背景画面，进而人就可以和背景很好地结合在一起，制作出一场更具视觉冲击力的画面效果，如图9-1和图9-2所示。

图9-1

图9-2

重点 9.1.1 什么是抠像

抠像即将画面中的某一种颜色进行抠除转换为透明色，是影视制作领域较为常用的技术手段。当看见演员在绿色或蓝色的背景前表演，而在影片中看不到这些背景时，这就是运用了抠像的技术手段。在影视制作过程中，背景的颜色不仅仅局限于绿色和蓝色两种颜色，而是任何与演员服饰、妆容等区分开来的纯色都可以实现该技术，以此提升虚拟演播室的效果，如图9-3所示。

抠像前　　　　抠像后

图9-3

重点 9.1.2 为什么要抠像

抠像的最终目的是为了将人物与背景进行融合。使用其他背景素材替换原绿色背景，也可以再添加一些相应的前景元素，使其与原始图像相互融合，形成二层或多层画面的叠加合成，以达到丰富的层次感和神奇的合成视觉艺术效果，如图9-4所示。

合成前　　　　　　合成后

图9-4

重点 9.1.3 抠像前拍摄的注意事项

除了使用 Adobe Premiere Pro 进行人像抠除背景以外，更应该注意在拍摄抠像素材时尽量做到规范，这样会给后期工作节省很多时间，也会取得更好的画面质量。拍摄时需注意如下几点。

（1）在拍摄素材之前，尽量选择颜色均匀、平整的绿色或蓝色背景进行拍摄。

（2）要注意拍摄时的灯光照射方向应与最终合成的背景的光线一致，避免合成效果较假。

（3）需注意拍摄的角度，以便合成真实。

（4）尽量避免人物穿着与背景同色的绿色或蓝色服饰，以免这些颜色在后期抠像时被一并抠除。

1. 蓝屏抠像

蓝屏抠像原理：抠像的主体物背景为蓝色，且前景物体不可以包含蓝色，利用抠像技术抠除背景从而得到所需特殊效果的技术。目前广泛地应用于图像处理、虚拟演播室、影视制作等领域的后期处理中，是我国影视业在抠像中常用的方法。图9-5所示为蓝屏下拍摄的画面。

图9-5

2. 绿屏抠像

绿屏抠像原理：该抠像方法与蓝屏相同，其背景为绿色，这种方法常适用于欧美人拍摄。因为个别地区的欧美人眼球为蓝色，在蓝屏背景下进行抠像会损坏前景人物像素。图9-6所示为绿屏下拍摄的画面。

图9-6

【重点】9.1.4　轻松动手学：常用的抠像流程

文件路径：Chapter 09　抠像→轻松动手学：常用的抠像流程

在制作中抠像流程非常简单，将单色背景通过抠除替换为另外一个背景，接下来我们一起来学习一下在Premiere Pro中抠像的流程。

扫一扫，看视频

（1）选择菜单栏中的【文件】/【新建】/【项目】命令，然后弹出【新建项目】窗口，设置【名称】，并单击【浏览】按钮设置保存路径，如图9-7所示。

图9-7

（2）执行【文件】/【导入】命令或按快捷键Ctrl+I，导入01.jpg和02.jpg素材文件，如图9-8所示。

图9-8

（3）将【项目】面板中的01.jpg和02.jpg素材文件依次拖曳到【时间轴】面板中的V1、V2轨道上，如图9-9所示。

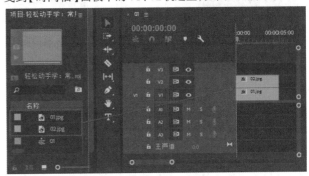

图9-9

（4）选择V2轨道上的02.jpg素材文件，在【效果控件】面板中设置【位置】为(2800, 2133)，【缩放】为105，如图9-10所示。此时画面效果如图9-11所示。

图9-10　　　　　　图9-11

（5）去除02.jpg素材文件的绿色背景。在【效果】面板中搜索【颜色键】效果，然后按住鼠标左键将该效果拖曳到V2轨道的02.jpg素材文件上，如图9-12所示。

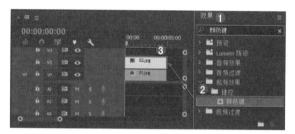

图 9-12

（6）选择 V2 轨道上的 02.jpg 素材文件，在【效果控件】面板中打开【颜色键】效果，并设置【主要颜色】为绿色，【边缘细化】为 5，如图 9-13 所示。此时绿色背景被抠除，效果如图 9-14 所示。

图 9-13

图 9-14

9.2 常用抠像效果

在 Premiere 中抠像又叫【键控】，常用的抠像效果有 9 种，分别为【Alpha 调整】【亮度键】【图像遮罩键】【差值遮罩】【移除遮罩】【超级键】【轨道遮罩键】【非红色键】【颜色键】，如图 9-15 所示。

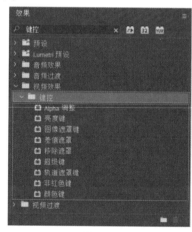

图 9-15

9.2.1 Alpha 调整

【Alpha 调整】可选择一个画面作为参考，按照它的灰度

等级决定该画面的叠加效果，并可通过调整不透明度数值得到不同的画面效果。选择【效果】面板中的【视频效果】/【键控】/【Alpha 调整】，如图 9-16 所示。【Alpha 调整】参数面板如图 9-17 所示。

图 9-16

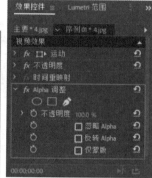

图 9-17

- 不透明度：【不透明度】数值越小，Alpha 通道中的图像越透明。
- 忽略 Alpha：勾选该选项时，会忽略 Alpha 通道。
- 反转 Alpha：勾选该选项时，会将 Alpha 通道进行反转。图 9-18 所示为勾选【反转 Alpha】前后的对比效果。

图 9-18

- 仅蒙版：勾选该选项，会仅显示 Alpha 通道的蒙版，不显示其中的图像。图 9-19 所示为勾选【仅蒙版】前后的对比效果。

图 9-19

【重点】9.2.2 亮度键

【亮度键】可将被叠加画面的灰度值设置为透明而保持色度不变。选择【效果】面板中的【视频效果】/【键控】/【亮度键】，如图 9-20 所示。【亮度键】参数面板如图 9-21 所示。

图 9-20

图 9-21

- 阈值:调整素材的透明程度。图9-22所示为设置不同【阈值】参数的对比效果。

图 9-22

- 屏蔽度:设置被键控图像的终止位置。

实例:使用亮度键效果制作人像合成

文件路径:Chapter 09 抠像→实例:使用亮度键效果制作人像合成

本实例主要是使用【亮度键】效果抠除人像背景部分,进行快速合成操作,如图9-23所示。

扫一扫,看视频

图 9-23

操作步骤

步骤 01 选择菜单栏中的【文件】/【新建】/【项目】命令,然后弹出【新建项目】窗口,设置【名称】,并单击【浏览】按钮设置保存路径,如图9-24所示。

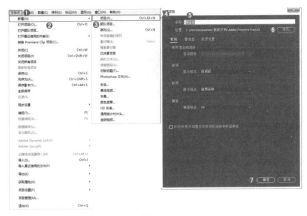

图 9-24

步骤 02 执行【文件】/【导入】命令或按快捷键Ctrl+I,导入全部素材文件,如图9-25所示。

图 9-25

步骤 03 将【项目】面板中的1.jpg、2.jpg、3.png素材文件依次拖曳到V1、V2和V3轨道上,此时在【项目】面板中自动生成序列,如图9-26所示。

图 9-26

步骤 04 隐藏V2、V3轨道上的素材文件并选择V1轨道上的1.jpg素材文件,在【效果控件】面板中展开【不透明度】效果,将时间轴滑动到初始帧位置,设置【不透明度】为0%,激活【不透明度】前面的按钮,开启自动关键帧,如图9-27所示。继续将时间线滑动到第11帧的位置,设置【不透明度】为100%。此时效果如图9-28所示。

图 9-27 图 9-28

步骤 05 显现并选择 V2 轨道上的 2.jpg 素材文件，设置【位置】为(1356，1248)，将时间轴滑动到第 7 帧的位置，设置【缩放】为 300，【不透明度】为 0%，激活【缩放】和【不透明度】前面的 ⏱ 按钮，开启自动关键帧。继续将时间线滑动到第 2 秒 12 帧的位置，设置【缩放】为 100，【不透明度】为 100%，如图 9-29 所示。此时画面效果如图 9-30 所示。

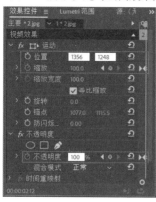

图 9-29 图 9-30

步骤 06 进行抠像处理。在【效果】面板中搜索【亮度键】，然后按住鼠标左键拖曳到 V2 轨道的 2.jpg 素材文件上，如图 9-31 所示。

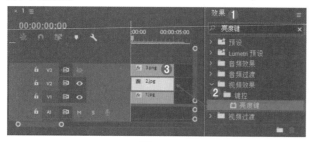

图 9-31

步骤 07 选择 V2 轨道上的 2.jpg 素材文件，展开【亮度键】效果，设置【阈值】为 2%，【屏蔽度】为 3%，如图 9-32 所示，此时人物图片的白色背景被抠除，画面效果如图 9-33 所示。

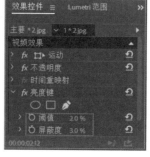

图 9-32 图 9-33

步骤 08 显现并选择 V3 轨道上的 3.png 素材文件，在【效果控件】面板中展开【运动】，设置【位置】为(1300，2155)，【缩放】为 292，接着展开【不透明度】，将时间轴滑动到第 2 秒 18 帧的位置，设置【不透明度】为 0%，激活【不透明度】前面的 ⏱ 按钮，开启自动关键帧。继续将时间线滑动到第 4 秒的位置，设置【不透明度】为 100%，如图 9-34 所示。最终效果如图 9-35 所示。

图 9-34 图 9-35

9.2.3 图像遮罩键

【图像遮罩键】可使用一个遮罩图像的 Alpha 通道或亮度值来控制素材的透明区域。选择【效果】面板中的【视频效果】/【键控】/【图像遮罩键】，如图 9-36 所示。【图像遮罩键】参数面板如图 9-37 所示。

图 9-36 图 9-37

• ▦ 按钮：可以在弹出的对话框中选择合适的图片作

中文版 Premiere Pro CC 从入门到精通（微课视频 全彩版）

为遮罩的素材文件。

- 合成使用：包含Alpha遮罩和亮度遮罩两种遮罩方式。
- 反向：勾选该选项，遮罩效果将与实际效果相反。

9.2.4 差值遮罩

【差值遮罩】在为对象建立遮罩后可建立透明区域，显示出该图像下方的素材文件。选择【效果】面板中的【视频效果】/【键控】/【差值遮罩】，如图9-38所示。【差值遮罩】参数面板如图9-39所示。

图9-38　　　　　　图9-39

- 视图：设置合成图像的最终显示效果。包含【最终输出】【仅限源】【仅限遮罩】3种输出方式。
- 差值图层：设置与当前素材产生差值的层。
- 如果图层大小不同：如果差异层和当前素材层的尺寸不同，设置层与层之间的匹配方式。【居中】表示中心对齐,【伸展以适配】表示将拉伸差异层匹配当前素材层。
- 匹配容差：设置层与层之间的容差匹配值。
- 匹配柔和度：设置层与层之间的匹配柔和程度。
- 差值前模糊：将不同像素块进行差值模糊。

9.2.5 移除遮罩

【移除遮罩】可为对象定义遮罩后，在对象上方建立一个遮罩轮廓，将带有【白色】或【黑色】的区域转换为透明效果进行移除。选择【效果】面板中的【视频效果】/【键控】/【移除遮罩】，如图9-40所示。【移除遮罩】参数面板如图9-41所示。

图9-40　　　　　　图9-41

遮罩类型：选择要移除的颜色,包含【白色】【黑色】两种类型。

【超级键】可使用吸管在画面中吸取需要抠除的颜色，此时该种颜色在画面中消失。选择【效果】面板中的【视频效果】/【键控】/【超级键】效果，如图9-42所示。【超级键】参数面板如图9-43所示。

图9-42　　　　　　图9-43

- 输出：设置素材输出类型。包含【合成】【Alpha通道】【颜色通道】3种类型。
- 设置：设置抠像的类型。包括【默认】【弱效】【强效】【自定义】。
- 主要颜色：设置透明的颜色的针对对象。
- 遮罩生成：调整遮罩产生的方式。包括【透明度】【高光】【阴影】【容差】【基值】等。
- 遮罩清除：调整遮罩的属性类型。包括【抑制】【柔化】【对比度】【中间点】等。
- 溢出抑制：调整对溢出色彩的抑制，包括【降低饱和度】【范围】【溢出】【亮度】等。
- 颜色校正：对素材颜色的校正，包括【饱和度】【色相】【明亮度】等。

实例：使用超级键制作清爽户外广告

文件路径：Chapter 09 抠像→实例：使用超级键制作清爽户外广告

本实例主要使用【超级键】抠除人像背景部分，呈现出透明效果并进行一系列合成操作，如图9-44所示。

扫一扫，看视频

第9章　抠像

图 9-44

操作步骤

步骤 01 选择菜单栏中的【文件】/【新建】/【项目】命令，然后会弹出【新建项目】窗口，设置【名称】，并单击【浏览】按钮设置保存路径，如图9-45所示。

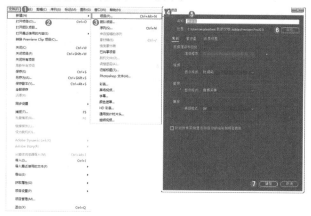

图 9-45

步骤 02 执行【文件】/【导入】命令或按快捷键Ctrl+I，导入全部素材文件，如图9-46所示。

图 9-46

步骤 03 将【项目】面板中的1.jpg和2.jpg素材文件依次拖曳到V1、V5轨道上，此时在【项目】面板中自动生成序列，如图9-47所示。

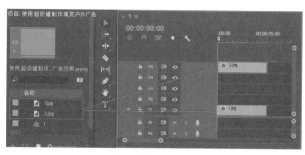

图 9-47

步骤 04 隐藏V5轨道上的2.jpg素材文件。接下来在【效果】面板中搜索【渐隐为白色】效果，然后按住鼠标左键拖曳到V1轨道的1.jpg素材文件上，如图9-48所示。

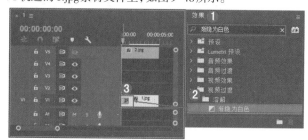

图 9-48

步骤 05 制作字幕效果。选择菜单栏中的【文件】/【新建】/【旧版标题】命令，在对话框中设置【名称】为【字幕01】，单击【确定】按钮，如图9-49所示。

图 9-49

步骤 06 单击 T（文字工具）按钮，然后在工作区域输入文字，接着设置合适的【字体系列】，设置【字体大小】为100，【颜色】为绿色，如图9-50所示。

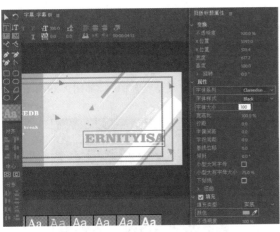

图 9-50

步骤 07 单击（旋转工具）按钮，将光标移动到文字上方，按住鼠标左键将其进行旋转，如图9-51所示。

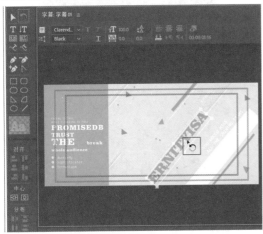

图 9-51

步骤 08 旋转到与右侧白条平行时，按住键盘上的Alt键，此时光标变为（移动工具）按钮，此时将光标放置在文字上方，按住鼠标左键将文字拖曳到白色长条上方，如图9-52所示。

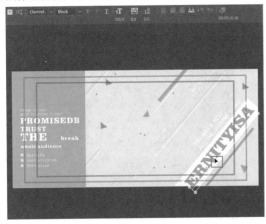

图 9-52

步骤 09 在【字幕01】面板中单击（基于当前字幕新建字幕）按钮，在弹出的对话框中设置【名称】为【字幕02】，如图9-53所示。接下来单击（选择工具）按钮，将【字幕01】中的绿色文字拖曳到黄色长条形状上方，接着单击（文字工具）按钮，选中文字将其进行更改，设置【字体大小】为46，【颜色】为白色，如图9-54所示。

图 9-53

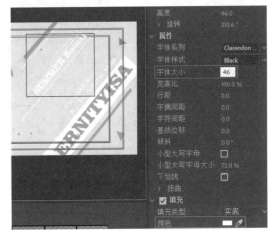

图 9-54

步骤 10 使用同样的方法新建【字幕03】，如图9-55所示。接下来单击（选择工具）按钮，将【字幕02】中的白色文字拖曳到工作区域右侧的合适位置，接着单击（文字工具）按钮，选中文字将其改为数字1，并设置【字体大小】为120，如图9-56所示。

步骤 11 将【项目】面板中的【字幕01】【字幕03】和【字幕02】素材文件依次拖曳到V2、V3和V4轨道上，如图9-57所示。

步骤 12 在【效果】面板中搜索【块溶解】效果，然后按住鼠标左键拖曳到V2轨道的【字幕01】素材文件上，如图9-58所示。

图 9-55

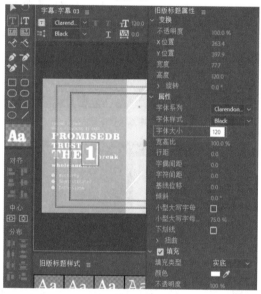

图 9-56

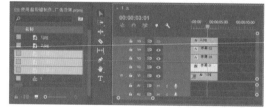

图 9-57

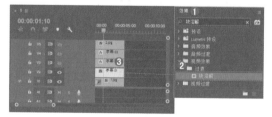

图 9-58

步骤 13 隐藏 V3、V4 轨道上的素材文件并选择 V2 轨道上的【字幕01】素材文件,展开【块溶解】效果,将时间轴滑动到第22帧的位置,设置【过渡完成】为100%,单击【过渡完成】前面的 按钮,开启自动关键帧。继续将时间线滑动到第1秒10帧的位置,设置【过渡完成】为0%,如图9-59所示。效果如图9-60所示。

图 9-59

图 9-60

步骤 14 显现并选择 V3 轨道上的【字幕03】素材文件,展开【运动】效果,将时间轴滑动到第1秒10帧的位置,设置【缩放】为163,单击【缩放】前面的 按钮,开启自动关键帧。继续将时间线滑动到第2秒3帧的位置,设置【缩放】为100,如图9-61所示。效果如图9-62所示。

图 9-61

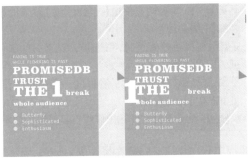

图 9-62

步骤 15 显现并选择 V4 轨道上的【字幕 02】素材文件，展开【运动】效果，将时间轴滑动到第 2 秒 3 帧的位置，设置【位置】为 (768，-45)，单击【位置】前面的 ◯ 按钮，开启自动关键帧。继续将时间线滑动到第 2 秒 17 帧的位置，设置【位置】为 (768，356)，如图 9-63 所示。此时效果如图 9-64 所示。

图 9-63

图 9-64

步骤 16 显现并选择 V5 轨道上的 2.jpg 素材文件，在【效果】面板中搜索【超级键】效果，然后按住鼠标左键拖曳到 V5 轨道的 2.jpg 素材文件上，如图 9-65 所示。

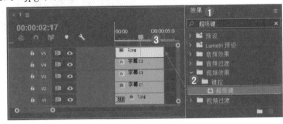

图 9-65

步骤 17 选择 V5 轨道上的 2.jpg 素材文件，展开【超级键】效果，单击【主要颜色】后方的 ✐ (吸管) 按钮，吸取画面中人物的蓝色背景，然后展开【遮罩清除】，设置【抑制】为 20，如图 9-66 所示。此时蓝色背景被抠除，如图 9-67 所示。

图 9-66

图 9-67

步骤 18 最后展开【效果控件】中的【运动】属性，将时间轴滑动到第 2 秒 17 帧的位置，设置【缩放】为 0，单击【缩放】前面的 ◯ 按钮，开启自动关键帧。继续将时间线滑动到第 3 秒 13 帧的位置，设置【缩放】为 100，如图 9-68 所示。此时滑动时间轴查看效果，最终效果如图 9-69 所示。

图 9-68

图 9-69

9.2.7　轨道遮罩键

　　【轨道遮罩键】可通过亮度值定义蒙版层的透明度。选择【效果】面板中的【视频效果】/【键控】/【轨道遮罩键】，如图9-70所示。【轨道遮罩键】参数面板如图9-71所示。

| 图 9-70 | 图 9-71 |

- 遮罩：选择用来跟踪抠像的视频轨道。
- 合成方式：选择用于合成的选项类型。包含【Alpha遮罩】和【亮度遮罩】两种。
- 反向：勾选该选项，效果进行反向选择。

9.2.8　非红色键

　　【非红色键】可叠加带有蓝色背景素材并将蓝色或绿色区域变为透明效果。选择【效果】面板中的【视频效果】/【键控】/【非红色键】，如图9-72所示。【非红色键】参数面板如图9-73所示。

| 图 9-72 | 图 9-73 |

- 阈值：调整素材文件的透明程度。图9-74所示为设置不同【阈值】参数的对比效果。

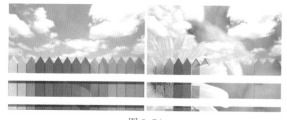

图 9-74

- 屏蔽度：设置素材文件中【非红色键】效果的控制位置和图像屏蔽度。
- 去边：在执行该效果时，可选择去除素材的绿色边缘或者蓝色边缘。
- 平滑：设置素材文件的平滑程度。其中包含【低】程度和【高】程度两种。
- 仅蒙版：设置素材文件在操作中自身蒙版的状态。

实例：使用非红色键制作人像海报

扫一扫，看视频

　　文件路径：Chapter 09　抠像→实例：使用非红色键制作人像海报

　　本实例主要应用到【非红色键】抠除人物的蓝色背景，并搭配关键帧制作出简单的动画效果，如图9-75所示。

图 9-75

操作步骤

步骤 01　选择菜单栏中的【文件】/【新建】/【项目】命令，然后会弹出【新建项目】窗口，设置【名称】，并单击【浏览】按钮设置保存路径，如图9-76所示。

图 9-76

步骤 02　执行【文件】/【导入】命令或按快捷键Ctrl+I，导入全部素材文件,如图9-77所示。

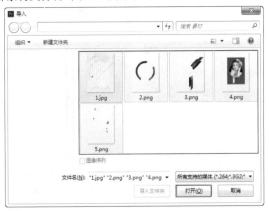

图9-77

步骤 03 将【项目】面板中的素材文件依次拖曳到时间轴面板中的轨道上,如图9-78所示。此时在【项目】面板中自动生成【序列1】。

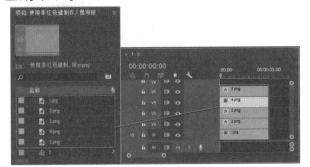

图9-78

步骤 04 隐藏V3、V4、V5轨道上的素材文件,选择V2轨道上的2.png素材文件,将时间线滑动到起始帧位置,设置【缩放】为0,单击【缩放】前面的 按钮,开启自动关键帧。继续将时间线滑动到第20帧的位置,设置【缩放】为100,如图9-79所示。此时画面效果如图9-80所示。

图9-79   图9-80

步骤 05 显现并选择V3轨道上的3.png素材文件,展开【不透明度】效果,将时间线滑动到第20帧的位置,设置【不透明

度】为0%,激活【不透明度】前面的 按钮,开启自动关键帧。继续将时间线滑动到第1秒17帧的位置,设置【不透明度】为100%,如图9-81所示。此时画面效果如图9-82所示。

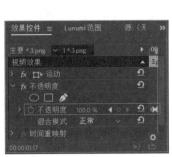

图9-81   图9-82

步骤 06 显现V4轨道上的4.png素材文件,在【效果】面板中搜索【非红色键】效果,然后按住鼠标左键拖曳到V4轨道的4.png素材文件上,如图9-83所示。

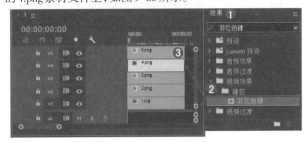

图9-83

步骤 07 选择V4轨道上的4.png素材文件,展开【非红色键】效果,设置【阈值】为90%,【去边】为【蓝色】,如图9-84所示。此时该素材中蓝色背景被抠除,画面效果如图9-85所示。

图9-84   图9-85

步骤 08 在【效果】面板中搜索【百叶窗】效果,然后按住鼠标左键拖曳到V4轨道的4.png素材文件上,如图9-86所示。

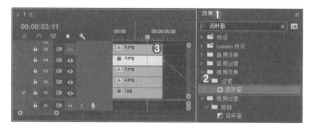

图9-86

步骤（09 选择V4轨道上的4.png素材文件，展开【百叶窗】效果，将时间线滑动到第1秒12帧的位置，设置【过渡完成】为100%，单击【过渡完成】前面的⏱按钮，开启自动关键帧。继续将时间线滑动到第1秒22帧的位置，设置【过渡完成】为0%，如图9-87所示。此时画面效果如图9-88所示。

图9-87

图9-88

步骤（10 显现并选择V5轨道上的5.png素材文件，然后单击右键执行【缩放为帧大小】。接着展开【运动】效果，将时间线滑动到第2秒4帧的位置，设置【缩放】为440，单击【缩放】前面的⏱按钮，开启自动关键帧。继续将时间线滑动到第3秒13帧的位置，设置【缩放】为100，如图9-89所示。最终画面效果如图9-90所示。

图9-89

图9-90

9.2.9　颜色键

【颜色键】是抠像中最常用的效果之一，使用 ✐ 工具吸

取画面颜色，即可将该种颜色变为透明效果。选择【效果】面板中的【视频效果】/【键控】/【颜色键】，如图9-91所示。【颜色键】参数面板如图9-92所示。

图9-91

图9-92

- **主要颜色**：设置抠像的目标颜色。在默认情况下为蓝色。图9-93所示是将【主要颜色】设置为蓝色进行抠像处理的对比效果。

图9-93

- **颜色容差**：针对选择的【主要颜色】进行透明度设置。
- **边缘细化**：设置边缘的平滑程度。
- **羽化边缘**：设置边缘的柔和程度。

实例：使用颜色键制作商业栏目包装

文件路径：Chapter 09　抠像→实例：使用颜色键制作商业栏目包装

扫一扫，看视频

　　本实例主要使用【颜色键】抠除人物背景，并搭配【运动】属性、【不透明度】属性及【百叶窗】效果等制作出宣传图的动画效果，如图9-94所示。

图9-94

操作步骤

步骤 01 选择菜单栏中的【文件】/【新建】/【项目】命令，然后会弹出【新建项目】窗口，设置【名称】，并单击【浏览】按钮设置保存路径，如图9-95所示。

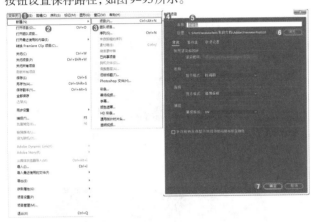

图 9-95

步骤 02 执行【文件】/【导入】命令或按快捷键Ctrl+I，导入全部素材文件，如图9-96所示。

图 9-96

步骤 03 将【项目】面板中的素材文件按顺序依次拖曳到时间轴面板中的轨道上，如图9-97所示。此时在【项目】面板中会自动生成序列。

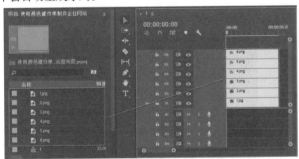

图 9-97

步骤 04 隐藏V3~V6轨道上的素材文件，选择V2轨道上的2.png素材文件，在【效果控件】面板中展开【不透明度】效果，将时间轴滑动到初始帧位置，设置【不透明度】为0%，此处创建出第一个关键帧。继续将时间线滑动到第1秒9帧的位置，设置【不透明度】为100%，如图9-98所示。此时效果如图9-99所示。

图 9-98　　　　　　　　　图 9-99

步骤 05 针对人物进行抠像处理。在【效果】面板中搜索【颜色键】效果，然后按住鼠标左键将其拖曳到V2轨道的2.jpg素材文件上，如图9-100所示。

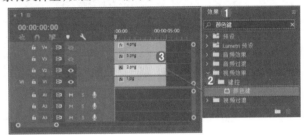

图 9-100

步骤 06 选择V2轨道上的2.jpg素材文件，展开【颜色键】效果，设置【主要颜色】为绿色，【颜色容差】为150，如图9-101所示，此时绿色背景被抠除，画面效果如图9-102所示。

图 9-101　　　　　　　　　图 9-102

步骤 07 显示并选择V3轨道上的3.png素材文件，在【效果】面板中搜索【百叶窗】效果，然后按住鼠标左键拖曳到V3轨道的3.png素材文件上，如图9-103所示。

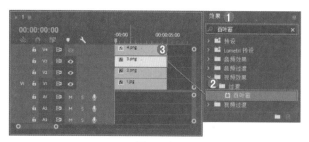

图 9-103

步骤 08 在【效果控件】面板中展开【百叶窗】效果，将时间轴滑动到第1秒9帧的位置，设置【过渡完成】为100%，单击【过渡完成】前面的 按钮，开启自动关键帧。继续将时间线滑动到第2秒10帧的位置，设置【过渡完成】为0%，如图9-104所示。效果如图9-105所示。

图 9-104

图 9-105

步骤 09 显现并选择V4轨道上的4.png素材文件，将时间轴滑动到第2秒10帧的位置，设置【位置】为(830,325)，单击【位置】前面的 按钮，开启自动关键帧。继续将时间线滑动到第2秒19帧的位置，设置【位置】为(830,465)，如图9-106所示。效果如图9-107所示。

图 9-106

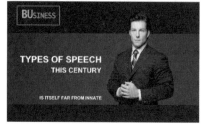

图 9-107

步骤 10 显现并选择V5轨道上的5.png素材文件，将时间轴滑动到第2秒19帧的位置，设置【位置】为(1017,498)，单击【位置】前面的 按钮，开启自动关键帧。继续将时间线滑动到第3秒5帧的位置，设置【位置】为(830,498)，如图9-108所示。此时效果如图9-109所示。

图 9-108

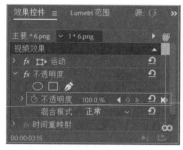

图 9-109

步骤 11 最后显现并选择V6轨道上的6.png素材文件，将时间轴滑动到第3秒5帧的位置，设置【不透明度】为0%，此处创建出第一个关键帧。继续将时间线滑动到第3秒15帧的位置，设置【不透明度】为100%，如图9-110所示。最终效果如图9-111所示。

图 9-110

图 9-111

Chapter 10

第10章

文 字

本章内容简介：

文字是设计作品中最常见的元素之一，它不仅可以快速传递作品信息，同时也起到美化版面的作用，传达的信息更加直观深刻。Premiere中有强大的文字创建与编辑功能，不仅有多种文字工具供操作者使用，还可使用多种参数设置面板修改文字效果。本章将讲解多种类型文字的创建及文字属性的编辑方法，通过为文字设置动画制作完整的作品效果。

重点知识掌握：

- 了解创建文字的方法
- 掌握创建文字及图形的基本操作
- 文字动画的应用

10.1 创建字幕

在Premiere中可以创建横排文字和竖排文字,如图10-1和图10-2所示。除此以外,还可以沿路径创建文字。

图10-1

图10-2

除了简单地输入文字以外,还可以通过设置文字的版式、质感等制作出更精彩的文字效果,如图10-3~图10-6所示。

图10-3

图10-4

图10-5

图10-6

【重点】10.1.1 轻松动手学:使用新版字幕创建文字

扫一扫,看视频

文件路径:Chapter 10 文字→轻松动手学:使用新版字幕创建文字

自Premiere Pro CC 2017版本开始,菜单栏中的【字幕】菜单变为了【图形】菜单,但在工具箱中新增加【T】(文字工具)按钮,直接在工具箱中选择【文字工具】,并在【节目】监视器中输入即可进行字幕的创建,这种方式操作起来更加简单、便捷。

(1)选择菜单栏中的【文件】/【新建】/【项目】命令,然后会弹出【新建项目】窗口,设置【名称】,并单击【浏览】按钮设置保存路径,如图10-7所示,然后在【项目】面板的空白处右击,选择【新建项目】/【序列】。接着会弹出【新建序列】窗口,并在DV-PAL文件夹下选择【标准48kHz】,如图10-8所示。

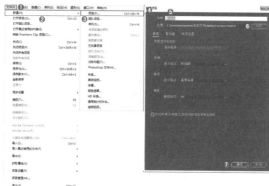

图10-7

图10-8

中文版Premiere Pro CC 从入门到精通（微课视频 全彩版）

（2）在画面中制作淡黄色背影。执行【文件】/【新建】/【颜色遮罩】命令，在弹出的对话框中单击【确定】按钮，如图 10-9 所示。接着在弹出的【拾色器】对话框中设置颜色为黄色，单击【确定】按钮，此时会弹出一个【选择名称】对话框，设置新的名称为【颜色遮罩】，设置完成后继续单击【确定】按钮，如图 10-10 所示。

图 10-9

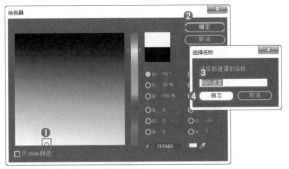

图 10-10

（3）将【项目】面板中的【颜色遮罩】拖曳到 V1 轨道上，如图 10-11 所示。

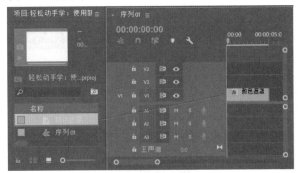

图 10-11

（4）单击【时间轴】面板中的空白处，取消选择【时间轴】面板中的素材文件，然后在工具箱中单击 T（文字工具）按钮，将光标定位在【节目】监视器中，单击鼠标左键插入光标，如图 10-12 所示。此时即可在画面中创建合适的字幕，如图 10-13 所示。字幕创建完成后，可以看到在【时间轴】面板中的 V2 轨道上自动出现新建的字幕素材文件，如图 10-14 所示。

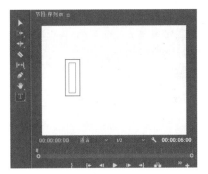

图 10-12

图 10-13

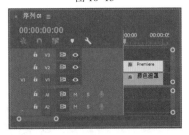

图 10-14

（5）在默认状态下，字体颜色为白色。下面我们更改文字的颜色等属性。选择 V2 轨道上的字幕素材文件，在【效果控件】面板中展开【文本】属性并设置合适的【字体系列】，接着在【外观】下方的【填充】中设置填充颜色为橘色，然后勾选【阴影】效果，滑动滑块，设置阴影的【不透明度】为 15%，如图 10-15 所示。此时文字效果如图 10-16 所示。

图 10-15　　　　　　　　图 10-16

（6）还可以在菜单栏中执行【窗口】/【基本图形】命令，

如图 10-17 所示，然后在【基本图形】面板中单击进入编辑状态，接着单击已编辑完成的文字，即可修改文字的参数及属性，如图 10-18 所示。

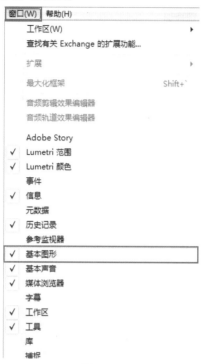

图 10-17

图 10-18

重点 10.1.2　轻松动手学：使用旧版标题创建字幕

文件路径：Chapter 10　文字→轻松动手学：使用旧版标题创建字幕

扫一扫，看视频

下面针对使用【旧版标题】创建字幕的方法进行讲解，该方法不仅可以创建文字，还可在【字幕】面板中创建形状、线段等，相比在工具箱中使用文字工具制作【字幕】的功能更加强大。

（1）选择菜单栏中的【文件】/【新建】/【项目】命令，然后会弹出【新建项目】窗口，设置【名称】，并单击【浏览】按钮设置保存路径，如图 10-19 所示，然后在【项目】面板的空白处右击，选择【新建项目】/【序列】命令。接着会弹出【新建序列】窗口，并在 DV-PAL 文件夹下选择【标准 48kHz】，如图 10-20 所示。

图 10-19

图 10-20

（2）在画面中制作淡蓝色背景。执行【文件】/【新建】/【颜色遮罩】命令，在弹出的窗口中单击【确定】按钮，如图 10-21 所示。接着在弹出的【拾色器】对话框中设置颜色为蓝色，单击【确定】按钮，此时会弹出一个【选择名称】窗口，设置新的名称为【颜色遮罩】，设置完成后继续单击【确定】按钮，如图 10-22 所示。

图 10-21

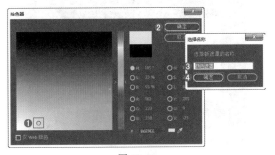

图 10-22

（3）将【项目】面板中的【颜色遮罩】文件拖曳到 V1
轨道上，如图 10-23 所示。

图 10-23

（4）在菜单栏中执行【文件】/【新建】/【旧版标题】命令，
然后在弹出的对话框中单击【确定】按钮，如图 10-24 所示。
此时进入【字幕】面板，如图 10-25 所示。

图 10-24

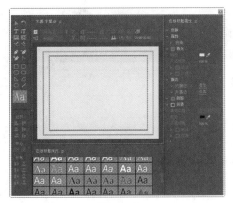

图 10-25

（5）在【字幕】面板的工具箱中单击 T（文字工具）
按钮，然后将光标移动到工作区域中，单击鼠标左键插入光
标，如图 10-26 所示。接着在工作区域中输入合适的文字，
如图 10-27 所示。

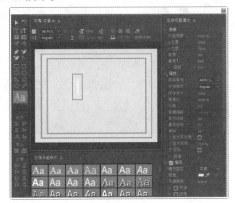

图 10-26

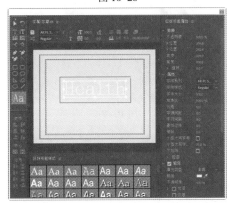

图 10-27

（6）在【旧版标题属性】下方设置合适的【字体系列】，
设置【字体大小】为 113，【颜色】为橘色，然后适当调整
文字位置，如图 10-28 所示。

（7）文字制作完成后关闭【字幕】面板，按住鼠标左键
将【项目】面板中的素材文件拖曳到【时间轴】面板中的
V2 轨道上，如图 10-29 所示。

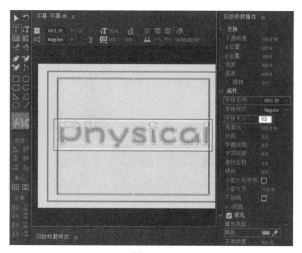

图 10-28

图 10-29

（8）此时画面效果如图 10-30 所示。

图 10-30

 提示：注意本书涉及文字的实例的问题

　　由于部分实例使用了一些特殊字体，在读者朋友计算机中可能没有该字体，那么打开该文件时文字的效果就会与书中不完全一致，包括字体大小不一致、位置不一致、字体外观不一致等问题。读者朋友可以自行下载相应的字体，并安装到计算机中解决这一问题，或者使用自己计算机中的相似字体，并按照实际情况适当修改字体大小和文字位置等即可。我们需要的是学习创建文字、使用文字的方式和方法，字体的类型可以根据作品实际需要进行修改。

1. 使用文字工具创建字幕

　　（1）在【字幕】面板中单击 T（文字工具）按钮，然后在工作区域中单击鼠标左键，如图 10-31 所示。接着在工作区域中输入合适的文字，文字输入完成后可在【字幕】面板右侧的【旧版标题属性】中更改文字属性，如图 10-32 所示。若想调整文字的位置，可使用工具箱中的 ▶（选择工具），将其移动到文字上方，按住鼠标左键拖曳即可移动文字位置，如图 10-33 所示。

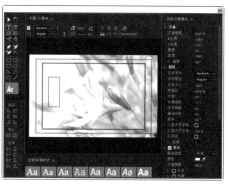

图 10-31

图 10-32

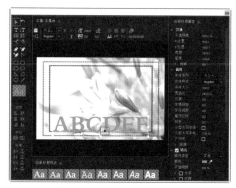

图 10-33

　　（2）文字输入完成后，关闭【字幕】面板，然后按住鼠标左键将【字幕 01】素材文件从【项目】面板中拖曳到【时间轴】面板中的 V2 轨道上即可，如图 10-34 所示。此时画面效果如图 10-35 所示。

中文版Premiere Pro CC 从入门到精通（微课视频 全彩版）

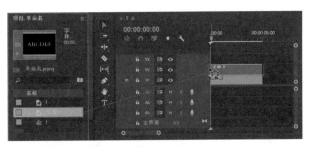

图 10-34

图 10-35

2. 使用钢笔工具绘制形状

（1）单击 ✎（钢笔工具）按钮，在工作区域中的合适位置单击鼠标左键创建锚点，如图 10-36 所示。继续在工作区域中添加锚点，此时选择锚点两侧的控制杆，按住鼠标拖曳即可调节绘制路径的弯曲程度，如图 10-37 所示。

图 10-36

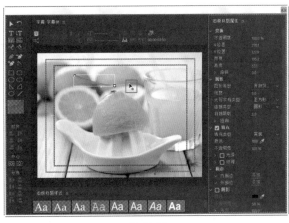

图 10-37

（2）当绘制的锚点首尾连接到一起时，形状制作完成，如图 10-38 所示。

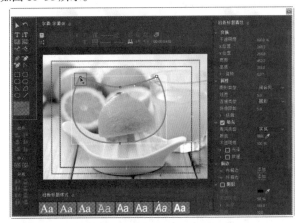

图 10-38

（3）若想删除工作区域中的单个锚点，可单击工具箱中的 ✎（删除锚点工具）按钮，将光标移动到想要删除的锚点上方，当光标右下角变为"减号"时，单击鼠标左键，即可删除该控制点，如图 10-39 和图 10-40 所示。

图 10-39

图 10-40

（4）若想添加锚点，可在工具箱中单击 🖋 (添加锚点工具)按钮，接着将光标定位在所绘制的路径上方，按下鼠标左键即可在路径中成功添加锚点，如图 10-41 所示。此时拖动锚点或锚点两侧的控制杆即可调整路径形状，如图 10-42 所示。

图 10-41

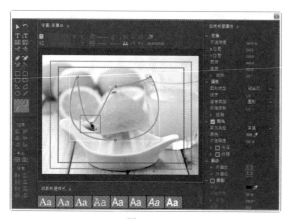

图 10-42

（5）若想将锚点转化为尖角，可在工具箱中单击 ⌐ (转换锚点工具)按钮，将光标定位在工作区域中的锚点上方，按下鼠标左键即可完成尖角的转换，如图 10-43 所示。

图 10-43

3. 使用形状工具绘制形状

在【字幕】面板中共有8种绘制形状的工具，分别为 ▭ (矩形工具)、两种 ▢ ⬭ (圆角矩形工具)、◗ (切角矩形工具)、◣ (楔形工具)、◸ (弧形工具)、◯ (椭圆工具)和 ╱ (直线工具)。

（1）以矩形工具为例进行形状绘制，单击工具箱中的 ▭ (矩形工具)按钮，在画面中按住鼠标左键由左上到右下进行拖曳绘制，如图 10-44 所示。

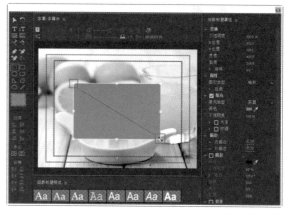

图 10-44

（2）在右侧【旧版标题属性】面板中的【属性】下方选择【图形类型】，此时在下拉列表中呈现11种类型，如图 10-45 所示。例如选择【闭合贝塞尔曲线】，此时工作区域中的矩形形状如图 10-46 所示。

图 10-45

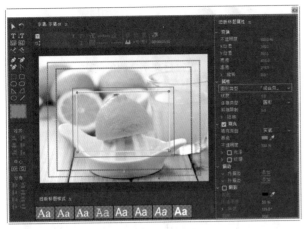

图 10-46

失或字体替换等现象。此时我们可以在复制文件时也将使用过的字体进行复制并安装到使用的计算机中，这样就不会出现文字替换等问题。图 10-49 所示为字体显示不正确和正确的对比效果。哪个正确？

图 10-49

提示：在计算机中添加字体

在 Premiere 中创建文字时，可以设置需要的字体，但是有时候计算机中默认的字体不一定非常适合该作品效果。假如我们从网络上下载到一款字体非常合适，那么怎么在 Premiere 中使用呢？

（1）以 Windows 7 系统的计算机为例。找到下载的字体，选择该字体并按快捷键 Ctrl+C 将其复制。然后执行计算机中的【开始】/【控制面板】命令，并单击【字体】按钮，如图 10-47 所示。

图 10-47

（2）在打开的文件夹中右击选择【粘贴】命令，此时文字就开始安装，如图 10-48 所示。

图 10-48

（3）文字安装成功之后，重新开启 Premiere，就可以使用新字体了。在使用 Premiere Pro 制作文字时，有时会出现一些问题。比如我们打开一个项目文件，该计算机中可能没有制作此项目时使用的字体，那么会造成字体的缺

10.2 认识字幕面板

在创建字幕时，必然会使用到【字幕】面板，在【字幕】面板中，工作区域指制作文字及图案的显示界面，在其上方为字幕栏，左侧为工具箱和字幕动作栏，右侧为旧版标题属性栏，下方为旧版标题样式栏。【字幕】面板分布如图 10-50 所示。

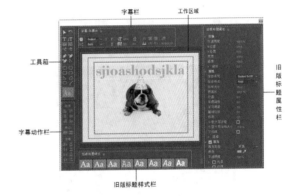

图 10-50

重点 10.2.1 字幕栏

在【字幕】面板中，可基于当前字幕新建字幕、设置字幕滚动、字体大小、对齐方式等。字幕栏在默认情况下在工作区域上方，如图 10-51 所示。

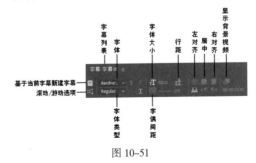

图 10-51

接下来我们来一起熟悉一下各按钮的名称及用途。

- 字幕:字幕01 ☰（字幕列表）：在不关闭【字幕】面板的情况下，可单击☰按钮，在弹出的快捷菜单中对字幕进行切换编辑。快捷菜单如图10-52所示。

图 10-52

- ▣（基于当前字幕新建字幕）：在当前字幕的基础上创建一个新的【字幕】面板。
- ▤（滚动/游动选项）：可设置字幕的类型、滚动方向和时间帧设置，如图10-53所示。

图 10-53

- 静止图像：字幕不会产生运动效果。
- 滚动：设置字幕沿垂直方向滚动。勾选【开始于屏幕外】和【结束于屏幕外】后，字幕将从下向上滚动。
- 向左游动：字幕沿水平向左滚动。
- 向右游动：字幕沿水平向右滚动。
- 开始于屏幕外：勾选该选项，字幕从屏幕外开始进入工作区域中。
- 结束于屏幕外：勾选该选项，字幕从工作区域中滚动到屏幕外结束。
- 预卷：设置字幕滚动的开始帧数。
- 缓入：设置字幕从滚动开始缓入的帧数。
- 缓出：设置字幕缓出结束的帧数。
- 过卷：设置字幕滚动的结束帧数。
- Aardvar_ ▼（字体）：设置字体系列。

- Regular ▼（字体类型）：设置字体的样式。
- ᴛᴛ（字体大小）：设置文字字号的大小。
- ᴠᴀ（字偶间距）：设置文字之间的间距。
- ᴬᴵ（行距）：设置每行文字之间的间距。
- ▤（左对齐）、▤（居中）、▤（右对齐）：设置文字的对齐方式。
- ▣（显示背景视频）：单击将显示当前视频时间位置视频轨道的素材效果并显示出时间码。

重点 10.2.2 工具箱

工具箱中包括选择文字、制作文字、编辑文字和绘制图形的基本工具。在默认情况下，工具箱在工作区域左侧，如图10-54所示。

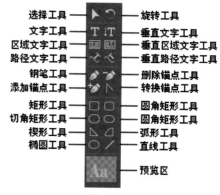

选择工具 ———— 旋转工具
文字工具 ———— 垂直文字工具
区域文字工具 ———— 垂直区域文字工具
路径文字工具 ———— 垂直路径文字工具
钢笔工具 ———— 删除锚点工具
添加锚点工具 ———— 转换锚点工具
矩形工具 ———— 圆角矩形工具
切角矩形工具 ———— 圆角矩形工具
楔形工具 ———— 弧形工具
椭圆工具 ———— 直线工具
———— 预览区

图 10-54

- ▶（选择工具）：用来对工作区域中的文字或图形进行选择。
- ⟳（旋转工具）：选中文字或形状对象，单击该按钮，将光标移动到对象上方，此时光标变为旋转状，此时对象周围出现6个控制点，在任意一个控制点上按住鼠标左键拖曳即可进行旋转。使用快捷键V可以在选择工具和旋转工具之间相互切换。图10-55所示为旋转前后的对比效果。

图 10-55

- ᴛ（文字工具）：选择该按钮，在工作区域中单击鼠标左键会出现一个文本输入框，此时在文本框中即可输入文字。也可以按住鼠标在工作区拖曳出一个矩形文本框，输入的文字将自动在矩形框内进行多行排列，如图10-56所示。

中文版Premiere Pro CC 从入门到精通（微课视频 全彩版）

图 10-56

- （垂直文字工具）：选择该工具后输入文字时，文字将自动从上向下、从右到左竖着排列。
- 🖼（区域文字工具）：选择该按钮后，需要先在工作区画出一个矩形框以输入多行文字。也就是先单击Type Tool，然后画出文本输入框，如图10-57所示。

图 10-57

- 🖼（垂直区域文字工具）：选择该按钮后需要先在工作区画出一个矩形框以便输入多行文字。
- ✒（路径文字工具）：使输入的文字沿着我们绘制的曲线路径进行排列。输入的文本字符和路径是垂直的。
- ✒（垂直路径文字工具）：输入的字符和路径是平行的。
- ✒（钢笔工具）：常用于绘制贝塞尔曲线，在绘制中若要调整曲线形状，可以针对锚点两侧的控制杆进行拖曳调整，如图10-58所示。

图 10-58

- ✒（删除锚点工具）：选中该工具后在锚点上方进行单击即可将该锚点删除。
- ✒（添加锚点工具）：选中该工具后在路径上方单击即可添加锚点。
- ✒（转换锚点工具）：默认情况下，锚点使用两条（外切）切线来对该点处的弧度进行修改，选中该工具后单击该点，则该点处的曲线将转换为内切形式。
- ▢（矩形工具）：选中该工具后可以在工作区域中绘制一个矩形框。矩形框颜色为默认的灰白，但可以被修改。对比效果如图10-59所示。

图 10-59

- ▢（圆角矩形工具）：绘制的矩形在拐角处是弧形的，除拐角处的其他位置为直线状态。
- ▢（切角矩形工具）：选择该工具在工作区域中按住鼠标左键拖曳即可绘制出一个八边形。
- ▢（圆角矩形工具）：比上一个圆角矩形工具绘制出的形状更加圆滑，并提供更加圆角化的拐角，因而可以用它绘制出一个圆形——按住Shift键后绘制即可画出一个正圆。
- ◣（楔形工具）：可以绘制出任意形状的三角状图形。按住Shift键后可以绘制一个等腰三角形。
- ◿（弧形工具）：绘制任意弧度的弧形。按住Shift键后可以绘制一个90°的扇形。
- ◯（椭圆工具）：绘制一个椭圆。按住Shift键后可以绘制出一个椭圆。
- ╱（直线工具）：绘制一条线段，按住鼠标后滑动即可在鼠标按下时的位置和松开时的位置两点之间绘制出一条线段。按住Shift键后可以绘制45°整数倍方向的线段。

提示：在【字幕】面板中沿路径创建文字

首先使用【旧版标题】命令新建一个字幕，在【字幕】面板中单击工具箱中的✒（路径文字工具）按钮，在工作区域中绘制合适的路径，如图10-60所示。路径绘制完成后，在工具箱中单击 T（文字工具）按钮，此时单击路径即可沿着所绘制的路径输入文字，如图10-61所示。

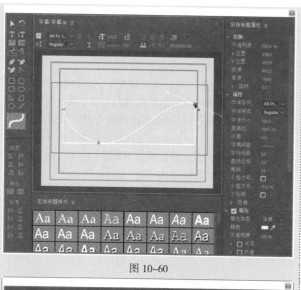

图 10-60

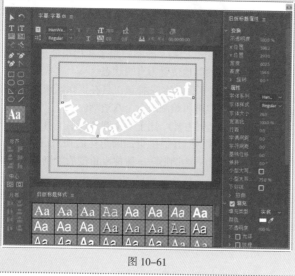

图 10-61

【重点】10.2.3　字幕动作栏

在【字幕动作栏】中可针对多个字幕或形状进行对齐与分布设置。【字幕动作】面板在默认情况下位于工具箱下方，如图10-62所示。

对齐组：选择对象的对齐方式。

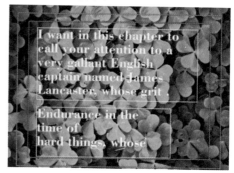（水平靠左）：所有选择的对象以最左边的基准对齐，如图10-63所示。

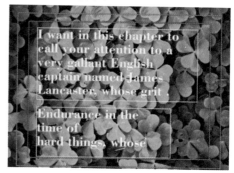（垂直靠上）：所有选择的对象以最上方的对象对齐。

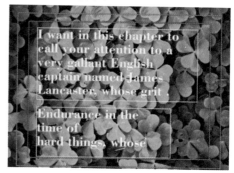（水平居中）：所有选择的对象以水平中心的对象对齐。

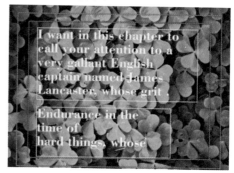（垂直居中）：所有选择的对象以垂直中心的对象对齐。

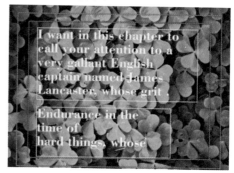（水平靠右）：所有选择的对象以最右边的对象对

图 10-62

齐，如图 10-64 所示。

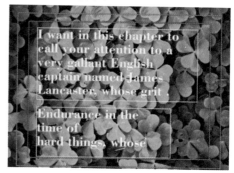

图 10-63

图 10-64

- （垂直靠下）：所有选择的对象以最下方的对象对齐。

  中心组：设置对象在窗口中的中心对齐方式。

- （垂直居中）：选择对象与预览窗口在垂直方向居中对齐。

- （水平居中）：选择对象在水平方向居中对齐。

  分布组：设置 3 个以上对象的对齐方式。

- （水平靠左）：所有选择对象都以最左边的对象对齐，如图 10-65 所示。

图 10-65

- （垂直靠上）：所有选择对象都以最上方的对象对齐。

- （水平居中）：所有选择对象都以水平中心的对象对齐。

- （垂直居中）：所有选择对象都以垂直中心的对

象对齐。

- （水平靠右）：所有选择对象都以最右边的对象对齐。
- （垂直靠下）：所有选择对象都以最下方的对象对齐。
- （水平等距间隔）：所有选择对象水平间距平均对齐。
- （垂直等距间隔）：所有选择对象垂直间距平均对齐。

【重点】10.2.4　旧版标题属性

【旧版标题属性】主要用于更改文字或形状的参数。【旧版标题属性】在默认情况下在工作区域右侧，面板如图10-66所示。

图 10-66

1. 变换

【变换】主要用于设置字幕的不透明度、位置、高度、宽度和旋转等参数，如图10-67所示。

图 10-67

- 不透明度：选中对象后，针对不透明度参数进行调整。图10-68所示为设置不同【不透明度】数值的对比效果。

图 10-68

- X位置：选中对象后，设置对象在X轴上的位置。对比效果如图10-69所示。

图 10-69

- Y位置：与X位置相对，选中对象后，设置对象在Y轴上的位置。
- 宽度：设置所选对象的水平宽度数值。
- 高度：设置所选对象的垂直高度数值。
- 旋转：设置所选对象的旋转角度。

2. 属性

【属性】面板用于【字体系列】【字体大小】【行距】【字偶间距】【倾斜】等参数的设置，图10-70所示。

图 10-70

- 字体系列：设置文字的字体。
- 字体样式：设置文字的字体样式。
- 字体大小：设置文字的大小。
- 宽高比：设置文字的长度和宽度的比例。
- 行距：设置文字的行间距或列间距。
- 字偶间距：设置字与字之间的间距。图10-71所示为设置不同【字偶间距】参数的对比效果。

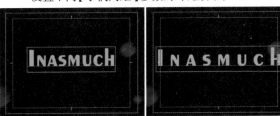

图 10-71

- 字符间距：在字距设置的基础上进一步设置文字的字距。
- 基线位移：用来调整文字的基线位置。
- 倾斜：调整文字倾斜度。

- 小型大写字母：针对小写的英文字母进行调整。
- 小型大写字母大小：针对字母大小进行调整。
- 下划线：为选择文字添加下划线。
- 扭曲：将文字进行X轴或Y轴方向的扭曲变形。图10-72所示为原图和设置X参数、Y参数的对比效果。

图10-72

3. 填充

在默认情况下，填充【颜色】为灰色，【填充】用于文字及形状内部的填充处理，如图10-73所示。

图10-73

- 填充类型：可以设置颜色在文字或图形中的填充类型。其中包括【实底】【线性渐变】【径向渐变】【四色渐变】【斜面】【消除】【重影】7种类型，如图10-74所示。

图10-74

- 实底：可以为文字填充单一的颜色，如图10-75所示。

图10-75

- 线性渐变：两种颜色以垂直或水平方向进行的混合性渐变，并可在【填充】面板中调整渐变颜色的透明度

和角度，如图10-76所示。

图10-76

- 径向渐变：两种颜色由中心向四周发生混合渐变。
- 四色渐变：为文字或图形填充4种颜色混合的渐变。并可针对单独的颜色进行【不透明度】设置，如图10-77所示。

图10-77

- 斜面：选中文字或图形，调节参数，可为其添加阴影效果，如图10-78所示。

图10-78

- 消除：选择【消除】后，可删除文字中的填充内容。
- 重影：去除文字的填充，与【消除】相似。
- 光泽：勾选该选项，可以为工作区中的文字或图案添加光泽效果。其参数面板如图10-79所示。

图10-79

- 颜色：设置添加光泽的颜色。
- 不透明度：设置添加光泽的不透明度。
- 大小：设置添加光泽的高度。图10-80所示为设置不同光泽【大小】的对比效果。

图 10-80

- 角度：对光泽的角度进行设置。
- 偏移：设置光泽在文字或图案上的位置。
- 纹理：为文字添加纹理效果。其参数面板如图10-81所示。
- 纹理：单击【纹理】右侧的■按钮，即可在弹出的【选择纹理图像】对话框中选择一张图片作为纹理元素进行填充。图10-82所示为填充纹理前后的对比效果。

图 10-81

图 10-82

- 随对象翻转：勾选该选项，填充的图会随着文字的翻转而翻转。
- 随对象旋转：与【随对象翻转】用法相同。
- 缩放：选择文字后，在【缩放】组下调整参数，即可对纹理的大小进行调整。
- 对齐：与【缩放】相似，同为调整纹理的位置。
- 混合：可进行【填充键】混合和【纹理键】混合。

4. 描边

【描边】用于文字或形状的描边处理。可分为内部描边和外部描边两种，如图10-83所示。

图 10-83

- 内描边：为文字内侧添加描边效果。
- 类型：包括【深度】【边缘】【凹进】3种类型。
- 大小：设置描边宽度。图10-84所示为设置不同描边【大小】的对比效果。

图 10-84

- 外描边：为文字外侧添加描边效果。与【内描边】用法相同。

5. 阴影

可为文字及图形添加阴影效果。参数面板如图10-85所示。

图 10-85

- 颜色：阴影颜色的设置。
- 不透明度：阴影【不透明度】的设置。
- 角度：阴影【角度】的设置。
- 距离：设置阴影与文字或图案之间的距离。图10-86所示为设置不同【距离】参数时的对比效果。

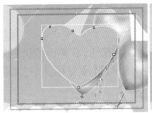

图 10-86

- 大小：设置阴影的大小。
- 扩展：设置阴影的模糊程度。图10-87所示为设置不同【扩展】参数的对比效果。

图 10-87

6. 背景

【背景】可针对工作区域内的背景部分进行更改处理。面板如图10-88所示。

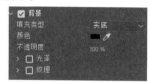

图 10-88

- 填充类型：其中类型与【填充】参数面板中的类型相同。
- 颜色：设置背景的填充颜色。
- 不透明度：设置背景填充色的不透明度。

【重点】10.2.5 旧版标题样式

默认情况下在工作区域中输入的文字不添加任何效果，也不附带特殊的字体样式。在【旧版标题样式】中，单击下方的样式即可为字幕快速添加效果。【旧版标题样式】面板如图10-89所示。

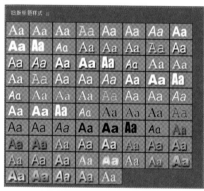

图 10-89

单击【旧版标题样式】右侧的 ≡ 按钮，在弹出的快捷菜单中可以进行【新建样式】【应用样式】【重置样式库】等操作。快捷菜单如图10-90所示。

图 10-90

- 关闭面板：执行该命令，【旧版标题样式】面板将会隐藏。
- 浮动面板：可将【字幕】面板中的各个模块进行重组拆分调整。
- 新建样式：可在【旧版标题样式】中新建样式，并设置相应的名称，如图10-91所示。

图 10-91

- 应用样式：可对文字进行样式设置。
- 应用带字体大小的样式：选择文字，然后执行该命令，可应用该样式的全部属性。
- 仅应用样式颜色：针对该样式的颜色进行应用。
- 复制样式：选择某样式后，选择该选项可对样式进行复制。
- 删除样式：选择不需要的样式，执行该命令即可将样式删除。
- 重命名样式：对样式进行重命名处理。
- 重置样式库：单击该选项，样式库将进行还原。
- 追加样式库：添加样式种类，选中要添加的样式单击打开即可进行追加。
- 保存样式库：将样式库进行保存。
- 替换样式库：打开一个新的样式库并替换原有的样式库。
- 仅文本：单击该选项，样式库中只显示样式的名称。
- 小缩览图、大缩览图：样式库中样式图标显示的大小。

10.3 常用文字实例

通过对创建字幕和认识字幕面板的学习，大家对创建文字、修改文字已不陌生。为了夯实基础，接下来针对字幕的应用进行大量实例学习。

实例：制作时尚镂空文字

文件路径：Chapter 10 文字→实例：制作时尚镂空文字

扫一扫，看视频

本实例主要使用【旧版标题】创建画面中心部分的文字，并使用【不透明度】属性及【百叶窗】效果等制作出动画效果，实例效果如图10-92所示。

中文版Premiere Pro CC 从入门到精通（微课视频 全彩版）

图 10-92

操作步骤

步骤 01　选择菜单栏中的【文件】/【新建】/【项目】命令，然后会弹出【新建项目】窗口，设置【名称】，并单击【浏览】按钮设置保存路径，如图 10-93 所示。

图 10-93

步骤 02　执行【文件】/【导入】命令或者按快捷键 Ctrl+I，导入全部素材文件，如图 10-94 所示。

图 10-94

步骤 03　将【项目】面板中的 1.jpg 素材文件和 2.png 素材文件分别拖曳到 V1 和 V2 轨道上，如图 10-95 所示。此时在【项目】面板中将自动生成序列。

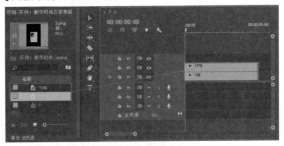

图 10-95

步骤 04　此时选择 V1 轨道上的 1.jpg 素材文件，设置【位置】为(329,490)，如图 10-96 所示。此时效果如图 10-97 所示。

图 10-96　　　　　图 10-97

步骤 05　选择 V2 轨道上的 2.png 素材文件，展开【不透明度】属性，将时间线滑动到起始帧位置，设置【不透明度】为 0%，激活【不透明度】前面的　按钮，开启自动关键帧。将时间线滑动到第 2 秒位置，设置【不透明度】为 100%，如图 10-98 所示。此时效果如图 10-99 所示。

 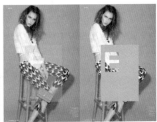

图 10-98　　　　　图 10-99

步骤 06　制作文字部分。在菜单栏中执行【文件】/【新建】/【旧版标题】命令，在对话框中设置【名称】为【字幕 01】，然后单击【确定】按钮，如图 10-100 所示。

步骤 07　单击　(文字工具)按钮，在工作区域中输入文字，设置合适的【字体系列】,【字体大小】为 50,【颜色】为浅灰色，如图 10-101 所示。

图 10-100

图 10-103

步骤 09 字幕制作完成后关闭【字幕】面板。将【项目】面板中的【字幕01】素材文件拖曳到V3轨道上,如图 10-104 所示。

图 10-101

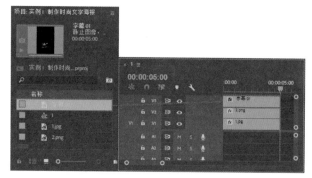

图 10-104

步骤 08 继续单击 T (文字工具)按钮,在工作区域中按住鼠标左键从左上到右下拖曳绘制文本框,如图 10-102 所示。然后设置合适的【字体系列】,【字体大小】为22,【颜色】为浅灰色,如图 10-103 所示。

步骤 10 选择V3轨道上的【字幕01】素材文件,展开【不透明度】属性,将时间线滑动到第1秒16帧位置,设置【不透明度】为50%,激活【不透明度】前面的 按钮,开启自动关键帧。将时间线滑动到第4秒位置,设置【不透明度】为100%,如图 10-105 所示。此时文字效果如图 10-106 所示。

图 10-102

图 10-105

图 10-106

步骤 11 在【时间轴】面板中选择V3轨道上的【字幕01】素材文件,在【效果】面板中搜索【百叶窗】效果,并按住鼠标左键将其拖曳到V1轨道上的【字幕01】素材文件上,如

中文版Premiere Pro CC 从入门到精通(微课视频 全彩版)

图10-107所示。

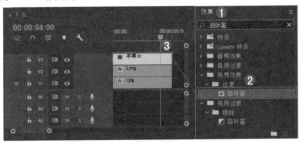

图10-107

步骤 12 在【效果控件】面板中展开【百叶窗】效果，将时间线滑动到第1秒16帧位置，设置【过渡完成】为100%，单击【过渡完成】前面的 按钮，开启自动关键帧。将时间线滑动到第2秒17帧位置，设置【过渡完成】为90%。继续将时间线滑动到第3秒23帧位置，设置【过渡完成】为0%，如图10-108所示。此时滑动时间线查看效果，最终效果如图10-109所示。

图10-108

图10-109

实例：制作动态电影片头

文件路径：Chapter 10　文字→实例：制作动态电影片头

本实例在制作过程中主要在【字幕】面板中创建文字及形状，并结合【渐隐为白色】转场效果和【不透明度】属性等制作出关键帧动画，实例效果如图10-110所示。

扫一扫，看视频

图10-110

操作步骤

步骤 01 在菜单栏中选择【文件】/【新建】/【项目】命令，然后会弹出【新建项目】窗口，设置【名称】，并单击【浏览】按钮设置保存路径，如图10-111所示。

图10-111

步骤 02 执行【文件】/【导入】命令或者按快捷键Ctrl+I，导入素材文件，如图10-112所示。

图10-112

步骤 03 将【项目】面板中的1.jpg素材文件拖曳到V1轨道上，设置结束时间为第5秒18帧，如图10-113所示，此时在【项目】面板中自动生成序列。

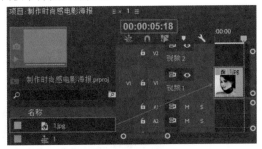

图10-113

步骤 04 选择V1轨道上的1.jpg素材文件，在【效果】面板中搜索【渐隐为白色】效果，并按住鼠标左键将其拖曳到V1轨道上的1.jpg素材文件起始位置处，如图10-114所示。

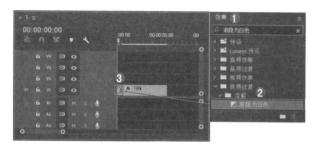

图 10-114

步骤 05 单击选择V1轨道上的1.jpg素材文件中的【渐隐为白色】效果，在【效果控件】面板中设置【持续时间】为00:00:00:14，如图 10-115 所示。此时滑动时间线查看效果，如图 10-116 所示。

图 10-115

图 10-116

步骤 06 制作形状。在菜单栏中执行【文件】/【新建】/【旧版标题】命令，在对话框中设置【名称】为【字幕01】，然后单击【确定】按钮，如图 10-117 所示。

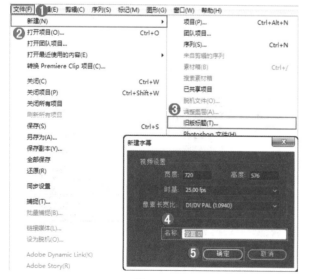

图 10-117

步骤 07 在【字幕】面板的工具箱中单击 ✐（钢笔工具）

按钮，在工作区域右上角位置单击鼠标左键建立锚点，如图 10-118 所示。继续按住鼠标左键拖曳绘制波浪形曲线，如图 10-119 所示。当锚点首尾连接时路径绘制完成，如图 10-120 所示。

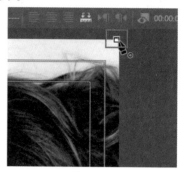

图 10-118

图 10-119　　　　　图 10-120

步骤 08 在【字幕】面板右侧的【旧版标题属性】下方设置【图形类型】为【填充贝塞尔曲线】，【填充类型】为【线性渐变】，设置【颜色】为灰色系渐变，如图 10-121 所示。

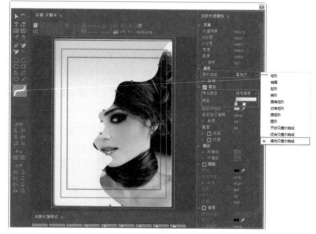

图 10-121

步骤 09 关闭【字幕】面板。将【项目】面板中的【字幕01】素材文件拖曳到V2轨道上，设置起始时间为第9帧，结束时间为第5秒18帧，如图 10-122 所示。

中文版Premiere Pro CC 从入门到精通（微课视频 全彩版）

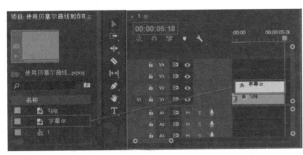

图 10-122

步骤 10 选择 V2 轨道上的【字幕 01】素材文件，展开【不透明度】属性，将时间线滑动到第 9 帧位置，设置【不透明度】为 0%，激活【不透明度】前面的 ⬛ 按钮，开启自动关键帧。将时间线滑动到第 2 秒 5 帧位置，设置【不透明度】为 49.7%，将时间线滑动到第 4 秒 1 帧位置，设置【不透明度】为 100%，如图 10-123 所示。此时效果如图 10-124 所示。

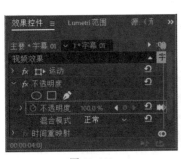

图 10-123

图 10-124

步骤 11 制作文字。在菜单栏中执行【文件】/【新建】/【旧版标题】命令，在对话框中设置【名称】为【字幕 02】，然后单击【确定】按钮，如图 10-125 所示。

图 10-125

步骤 12 单击 T（文字工具）按钮，在工作区域的画面上部按住鼠标左键拖动绘制一个文本框，如图 10-126 所示。然后在文本框内输入文字，在输入文字时可按下大键盘上的 Enrer 键将文字切换到下一行。接着设置合适的【字体系列】，【字体大小】为 500，【行距】为 20，勾选【填充】，设置【颜色】为白色，最后适当调整文字的位置，如图 10-127 所示。

图 10-126

图 10-127

步骤 13 选中 BEAUT 文字，设置该文字的【字体大小】为 600，继续选中 BEAUT IFUI 设置【字偶间距】为 30，此时文字效果如图 10-128 所示。

图 10-128

步骤 14 关闭【字幕】面板。将【项目】面板中的【字幕02】素材文件拖曳到V3轨道上，设置起始时间为第1秒11帧，结束时间与V2轨道上的【字幕01】素材文件对齐，如图10-129所示。

图 10-129

步骤 15 选择V3轨道上的【字幕02】素材文件，展开【不透明度】属性，将时间线滑动到第1秒19帧位置，设置【不透明度】为0%，激活【不透明度】前面的按钮，开启自动关键帧。将时间线滑动到第3秒24帧位置，设置【不透明度】为100%，如图10-130所示。此时效果如图10-131所示。

图 10-130

图 10-131

步骤 16 使用同样的方法继续新建字幕，设置【名称】为【字幕03】，然后单击【确定】按钮，如图10-132所示。

图 10-132

步骤 17 在【字幕】面板的工具箱中单击 T（文字工具），在工作区域中输入文字，设置合适的【字体系列】，【字体大小】为1100，【字偶间距】为100，设置【颜色】为白色，适当调整文字的位置，如图10-133所示。

图 10-133

步骤 18 关闭【字幕】面板。将【项目】面板中的【字幕03】素材文件拖曳到V4轨道上，将其与V3轨道上的【字幕02】素材文件对齐，如图10-134所示。

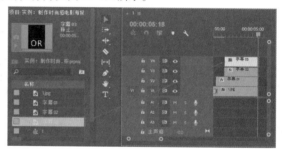

图 10-134

步骤 19 选择V4轨道上的【字幕03】素材文件，展开【缩放】属性，将时间线滑动到第3秒9帧位置，设置【缩放】为30%，单击【缩放】前面的按钮，开启自动关键帧。将时间线滑动到第3秒20帧位置，设置【缩放】为100%，如图10-135所示。展开【不透明度】属性，将时间线滑动到第2秒8帧位置，设置【不透明度】为0%，激活【不透明度】前面的按钮，开启自动关键帧。将时间线滑动到第4秒位置，设置【不透明度】为50%。将时间线滑动到第4秒8帧位置，设置【不透明度】为100%。此时效果如图10-136所示。

图 10-135

图 10-136

步骤 20 在【效果】面板中搜索【块溶解】效果，并按住鼠标左键将其拖曳到V4轨道上的【字幕03】素材文件上，如图10-137所示。

图10-137

步骤 21 在【效果控件】面板中展开【块溶解】效果，将时间线滑动到第4秒1帧位置，设置【过渡完成】为50%，单击【过渡完成】前面的按钮，开启自动关键帧。将时间线滑动到第5秒3帧位置，设置【过渡完成】为0%，如图10-138所示。此时效果如图10-139所示。

图10-138　　　　图10-139

步骤 22 此时滑动时间轴查看效果，最终效果如图10-140所示。

图10-140

实例：使用描边制作卡通文字

文件路径：Chapter 10 文字→实例：使用描边制作卡通文字

本实例在制作文字时主要为文字添加【内描边】及【外描边】，并适当调整文字的字体大

扫一扫，看视频

小，制作出富有趣味性的文字效果，实例效果如图10-141所示。

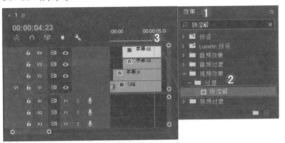

图10-141

操作步骤

步骤 01 在菜单栏中选择【文件】/【新建】/【项目】命令，然后会弹出【新建项目】窗口，设置【名称】，并单击【浏览】按钮设置保存路径，如图10-142所示，然后在【项目】面板的空白处右击，选择【新建项目】/【序列】命令。接着会弹出【新建序列】窗口，并在DV-PAL文件夹下选择【标准48kHz】，如图10-143所示。

图10-142

图10-143

步骤 02 在画面中制作黑颜色背景。在菜单栏中执行【文

件】/【新建】/【颜色遮罩】命令,在弹出的对话框中单击【确定】按钮,如图10-144所示。接着在弹出的【拾色器】对话框中设置颜色为黑色,单击【确定】按钮,此时会弹出一个【选择名称】对话框,设置新的名称为【颜色遮罩】,如图10-145所示。

图10-144

图10-147

图10-145

步骤 03 将【项目】面板中的【颜色遮罩】素材文件拖曳到V1轨道上并设置结束时间为第6秒,如图10-146所示。

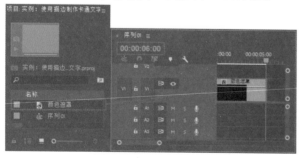

图10-146

步骤 04 制作文字部分。在菜单栏中执行【文件】/【新建】/【旧版标题】命令,在对话框中设置【名称】为【字幕01】,如图10-147所示。

步骤 05 单击 T (文字工具)按钮,在工作区域中输入H字母,然后设置合适的【字体系列】,【字体大小】为200,【颜色】为黄色,并适当调整文字的位置,如图10-148所示。

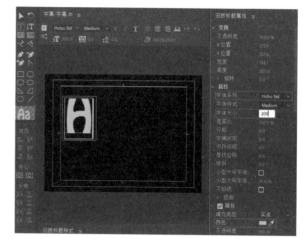

图10-148

步骤 06 单击【内描边】后面的【添加】按钮,设置【类型】为【深度】,【大小】为10,【填充类型】为【实底】,【颜色】为砖红色;单击【外描边】后面的【添加】按钮,设置【类型】为【边缘】,【大小】为20,【填充类型】为【实底】,【颜色】为白色,如图10-149所示。

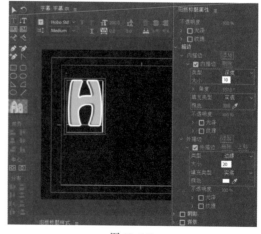

图10-149

步骤 07 设置完成后单击▶(选择工具)按钮,将光标放置在文字右上角的锚点处,当光标变为双箭头图标时,按住鼠标左键向上拖动,将文字进行旋转,如图10-150所示。也可直接在【旧版标题属性】中设置【旋转】为346°,如图10-151所示。

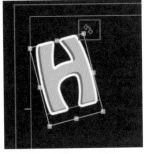

图 10-150

图 10-151

步骤 08 使用快捷键Ctrl+C复制字母H,使用快捷键Ctrl+V进行粘贴,并按住鼠标左键将复制的字母向右侧移动,如图10-152所示。单击T(文字工具)按钮,在工作区域中选中复制的字母"H",将其更改为字母"A",如图10-153所示。

图 10-152

图 10-153

步骤 09 继续选中字母"A",设置【字体大小】为150,此时工作区域中的字母"A"变小了,如图10-154所示。

图 10-154

步骤 10 调整字母"A"的位置和角度。单击▶(选择工具)按钮,将光标放在字母"A"上方,按住鼠标左键将其向左侧

移动,叠加在字母"H"上方,如图10-155所示。接着设置字母"A"【旋转】为13.8°,如图10-156所示。

图 10-155

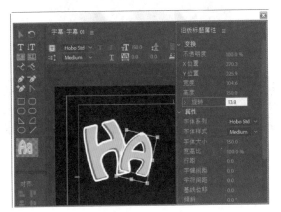

图 10-156

步骤 11 使用同样的方法制作字母P、P、Y,如图10-157所示。

图 10-157

步骤 12 文字制作完成后,关闭【字幕】面板,将【项目】面板中的【字幕01】素材文件拖曳到V2轨道上,将该字幕文件与【颜色遮罩】素材文件对齐,如图10-158所示。

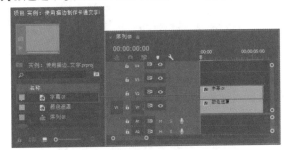

图 10-158

步骤 13 选择 V2 轨道上的【字幕 01】素材文件，展开【不透明度】属性，将时间线滑动起始帧位置，设置【不透明度】为 0%，并激活【不透明度】前面的 ⊙ 按钮，开启自动关键帧。继续将时间线滑动到第 1 秒 8 帧位置，设置【不透明度】为 100%，如图 10-159 所示。此时效果如图 10-160 所示。

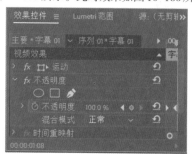

图 10-159

图 10-160

步骤 14 在【效果】面板中搜索【波形变形】效果，然后按住鼠标左键拖曳到 V2 轨道上的【字幕 01】素材文件上，如图 10-161 所示。

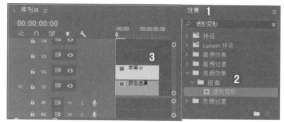

图 10-161

步骤 15 选择 V2 轨道上的【字幕 01】素材文件，展开【波形变形】效果，将时间轴滑动到起始帧位置，设置【波形高度】为 20，单击【波型高度】前面的 ⊙ 按钮，开启自动关键帧。继续将时间线滑动到第 2 秒位置，设置【波形高度】为 0%，如图 10-162 所示。此时效果如图 10-163 所示。

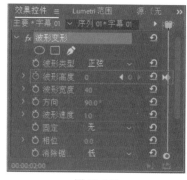

图 10-162

图 10-163

步骤 16 在菜单栏中执行【文件】/【新建】/【旧版标题】命令，在对话框中设置【名称】为【字幕 02】，如图 10-164 所示。

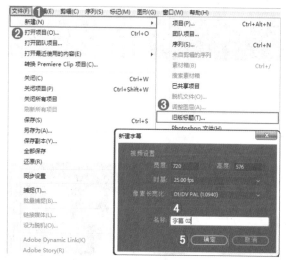

图 10-164

步骤 17 单击 T（文字工具）按钮，在工作区域中分别输入合适的字母，然后设置合适的【字体系列】，【颜色】设置为蓝色，分别将每个字母设置不同的【字体大小】和【旋转】角度，此时效果如图 10-165 所示。

图 10-165

步骤 18 将蓝色字母进行框选，选中它们后，单击【内描边】后方的【添加】按钮，设置【类型】为【深度】，【大小】为 10，【填充类型】为【实底】,【颜色】为深蓝色；单击【外描边】后面的【添加】按钮,设置【类型】为【边缘】,【大小】为20,【填充类型】为【实底】,【颜色】为白色,如图10-166所示。

图 10-166

步骤 19 关闭【字幕】面板,将【项目】面板中的【字幕02】素材文件拖曳到V3轨道上,设置起始时间为第1秒8帧位置,结束时间与V2轨道上的【字幕01】素材文件对齐,如图10-167所示。

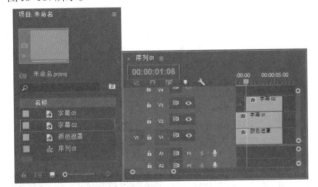

图 10-167

步骤 20 选择V3轨道上的【字幕02】素材文件,展开【不透明度】属性,将时间线滑动到第1秒8帧位置,设置【不透明度】为0%,并激活【不透明度】前面的 按钮,开启自动关键帧。继续将时间线滑动到第2秒16帧位置,设置【不透明度】为100%,如图10-168所示。此时效果如图10-169所示。

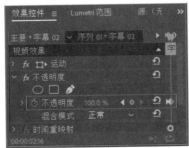

图 10-168

图 10-169

步骤 21 选择V2轨道上的字幕素材文件,在【效果控件】面板中找到【波形变形】效果,使用快捷键Ctrl+C进行复制,接着选择V3轨道上的字幕素材文件,在【效果控件】面板下方空白处单击鼠标左键,使用快捷键Ctrl+V进行粘贴,如图10-170所示。此时V3轨道上的【字幕02】素材文件的【效果控件】面板中出现【波形变形】效果,如图10-171所示。

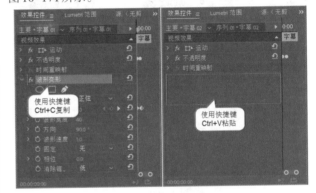

图 10-170

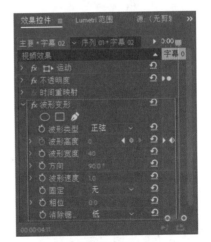

图 10-171

步骤 22 选择V3轨道上的【字幕02】素材文件,展开【波形变形】效果,接着选择【波形高度】后方的第2个关键帧,按住鼠标左键将其向右侧移动,移动到第4秒11帧位置,如图10-172所示。此时滑动时间线查看效果,如图10-173所示。

图 10-172

图 10-173

步骤 23 执行【文件】/【导入】命令或者按快捷键 Ctrl+I,导入 1.png 素材文件,如图 10-174 所示。

图 10-174

步骤 24 将【项目】面板中的 1.png 素材文件拖曳到 V4 轨道上,设置起始时间为第 2 秒 12 帧,结束时间与【时间轴】面板中的其他素材文件对齐,并对其单击右键执行【缩放为帧大小】,如图 10-175 所示。

图 10-175

步骤 25 选择 V4 轨道上的 1.png 素材文件,展开【运动】效果,设置【位置】为(571.6,209.4),将时间轴滑动到第 2 秒 12 帧

位置,设置【缩放】为300,单击【缩放】前面的 ⬤ 按钮,开启自动关键帧。继续将时间线滑动到第 3 秒 21 帧位置,设置【缩放】为40,如图 10-176 所示。此时效果如图 10-177 所示。

图 10-176

图 10-177

步骤 26 选择 V4 轨道上的 1.png 素材文件,展开【不透明度】属性,将时间轴滑动到第 2 秒 22 帧位置,设置【不透明度】为0,激活【不透明度】前面的 ⬤ 按钮,开启自动关键帧。将时间线滑动到第 3 秒 17 帧位置,设置【不透明度】为84。将时间线滑动到第 4 秒 13 帧位置,设置【不透明度】为90。继续将时间线滑动到第 5 秒 4 帧位置,设置【不透明度】为100,如图 10-178 所示。此时滑动时间轴查看效果,最终效果如图 10-179 所示。

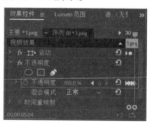

图 10-178　　　　　图 10-179

实例:使用垂直文字工具制作竖排文字

扫一扫,看视频

文件路径:Chapter 10 文字→实例:使用垂直文字工具制作竖排文字

本实例主要使用【裁剪】效果更改风景图片的尺寸,再使用直排文字工具输入诗词文字。实例效果如图 10-180 所示。

中文版Premiere Pro CC 从入门到精通(微课视频 全彩版)

图 10-180

操作步骤

步骤 01 选择菜单栏中的【文件】/【新建】/【项目】命令，然后会弹出【新建项目】窗口，设置【名称】，并单击【浏览】按钮设置保存路径，如图 10-181 所示。在【项目】面板的空白处右击，选择【新建项目】/【序列】命令。接着会弹出【新建序列】窗口，单击【设置】，设置【编辑模式】为【自定义】，【帧大小】为 2480，【水平】为 3508，设置完成后单击【确定】按钮生成序列，如图 10-182 所示。

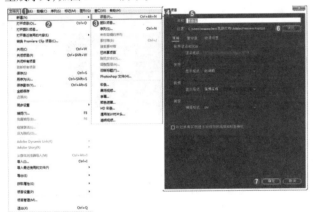

图 10-181

图 10-182

步骤 02 制作背景颜色。执行【文件】/【新建】/【颜色遮罩】命令。在弹出的对话框中单击【确定】按钮，如图 10-183 所示。接着在弹出的【拾色器】对话框中设置颜色为白色，单击【确定】按钮，此时会弹出一个【选择名称】对话框，设置名称为【颜色遮罩】，设置完成后继续单击【确定】按钮，如图 10-184 所示。

图 10-183

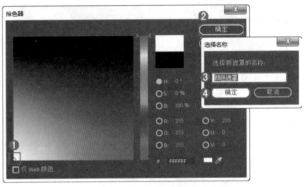

图 10-184

步骤 03 将【项目】面板中的【颜色遮罩】素材文件拖曳到【时间轴】面板中的 V1 轨道上，如图 10-185 所示。

图 10-185

步骤 04 在【项目】面板的空白处双击鼠标左键，导入 1.jpg 和 2.png 素材文件，最后单击【打开】按钮导入，如图 10-186 所示。

步骤 05 将【项目】面板中的 1.jpg 素材文件拖曳到 V2 轨道上，如图 10-187 所示。

图 10-186

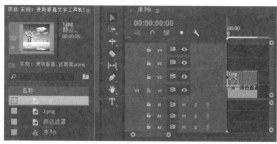

图 10-187

步骤 06 选择 V2 轨道上的 1.jpg 素材文件,设置【位置】为(1214, 1410),【缩放】为 190,如图 10-188 所示。此时效果如图 10-189 所示。

图 10-188

图 10-189

步骤 07 在【效果】面板中搜索【裁剪】效果,然后按住鼠标左键拖曳到 V2 轨道上的 1.jpg 素材文件上,如图 10-190 所示。

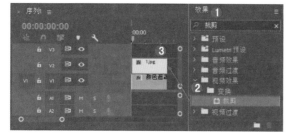

图 10-190

步骤 08 选择 V2 轨道上的 1.jpg 素材文件,设置【左侧】为 8%,【右侧】为 50%,如图 10-191 所示。效果如图 10-192 所示。

图 10-191

图 10-192

步骤 09 在画面中输入文字。在菜单栏中执行【文件】/【新建】/【旧版标题】命令,在对话框中设置【名称】为【字幕 01】,然后单击【确定】按钮,如图 10-193 所示。

图 10-193

步骤 10 单击 **IT**(垂直文字工具)按钮,在工作区域右侧输入诗词题目,设置合适的【字体系列】,【字体大小】为 190,【颜色】为黑色,如图 10-194 所示。接着单击 **T**(文字工具)按钮,在工作区域顶部位置输入文字,并在【字幕】面板右侧设置【字体大小】为 45,如图 10-195 所示。

图 10-194

中文版 Premiere Pro CC 从入门到精通(微课视频 全彩版)

图 10-195

步骤 ⑪ 在摄影图片下方继续输入文字。单击 **T**(垂直文字工具)按钮,在摄影图片下方按住鼠标左键拖曳绘制一个文本框,在文本框中输入诗词,若需要切换到下一行,可按下 Enter 键,接着设置【字体大小】为53,其他参数不变,如图 10-196 所示。继续在诗词后方拖曳一个较小的文本框并输入诗词注释,设置【字体大小】同样为53,然后适当调整文字的位置,如图 10-197 所示。

图 10-196

图 10-197

步骤 ⑫ 关闭【字幕】面板,将【项目】面板中的【字幕01】素材文件拖曳到V3轨道上,如图 10-198 所示。

图 10-198

步骤 ⑬ 在诗词标题右侧添加古风图案。将【项目】面板中的2.png素材文件拖曳到V4轨道上,如图 10-199 所示。

图 10-199

步骤 ⑭ 选择V4轨道上的2.png素材文件,展开【运动】效果,设置【位置】为(2180,762),【缩放】为127,如图 10-200 所示。最终画面效果如图 10-201 所示。

图 10-200

图 10-201

实例:制作网店粉笔字公告效果

文件路径:Chapter 10 文字→实例:制作网店粉笔字公告效果

本实例主要是在画面中输入文字后,使用【渐隐为黑色】【线性擦除】为画面制作出动画效果。实例效果如图 10-202 所示。

图 10-202

操作步骤

步骤 01 在菜单栏中选择【文件】/【新建】/【项目】命令,然后会弹出【新建项目】窗口,设置【名称】,并单击【浏览】按钮设置保存路径,如图10-203所示。然后在【项目】面板的空白处右击,选择【新建项目】/【序列】命令。接着会弹出【新建序列】窗口,并在DV-PAL文件夹下选择【标准48kHz】,如图10-204所示。

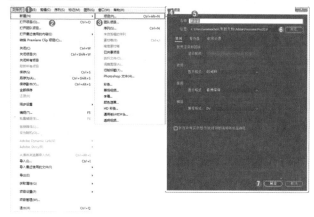

图 10-203

图 10-204

步骤 02 执行【文件】/【导入】命令或者按快捷键Ctrl+I,导入1.jpg素材文件,如图10-205所示。

图 10-205

步骤 03 将【项目】面板中的1.jpg素材文件拖曳到V1轨道上,如图10-206所示。

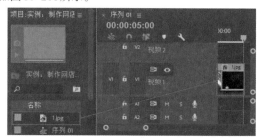

图 10-206

步骤 04 在【时间轴】面板中选择该素材文件,然后右击执行【缩放为帧大小】命令,如图10-207所示。此时画面效果如图10-208所示。

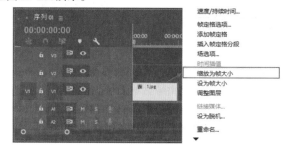

图 10-207

图 10-208

步骤 05 在【效果】面板中搜索【渐隐为黑色】效果,然后按住鼠标左键拖曳到V1轨道的1.jpg素材文件的起始位置处,如图10-209所示。此时画面效果如图10-210所示。

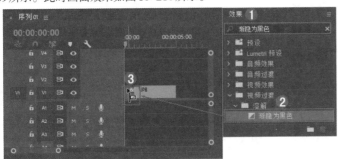 

图 10-209　　　　　　　　　　　　　　　　图 10-210

步骤 06 在黑板上方输入文字。在菜单栏中执行【文件】/【新建】/【旧版标题】命令,在弹出的对话框中设置【名称】为【字幕01】,然后单击【确定】按钮,如图10-211所示。

步骤 07 单击 T (文字工具)按钮,在工作区域中输入文字,然后设置合适的【字体系列】,【字体大小】为80,设置【颜色】为白色,如图10-212所示。此时选中第一个单词,将该文字颜色更改为淡粉色,如图10-213所示。

图 10-211　　　　　　　　　图 10-212　　　　　　　　　图 10-213

步骤 08 在当前【字幕】面板中单击 (基于当前字幕新建字幕)按钮,在弹出的对话框中设置【名称】为【字幕02】,单击【确定】按钮,如图10-214所示。此时选中【字幕01】的文字内容,将文字内容进行更改,然后单击 (选择工具)按钮,按住鼠标左键将【字幕02】中的文字向下移动,并设置【颜色】为白色,如图10-215所示。选中后3个字母,将颜色更改为浅绿色,如图10-216所示。

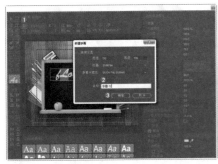  

图 10-214　　　　　　　　　图 10-215　　　　　　　　　图 10-216

步骤 09 在当前【字幕】面板中单击 (基于当前字幕新建字幕)按钮,在弹出的对话框中设置【名称】为【字幕03】,单击【确定】按钮,如图10-217所示。使用同样的方法更改【字幕03】中的文字并将其适当进行移动调整文字的位置,然后选中部分字母,将颜色设置为淡黄色,如图10-218所示。

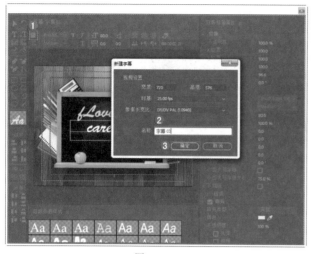

图 10-217

图 10-218

步骤 10 关闭【字幕】面板,将【项目】面板中的【字幕01】【字幕02】和【字幕03】素材文件依次拖曳到V2、V3和V4轨道上,将这3个素材文件的起始时间设置为第2帧位置,结束时间与V1轨道上的01.jpg素材文件对齐,如图10-219所示。

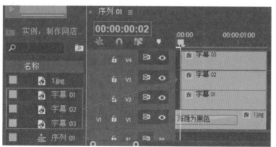

图 10-219

步骤 11 在【效果】面板中搜索【线性擦除】效果,然后按

住鼠标左键拖曳到V2轨道的【字幕01】素材文件上,如图10-220所示。

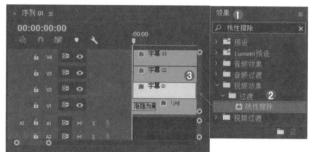

图 10-220

步骤 12 选择V2轨道上的【字幕01】素材文件,展开【线性擦除】效果,设置【擦除角度】为130°,接着将时间轴滑动到第2帧位置,设置【过渡完成】为100%,单击【过渡完成】前面的 按钮,开启自动关键帧。继续将时间线滑动到第2秒23帧位置,设置【过渡完成】为0%,如图10-221所示。此时效果如图10-222所示。

图 10-221   图 10-222

步骤 13 选择V2轨道上的【字幕01】素材文件,在【效果控件】面板中展开【线性擦除】效果,使用快捷键Ctrl+C进行复制,然后选择V3轨道上的【字幕02】素材文件,在【效果控件】面板下方的空白位置使用快捷键Ctrl+V进行粘贴,如图10-223所示。

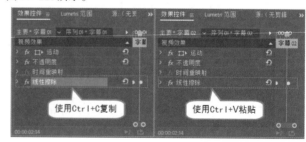

图 10-223

步骤 14 选择V3轨道上的【字幕02】素材文件,展开【线性擦除】效果,按住Ctrl键加选【过渡完成】效果中的关键帧,将其拖动到第1秒2帧的位置,如图10-224所示。此时效果如图10-225所示。

中文版Premiere Pro CC 从入门到精通(微课视频 全彩版)

图 10-224　　　　　　　图 10-225

步骤 15　使用同样的方法将【字幕01】素材文件中的【线性擦除】效果复制到V4轨道上的【字幕03】素材文件中，如图10-226所示。

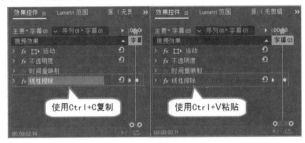

图 10-226

步骤 16　选择V4轨道上的【字幕03】素材文件，展开【线性擦除】效果，按住Ctrl键加选【过渡完成】效果后方的两个关键帧，将其拖动到第2秒2帧的位置，如图10-227所示。此时拖动时间线查看效果，如图10-228所示。

图 10-227　　　　　　　图 10-228

实例：制作创意文字

文件路径：Chapter 10　文字→实例：制作创意文字

本实例首先使用【颜色遮罩】制作画面背景，接着在【字幕】面板中输入文字并适当调整文字大小及颜色，最后使用钢笔工具绘制出粉色形状。实例效果如图10-229所示。

扫一扫，看视频

图 10-229

操作步骤

步骤 01　在菜单栏中选择【文件】/【新建】/【项目】命令，然后会弹出【新建项目】窗口，设置【名称】，并单击【浏览】按钮设置保存路径，如图10-230所示，然后在【项目】面板的空白处右击，选择【新建项目】/【序列】命令。接着会弹出【新建序列】窗口，在【窗口】顶部单击【设置】按钮，接着设置【编辑模式】为【自定义】，【帧大小】为2480，【水平】为3508，【像素长宽比】为【方形像素(1.0)】，【场】为【无场(逐行扫描)】，【预览文件格式】为QuickTime，【宽度】为2480，【高度】为3508，接着单击【确定】按钮，如图10-231所示。

图 10- 230

图 10-231

步骤 02 在画面中制作蓝颜色背景。执行【文件】/【新建】/【颜色遮罩】命令,在弹出的对话框中单击【确定】按钮,如图 10-232 所示。接着在弹出的【拾色器】对话框中设置颜色为蓝色,单击【确定】按钮,此时会弹出一个【选择名称】对话框,设置新的名称为【颜色遮罩】,设置完成后继续单击【确定】按钮,如图 10-233 所示。

图 10-232

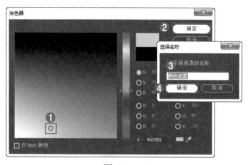

图 10-233

步骤 03 将【项目】面板中的【颜色遮罩】拖曳到 V1 轨道上,如图 10-234 所示。此时在【项目】面板中自动生成序列。

图 10-234

步骤 04 执行【文件】/【导入】命令或者按快捷键 Ctrl+I,导入 1.png 素材文件,如图 10-235 所示。

图 10-235

步骤 05 将【项目】面板中的 1.png 素材文件拖曳到 V2 轨道上,如图 10-236 所示。此时效果如图 10-237 所示。

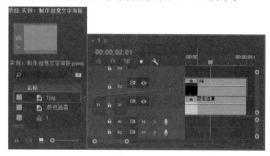

图 10-236

图 10-237

步骤 06 制作字幕。在菜单栏中执行【文件】/【新建】/【旧版标题】命令,在对话框中设置【名称】为【字幕01】,然后单击【确定】按钮,如图 10-238 所示。

图 10-238

步骤 07 单击 T(文字工具)按钮,在工作区域中输入数字"1",然后设置合适的【字体系列】,设置【字体大小】为2000,【颜色】为蓝色,并适当调整文字位置,如图 10-239 所示。继续在工作区域中心位置处输入文字,然后单击【字幕】面板上方的【左对齐】按钮,设置合适的【字体系列】,【字体大小】为350,【颜色】为白色,如图 10-240 所示。

步骤 08 在白色文字上部输入文字。设置合适的【字体系列】,【字体大小】为130,【字偶间距】为-36,【颜色】为白

中文版Premiere Pro CC 从入门到精通(微课视频 全彩版)

色，如图 10-241 所示。在工作区域左上角位置输入文字，设置【字体大小】为 400，【行距】为 -30，【颜色】为白色，如图 10-242 所示。输入完成后，选中字母 "BC"，设置【颜色】为蓝色，如图 10-243 所示。

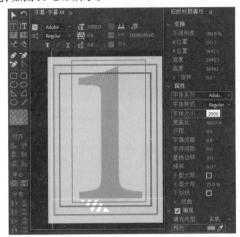

图 10-239

图 10-240

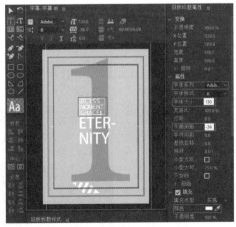

图 10-241

图 10-242   图 10-243

步骤 09 在工作区域右下角输入文字，设置【字体大小】为 100，单击【字幕】面板上方的【右对齐】按钮，如图 10-244 所示。

图 10-244

步骤 10 关闭【字幕】面板。将【项目】面板中的【字幕 01】素材文件拖曳到【时间轴】面板中的 V3 轨道上，如图 10-245 所示。

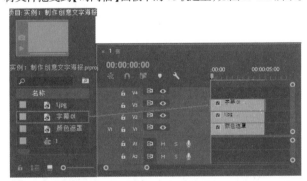

图 10-245

步骤 11 在画面中制作形状。在菜单栏中执行【文件】/【新建】/【旧版标题】命令，在对话框中设置【名称】为【粉色形状】，然后单击【确定】按钮，如图 10-246 所示。

步骤 12 在【字幕】面板中单击 ✐ (钢笔工具) 按钮，在工作区域中单击鼠标左键建立锚点，绘制一个倾斜的多边形，绘制完成后，在右侧参数面板中设置【颜色】为粉色，【图形类型】为【填充贝塞尔曲线】如图 10-247 所示。

图 10-246

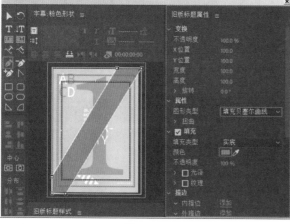

图 10-247

步骤 13 关闭【字幕】面板。将【项目】面板中的【粉色形状】素材文件拖曳到【时间轴】面板中的V3轨道上，如图10-248所示。

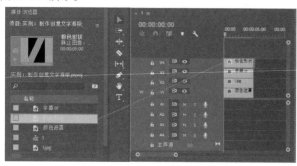

图 10-248

步骤 14 选择V4轨道上的【粉色形状】素材文件，在【效果控件】面板中展开【不透明度】属性，设置【混合模式】为【色相】，如图10-249所示。实例最终效果如图10-250所示。

图 10-249

图 10-250

实例：制作斜体的文字促销广告

扫一扫，看视频

文件路径：Chapter 10 文字→实例：制作斜体的文字促销广告

本实例在制作文字时将应用到文字【倾斜】属性，打破传统文字的死板，使文字呈现出更加灵活的视觉效果。实例效果如图10-251所示。

图 10-251

操作步骤

步骤 01 选择菜单栏中的【文件】/【新建】/【项目】命令，然后会弹出【新建项目】窗口，设置【名称】，并单击【浏览】按钮设置保存路径，如图10-252所示。在【项目】面板的空白处右击，选择【新建项目】/【序列】命令。接着会弹出【新建序列】窗口，并在DV-PAL文件夹下选择【标准48kHz】，如图10-253所示。

图 10-252

中文版Premiere Pro CC 从入门到精通（微课视频 全彩版）

图 10-253

步骤 02 在画面中制作洋红色背景。选择【文件】/【新建】/【颜色遮罩】命令。在弹出的对话框中单击【确定】按钮,如图10-254所示。接着在弹出的【拾色器】对话框中设置颜色为洋红色,然后单击【确定】按钮,此时会弹出一个【选择名称】对话框,设置新的名称为【颜色遮罩】,设置完成后继续单击【确定】按钮,如图10-255所示。

图 10-254

图 10-255

步骤 03 将【项目】面板中的【颜色遮罩】拖曳到V1轨道上,如图10-256所示。

图 10-256

步骤 04 执行【文件】/【导入】命令或者按快捷键Ctrl+I,导入1.png素材文件,如图10-257所示。

图 10-257

步骤 05 将【项目】面板中的1.png素材文件拖曳到V2轨道上,如图10-258所示。

图 10-258

步骤 06 制作背景底纹效果。选择V2轨道上的1.png素材文件,设置【缩放】为24,【混合模式】为【柔光】,如图10-259所示。此时效果如图10-260所示。

图 10-259　　　　　　　　图 10-260

步骤 07 制作文字部分。在菜单栏中执行【文件】/【新建】/【旧版标题】命令,在对话框中设置【名称】为【字幕01】,然后单击【确定】按钮,如图10-261所示。

图 10-261

步骤 08 单击 T（文字工具）按钮，在工作区域中输入数字7，然后设置合适的【字体系列】，【字体大小】为400，【倾斜】为24°，【颜色】为黄色，如图10-262所示。

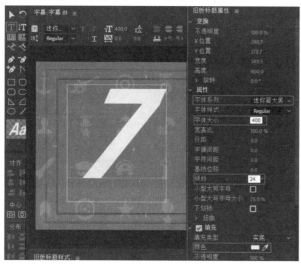

图 10-262

步骤 09 在数字"7"左侧输入日期，设置合适的【字体系列】，【字体大小】为45，【倾斜】为15°，【颜色】为白色，如图10-263所示。在数字"7"右侧输入文字，并设置【字体大小】为65，且其他参数不变，如图10-264所示。

步骤 10 在工作区域的"SHIRT DRESS"文字上方继续输入文字，并设置合适的【字体系列】，设置【字体大小】为14，【倾斜】为10°，【颜色】为白色，如图10-265所示。

步骤 11 单击 ■（矩形工具）按钮，在工作区域的文字上方绘制一个矩形形状，设置【填充类型】为实底，【颜色】为洋红色，单击【外描边】后面的【添加】按钮，设置【类型】为【边缘】，【大小】为5，【颜色】为白色，如图10-266所示。

图 10-263

图 10-264

图 10-265

中文版Premiere Pro CC 从入门到精通（微课视频 全彩版）

图 10-266

步骤 12 单击 **T**（文字工具）按钮，在工作区域的洋红色矩形上方输入文字，设置合适的【字体系列】，【字体大小】为 100，【倾斜】为 17°，【颜色】为白色，如图 10-267 所示。接着在洋红色矩形底部位置继续输入文字，设置合适的【字体系列】，【字体大小】为 29，【倾斜】为 15°，【颜色】为白色，如图 10-268 所示。

图 10-267

图 10-268

步骤 13 在画面底部使用钢笔工具绘制形状。单击【字幕】面板中的 （钢笔工具）按钮，在工作区域中单击鼠标左键，在画面中建立锚点，绘制一个圆角四边形，设置【图形类型】为【填充贝塞尔曲线】，【颜色】为白色，如图 10-269 所示。接着在工作区域上方的白色形状上方输入合适的文字，设置合适的【字体系列】，【字体大小】为 37，【倾斜】为 15°，【颜色】为洋红色，如图 10-270 所示。

步骤 14 文字制作完成后关闭【字幕】面板。将【项目】面板中的【字幕 01】拖曳到 V3 轨道上，如图 10-271 所示。实例效果如图 10-272 所示。

图 10-269

图 10-270

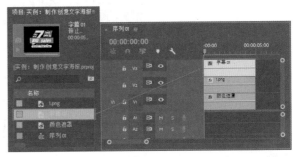

图 10-271

图 10-272

实例: 制作艺术感渐变文字

文件路径: Chapter 10 文字→实例: 制作艺术感渐变文字

本实例在制作时将文字的【填充类型】设置为线性渐变, 并使用【钢笔工具】绘制文字底部背景, 使文字效果更加突出。实例效果如图10-273所示。

扫一扫, 看视频

图 10-273

操作步骤

步骤 01 在菜单栏中选择【文件】/【新建】/【项目】命令, 然后弹出【新建项目】窗口, 设置【名称】, 并单击【浏览】按钮设置保存路径, 如图10-274所示。在【项目】面板的空白处右击, 选择【新建项目】/【序列】命令。接着会弹出【新建序列】窗口, 并在DV-PAL文件夹下选择【标准48kHz】, 如图10-275所示。

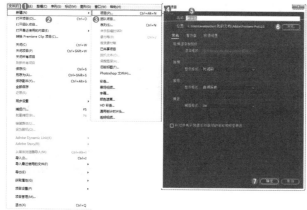

图 10-274

图 10-275

步骤 02 执行【文件】/【导入】或者按快捷键Ctrl+I, 导入1.jpg和2.png素材文件, 如图10-276所示。

图 10-276

步骤 03 将【项目】面板中的1.jpg素材文件拖曳到V1轨道上, 如图10-277所示。

图 10-277

步骤 04 右击V1轨道上的1.jpg素材文件, 在弹出的快捷菜单中选择【缩放为帧大小】, 如图10-278所示。此时效果如图10-279所示。

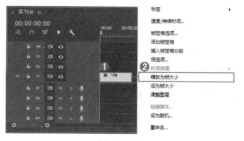

图 10-278

图 10-279

步骤 05 此时画面顶部和底部仍有黑边出现。接下来选择 V1 轨道上的 1.jpg 素材文件，展开【运动】效果，设置【缩放】为 110，如图 10-280 所示。此时画面效果如图 10-281 所示。

图 10-280

图 10-281

步骤 06 将【项目】面板中的 2.png 素材文件拖曳到 V2 轨道上，如图 10-282 所示。

图 10-282

步骤 07 选择 V2 轨道上的 2.png 素材文件，展开【运动】属性，设置【缩放】为 110，展开【不透明度】属性，激活【不透明度】前面的 ⏱ 按钮，设置【不透明度】为 40%，【混合模式】为【差值】，如图 10-283 所示。画面效果如图 10-284 所示。

图 10-283

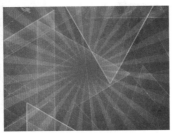

图 10-284

步骤 08 制作文字效果。在菜单栏中执行【文件】/【新建】/【旧版标题】命令，在对话框中设置【名称】为【字幕01】，然后单击【确定】按钮，如图 10-285 所示。

图 10-285

步骤 09 单击 T（文字工具）按钮，在工作区域中输入字母 D，设置合适的【字体系列】，【字体大小】设置为 234，【填充类型】为【线性渐变】，【颜色】为黄色系渐变，如图 10-286 所示。接下来勾选【阴影】效果，设置【颜色】为黑色，【角度】为 -125°，如图 10-287 所示。

图 10-286

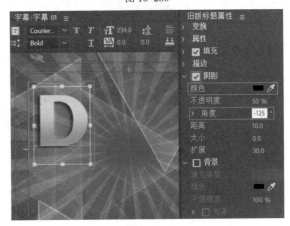

图 10-287

步骤 10 将文字进行旋转。单击 ▶(选择工具)按钮,将光标放置在文字右上角的锚点处,当光标变为双箭头时,按住鼠标左键将文字进行旋转,如图10-288所示。

图 10-288

步骤 11 在【字幕】面板中制作其他字母,选择字母D,使用快捷键Ctrl+C进行复制,然后使用快捷键Ctrl+V进行粘贴,此时将光标放在复制的字母D上方,按住鼠标左键将其向右侧移动,如图10-289所示。将复制的字母D适当地进行旋转,设置【旋转】为335.9°,再次单击 T (文字工具)按钮,选中复制的字母D,将其更改为字母R并设置【字体大小】为190,如图10-290所示。

图 10-289

图 10-290

步骤 12 使用同样的方法继续复制字母并进行更改,并适当调整字母的位置及旋转角度。接着在该文字下方继续按同样的方法制作文字,字体效果与"DREAM"效果相同,设置填

充的【颜色】为蓝色到紫色的渐变,适当调整字母的位置及旋转角度,此时文字效果如图10-291所示。

图 10-291

步骤 13 将【项目】面板中的【字幕01】素材文件拖曳到【时间轴】面板中的V4轨道上,如图10-292所示。

图 10-292

步骤 14 制作文字背景图形。在菜单栏中执行【文件】/【新建】/【旧版标题】命令,在对话框中设置【名称】为【字底形状】,然后单击【确定】按钮,如图10-293所示。

图 10-293

步骤 15 单击 ✐ (钢笔工具)按钮,在工作区域中沿文字边缘建立锚点并绘制路径,如图10-294所示。在面板右侧设置【填充类型】为【填充贝塞尔曲线】,【颜色】为洋红色,勾选【阴影】,设置【颜色】为黑色,【角度】为135°,如图10-295所示。

图 10-294

图 10-295

步骤 16 单击 ✐ (钢笔工具)按钮,在洋红色形状下方沿"GIRLS"文字边缘绘制路径,设置【图形类型】为【填充贝塞尔曲线】,【填充类型】为【线性渐变】,【颜色】设置为一个蓝紫色系渐变,勾选【阴影】,设置【颜色】为黑色,【角度】为135°,如图10-296所示。

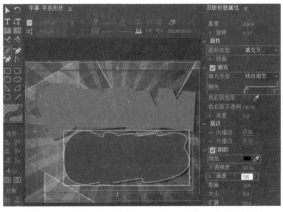

图 10-296

步骤 17 关闭【字幕】面板。将【项目】面板中的【字底形状】素材文件拖曳到V3轨道上,如图10-297所示。最终画面效果如图10-298所示。

图 10-297

图 10-298

实例:创意文字显现动画效果

文件路径:Chapter 10 文字→实例:创意文字显现动画效果

文字海报效果主要使用【位置】属性将文字由外慢慢引入画面内,再使用【不透明度】和【缩放】效果将文字慢慢显现。实例效果如图10-299所示。

扫一扫,看视频

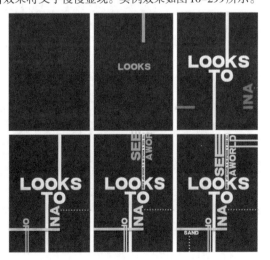

图 10-299

操作步骤

步骤 01 在菜单栏中选择【文件】/【新建】/【项目】命令，然后弹出【新建项目】窗口，设置【名称】，并单击【浏览】按钮设置保存路径，如图10-300所示。

步骤 02 在【项目】面板的空白处双击鼠标左键，然后在打开的对话框中选择所需的素材文件，并单击【打开】按钮导入，如图10-301所示。

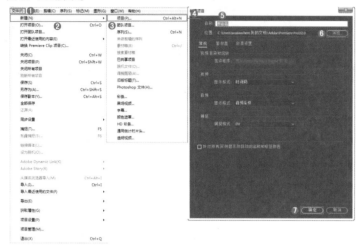

图 10-300　　　　　　　　　　　　　　　　　　　　图 10-301

> **提示：为什么不在【项目】面板创建序列**
>
> 　　在【项目】面板中直接导入素材文件，再将素材文件拖曳到【时间轴】面板中，不仅在【时间轴】面板中会自动生成轨道，更会在【项目】面板中自动生成【序列】，如图10-302所示。
>
>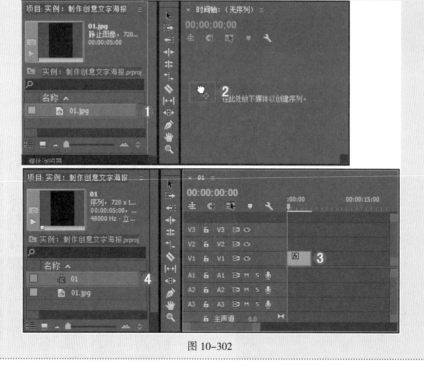
>
> 图 10-302

步骤 03 将【项目】面板中的【背景.jpg】素材文件拖曳到V1轨道上，如图10-303所示。

图 10-303

步骤 04 在菜单栏中执行【文件】/【新建】/【旧版标题】命令，在对话框中设置【名称】为【字幕01】，然后单击【确定】按钮，如图10-304所示。

图 10-304

步骤 05 单击 **T**（文字工具）按钮，然后在工作区域输入"LOOKS"，接着设置合适的【字体系列】，设置【字体大小】为100，【填充类型】为【实底】，【颜色】为浅黄色，如图10-305所示。

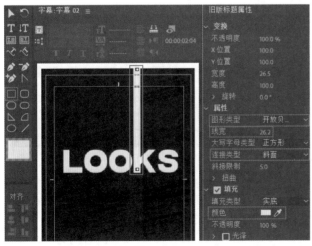

图 10-305

步骤 06 关闭【字幕】面板，并将【项目】面板中的【字幕01】拖曳到V2轨道上，如图10-306所示。

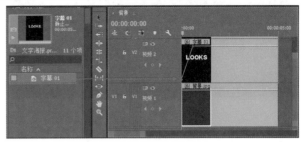

图 10-306

步骤 07 选择V2轨道上的【字幕01】素材文件，将时间轴滑动到初始位置，并激活【缩放】和【不透明度】前的 按钮，创建关键帧，设置【缩放】为0，【不透明度】为0%。然后将时间轴滑动到第15帧的位置，设置【缩放】为100，【不透明度】为100，如图10-307所示。

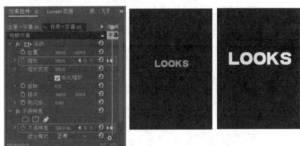

图 10-307

步骤 08 使用同样的方法创建【字幕02】。单击■（矩形工具）按钮，然后设置【图形类型】为【开放贝塞尔曲线】，【线宽】为26.2，【连接类型】为【斜面】，设置【颜色】为浅黄色，如图10-308所示。

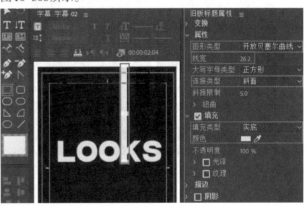

图 10-308

步骤 09 关闭【字幕】面板，并将【项目】面板中的【字幕02】拖曳到V3轨道上，如图10-309所示。

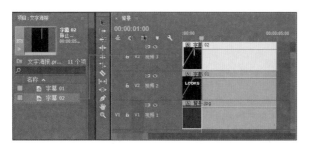

图 10-309

步骤 (10) 选择V3轨道上的【字幕02】素材文件,将时间轴滑动到起始帧位置,并激活【位置】和【不透明度】前的 按钮,创建关键帧,设置【位置】为(360,54),【不透明度】为0%。然后将时间轴滑动到第15帧位置,设置【位置】为(360,504),【不透明度】为100%,如图10-310所示。此时查看效果,如图10-311所示。

图 10-310

图 10-311

步骤 (11) 使用同样的方法创建【字幕03】。单击 **T** (文字工具)按钮,然后在工作区域中输入"TO",接着设置合适的【字体系列】,设置【字体大小】为100,【填充类型】为【实底】,【颜色】为浅黄色,如图10-312所示。再次单击 (矩形工具)按钮,然后设置【图形类型】为【开放贝塞尔曲线】,【线宽】为26.5,【连接类型】为【圆形】,【颜色】为浅黄色,如图10-313所示。

图 10-312

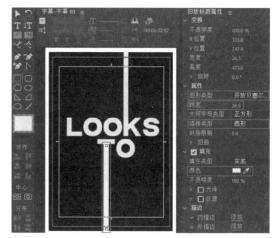

图 10-313

步骤 (12) 关闭【字幕】面板,并将【项目】面板中的【字幕03】拖曳到V4轨道上,如图10-314所示。

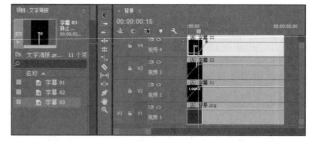

图 10-314

步骤 (13) 选择V4轨道上的【字幕03】素材文件,将时间轴滑动到第15帧位置,并激活【位置】和【不透明度】前的 按钮,创建关键帧,设置【位置】为(360,998),【不透明度】为0。然后将时间轴滑动到第1秒位置,设置【位置】为(360,504),【不透明度】为100%,如图10-315所示。

中文版Premiere Pro CC 从入门到精通 (微课视频 全彩版)

图 10-315

步骤 14 创建【字幕04】。单击 T (文字工具)按钮,然后在工作区域输入"INA",接着设置合适的【字体系列】,设置【字体大小】为80,【旋转】为270°,【填充类型】为【实底】,【颜色】为浅黄色,如图10-316所示。再次单击 T (文字工具)按钮,然后输入省略号,设置【宽高比】为95.7%,【颜色】为浅黄色,如图10-317所示。

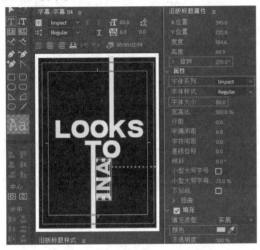

图 10-316

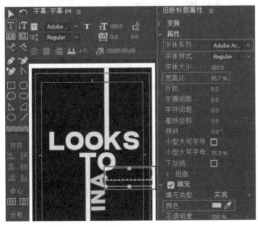

图 10-317

步骤 15 关闭【字幕】面板,并将【项目】面板中的【字幕04】拖曳到V5轨道上,如图10-318所示。

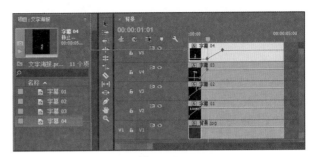

图 10-318

步骤 16 选择V5轨道上的【字幕04】素材文件,将时间轴滑动到第1秒位置,并激活【位置】和【不透明度】前的 ○ 按钮,创建关键帧,设置【位置】为(731,504),【不透明度】为0。然后将时间轴滑动到第1秒20帧位置,设置【位置】为(371,504),【不透明度】为100%,如图10-319所示。

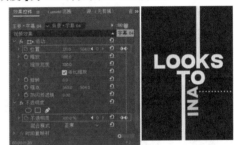

图 10-319

步骤 17 使用同样的方法创建【字幕05】。单击 ■ (矩形工具)按钮,然后设置【图形类型】为【闭合贝塞尔曲线】,【线宽】为21,【连接类型】为【斜面】,【填充类型】为【实底】,【颜色】为浅黄色,接着勾选【阴影】,设置【颜色】为黑色,设置【不透明度】为50%,【角度】为135,【距离】为10,【大小】为0,【扩展】为30,如图10-320所示。

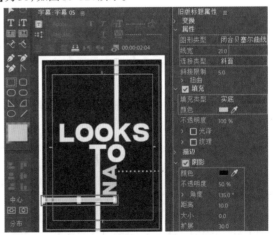

图 10-320

步骤 18 关闭【字幕】面板,并将【项目】面板中的【字幕05】拖曳到V6轨道上,如图10-321所示。

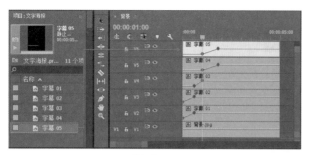

图 10-321

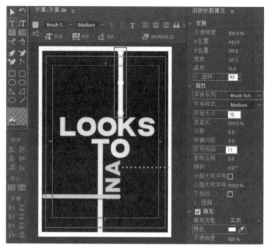

图 10-324

步骤 19 选择V6轨道上的【字幕05】素材文件,将时间轴滑动到第1秒位置,并激活【位置】和【不透明度】前的 按钮,创建关键帧,设置【位置】为(-87,495),【不透明度】为0。然后将时间轴滑动到第1秒20帧位置,设置【位置】为(371,495),【不透明度】为100%,如图10-322所示。此时查看效果如图10-323所示。

图 10-322

图 10-323

图 10-325

步骤 20 按同样的方式创建【字幕06】。单击 (文字工具)按钮,然后在工作区域中输入文字,设置合适的【字体系列】,设置【字体大小】为15,设置【旋转】为90°,【字符间距】为1.1,【填充类型】为【实底】,【颜色】为浅灰色,如图10-324所示。接着勾选【阴影】,设置【颜色】为黑色,【不透明度】为62%,【角度】为-205°,【距离】为6,【大小】为11,【扩展】为19,如图10-325所示。

步骤 21 单击 (文字工具)按钮,然后在工作区域输入文字"OF",设置【旋转】为90°,然后设置合适的【字体系列】,设置【字体大小】为50,【填充类型】为【实底】,【颜色】为浅黄色,如图10-326所示,然后单击 (矩形工具)按钮,在工作区域底部按住鼠标左键拖曳绘制两个长方形,设置【图形类型】为【开放贝塞尔曲线】,【线宽】为10,【连接类型】为【圆形】,【填充类型】为【实底】,【颜色】为浅黄色,接着勾选【阴影】,设置【颜色】为黑色,【不透明度】为50%,【角度】为-254°,【距离】为5,【大小】为0,【扩展】为30,如图10-327所示。

图 10-326

左侧竖排文字:中文版Premiere Pro CC 从入门到精通(微课视频 全彩版)

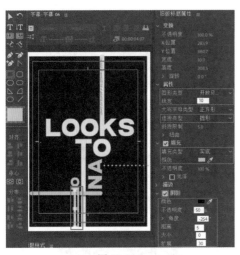

图 10-327

步骤 22 关闭【字幕】面板。并将【项目】面板中的【字幕06】素材文件拖曳到V7轨道上，如图10-328所示。

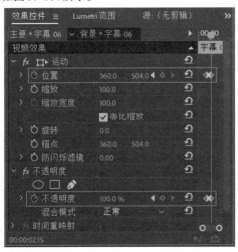

图 10-328

步骤 23 选择V7轨道上的【字幕06】素材文件，将时间轴滑动到第1秒20帧位置，并激活【位置】和【不透明度】前的 <kbd>◯</kbd> 按钮，创建关键帧，设置【位置】为(-47,504)，【不透明度】为0%。然后将时间轴滑动到第2秒15帧位置，设置【位置】为(360,504)，【不透明度】为100%，如图10-329所示。此时查看效果如图10-330所示。

图 10-329

图 10-330

步骤 24 使用同样的方式创建【字幕07】。单击 <kbd>T</kbd>（文字工具）按钮，然后在工作区域输入"SEE"，接着设置合适的【字体系列】，设置【字体大小】为80，【旋转】为270°，【填充类型】为【实底】，【颜色】为浅黄色，如图10-331所示。继续输入文字"AWORLD"，其他参数不变，更改【字体大小】为54，如图10-332所示。

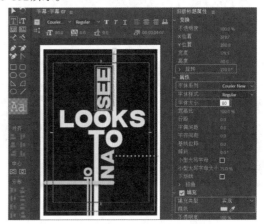

图 10-331

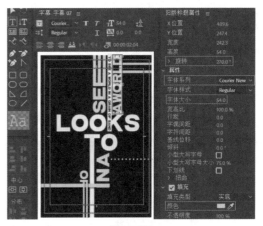

图 10-332

步骤 25 在【工具箱】中单击 <kbd>■</kbd>（矩形工具）按钮，然后在工作区域依次画出3个矩形条，设置【图形类型】为【开放贝塞尔曲线】,【线宽】为19,【连接类型】为【圆形】,【填充类型】为【实底】,设置【颜色】为浅黄色,如图10-333所示。再次单击■(矩形工具)按钮,然后在工作区域依次画出2个矩形条,再分别设置【线宽】为13和14.5,且其他参数不变,如图10-334所示。

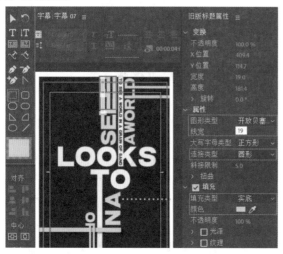

图 10-333

图 10-334

步骤 26 关闭【字幕】面板。并将【项目】面板中的【字幕07】素材文件拖曳到V8轨道上,如图10-335所示。

图 10-335

步骤 27 选择V8轨道上的【字幕07】素材文件,将时间轴滑动到第2秒15帧位置,并激活【位置】和【不透明度】前的◎按钮,创建关键帧,设置【位置】为(360,135),【不透明度】为0%。然后将时间轴滑动到第3秒10帧位置,设置【位置】为(360,504),【不透明度】为100%,如图10-336所示。此时查看效果,如图10-337所示。

图 10-336

图 10-337

步骤 28 使用同样的方式创建【字幕08】。单击■(文字工具)按钮,然后在工作区域输入"SAND",接着设置合适的【字体系列】,设置【字体大小】为30,【填充类型】为【实底】,【颜色】为浅黄色,如图10-338所示。下面单击■(垂直文字工具)按钮,然后在工作区域输入省略号,设置合适的【字体系列】,设置【字体大小】为105.9,【宽高比】为94.3%,设置【填充类型】为【实底】,【颜色】为浅黄色,如图10-339所示。

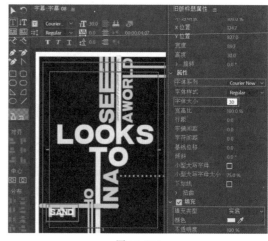

图 10-338

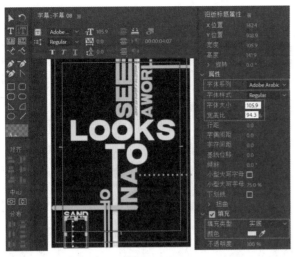

图 10-339

图 10-342

步骤 29 关闭【字幕】面板，并将【项目】面板中的【字幕08】素材文件拖曳到V9轨道上，如图10-340所示。

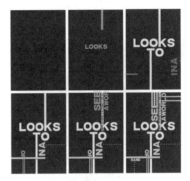

图 10-340

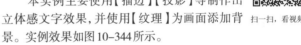

图 10-343

步骤 30 选择V9轨道上的【字幕08】素材文件，将时间轴滑动到第3秒10帧位置，并激活【位置】和【不透明度】前的 ⏱ 按钮，创建关键帧，设置【位置】为(360,683)，【不透明度】为0%。然后将时间轴滑动到第4秒位置，设置【位置】为(360,504)，【不透明度】为100%，如图10-341所示。此时查看效果，如图10-342所示。

步骤 31 查看最终动画效果，如图10-343所示。

实例: 制作彩色三维文字效果

文件路径: Chapter 10 文字→实例: 制作彩色三维文字效果

本实例主要使用【描边】【投影】等制作出立体感文字效果，并使用【纹理】为画面添加背景。实例效果如图10-344所示。

扫一扫，看视频

图 10-341

图 10-344

操作步骤

步骤 01 在菜单栏中执行【文件】/【新建】/【项目】命令，并在弹出的窗口中设置【名称】，接着单击【浏览】按钮设置保存路径，最后单击【确定】按钮，如图10-345所示。

步骤 02 在【项目】面板的空白处右击，执行【新建项目】/【序列】命令。接着在弹出的【新建序列】窗口中选择DV-PAL文件夹下的【标准48kHz】，如图10-346所示。

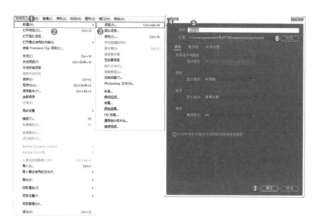

图 10-345

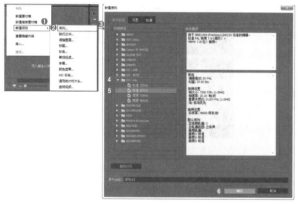

图 10-346

步骤 03 在菜单栏中执行【文件】/【新建】/【旧版标题】命令，并在对话框中设置【名称】为【字幕 01】，然后单击【确定】按钮，如图 10-347 所示。

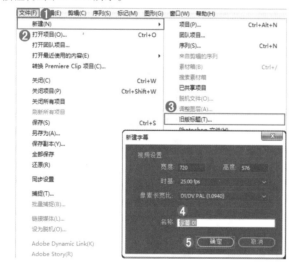

图 10-347

步骤 04 在工具箱中单击 **T**（文字工具）按钮，并在工作区域输入 "ABCDEFG"，当输入完字母 C 时按下 Enter 键将文字

切换到下一行，并设置合适的【字体系列】，【字体大小】为191，【倾斜】为 –1°，【颜色】为浅灰色，如图 10-348 所示。

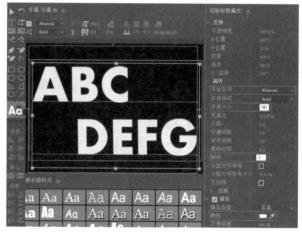

图 10-348

步骤 05 选择字母 "A"，设置【填充类型】为【线性渐变】，【颜色】为红色系渐变，【角度】为 219°，单击【外描边】后方的【添加】按钮，设置【类型】为【深度】，【大小】为 30，【填充类型】为较深的红色系渐变，然后勾选【阴影】效果，设置【颜色】为黑色，【不透明度】为 63%，【角度】为 0°，【距离】为20，【大小】为 21，【扩展】为 43，如图 10-349 所示。使用同样的方法制作其他字母，如图 10-350 所示。

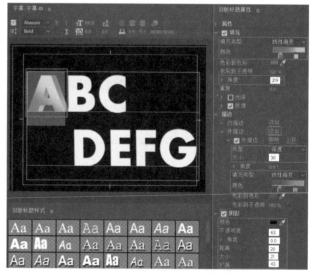

图 10-349

步骤 06 在不选择任何文字的情况下，勾选并展开【背景】属性，勾选【纹理】效果，双击【纹理】后面的图像，此时会弹出【选择纹理图像】窗口，选择【背景.jpg】，最后单击【打开】按钮，如图 10-351 所示。

图 10-350

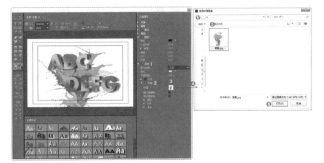

图 10-351

步骤 07 关闭【字幕】面板。选择【项目】面板中的【字幕 01】文件,并按住鼠标左键将其拖曳到 V1 轨道上,如图 10-352 所示。

图 10-352

步骤 08 拖动时间轴查看效果,如图 10-353 所示。

图 10-353

实例:环保主题文字广告

文件路径:Chapter 10 文字→实例:环保主题文字广告

本实例主要使用【文字工具】制作文字及形状,然后使用【位置】【缩放】等属性调整文字所在位置及大小。实例效果如图 10-354 所示。

扫一扫,看视频

图 10-354

操作步骤

步骤 01 在菜单栏中选择【文件】/【新建】/【项目】命令,弹出【新建项目】窗口,设置【名称】,并单击【浏览】按钮设置保存路径,再单击【确定】按钮,如图 10-355 所示。

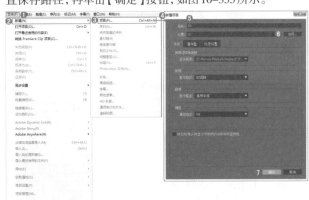

图 10-355

步骤 02 在【项目】面板的空白处双击鼠标左键,然后在打开的对话框中选择全部素材文件,并单击【打开】按钮导入,如图 10-356 所示。

图 10-356

> **提示：为什么不在【项目】面板创建序列**
>
> 在【项目】面板中直接导入素材文件，再将素材文件拖曳到【时间轴】面板中，不仅在【时间轴】面板中会自动生成轨道，更会在【项目】面板中自动生成与素材文件等大的【序列】，如图 10-357 所示。
>
>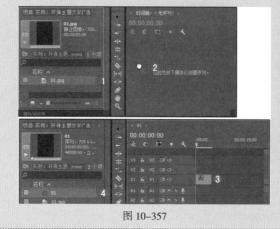
>
> 图 10-357

步骤 03 将【项目】面板中的【背景】和 02.png 素材文件分别拖曳到【时间轴】面板中的 V1、V2 轨道上，如图 10-358 所示。

图 10-358

步骤 04 选择 V2 轨道上的 02.png 素材文件，然后在【效果控制】面板中展开【运动】效果，并设置【位置】为(115,497)，【缩

放】为 49，如图 10-359 所示。此时查看效果，如图 10-360 所示。

图 10-359 　　　　图 10-360

步骤 05 在菜单栏中执行【文件】/【新建】/【旧版标题】命令，在对话框中设置【名称】为【字幕 01】，然后单击【确定】按钮，如图 10-361 所示。

图 10-361

步骤 06 单击 T（文字工具）按钮，然后在工作区域输入文字 "ALL THINGS BACK"，并设置合适的【字体系列】，设置【字体大小】为 81，【宽高比】为 75.5%，【行距】为 19，再设置【填充类型】为【实底】，【颜色】为褐色，如图 10-362 所示。选择文字 "THINGS"，设置【字偶间距】为 13，然后适当调整文字的位置，如图 10-363 所示。

图 10-362

中文版Premiere Pro CC 从入门到精通（微课视频 全彩版）

图 10-363

步骤 07 单击【矩形工具】按钮,并在工作区域下方创建矩形条,并设置【颜色】为褐色,如图 10-364 所示。

图 10-364

步骤 08 再次单击 **T** (文字工具)按钮,然后在工作区域输入文字 "PLANT",接着设置合适的【字体系列】,【字体大小】为 122,【宽高比】为 123.3%,再设置【填充类型】为【实底】,【颜色】为绿色,适当调节文字位置,如图 10-365 所示。

图 10-365

步骤 09 关闭【字幕】面板,并将【项目】面板中的【字幕01】素材文件拖曳到 V6 轨道上,如图 10-366 所示。

图 10-366

步骤 10 将【项目】面板中的 01.png 素材文件拖曳到 V5 轨道上,如图 10-367 所示。

图 10-367

步骤 11 选择 V5 轨道上的 01.png 素材文件,然后设置【位置】为(137,139),【缩放】为 30,如图 10-368 所示。此时查看效果,如图 10-369 所示。

图 10-368

图 10-369

步骤 12 选择 V2 轨道上的 02.png 素材文件,再按住 Alt 键分别拖曳到V3、V4轨道上，将其进行复制，如图10-370所示。

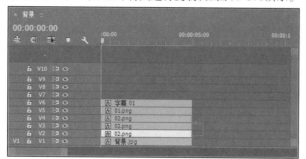

图 10-370

步骤 13 选择V3轨道上的02.png素材文件，然后设置【位置】为(246,497)，如图10-371所示。此时画面效果如图10-372所示。

图 10-371

图 10-372

步骤 14 选择V4轨道上的02.png素材文件，然后设置【位置】为(358,497)，如图10-373所示。此时画面效果如图10-374所示。

图 10-373　　　　　　图 10-374

步骤 15 使用同样的方法将【项目】面板中的03.png素材文件拖曳到V7轨道上。选择V7轨道上的03.png素材文件，然后设置【位置】为(256,315)，【缩放】为66，如图10-375所示。

此时效果如图10-376所示。

图 10-375　　　　　　图 10-376

步骤 16 选择V7轨道上的03.png素材文件，在按住Alt键的同时按住鼠标左键分别拖曳到V8、V9轨道上，将其进行复制，如图10-377所示。

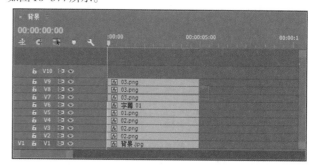

图 10-377

步骤 17 选择V8轨道上的03.png素材文件，然后设置【位置】为(-6,472)，【缩放】为46，【旋转】为69°。再选择V9轨道上的03.png素材文件，然后设置【位置】为(477,68)，【缩放】为62，【旋转】为-63°，如图10-378所示。此时效果如图10-379所示。

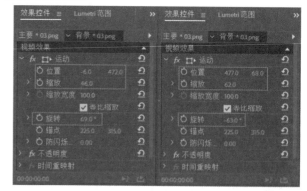

图 10-378

步骤 18 将【项目】面板中的04.png素材文件拖曳到V10轨道上，选择V10轨道上的04.png素材文件，然后设置【位置】为(210,296)，【缩放】为60，如图10-380所示。

中文版Premiere Pro CC 从入门到精通（微课视频 全彩版）

图 10-379

步骤 19 此时, 滑动时间轴查看最终效果, 如图 10-381 所示。

图 10-380

图 10-381

实例: 制作浪漫质感文字效果

文件路径: Chapter 10 文字→实例: 制作浪漫质感文字效果

本实例主要使用【光泽】【阴影】【内描边】等效果制作出精美文字。实例效果如图 10-382 所示。

扫一扫, 看视频

图 10-382

操作步骤

步骤 01 在菜单栏中执行【文件】/【新建】/【项目】命令,

并在弹出的窗口中设置【名称】, 接着单击【浏览】按钮设置保存路径, 最后单击【确定】按钮, 如图 10-383 所示。

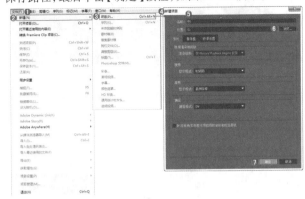

图 10-383

步骤 02 在【项目】面板的空白处右击, 执行【新建项目】/【序列】命令。接着在弹出的【新建序列】窗口中选择 DV-PAL 文件夹下的【标准 48kHz】, 如图 10-384 所示。

图 10-384

步骤 03 在【项目】面板的空白处双击鼠标左键, 导入所需的【背景.jpg】素材文件, 最后单击【打开】按钮导入, 如图 10-385 所示。

图 10-385

步骤 04 选择【项目】面板中的【背景.jpg】素材文件, 并按住鼠标左键将其拖曳到 V1 轨道上, 如图 10-386 所示。

图 10-386

步骤 05 选择 V1 轨道上的【背景.jpg】素材文件，在【效果控件】面板中设置【缩放】为 105，如图 10-387 所示。此时画面效果如图 10-388 所示。

图 10-387

图 10-388

步骤 06 在菜单栏中执行【文件】/【新建】/【旧版标题】命令，在对话框中设置【名称】为【字幕01】，然后单击【确定】按钮，如图 10-389 所示。

图 10-389

步骤 07 单击 T（文字工具）按钮，并在工作区域输入"Cookies"，设置合适的【字体系列】，【字体大小】为202，【宽高比】为98.5%，取消勾选【填充】，接着勾选【阴影】效果，设置【颜色】为紫色，【不透明度】为100%，【角度】为−132°，【距离】为10，【大小】为64，并适当调整文字的位置，如图 10-390 所示。

步骤 08 创建【字幕02】。在工作区域中再次输入"Cookies"，设置合适的【字体系列】，【字体大小】为202，【宽高比】

为98.5%，设置【颜色】为黄色，勾选【光泽】，设置【颜色】为黄色，【不透明度】为100%，【大小】为45，【角度】为45°，【偏移】为−35，如图 10-391 所示。

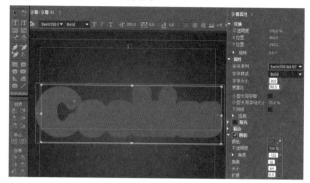

图 10-390

图 10-391

步骤 09 单击【内描边】后面的【添加】按钮，设置【类型】为【深度】，【大小】为23，【角度】为169°，【填充类型】为【实底】，【颜色】为橘红色，勾选【光泽】，设置【大小】为93，【角度】为38°，【偏移】为−24；然后再单击【外描边】后面的【添加】按钮，设置【类型】为【深度】，【大小】为15，【角度】为169°，设置【填充类型】为【实底】，【颜色】为黑色，【不透明度】为68%，文字制作完成后，最后关闭【字幕】面板，如图 10-392 所示。

图 10-392

步骤 10 选择【项目】面板中的【字幕01】和【字幕02】素材文件并分别拖曳到【时间轴】面板中的 V2 和 V3 轨道上，如

中文版Premiere Pro CC 从入门到精通（微课视频 全彩版）

图 10-393 所示。

图 10-393

步骤 11 选择 V2 轨道上的【字幕 01】文件，将时间轴滑动到初始位置，并在【效果控制】面板中设置【位置】为 (391.9,300.8)，然后激活【缩放】【旋转】和【不透明度】前面的 ⏱ 按钮，创建关键帧，并设置【缩放】为 0，【旋转】为 0，【不透明度】为 0。将时间轴滑动到第 1 秒 10 帧的位置时，设置【缩放】为 100，【旋转】为 1×0.0，【不透明度】为 100%，如图 10-394 所示。

步骤 12 选择 V3 轨道上的【字幕 02】文件，将时间轴滑动到第 1 秒 10 帧的位置时，激活【不透明度】前面的 ⏱ 按钮，创建关键帧，并设置【不透明度】为 0%。将时间轴滑动到第 2 秒 20 帧的位置时，设置【不透明度】为 100%，如图 10-395 所示。

图 10-394

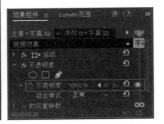
图 10-395

步骤 13 此时拖动时间线查看最终效果，如图 10-396 所示。

图 10-396

实例：制作字体海报创意设计

文件路径：Chapter 10 文字→实例：制作字体海报创意设计

本实例在制作时将【填充类型】设置为【线

扫一扫，看视频

性渐变】制作出背景文字。接着使用【混合模式】等效果制作主体文字。实例效果如图 10-397 所示。

图 10-397

操作步骤

步骤 01 在菜单栏中选择【文件】/【新建】/【项目】命令，然后会弹出【新建项目】窗口，设置【名称】，并单击【浏览】按钮设置保存路径，如图 10-398 所示。

图 10-398

步骤 02 执行【文件】/【导入】命令或者按快捷键 Ctrl+I，导入全部素材文件，如图 10-399 所示。

图 10-399

步骤 03 将项目面板中的素材按住鼠标左键拖拽到 V1 轨道

上,此时在项目面板中自动生成与背景等大的序列。在菜单栏中执行【文件】/【新建】/【旧版标题】命令,在对话框中设置【名称】为【字幕01】,然后单击【确定】按钮,如图10-400所示。

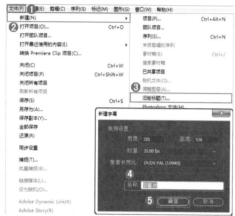

图 10-400

步骤 04 单击 T (文字工具)按钮,并在工作区域输入文字,在输入时可按下Enter键将文字切换到下一行,设置合适的【字体系列】,【字体大小】为105,设置【填充类型】为【线性渐变】,【颜色】为白色到灰色系的渐变,最后勾选【阴影】,如图10-401所示。

图 10-401

步骤 05 关闭【字幕】面板。选择【项目】面板中的【字

幕01】文件,并按住鼠标左键将其拖曳到V2轨道上,如图10-402所示。

图 10-402

步骤 06 使用同样的方法创建【字幕02】。在工具箱中单击 T (文字工具)按钮,并在工作区域输入合适的文字,设置合适的【字体系列】,【字体大小】为84,设置【颜色】为红色,如图10-403所示。

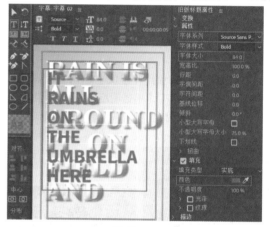

图 10-403

步骤 07 关闭【字幕】面板。在【项目】面板中选择【字幕02】素材文件,并按住鼠标左键将其拖曳到V3轨道上,如图10-404所示。

图 10-404

步骤 08 选择V3轨道上的【字幕02】文件,在【效果控件】面板中展开【不透明度】属性,设置【混合模式】为【变暗】,如图10-405所示。

图 10-405

中文版Premiere Pro CC 从入门到精通(微课视频 全彩版)

步骤 09 使用同样的方法创建【字幕03】。在工具箱中单击 T (文字工具)按钮，并在工作区域右下角位置输入合适的文字，设置合适的【字体系列】,【字体大小】为15，分别设置【颜色】为红色和灰色，如图10-406所示。

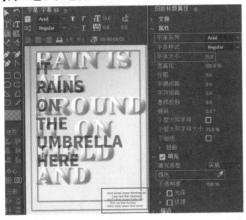

图10-406

步骤 10 关闭【字幕】面板。在【项目】面板中选择【字幕03】素材文件并按住鼠标左键拖曳到【时间轴】面板中的V4轨道上，如图10-407所示。

图10-407

步骤 11 选择V4轨道上的【字幕03】文件，在【效果控件】面板中展开【不透明度】属性，设置【混合模式】为【排除】，如图10-408所示。

步骤 12 拖动时间线查看效果，实例最终效果如图10-409所示。

图10-408   图10-409

实例：制作MV滚动字幕

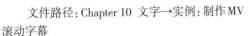
文件路径：Chapter 10 文字→实例：制作MV滚动字幕

扫一扫，看视频

在电影或者歌曲中，通常在画面底部配有与画面相符的字幕，便于阅读和解说。本实例主要使用【划出】【双侧平推门】等过渡效果制作出动态字幕。实例效果如图10-410所示。

图10-410

操作步骤

Part 01 制作画面和文字

步骤 01 在菜单栏中选择【文件】/【新建】/【项目】命令，弹出【新建项目】窗口，设置【名称】，并单击【浏览】按钮设置保存路径，如图10-411所示。在【项目】面板的空白处右击，选择【新建项目】/【序列】命令。接着会弹出【新建序列】窗口，并在DV-PAL文件夹下选择【标准48kHz】，如图10-412所示。

图10-411

图10-412

步骤 02 在【项目】面板的空白处双击鼠标左键，导入全部

371

第10章 文字

素材文件，最后单击【打开】按钮导入，如图10-413所示。

图 10-413

步骤 03 通过按住鼠标左键将【项目】面板中的01.jpg、02.jpg、03.jpg素材文件拖曳到【时间轴】面板中的V1轨道上，设置01.jpg素材文件的持续时间为5秒，02.jpg素材文件的持续时间为3秒9帧，03.jpg素材文件的持续时间为9秒17帧，如图10-414所示。

图 10-414

步骤 04 框选V1轨道上的3个素材文件，右击执行【缩放为帧大小】命令，如图10-415所示。此时图像尺寸与序列尺寸相匹配。

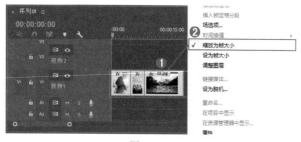

图 10-415

步骤 05 可以看出此时图片顶部和底部仍有黑边露出。分别选择V1轨道上的01.jpg素材文件和02.jpg素材文件，在【效果控件】面板中设置【缩放】为115，如图10-416所示。此时图片效果如图10-417所示。

步骤 06 选择V1轨道上的03.jpg素材文件，在【效果控件】面板中设置【缩放】为130，如图10-418所示。此时图片效果如图10-419所示。

图 10-416

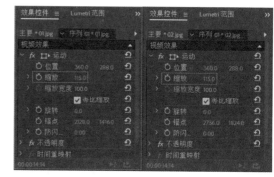

图 10-417

图 10-418　　　　　　　图 10-419

步骤 07 制作文字。在菜单栏中执行【文件】/【新建】/【旧版标题】命令，在对话框中设置【名称】为【字幕01】，然后单击【确定】按钮，如图10-420所示。

图 10-420

步骤 08 单击 T (文字工具) 按钮, 在工作区域底部输入文字并设置合适的【字体系列】, 设置【字体大小】为30,【字符间距】为-4,【颜色】为白色, 如图10-421所示。

图 10-421

步骤 09 在当前【字幕】面板中单击 (基于当前字幕新建字幕) 按钮, 在弹出的对话框中设置【名称】为【字幕02】, 如图10-422所示。继续单击 T (文字工具) 按钮, 在【字幕02】面板中选中所有文字, 更改文字内容, 如图10-423所示。使用同样的方法制作【字幕03】, 如图10-424所示。

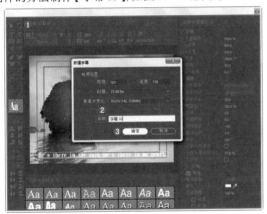

图 10-422

图 10-423

图 10-424

步骤 10 字幕制作完成后, 关闭【字幕】面板, 接着单击【项目】面板底部的【新建素材箱】按钮, 新建一个素材管理组并命名为【白色字幕】, 接着按住 Ctrl 键加选【字幕01】【字幕02】【字幕03】素材文件, 按住鼠标左键将其拖曳到素材箱中, 如图10-425所示。

图 10-425

步骤 11 将【项目】面板中的【字幕01】【字幕02】【字幕03】素材文件分别拖曳到【时间轴】面板中的V2轨道上, 并与V1轨道上的3个素材文件对齐, 如图10-426所示。

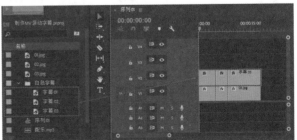

图 10-426

步骤 12 在【项目】面板中单击鼠标左键选择【白色字幕】，接着使用快捷键Ctrl+C进行复制，然后在【项目】面板的空白处使用Ctrl+V进行粘贴，并将复制出来的素材箱重命名为【橙色字幕】，如图10-427所示。

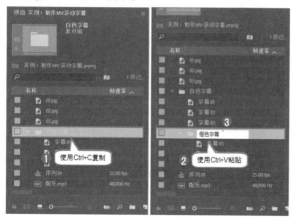

图 10-427

步骤 13 打开【橙色字幕】素材箱，将素材箱中的【字幕01】和【字幕03】素材文件拖曳到V3轨道上，【字幕02】素材文件拖曳到V4轨道上，并将其与V2轨道上的素材文件对齐，如图10-428所示。

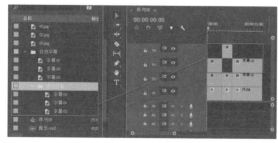

图 10-428

步骤 14 选择V3轨道上的【字幕01】素材文件，双击鼠标左键进入【字幕】面板，将【颜色】更改为橙色，并勾选【阴影】效果，此时字幕效果如图10-429所示。

图 10-429

步骤 15 使用同样的方法打开V4轨道上的【字幕02】素材文件和V3轨道上的【字幕03】素材文件，将【颜色】更改为橙色并勾选【阴影】效果，如图10-430和图10-431所示。

图 10-430

图 10-431

Part 02　制作过渡效果

步骤 01 为【时间轴】面板中的素材文件添加过渡效果。在【效果】面板搜索框中搜索【交叉溶解】效果，然后按住鼠标左键分别将其拖曳到V1轨道上两个素材的衔接位置，如图10-432所示。

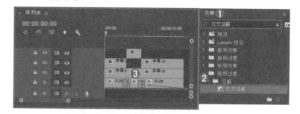

图 10-432

步骤 02 此时滑动时间线查看效果，如图10-433和图10-434所示。

图 10-433   图 10-434

步骤 03 制作字幕滚动效果。在【效果】面板搜索框中搜索【划出】效果，然后按住鼠标左键将其拖曳到V3轨道上【字幕01】的起始位置，如图 10-435 所示。

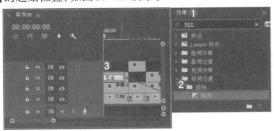

图 10-435

步骤 04 选择【划出】效果，在【效果控件】面板中设置【持续时间】为4秒，如图 10-436 所示。此时字幕效果如图 10-437 所示。

图 10-436   图 10-437

步骤 05 在【效果】面板搜索框中搜索【双侧平推门】效果，然后按住鼠标左键将其拖曳到V4轨道上【字幕02】的起始位置，如图 10-438 所示。

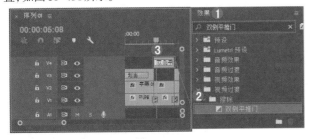

图 10-438

步骤 06 选择【双侧平推门】效果，在【效果控件】面板中设置【持续时间】为3秒，如图 10-439 所示。此时字幕效果如图 10-440 所示。

图 10-439   图 10-440

步骤 07 在【效果】面板搜索框中再次搜索【划出】效果，然后按住鼠标左键将其拖曳到V3轨道上【字幕03】的起始位置，如图 10-441 所示。

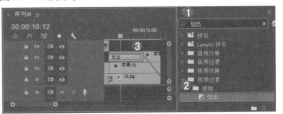

图 10-441

步骤 08 选择V3轨道上【字幕03】的【划出】效果，在【效果控件】面板中设置【持续时间】为6秒，如图 10-442 所示。此时字幕效果如图 10-443 所示。

图 10-442   图 10-443

步骤 09 为素材文件添加配乐。选择【项目】面板中的【配乐.mp3】素材文件，然后按住鼠标左键将其拖曳到【时间轴】

面板中的A1轨道上，如图10-444所示。

图 10-444

步骤 10 此时MV滚动字幕制作完成，滑动时间线查看画面效果，如图10-445所示。

图 10-445

 **读书笔记**

Chapter
11

第11章

音频效果

本章内容简介：

在Premiere中不仅可以改变音频的音量大小，还可以制作各类音效效果，模拟不同的声音质感，从而辅助作品的画面产生更丰富的气氛和视觉情感。本章主要介绍在Premiere中添加音频效果的主要流程、如何为音频素材添加关键帧、各类音频效果的使用方法、音频过渡效果的应用等。

重点知识掌握：

- 什么是音频
- 音频效果使用的基本流程
- 音频效果及音频过渡效果的应用

11.1 认识音频

声音是物体振动时产生的声波，它会以空气、水、固体等作为介质，通过不断运动将声波传递到人类耳朵中，人类会通过声音的音调、音色、音频及响度等辨别声音的类型，它是人类沟通的重要纽带。在影视作品中，会通过声音的不同效果渲染剧情和传递情感。

11.1.1 什么是音频

音频包括很多形式，人们听到的说话、歌声、噪音、乐器声等一切与声音相关的声波都属于音频，不同音频的振动特点不同。Premiere作为一款视频编辑软件，在音频效果方面也不甘示弱，可以通过音频类效果模拟各种不同音质的声音。不同的画面情节可以搭配不同的音频，如图11-1所示。

图 11-1

【重点】11.1.2 效果控件中默认的"音频效果"

在【时间轴】面板中单击音频素材，此时在【效果】面板中可针对音频素材的【音量】【声道音量】【声像器】等进行调整，如图11-2所示。

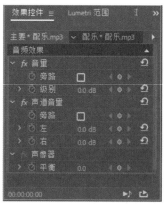

图 11-2

- 旁路：【旁路】可理解为取消。勾选该选项，音频特效将不发生效果。
- 级别：可调节音频的音量大小。
- 声道音量：可调节左侧声道和右侧声道的声音大小。

- 声像器：调整音频素材的声像位置，去除混响声。

【重点】11.1.3 轻松动手学：在音频中添加关键帧

扫一扫，看视频

文件路径：Chapter 11 音频效果→轻松动手学：在音频中添加关键帧

添加音频关键帧与添加视频关键帧相似，可分为手动和自动两种添加方法。

（1）选择菜单栏中的【文件】/【新建】/【项目】命令，然后会弹出【新建项目】窗口，设置【名称】，并单击【浏览】按钮设置保存路径，单击【确定】按钮，如图11-3所示。

图 11-3

（2）在【项目】面板的空白处双击鼠标左键，导入音频素材文件，最后单击【打开】按钮导入，如图11-4所示。

图 11-4

（3）将【配乐.mp3】素材文件拖曳到【时间轴】面板中，此时在【时间轴】面板中生成轨道，在【项目】面板中生成序列，如图11-5所示。

图 11-5

图 11-8

·　手动添加关键帧

（1）通常情况下，【时间轴】面板中的关键帧为隐藏状态，双击 A1 轨道前面的空白位置，如图 11-6 所示。此时关键帧按钮显现出来，如图 11-7 所示。

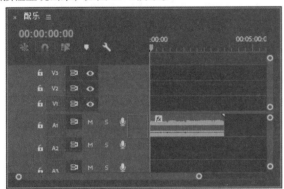

图 11-6

图 11-9

·　自动添加关键帧

选择【时间轴】面板中 A1 轨道上的素材文件，在【效果控件】中展开【音量】【声道音量】及【声像器】属性，在属性下方会呈现出多个属性，如图 11-10 所示。将时间线拖动到合适的位置并编辑某种属性的数值，在更改参数的同时，属性右侧会自动出现一个关键帧。图 11-11 所示为更改【级别】属性参数时的面板。

图 11-7

（2）可以看出，此时 A1 轨道前的 ▨▨▨▨▨ （添加 /删除关键帧）按钮为灰色。单击【时间轴】面板中的音频素材文件，此时 ◀◇▶ （添加 / 删除关键帧）按钮显示出来，如图 11-8 所示。

（3）选择 A1 轨道上的音频素材文件，将时间线滑动到合适的位置，单击素材文件前面的 ◀◇▶ （添加 / 删除关键帧）按钮，即可为音频素材文件手动添加一个关键帧，如图 11-9 所示。

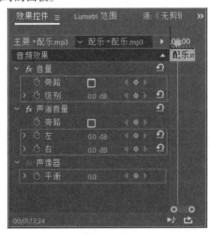

图 11-10

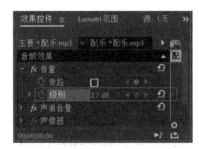

图 11-11

文件路径：Chapter 11 音频效果→轻松动手
学：手动制作淡入淡出的音频效果

在很多影视作品、广告、微电影中都会应用
到淡入淡出制作声音变化。淡入淡出效果即随 扫一扫，看视频
着声音播放而逐渐进入，随着声音结束而逐渐消失。

（1）选择菜单栏中的【文件】/【新建】/【项目】命令，
然后弹出【新建项目】窗口，设置【名称】，并单击【浏览】
按钮设置保存路径，如图 11-12 所示。

图 11-12

（2）在【项目】面板的空白处双击鼠标左键，导入音频
素材文件，最后单击【打开】按钮导入，如图 11-13 所示。

图 11-13

（3）将【配乐 .mp3】素材文件拖曳到【时间轴】面板中，
此时在【时间轴】面板中生成轨道，在【项目】面板中生成
序列，如图 11-14 所示。选择【时间轴】面板中 A1 轨道上的【配
乐 .mp3】音频素材，双击 A1 轨道前的空白位置，此时会在
A1 轨道前显现出关键帧按钮，如图 11-15 所示。

图 11-14

图 11-15

（4）选择音频素材文件。分别将时间线滑动到起始帧和
结束帧的位置，单击素材文件前的 ◇（添加关键帧）
按钮，为首尾位置各添加一个关键帧，如图 11-16 所示。

图 11-16

（5）将时间线滑动到起始帧后第 10 帧位置和结束帧前
第 10 帧位置处，单击 ◇（添加关键帧）按钮继续手
动添加两个关键帧，如图 11-17 所示。

图 11-17

（6）将光标分别放在第一个关键帧和最后一个关键帧上
方，按住鼠标左键并向下拖曳，如图 11-18 所示。此时按下空

格键进行播放音频文件，即可听到音乐淡入淡出的声音效果。

图 11-18

【重点】11.1.5　轻松动手学：音频效果使用的基本流程

文件路径：Chapter 11　音频效果→轻松动手学：音频效果使用的基本流程

扫一扫，看视频

（1）选择菜单栏中的【文件】/【新建】/【项目】命令，然后弹出【新建项目】窗口，设置【名称】，并单击【浏览】按钮设置保存路径，如图 11-19 所示。

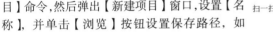

图 11-19

（2）新建项目。执行【文件】/【导入】命令或者按快捷键 Ctrl+I，导入音频素材文件，如图 11-20 所示。

图 11-20

（3）按住鼠标左键将【项目】面板中的【配乐 .mp3】素材文件拖曳到 A1 轨道上，如图 11-21 所示。此时在【项目】面板中自动生成序列。

图 11-21

（4）在使用麦克风录音时，通常可能会产生一些无声波的音频片段，如图 11-22 所示。在编辑音频时通常会将不需要的音频区域进行截取删除。在这里选取音频文件的副歌部分作为配乐素材，此时需将配乐进行剪辑。单击 ◈（剃刀工具）按钮，然后将时间线拖动到第 2 分钟位置，在【配乐 .mp3】素材上方单击鼠标左键剪辑【配乐 .mp3】素材文件，如图 11-23 所示。

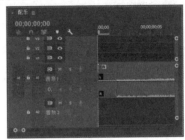

图 11-22

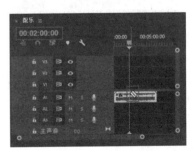

图 11-23

（5）单击 ▶（选择工具）按钮，右键选择 A1 轨道的前半部分【配乐 .mp3】素材，在弹出的快捷菜单中执行【波纹删除】命令，此时前半部分【配乐 .mp3】素材被删除，后半部分【配乐 .mp3】素材会自动向前移动，如图 11-24 所示。

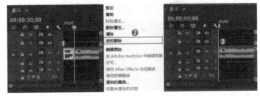

图 11-24

（6）此时可以为音频素材添加效果。这里以【吉他套件】效果为例。在【效果】面板中搜索【吉他套件】，然后按住

鼠标左键将其拖曳到 A1 轨道上的素材文件上，如图 11-25 所示。

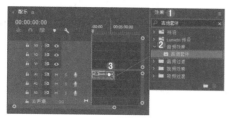

图 11-25

（7）选择 A1 轨道上的素材，进入【效果控制】面板，单击【吉他套件】下的【编辑】，在弹出的对话框中设置【预设】为【超市扬声器】，如图 11-26 所示。此时播放音频时会听到音频非常像是影视作品中的超市环境中播放的音乐效果。

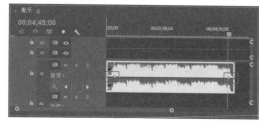

图 11-26

（8）制作声音的淡入淡出效果。选择时间轴 A1 轨道上的【配乐 .mp3】音频素材文件，将时间线分别滑动到起始帧和结束帧位置，在起始帧和结束帧的位置单击 （添加 / 删除关键帧）按钮，各添加一个关键帧，然后在起始帧后方第 20 秒位置和结束帧前方第 20 秒位置再次单击 （添加 / 删除关键帧）按钮进行添加关键帧，如图 11-27 所示。

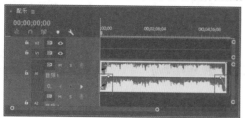

图 11-27

（9）将光标分别放置在第一个关键帧和最后一个关键帧上，并按住鼠标左键向下拖曳。制作出音乐的淡入淡出效果，如图 11-28 所示。此时音频效果的基本操作制作完成。

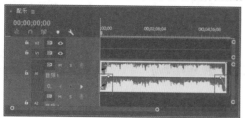

图 11-28

实例：声音的淡入淡出

扫一扫，看视频

文件路径：Chapter 11　音频效果→实例：声音的淡入淡出

淡入淡出即声音在开始时逐渐进入在结束时逐渐退出，在制作过程中主要使用【剃刀工具】进行音频剪辑，使用关键帧制作出声音的淡入淡出效果。实例效果如图 11-29 所示。

图 11-29

操作步骤

步骤 01 打开配套资源 01.prproj，如图 11-30 所示。

图 11-30

步骤 02 执行【文件】/【导入】命令或按快捷键 Ctrl+I，导入【配乐 .mp3】素材文件，如图 11-31 所示。

图 11-31

中文版Premiere Pro CC 从入门到精通（微课视频 全彩版）

步骤 03 按住鼠标左键将【项目】面板中的【配乐.mp3】素材文件拖曳到A1轨道上，如图11-32所示。

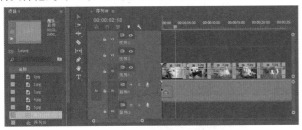

图 11-32

步骤 04 单击 （剃刀工具）按钮，选择A1轨道上的【配乐.mp3】素材文件，然后将时间轴滑动到第10秒22帧位置，单击鼠标左键剪辑【配乐.mp3】素材文件，如图11-33所示。

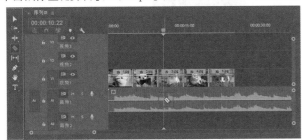

图 11-33

步骤 05 单击 （选择工具）按钮，然后选中剪辑后的前部分【配乐.mp3】素材文件，接着按下Delete键删除，如图11-34所示。

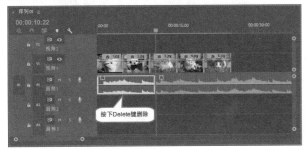

图 11-34

步骤 06 选择A1轨道上的【配乐.mp3】素材文件，按住鼠标左键将音频素材拖曳到初始帧位置，如图11-35所示。

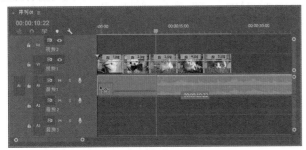

图 11-35

步骤 07 单击 （剃刀工具）按钮，选择A1轨道上的【配乐.mp3】素材文件，然后将时间轴滑动到第25秒位置，单击鼠标左键剪辑【配乐.mp3】素材文件，如图11-36所示。

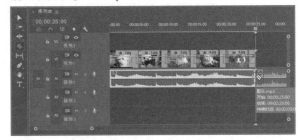

图 11-36

步骤 08 单击 （选择工具）按钮。选择剪辑后的后部分【配乐.mp3】素材文件，接着按下Delete键删除，如图11-37所示。

图 11-37

步骤 09 选择时间线A1轨道上的【配乐.mp3】音频素材文件，在起始帧和结束帧的位置单击 按钮，各添加一个关键帧，如图11-38所示。接着在第3秒的位置和第22秒的位置各添加一个关键帧，如图11-39所示。

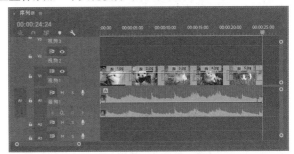

图 11-38

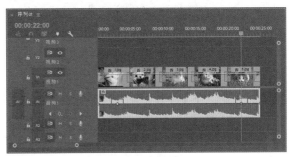

图 11-39

步骤 10 将光标分别放置在第一个和最后一个关键帧上，并按住鼠标左键向下拖曳，制作淡入淡出效果，如图11-40所示。此时按空格键播放预览，即可听到音频的淡入淡出效果。

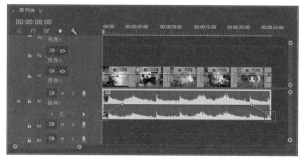

图 11-40

 提示：如何取消视频音频链接，单独对音频进行调整

在调整影片视频时，视频素材中的音频轨道和视频轨道通常会处于链接状态。此时若想单独对音频素材进行剪辑或调整，可先将该素材拖曳到【时间轴】面板中并选择该素材文件，右击执行【取消链接】命令，如图11-41所示。此时即可单独对音频轨道进行调整(如剪辑)并且视频轨道不受影响，如图11-42所示。

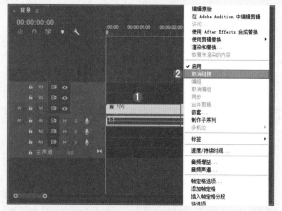

图 11-41

图 11-42

11.2 音频类效果

Premiere Pro CC 2018的【特效】面板中包含50余种音频效果，每一种音频效果产生的声音各不相同。每种效果的参数很多，建议大家为素材添加效果后分别调整一下每个参数并感受该参数变化产生的不同音效以加深印象，若要使用单声道文件，请在应用合唱效果之前将这些文件转换为立体声方可取得最佳效果。图11-43所示为【音频效果】分类面板。

图 11-43

11.2.1 过时的音频效果

【过时的音频效果】组中的效果是Premiere 2017版本之前的音频参数面板，方便Premiere的老用户使用。在使用该效果组中的特效时会自动弹出一个【音频效果替换】窗口，如图11-44所示。在窗口中单击【是】按钮，此时将进入Premiere的新版效果中，新版效果主要用法在下文会有详细讲解。若单击【否】按钮，则会继续执行Premiere的旧版音频效果。【过时的音频效果】组下的效果如图11-45所示。

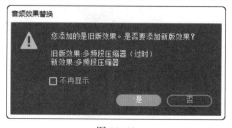

图 11-44

图 11-45

11.2.2 吉他套件

【吉他套件】效果可模拟吉他弹奏的效果,使音质更加浑厚。选择【效果】面板中的【音频效果】/【吉他套件】,如图11-46所示。【吉他套件】效果的参数面板如图11-47所示。

图 11-46

图 11-47

- 自定义设置:单击【编辑】按钮,会自动弹出【吉他套件】的【剪辑效果编辑器】窗口,如图11-48所示。

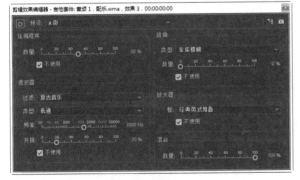

图 11-48

- 各个参数:展开该参数可调节【合成量】【滤镜频率】【滤镜共振】等参数效果的数值。

实例:使用吉他套件效果制作震撼音感

文件路径:Chapter 11 音频效果→实例:使用吉他套件效果制作震撼音感

使用【吉他套件】效果会将音频制作出一种较强的气势感,音效较之前原声相比极其明显。实例效果如图11-49所示。

图 11-49

操作步骤

步骤 01 打开配套资源02.prproj,如图11-50所示。

图 11-50

步骤 02 执行【文件】/【导入】命令或按快捷键Ctrl+I,导入【配乐.mp3】素材文件,如图11-51所示。

图 11-51

步骤 03　按住鼠标左键将【项目】面板中的【配乐.mp3】素材文件拖曳到A1轨道上，如图11-52所示。

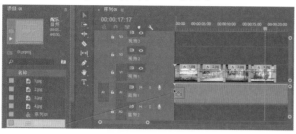

图 11-52

步骤 04　单击【（剃刀工具）按钮，选择A1轨道上的【配乐.mp3】素材文件，然后将时间轴滑动到第18秒位置，单击鼠标左键剪辑【配乐.mp3】素材文件，如图11-53所示。

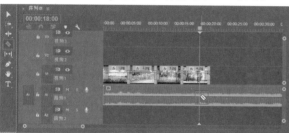

图 11-53

步骤 05　单击【（选择工具）按钮，然后选中剪辑后的前部分的【配乐.mp3】素材文件，接着按下Delete键删除，如图11-54所示。

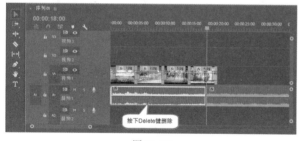

图 11-54

步骤 06　选择A1轨道上的【配乐.mp3】素材文件，按住鼠标左键将音频素材文件向左侧拖曳到起始帧位置，如图11-55所示。

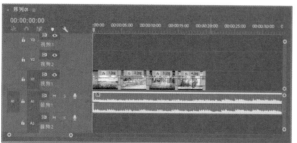

图 11-55

步骤 07　单击【（剃刀工具）按钮，选择A1轨道上的【配乐.mp3】素材文件，然后将时间线滑动到第20秒位置，单击鼠标左键剪辑【配乐.mp3】素材文件，如图11-56所示。

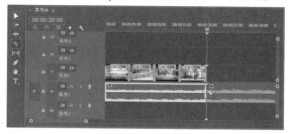

图 11-56

步骤 08　单击【（选择工具）按钮，选择音频剪辑后的后部分的【配乐.mp3】素材文件，接着按下Delete键将其删除，如图11-57所示。

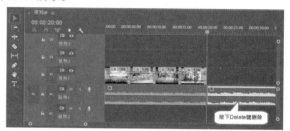

图 11-57

步骤 09　为音频添加效果。在【效果】面板搜索框中搜索【吉他套件】效果，然后按住鼠标左键将其拖曳到A1轨道上的【配乐.mp3】素材文件上，如图11-58所示。

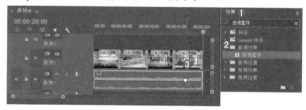

图 11-58

步骤 10　选择A1轨道上的【配乐.mp3】，在【效果控件】中展开【吉他套件】效果，单击【自定义设置】后方的【编辑】按钮，在弹出的【剪辑效果编辑器】窗口中设置【预设】为【鼓包】，如图11-59所示。

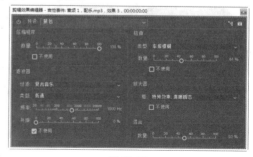

图 11-59

步骤 11 关闭【剪辑效果编辑器】窗口，按下空格键播放预览，即可听到添加效果后的音频声音。

11.2.3 多功能延迟

【多功能延迟】在原音频素材基础上制作延迟音效的回声效果。选择【效果】面板中的【音频效果】/【多功能延迟】，如图 11-60 所示。【多功能延迟】效果的参数面板如图 11-61 所示。

图 11-60

图 11-61

- 延迟：设置音频播放时的声音延迟时间。
- 反馈：通过参数变量设置回声时间。
- 级别：设置回声的强弱。
- 混合：设置回声和原音频素材的混合度。

11.2.4 多频段压缩器

【多频段压缩器】效果可以将不同频率的音频进行适当的压缩。选择【效果】面板中的【音频效果】/【多频段压缩器】，如图 11-62 所示。【多频段压缩器】效果的参数面板如图 11-63 所示。

图 11-62

图 11-63

- 自定义设置：单击【编辑】按钮，会自动弹出【多频段压缩器】的【剪辑效果编辑器】窗口，如图 11-64 所示。

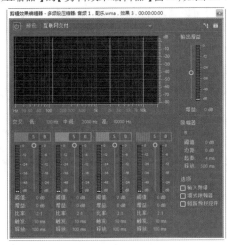
图 11-64

- 各个参数：该组中包含多个参数，可调节音频的阈值、压缩系数等。

11.2.5 模拟延迟

【模拟延迟】可为音频制作出缓慢的回音声。选择【效果】面板中的【音频效果】/【模拟延迟】，如图 11-65 所示。【模拟延迟】效果的参数面板如图 11-66 所示。

图 11-65

图 11-66

自定义设置：单击【编辑】按钮，会自动弹出【模拟延迟】的【剪辑效果编辑器】窗口，如图 11-67 所示。

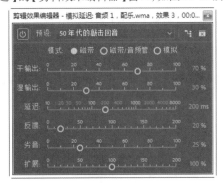
图 11-67

11.2.6　带通

【带通】可以移除在指定范围外发生的频率或频段。选择【效果】面板中的【音频效果】/【带通】，如图11-68所示。【带通】效果的参数面板如图11-69所示。

图11-68　　　　　　　　图11-69

中心：可调节音频范围中心的频率。

11.2.7　用右侧填充左侧

【用右侧填充左侧】清空右声道信息，同时复制音频的左侧声道信息，存放右侧声道中作为新的右声道信息。该效果只可用于立体声剪辑。选择【效果】面板中的【音频效果】/【用右侧填充左侧】，如图11-70所示。【用右侧填充左侧】效果没有参数面板，如图11-71所示。将其拖曳到音频素材上即可自动产生作用。

图11-70　　　　　　　　图11-71

11.2.8　用左侧填充右侧

【用左侧填充右侧】清空左声道信息，同时复制音频的右侧声道信息，存放左侧声道中作为新的左声道信息。该效果只可用于立体声剪辑。选择【效果】面板中的【音频效果】/【用左侧填充右侧】，如图11-72所示。【用左侧填充右侧】效果没有参数面板，如图11-73所示。将其拖曳到音频素材上即可自动产生作用。

图11-72　　　　　　　　图11-73

11.2.9　电子管建模压缩器

【电子管建模压缩器】用于单声道和立体声剪辑，可适当压缩电子管建模的频率。选择【效果】面板中的【音频效果】/【电子管建模压缩器】，如图11-74所示。【电子管建模压缩器】的参数面板如图11-75所示。

图11-74　　　　　　　　图11-75

- 自定义设置：单击【编辑】按钮会自动弹出【电子管建模压缩器】的【剪辑效果编辑器】窗口，如图11-76所示。

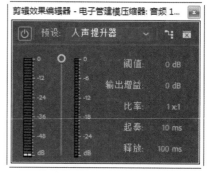

图11-76

- 各个参数：可在组中设置【输出增益】【阈值】【比率】【起奏】【释放】等参数。

11.2.10　强制限幅

【强制限幅】可控制音频素材的频率。选择【效果】面板中的【音频效果】/【强制限幅】，如图11-77所示。【强制限幅】效果的参数面板如图11-78所示。

图 11-77　　　　　　　图 11-78

- 自定义设置：单击【编辑】按钮会自动弹出【强制限幅】的【剪辑效果编辑器】窗口，如图 11-79 所示。

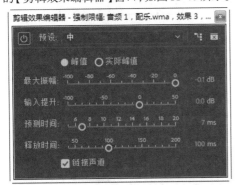

图 11-79

11.2.11　Binauralizer-Ambisonics

【Binauralizer-Ambisonics】主要用于 Premiere 音频效果中的原场传声器设置。选择【效果】面板中的【音频效果】/【Binauralizer-Ambisonics】，如图 11-80 所示。该效果没有参数面板。

图 11-80

11.2.12　FFT 滤波器

【FFT 滤波器】用于音频的频率输出设置。选择【效果】面板中的【音频效果】/【FFT 滤波器】，如图 11-81 所示。【FFT 滤波器】效果的参数面板如图 11-82 所示。

图 11-81　　　　　　　图 11-82

- 旁路：勾选该选项，可将调整后的音频效果还原为调整前状态。
- 自定义设置：单击【编辑】按钮，可自动弹出【FFT 滤波器】的剪辑效果编辑器窗口，如图 11-83 所示。

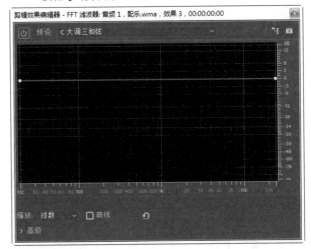

图 11-83

11.2.13　扭曲

【扭曲】可将少量砾石和饱和效果应用于任何音频。选择【效果】面板中的【音频效果】/【扭曲】，如图 11-84 所示。【扭曲】效果的参数面板如图 11-85 所示。

图 11-84　　　　　　　图 11-85

自定义设置：单击【编辑】按钮，可自动弹出【扭曲】的【剪辑效果编辑器】窗口，如图 11-86 所示。

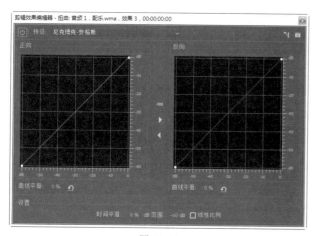

图 11-86

11.2.14 低通

【低通】用于删除高于指定频率外的其他频率信息，与【高通】相反。选择【效果】面板中的【音频效果】/【低通】，如图 11-87 所示。【低通】效果的参数面板如图 11-88 所示。

图 11-87　　　　　图 11-88

屏蔽度：设置声音频率的过滤度设置。

11.2.15 低音

【低音】可增大或减小低频。选择【效果】面板中的【音频效果】/【低音】，如图 11-89 所示。【低音】效果的参数面板如图 11-90 所示。

图 11-89　　　　　图 11-90

提升：用于增加音频的低频分贝。

11.2.16 Panner-Ambisonics

【Panner-Ambisonics】效果用于调整音频信号的定调，适用于立体声编辑。选择【效果】面板中的【音频效果】/【Panner-Ambisonics】，如图 11-91 所示。该效果没有参数面板。

图 11-91

11.2.17 平衡

【平衡】可较精确地控制左右声道的相对音量。选择【效果】面板中的【音频效果】/【平衡】，如图 11-92 所示。【平衡】效果的参数面板如图 11-93 所示。

图 11-92　　　　　图 11-93

平衡：正值增加右声道的比例，负值增加左声道的比例。

11.2.18 单频段压缩器

【单频段压缩器】用于设置单频段中的波段压缩设置。选择【效果】面板中的【音频效果】/【单频段压缩器】，如图 11-94 所示。【单频段压缩器】效果的参数面板如图 11-95 所示。

图 11-94　　　　　图 11-95

中文版 Premiere Pro CC 从入门到精通（微课视频 全彩版）

- 自定义设置：单击【编辑】按钮，可自动弹出【单频段压缩器】的【剪辑效果编辑器】窗口，如图11-96所示。

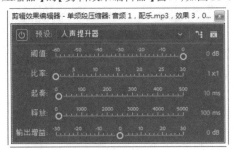

图 11-96

- 各个参数：可设置【增益】【阈值】【比率】【攻击】【释放】等参数数值。

11.2.19 镶边

【镶边】用于混合与原始信号大致等比例，延迟时间及短暂频率周期变化。选择【效果】面板中的【音频效果】/【镶边】，如图11-97所示。【镶边】效果的参数面板如图11-98所示。

图 11-97　　　　　　图 11-98

- 自定义设置：单击【编辑】按钮，可自动弹出【镶边】的【剪辑效果编辑器】窗口，如图11-99所示。

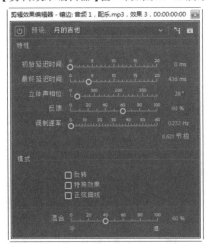

图 11-99

- 各个参数：可设置音频延迟、立体声相位及反馈效果。

11.2.20 陷波滤波器

【陷波滤波器】可迅速衰减音频信号，属于带阻滤波器的一种。选择【效果】面板中的【音频效果】/【陷波滤波器】，如图11-100所示。【陷波滤波器】效果的参数面板如图11-101所示。

图 11-100　　　　　　图 11-101

自定义设置：单击【编辑】按钮，可自动弹出【陷波滤波器】的【剪辑效果编辑器】窗口，如图11-102所示。

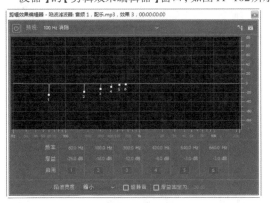

图 11-102

11.2.21 卷积混响

【卷积混响】用于在一个位置录制掌声，然后将音响效果应用到不同的录制内容，使它听起来像在原始环境中录制的那样。选择【效果】面板中的【音频效果】/【卷积混响】，如图11-103所示。【卷积混响】效果的参数面板如图11-104所示。

图 11-103　　　　　　图 11-104

自定义设置：单击【编辑】按钮，可自动弹出【卷积混响】的【剪辑效果编辑器】窗口，如图11-105所示。

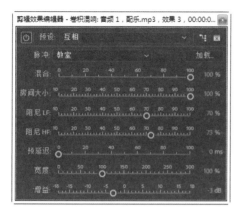

图 11-105

实例：使用卷积混响效果制作混声音效

文件路径：Chapter 11　音频效果→实例：使用卷积混响效果制作混声音效

【卷积混响】能将声音制作出声学控件效果。实例效果如图 11-106 所示。

扫一扫，看视频

图 11-106

操作步骤

步骤 01 打开配套资源 03.prproj，如图 11-107 所示。

步骤 02 执行【文件】/【导入】命令或按快捷键 Ctrl+I，导入【配乐.mp3】素材文件，如图 11-108 所示。

图 11-107

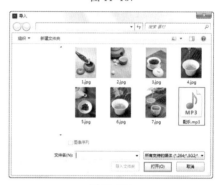

图 11-108

步骤 03 按住鼠标左键将【项目】面板中的【配乐.mp3】素材文件拖曳到 A1 轨道上，如图 11-109 所示。

图 11-109

步骤 04 单击 ◆（剃刀工具）按钮，选择 A1 轨道上的【配乐.mp3】素材文件，然后将时间轴滑动到第 29 秒 19 帧的位置，单击鼠标左键剪辑【配乐.mp3】素材文件，如图 11-110 所示。

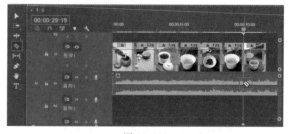

图 11-110

步骤 05 单击 ▶（选择工具）按钮，然后选中剪辑后的前部分【配乐.mp3】素材文件，接着按下 Delete 键删除，如图 11-111 所示。

图 11-111

步骤 06 选择A1轨道上的【配乐.mp3】素材文件,按住鼠标左键将其拖曳到初始帧位置,如图11-112所示。

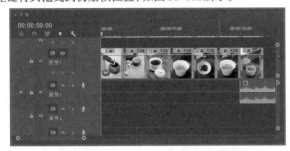

图 11-112

步骤 07 单击 🔪(剃刀工具)按钮,选择A1轨道上的【配乐.mp3】素材文件,然后将时间轴滑动到第35秒位置,单击鼠标左键剪辑【配乐.mp3】素材文件,如图11-113所示。

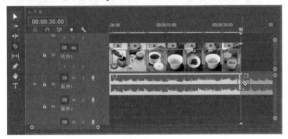

图 11-113

步骤 08 单击 ▶(选择工具)按钮。选择剪辑后的后部分【配乐.mp3】素材文件,接着按下Delete键删除,如图11-114所示。

图 11-114

步骤 09 为音频添加效果。在【效果】面板搜索框中搜索【卷积混响】效果,然后按住鼠标左键将其拖曳到A1轨道上的【配乐.mp3】素材文件上,如图11-115所示。

图 11-115

步骤 10 选择A1轨道上的【配乐.mp3】素材文件,在【效果控件】中展开【卷积混响】效果,单击【自定义设置】后方的【编辑】按钮,在弹出的【剪辑效果编辑器】窗口中设置【脉冲】为【客厅】,如图11-116所示。

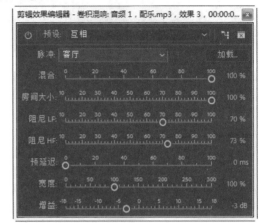

图 11-116

步骤 11 此时关闭【剪辑效果编辑器】窗口,按下空格键播放预览,即可听到添加效果后的音频声音。

11.2.22 静音

【静音】可将指定音频部分制作出消音效果。选择【效果】面板中的【音频效果】/【静音】,如图11-117所示。【静音】效果的参数面板如图11-118所示。

图 11-117

图 11-118

- 静音:将整段音频进行消音处理。
- 静音1:将音频的左声道设置为静音。
- 静音2:将音频的右声道设置为静音。

11.2.23 简单的陷波滤波器

【简单的陷波滤波器】阶数为二阶以上，用于阻碍频率信号的作用。选择【效果】面板中的【音频效果】/【简单的陷波滤波器】，如图11-119所示。【简单的陷波滤波器】效果的参数面板如图11-120所示。

图 11-119　　　　　　　图 11-120

中心：在一定程度上可限制频率大小。

11.2.24 简单的参数均衡

【简单的参数均衡】可增加或减少特定频率邻近的音频频率，使音调在一定范围内达到均衡。选择【效果】面板中的【音频效果】/【简单的参数均衡】，如图11-121所示。【简单的参数均衡】的参数面板如图11-122所示。

图 11-121　　　　　　　图 11-122

提升：可提升较弱的参数频率。

11.2.25 互换声道

【互换声道】用于交换左右声道的信息内容。选择【效果】面板中的【音频效果】/【互换声道】，如图11-123所示。该特效没有参数设置，将其拖曳到音频素材上即可产生作用，如图11-124所示。

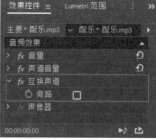

图 11-123　　　　　　　图 11-124

11.2.26 人声增强

【人声增强】可将音频中的声音更加偏向于男性声音或女性声音，突出人声特点。选择【效果】面板中的【音频效果】/【人声增强】，如图11-125所示。【人声增强】效果的参数面板如图11-126所示。

图 11-125　　　　　　　图 11-126

自定义设置：单击【编辑】按钮，可自动弹出【人声增强】的【剪辑效果编辑器】窗口，如图11-127所示。

图 11-127

11.2.27 动态

【动态】可增强或减弱一定范围内的音频信号，使音调更加灵活有特点。选择【效果】面板中的【音频效果】/【动态】，如图11-128所示。【动态】效果的参数面板如图11-129所示。

图 11-128　　　　　　　图 11-129

自定义设置：单击【编辑】按钮，可自动弹出【动态】的【剪辑效果编辑器】窗口，如图11-130所示。

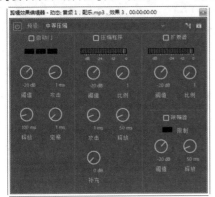

图 11-130

11.2.28 动态处理

【动态处理】可模拟乐器声音，将音频素材制作出声音与乐器同时工作的音效声。选择【效果】面板中的【音频效果】/【动态处理】，如图11-131所示。【动态处理】效果的参数面板如图11-132所示。

图 11-131　　　　　　　　图 11-132

自定义设置：单击【编辑】按钮，可自动弹出【动态处理】的【剪辑效果编辑器】窗口，如图11-133所示。

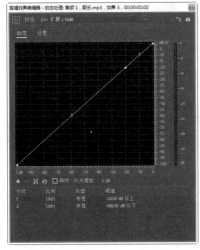

图 11-133

11.2.29 参数均衡器

【参数均衡器】可增大或减小位于指定中心频率附近的频率。选择【效果】面板中的【音频效果】/【参数均衡器】，如图11-134所示。【参数均衡器】效果的参数面板如图11-135所示。

图 11-134　　　　　　　　图 11-135

自定义设置：单击【编辑】按钮，可自动弹出【参数均衡器】的【剪辑效果编辑器】窗口，如图11-136所示。

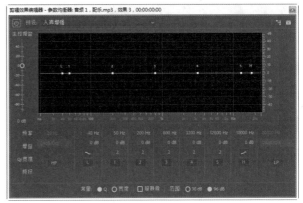

图 11-136

11.2.30 反转

【反转】可以反转所有声道。选择【效果】面板中的【音频效果】/【反转】，如图11-137所示。【反转】效果没有参数设置，将其拖曳到素材上方可自动产生效果，如图11-138所示。

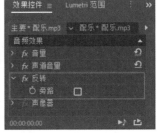

图 11-137　　　　　　　　图 11-138

11.2.31　和声/镶边

【和声/镶边】可模拟乐器制作出音频的混合特效。选择【效果】面板中的【音频效果】/【和声/镶边】，如图11-139所示。【和声/镶边】效果的参数面板如图11-140所示。

图 11-139　　　　　　　图 11-140

自定义设置：单击【编辑】按钮，可自动弹出【和声/镶边】的【剪辑效果编辑器】窗口，如图11-141所示。

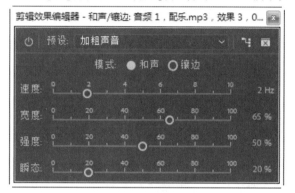

图 11-141

11.2.32　图形均衡器（10段）

【图形均衡器（10段）】可调节各频段信号的增益值。选择【效果】面板中的【音频效果】/图形均衡器（10段）】，如图11-142所示。【图形均衡器（10段）】效果的参数面板如图11-143所示。

图 11-142　　　　　　　图 11-143

自定义设置：单击【编辑】按钮，可自动弹出【图形均衡器(10段)】的【剪辑效果编辑器】窗口，如图11-144所示。

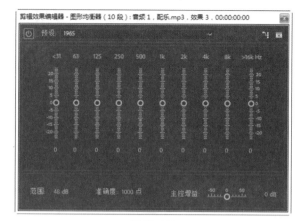

图 11-144

11.2.33　图形均衡器(20段)

【图形均衡器(20段)】可精细地调节各频段信号的增益值。选择【效果】面板中的【音频效果】/【图形均衡器(20段)】，如图11-145所示。【图形均衡器(20段)】效果的参数面板如图11-146所示。

图 11-145　　　　　　　图 11-146

自定义设置：单击【编辑】按钮，可自动弹出【图形均衡器(20段)】的【剪辑效果编辑器】窗口，如图11-147所示。

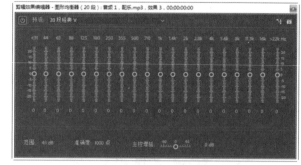

图 11-147

11.2.34　图形均衡器(30段)

【图形均衡器(30段)】可更精准地调节各频段信号的增益值，调整范围相对较大。选择【效果】面板中的【音频效

中文版Premiere Pro CC 从入门到精通（微课视频 全彩版）

果】/【图形均衡器(30段)】,如图11-148所示。【图形均衡器(30段)】效果的参数面板如图11-149所示。

图 11-148　　　　　　　　图 11-149

自定义设置:单击【编辑】按钮,可自动弹出【图形均衡器(30段)】的【剪辑效果编辑器】窗口,如图11-150所示。

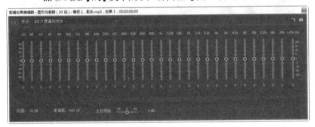

图 11-150

11.2.35　声道音量

【声道音量】用于独立控制立体声、5.1 剪辑或轨道中的每条声道的音量。选择【效果】面板中的【音频效果】/【声道音量】效果,如图11-151所示。【声道音量】效果的参数面板如图11-152所示。

图 11-151　　　　　　　　图 11-152

- 左:调节左侧声道的音量大小。
- 右:调节右侧声道的音量大小。

11.2.36　室内混响

【室内混响】可模拟在室内演奏时的混响音乐效果。选择【效果】面板中的【音频效果】/【室内混响】效果,如图11-153所示。【室内混响】效果的特效面板参数如图11-154所示。

图 11-153　　　　　　　　图 11-154

自定义设置:单击【编辑】按钮,可自动弹出【室内混响】的【剪辑效果编辑器】窗口,如图11-155所示。

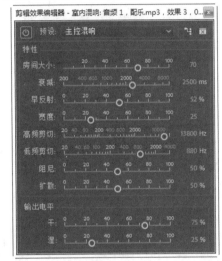

图 11-155

11.2.37　延迟

【延迟】用于添加音频剪辑声音的回声,可在指定时间量之后播放。选择【效果】面板中的【音频效果】/【延迟】,如图11-156所示。【延迟】效果的参数面板如图11-157所示。

图 11-156　　　　　　　　图 11-157

- 延迟:设置回音的间隔持续时间。
- 反馈:调节回音的强弱。
- 混合:设置混响的声音大小。

实例：使用延迟效果制作回声

文件路径：Chapter 11　音频效果→实例：使用延迟效果制作回声

本实例主要使用【延迟】将声音延长，模拟各种环境下的回声效果。实例效果如图11-158所示。

扫一扫，看视频

图 11-158

操作步骤

步骤 01　打开配套资源04.prproj，如图11-159所示。

图 11-159

步骤 02　执行【文件】/【导入】命令或按快捷键Ctrl+I，导入【配乐.mp3】素材文件，如图11-160所示。

图 11-160

步骤 03　按住鼠标左键将【项目】面板中的【配乐.mp3】素材文件拖曳到A1轨道上，如图11-161所示。

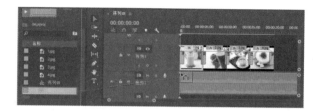

图 11-161

步骤 04　单击 ✂(剃刀工具)按钮，选择A1轨道上的【配乐.mp3】素材文件，然后将时间轴滑动到第20秒的位置，单击鼠标左键剪辑【配乐.mp3】素材文件，如图11-162所示。

图 11-162

步骤 05　单击 ▶(选择工具)按钮，然后选中剪辑后的后半部分【配乐.mp3】素材文件，接着按下Delete键进行删除，如图11-163所示。

图 11-163

步骤 06　为音频添加效果。在【效果】面板搜索框中搜索【延迟】，然后按住鼠标左键将其拖曳到A1轨道上的【配乐.mp3】素材文件上，如图11-164所示。

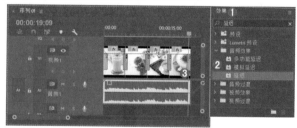

图 11-164

步骤 07　选择A1轨道上的【配乐.mp3】素材文件，在【效果控件】中展开【延迟】效果，设置【延迟】为1.5秒，【混合】为30%，如图11-165所示。

中文版Premiere Pro CC 从入门到精通（微课视频 全彩版）

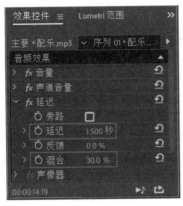

图 11-165

步骤 08 此时关闭【剪辑效果编辑器】窗口，按下空格键播放预览，即可听到添加效果后的音频声音。

11.2.38　母带处理

【母带处理】可将录制的人声与乐器声混合，常用于光盘或磁带中。选择【效果】面板中的【音频效果】/【母带处理】，如图 11-166 所示。【母带处理】效果的参数面板如图 11-167 所示。

　　图 11-166　　　　　　　　　图 11-167

自定义设置：单击【编辑】按钮，可自动弹出【母带处理】的【剪辑效果编辑器】窗口，如图 11-168 所示。

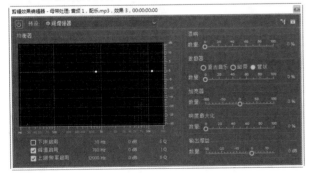

图 11-168

11.2.39　消除齿音

【消除齿音】可消除在前期录制中产生的刺耳齿音。选

择【效果】面板中的【音频效果】/【消除齿音】，如图 11-169 所示。【消除齿音】效果的参数面板如图 11-170 所示。

　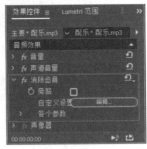

　　图 11-169　　　　　　　　图 11-170

自定义设置：单击【编辑】按钮，可自动弹出【消除齿音】的【剪辑效果编辑器】窗口，如图 11-171 所示。

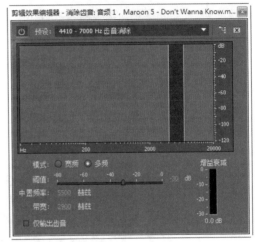

图 11-171

11.2.40　消除嗡嗡声

【消除嗡嗡声】可去除音频中因录制时收入的杂音而产生的嗡嗡声音。选择【效果】面板中的【音频效果】/【消除嗡嗡声】，如图 11-172 所示。【消除嗡嗡声】效果的参数面板如图 11-173 所示。

　　图 11-172　　　　　　　　图 11-173

自定义设置：单击【编辑】按钮，可自动弹出【消除嗡嗡声】的【剪辑效果编辑器】窗口，如图 11-174 所示。

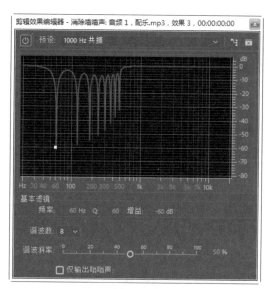

图 11-174

11.2.41 环绕声混响

【环绕声混响】可模拟声音在房间中的效果和氛围。选择【效果】面板中的【音频效果】/【环绕声混响】,如图 11-175 所示。【环绕声混响】效果的参数面板如图 11-176 所示。

图 11-175　　　　　　图 11-176

自定义设置:单击【编辑】按钮,可自动弹出【环绕声混响】的【剪辑效果编辑器】窗口,如图 11-177 所示。

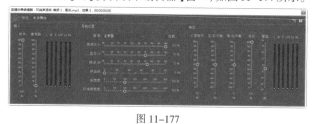

图 11-177

11.2.42 科学滤波器

【科学滤波器】可控制左右两侧立体声的音量比。选择【效果】面板中的【音频效果】/【科学滤波器】,如图 11-178 所

示。【科学滤波器】效果的参数面板如图 11-179 所示。

图 11-178　　　　　　图 11-179

自定义设置:单击【编辑】按钮,可自动弹出【科学滤波器】的【剪辑效果编辑器】窗口,如图 11-180 所示。

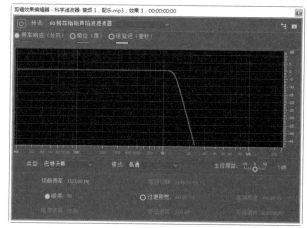

图 11-180

11.2.43 移相器

【移相器】可通过频率来改变声音,从而模拟出另一种声音效果。选择【效果】面板中的【音频效果】/【移相器】,如图 11-181 所示。【移相器】效果的参数面板如图 11-182 所示。

　　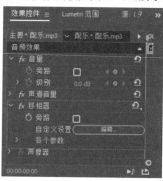

图 11-181　　　　　　图 11-182

自定义设置:单击【编辑】按钮,可自动弹出【移相器】的【剪辑效果编辑器】窗口,如图 11-183 所示。

中文版Premiere Pro CC 从入门到精通（微课视频 全彩版）

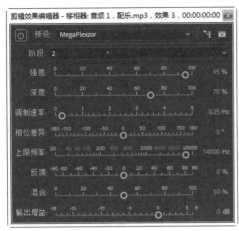

图 11-183

11.2.44　立体声扩展器

　　【立体声扩展器】可控制立体声音的动态范围。选择【效果】面板中的【音频效果】/【立体声扩展器】效果，如图 11-184 所示。【立体声扩展器】效果的参数面板如图 11-185 所示。

图 11-184　　　　　　　　图 11-185

　　自定义设置：单击【编辑】按钮，可自动弹出【立体声扩展器】的【剪辑效果编辑器】窗口，如图 11-186 所示。

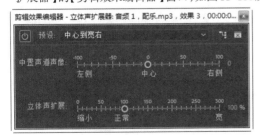

图 11-186

11.2.45　自适应降噪

　　【自适应降噪】可自动消除声音噪音。选择【效果】面板

中的【音频效果】/【自适应降噪】，如图 11-187 所示。【自适应降噪】效果的参数面板如图 11-188 所示。

图 11-187　　　　　　　　图 11-188

　　自定义设置：单击【编辑】按钮，可自动弹出【自适应降噪】的【剪辑效果编辑器】窗口，如图 11-189 所示。

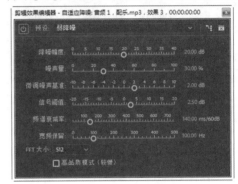

图 11-189

11.2.46　自动咔嗒声移除

　　【自动咔嗒声移除】可消除前期录制音频中产生的咔嗒声音。选择【效果】面板中的【音频效果】/【自动咔嗒声移除】，如图 11-190 所示。【自动咔嗒声移除】效果的参数面板如图 11-191 所示。

图 11-190　　　　　　　　图 11-191

　　自定义设置：单击【编辑】按钮，可自动弹出【自动咔嗒声移除】的【剪辑效果编辑器】窗口，如图 11-192 所示。

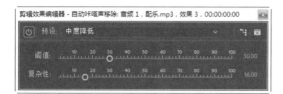

图 11-192

11.2.47 雷达响度计

【雷达响度计】是以雷达的形式显示各种响度信息,可调节音频的音量大小,适用于广播、电影、电视的后期制作处理。选择【效果】面板中的【音频效果】/【雷达响度计】效果,如图 11-193 所示。【雷达响度计】效果的参数面板如图 11-194 所示。

图 11-193　　　　　　图 11-194

自定义设置:单击【编辑】按钮,可自动弹出【雷达响度计】的【剪辑效果编辑器】窗口,如图 11-195 所示。

图 11-195

11.2.48 音量

如果想在其他标准效果之前渲染音量,可使用音量效果代替固定音量效果。正值为增加音量,负值为降低音量。选择【效果】面板中的【音频效果】/【音量】,如图 11-196 所示。

【音量】的参数面板如图 11-197 所示。

图 11-196　　　　　　图 11-197

级别:用于调整音量的大小声。

11.2.49 音高换档器

【音高换档器】可将音效进行伸展,从而进行音频换档。选择【效果】面板中的【音频效果】/【音高换档器】,如图 11-198 所示。【音高换档器】效果的参数面板如图 11-199 所示。

图 11-198　　　　　　图 11-199

自定义设置:单击【编辑】按钮,可自动弹出【音高换档器】的【剪辑效果编辑器】窗口,如图 11-200 所示。

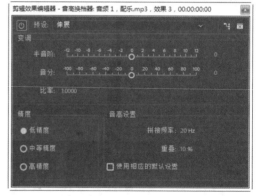

图 11-200

11.2.50 高通

【高通】用于删除低于指定频率界限的其他频率。选择【效果】面板中的【音频效果】/【高通】,如图 11-201 所示。【高通】效果的参数面板如图11-202所示。

图 11-201　　　　图 11-202

屏蔽度：用于设置频率过滤值的大小。

11.2.51　高音

【高音】可用于增高或降低高频。选择【效果】面板中的【音频效果】/【高音】，如图11-203所示。【高音】效果的参数面板如图11-204所示。

图 11-203　　　　图 11-204

提升：可增加或减小音调的频率。

11.3　音频过渡类效果

音频过渡是对同轨道上相邻的两个音频通过转场效果实现声音的交叉过渡。该【效果】面板中只包含【交叉淡化】效果组，如图11-205所示。

图 11-205

该效果组下包含【恒定功率】【恒定增益】【指数淡化】等3种转场效果，如图11-206所示。

图 11-206

1. 恒定功率

【恒定功率】音频转场效果用于以交叉淡化创建平滑渐变的过渡，与视频剪辑之间的溶解过渡类似。选择【效果】面板中的【音频过渡】/【恒定功率】，如图11-207所示。【恒定功率】效果的参数面板如图11-208所示。

图 11-207　　　　图 11-208

对齐：可调整素材第一段与第二段之间的过渡效果。

2. 恒定增益

【恒定增益】音频过渡效果用于以恒定速率更改音频进出的过渡。选择【效果】面板中的【音频过渡】/【恒定增益】，如图11-209所示。【恒定增益】效果的参数面板如图11-210所示。

图 11-209　　　　图 11-210

对齐：可调整素材第一段与第二段之间的过渡效果。

3. 指数淡化

【指数淡化】音频过渡效果是以指数方式自下而上的淡入音频。选择【效果】面板中的【音频过渡】/【指数淡化】，如图11-211所示。【指数淡化】效果的参数面板如图11-212所示。

对齐：可调整素材第一段与第二段之间的过渡效果。

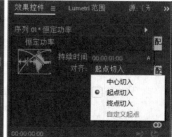

图 11-211　　　　　　　图 11-212

读书笔记

Chapter *12*

第12章

扫一扫，看视频

输出作品

本章内容简介：

在Premiere中制作作品时，大多数读者认为当作品创作完成时就是操作的最后一个步骤，其实并非如此。通常会在作品制作完成后进行渲染操作，将合成面板中的画面渲染出来，便于影像的保留和传输。本章中主要讲解如何渲染不同格式的文件，包括常用的视频数量、图片格式、音频格式等。

重点知识掌握：

- 什么是输出
- 导出设置窗口输出作品
- 使用 Adobe Media Encoder 输出作品
- 输出常用格式的作品

12.1 认识输出

很多三维软件、后期制作软件在制作完成作品后，都需要进行【渲染】，将最终的作品以可以打开或播放的格式呈现出来，以便可以在更多的设备上播放。影片的渲染，是指将构成影片的每个帧进行逐帧渲染。

12.1.1 什么是输出

输出通常是指最终的渲染过程。其实创建在"节目监视器"面板中显示的预览过程也属于渲染，但这些并不是最终渲染。真正的渲染是最终需要输出为一个我们需要的文件格式。在Premiere中主要有两种渲染方式，分别是在【导出设置】中渲染、在Adobe Media Encoder中渲染。

不同的输出目的可以选择不同的输出格式。例如，若想输出小文件，推荐使用FLV格式进行输出；若想输出文件后继续编辑，可使用MOV格式；若输出文件后想存放或观看，可选择MP4格式。

【重点】12.1.2 轻松动手学：输出影片

文件路径：Chapter 12 输出作品→轻松动手学：输出影片

（1）打开配套资源中的【轻松动手学：输出影片.prproj】，如图12-1所示。

扫一扫，看视频

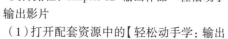

图12-1

（2）作品编辑完成后，需要将作品进行渲染。激活时间轴面板，然后选择菜单栏中的【文件】/【导出】/【媒体】命令（快捷键为Ctrl+M），如图12-2所示。

图12-2

（3）此时进入【导出设置】窗口，在窗口中可以设置输出作品的格式，在这里以输出QuickTime格式文件为例。设置【格式】为QuickTime，【预置】为PAL DV，然后单击【输出名】后的【序列 01.mov】按钮，如图12-3所示。在弹出的对话框中设置合适的保存路径和文件名称，如图12-4所示。

图12-3

图12-4

（4）在【导出设置】窗口中单击【导出】按钮即可完成导出操作，如图12-5所示。此时会弹出一个编码进度窗口，可显示导出作品的进度，如图12-6所示。

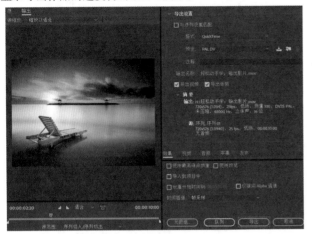

图 12-5

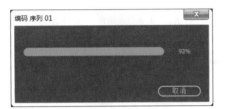

图 12-6

（5）当进度条已满时，作品输出完成。在所保存的路径下方可查看输出作品，如图12-7所示。

图·12-7

12.2 导出设置窗口

在视频编辑完成时，需要将其导出。激活时间轴面板，然后选择菜单栏中的【文件】/【导出】/【媒体】命令（快捷键为Ctrl+M），此时可以打开【导出设置】窗口，其中包括【输出预览】【导出设置】

扫一扫，看视频

【扩展参数】【其他参数】等，如图12-8所示。

图 12-8

【重点】12.2.1 输出预览

【输出预览】窗口是文件在渲染时的预览窗口，分为【源】和【输出】两个选项，如图12-9所示。

图 12-9

1. 源

（1）选择【源】选项时，可对预览窗口中的素材进行裁剪编辑。单击 🔲 按钮，即可设置【左侧】【顶部】【右侧】【底部】的像素裁剪参数，如图12-10所示。

（2）也可以单击【裁剪比例】的下拉列表，在列表中有10种裁剪比例，可针对素材的自身需要设置尺寸比例，如图12-11所示。

图 12-10　　　　图 12-11

- ：设置视频在播放时的时间停留位置。
- 00:00:05:00 ：设置输出影片的持续时间。
- ◢ ：设置入点，定义操作区段的开始时间点。
- ◣ ：设置出点，定义操作区段的结束时间点。
- 适合 ∨ ：调整屏幕上显示素材信息的比例大小。
- ⧄ ：长宽比校正，可设置素材文件的横纵比例。

2. 输出

选择【输出】选项时，可以在【源缩放】下拉列表中设置素材在预览窗口中的呈现方式。图12-12所示为设置【源缩放】为【缩放以合适】和【缩放以填充】的预览效果。

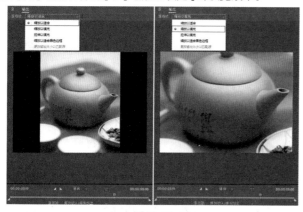

图 12-12

【重点】12.2.2 导出设置

【导出设置】可应用于多种播放设备的传输或观看，在该面板中可针对视频的【格式】及【输出名称】等进行设置。图12-13所示为Adobe流媒体的【导出设置】面板。

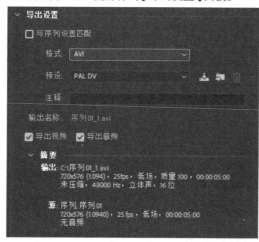

图 12-13

- 格式：在下拉列表中可设置视频素材或音频素材的文件格式，如图12-14所示。
- 预设：设置视频的编码配置。图12-15所示为【预设】

下拉列表中的参数。

图 12-14　　　　图 12-15

- ⬇ ：单击该按钮，可保存当前预设参数。
- ⬆ ：单击该按钮，可安装所存储的预设文件。
- 🗑 ：单击该按钮，可删除当前的预设。
- 注释：在视频导出时所添加的注解。
- 输出名称：设置视频导出的文件名及所在路径。
- 导出视频：勾选【导出视频】，可导出影片的视频部分。
- 导出音频：勾选【导出音频】，可导出影片的音频部分。
- 摘要：显示视频的【输出】信息及【源】信息。

12.2.3　扩展参数

【扩展参数】可针对影片的【导出设置】进行更详细的编辑设置，包括【效果】【视频】【音频】【字幕】【发布】5部分，如图12-16所示。

图 12-16

1. 效果

在【效果】中可设置【Lumetri Look/LUT】【SDR遵从情况】【图像叠加】【名称叠加】【时间码叠加】【时间调谐器】等，如图12-17所示。

图 12-17

- Lumetri Look/LUT：可针对视频进行调色预设设置。图 12-18 所示为其下拉列表中的所有参数。

图 12-18

图 12-19 所示为设置不同参数的对比效果。

图 12-19

- SDR 遵从情况：可对素材进行【亮度】【对比度】【软阈值】的调整。图 12-20 所示为设置不同【亮度】的画面对比效果。

图 12-20

- 图像叠加：勾选【图像叠加】时，可在【已应用】列表中选择所要叠加的图像，并与原图像进行混合叠加。
- 名称叠加：勾选【名称叠加】，会在素材上方显现出该素材序列的名称。
- 时间码叠加：勾选【时间码叠加】，在视频下方会显示出视频的播放时间，如图 12-21 所示。

图 12-21

- 时间调谐器：勾选【时间调谐器】，可针对素材目标持续时间进行更改。
- 视频限幅器：勾选【视频限幅器】，可降低素材文件的亮度及色度的范围。
- 响度标准化：勾选【响度标准化】，可调整素材的响度大小。

2. 视频

【视频】可设置导出视频的相关参数设置，如图 12-22 所示。

图 12-22

- 视频编辑解码器：在下拉列表中可选择视频解码类型，如图12-23所示。

图 12-23

- 基本视频设置：可设置视频的【质量】【宽度】【高度】【帧速率】【场序】【长宽比】及【深度】等参数设置。
- 高级设置：可对【关键帧】及【优化静止图像】进行设置。

3. 音频

可针对【音频】进行相关参数的导出设置，如图12-24所示。

图 12-24

基本音频设置：可设置声音的【采样率】【声道】【样本大小】【音频交错】等。

4. 字幕

在【字幕】中可针对导出的文字进行相关参数的调整，如图12-25所示。

图 12-25

- 导出选项：设置字幕的导出类型。
- 文件格式：设置字幕的导出格式。
- 帧速率：设置每秒钟刷新出来的字幕帧数。

5. 发布

作品输出完成后可将作品发布到某些平台，如Facebook、Behance设计社区等，如图12-26所示。

图 12-26

【重点】12.2.4　其他参数

在【导出设置】窗口中还包含一些其他参数，可对视频品质等进行选择，如图12-27所示。

图 12-27

- 使用最高渲染质量：可提供更高质量的缩放，但延长了编码时间。
- 使用预览：仅适用于从Premiere Pro导出序列。如果Premiere Pro已生成预览文件，选择此选项的结果是使用这些预览文件并加快渲染。
- 导入到项目中：将视频导入到指定项目中。
- 设置开始时间码：编辑视频开始时的时间码。
- 仅渲染Alpha通道：用于包含Alpha通道的源。启用时仅导出Alpha通道。
- 时间插值：当输入帧速率与输出帧速率不符时，可混合相邻的帧以生成更平滑的运动效果。其中包含帧采样、帧混合、光流法3种类型。
- 元数据：选择要写入输出的元数据。
- 队列：添加到Adobe Media Encoder队列。
- 导出：立即使用当前设置导出。
- 取消：取消视频的导出。

12.3　渲染常用的作品格式

在导出文件时，有很多格式供我们应用，为了适应不同的播放软件,可针对各个软件进行不同格式的导出处理。接下来针对常用格式类型进行案例讲解。

实例:输出AVI视频格式文件

文件路径:Chapter 12 输出作品→实例:输出AVI视频格式文件

AVI即音频视频交错格式,可跨多个软件使用的一种压缩格式,但是在操作中体积过于庞大,输出较慢。本实例主要是针对"输出AVI视频格式文件"的方法进行练习,如图12-28所示。

扫一扫,看视频

图12-28

操作步骤

步骤 01 打开配套资源中的【实例:输出AVI视频格式文件.prproj】,如图12-29所示。

图12-29

步骤 02 选择【时间轴】面板,然后选择菜单栏中的【文件】/【导出】/【媒体】命令,或者使用快捷键Ctrl+M打开【导出设置】窗口,如图12-30所示。

步骤 03 在弹出的【导出设置】窗口中设置【格式】为AVI。然后选择【输出名称】后面的1.avi,如图12-31所示。此时在弹出的对话框中设置文件的保存路径及文件名,设置完成后

单击【保存】按钮,如图12-32所示。

图12-30

图12-31

图12-32

步骤 04 在【导出设置】窗口中设置【视频】面板中的【视频编码器】为 Microsoft Video 1,【场序】为【逐行】,并且勾选【使用最高渲染质量】。接着单击【导出】按钮,即可开始渲染,如图 12-33 所示。

图 12-33

步骤 05 此时会在弹出的对话框中显示渲染进度条,如图 12-34 所示。渲染完毕后,在保存的路径中即可出现该视频的 AVI 格式,如图 12-35 所示。

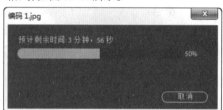

图 12-34

图 12-35

实例:输出 GIF 格式的视频文件

扫一扫,看视频

文件路径:Chapter 12　输出作品→实例:输出 GIF 格式的视频文件

GIF 格式通常体积较小,成像较清晰,可构成一种简短动画。本实例主要是针对"输出 GIF 格式的视频文件"的方法进行练习,如图 12-36 所示。

图 12-36

操作步骤

步骤 01 打开配套资源中的【实例:输出 GIF 格式的视频文件.prproj】,如图 12-37 所示。

图 12-37

步骤 02 选择【时间轴】面板,然后选择菜单栏中的【文件】/【导出】/【媒体】命令,或者使用快捷键 Ctrl+M 打开【导出设置】窗口,如图 12-38 所示。

步骤 03 在弹出的【导出设置】窗口中设置【格式】为【动画 GIF】,然后单击【输出名称】后面的【序列 01.gif】,此时在弹出的对话框中设置文件的保存路径及文件名,设置完成后单击【保存】按钮,如图 12-39 所示。接着勾选【使用最高渲

染质量 】,并单击【导出 】按钮, 如图12-40所示。

图 12-38

图 12-39

图 12-40

步骤 04 此时会在弹出的对话框中显示渲染进度条, 如图12-41所示。当输出完毕后,在所设置的保存路径中出现刚刚输出的GIF文件,如图12-42所示。

图 12-41

图 12-42

实例: 输出单帧图片

文件路径: Chapter 12 输出作品→实例: 输出单帧图片

在Premiere Pro中, 将动态影像输出为单帧图片效果尤为简单, 在输出时将【格式 】设置为 BMP即可完成操作。本实例主要是针对“输出单帧图片”的方法进行练习, 如图12-43所示。

扫一扫, 看视频

图 12-43

操作步骤

步骤 01 打开配套资源中的【实例: 输出单帧图片 .prproj 】,如图12-44所示。

步骤 02 选择【时间轴 】面板, 然后选择菜单栏中的【文件 】/【导出 】/【媒体 】命令, 或者使用快捷键Ctrl+M打开【导出设置 】窗口,如图12-45所示。

图 12-44

图 12-46

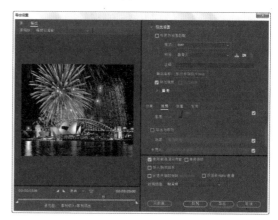

图 12-47

图 12-45

步骤 04 输出完成后,在刚刚设置的保存路径中即可查看输出单帧图片文件,如图12-48所示。

图 12-48

步骤 03 在弹出的【导出设置】窗口中设置【格式】为BMP。然后单击【输出名称】后面的【序列01.bmp】,此时在弹出的对话框中设置文件的保存路径及文件名,设置完成后单击【保存】按钮,如图12-46所示。接着取消勾选【导出为序列】,并勾选【使用最高渲染质量】,最后单击【导出】按钮,如图12-47所示。

实例: 输出音频文件

扫一扫,看视频

文件路径: Chapter 12 输出作品→实例: 输出音频文件

MP3是一种播放音乐文件的格式,使用该格式压缩音乐,可大大减少音频的损失程度。本实例主要是针对"输出音频文件"的方法进行练习,如图12-49所示。

中文版Premiere Pro CC 从入门到精通 (微课视频 全彩版)

图 12-49

操作步骤

步骤 01 打开配套资源中的【实例：输出音频文件.prproj】，如图 12-50 所示。

图 12-50

步骤 02 选择【时间轴】面板，然后选择菜单栏中的【文件】/【导出】/【媒体】命令，或者使用快捷键 Ctrl+M 打开【导出设置】窗口，如图 12-51 所示。

图 12-51

步骤 03 在弹出的【导出设置】窗口中设置【格式】为 MP3。然后单击【输出名称】后面的【序列 01.MP3】，此时在弹出的对话框中设置文件的保存路径及文件名，设置完成后单击【保存】按钮，如图 12-52 所示。最后单击【导出】按钮，如图 12-53 所示。

图 12-52

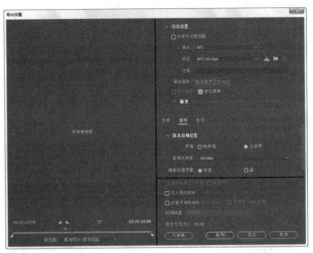

图 12-53

步骤 04 输出完成后，在刚刚设置的保存路径中即可查看 MP3 格式的音频文件，如图 12-54 所示。

图 12-54

实例：输出 QuickTime 格式文件

文件路径：Chapter 12　输出作品→实例：输出 QuickTime 格式文件

QuickTime 用来播放 MOV 格式的视频，适用于播放苹果系列的压缩格式。本实例主要是针对"输出 QuickTime 格式文件"的方法进行练习，如图 12-55 所示。

扫一扫，看视频

图 12-55

操作步骤

步骤 01 打开配套资源中的【实例：输出 QuickTime 格式文件.prproj 】，如图 12-56 所示。

图 12-56

步骤 02 选择【时间轴】面板，然后选择菜单栏中的【文件】/【导出】/【媒体 】命令，或者使用快捷键 Ctrl+M 打开【导出设置】对话框，如图 12-57 所示。

步骤 03 在弹出的对话框中设置【格式 】为 QuickTime，【预设 】为 PAL DV，然后单击【输出名称 】后的【序列 01.mov 】，

在弹出的对话框中设置保存路径和文件名称，如图 12-58 所示。接着单击【导出 】按钮，如图 12-59 所示。

图 12-57

图 12-58

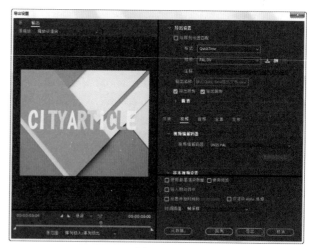

图 12-59

中文版 Premiere Pro CC 从入门到精通（微课视频 全彩版）

步骤 04 此时在弹出的对话框中显示渲染进度条,如图 12-60 所示。等待视频输出完成后,我们看到设置的保存路径中出现了【输出 QuickTime 格式文件 .mov】,如图 12-61 所示。

图 12-60

图 12-61

实例:输出静帧序列

文件路径:Chapter 12 输出作品→实例:输出静帧序列

扫一扫,看视频

连续的单帧图像就形成了动态效果,而动态的效果可以输出为静帧序列图像。本实例主要是针对"输出静帧序列"的方法进行练习,如图 12-62 所示。

图 12-62

操作步骤

步骤 01 打开配套资源中的【实例:输出静帧序列 .prproj】,如图 12-63 所示。

步骤 02 选择【时间轴】面板,然后选择菜单栏中的【文件】/【导出】/【媒体】命令,或者使用快捷键 Ctrl+M 打开【导出设置】对话框,如图 12-64 所示。

步骤 03 在弹出的对话框中设置【格式】为 Targa,接着单击【输出名称】后的【序列 01.tga】,设置保存路径和文件名称。接着勾选【使用最高渲染质量】选项,并单击【导出】按钮,如图 12-65 所示。

图 12-63

图 12-64

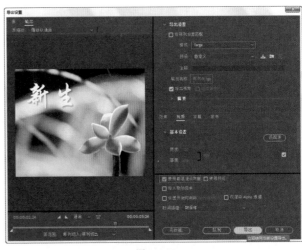

图 12-65

步骤 04 此时会在弹出的对话框中显示渲染进度条，如图 12-66 所示。序列输出完成后，在设置的保存路径下出现了输出静帧序列文件，如图 12-67 所示。

图 12-66

图 12-67

实例: 输出小格式视频

文件路径: Chapter 12 输出作品→实例: 输出小格式视频

小格式视频能有效减少视频在中转时带来的烦琐性。本实例主要是针对"输出小格式视频"的方法进行练习，如图 12-68 所示。

扫一扫，看视频

图 12-68

操作步骤

步骤 01 打开配套资源中的【实例: 输出小格式视频 .prproj 】，如图 12-69 所示。

图 12-69

步骤 02 选择【时间轴】面板，然后选择菜单栏中的【文件】/【导出】/【媒体】命令，或者使用快捷键 Ctrl+M 打开【导出设置】对话框，如图 12-70 所示。

图 12-70

步骤 03 在弹出的对话框中设置【格式】为 H.264，接着单击【输出名称】后的【序列 01.MP4 】，设置保存路径和文件名称。接着打开【比特率设置】，设置【目标比特率】和【最大比特率】均为最小值，并单击【导出】按钮，如图 12-71 所示。

步骤 04 此时在弹出的对话框中显示渲染进度条，如图 12-72 所示。等待视频输出完成后，我们看到设置的保存路径中出现了【输出小格式视频 .MP4 】，如图 12-73 所示。

图 12-71

图 12-72

图 12-73

12.4 使用 Adobe Media Encoder 渲染

【重点】12.4.1 什么是Adobe Media Encoder

Adobe Media Encoder是视频音频编码程序，可用于渲染输出不同格式的作品。需要安装与Adobe Premiere Pro CC 2018版本一致的Adobe Media Encoder CC 2018，才可以打开并使用Adobe Media Encoder。

扫一扫，看视频

Adobe Media Encoder界面包括5大部分，分别是【媒体浏览器】、【预设浏览器】、【队列】面板、【监视文件夹】和【编码】面板，如图12-74所示。

图 12-74

1. 媒体浏览器

使用媒体浏览器，可以在将媒体文件添加到队列之前预览这些文件，如图12-75所示。

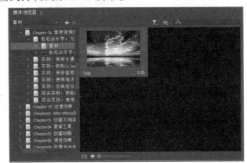

图 12-75

2. 预设浏览器

【预设浏览器】提供的各种选项可帮助简化 Adobe Media Encoder 中的工作流程，如图12-76所示。

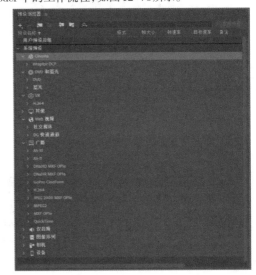

图 12-76

3. 队列

将想要编码的文件添加到【队列】面板中。可以将源视频或音频文件、Adobe Premiere Pro 序列和 Adobe After Effects 合成添加到要编码的项目队列中，如图 12-77 所示。

图 12-77

4. 监视文件夹

硬盘驱动器中的任何文件夹都可以被指定为"监视文件夹"。当选择"监视文件夹"后，任何添加到该文件夹的文件都将使用所选预设进行编码，如图 12-78 所示。

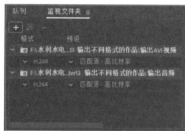

图 12-78

5. 编码

【编码】面板提供了有关每个编码项目的状态信息，如图 12-79 所示。

图 12-79

12.4.2 实例：将序列添加到 Adobe Media Encoder 进行渲染

文件路径：Chapter 12 输出作品→实例：将序列添加到 Adobe Media Encoder 进行渲染

操作步骤

扫一扫，看视频

步骤 01 打开配套资源中的【实例：将序列添加到 Adobe Media Encoder 进行渲染 .prproj】，如图 12-80 所示。

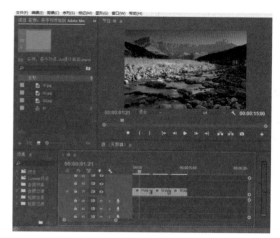

图 12-80

步骤 02 选择【时间轴】面板，然后选择菜单栏中的【文件】/【导出】/【媒体】命令，或者使用快捷键 Ctrl+M 打开【导出设置】对话框，如图 12-81 所示。

图 12-81

步骤 03 单击【队列】按钮，如图 12-82 所示。

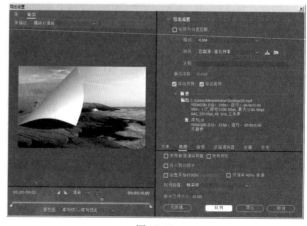

图 12-82

步骤 04 此时正在开启Adobe Media Encoder，如图12-83所示。

图 12-83

步骤 05 此时已经打开了Adobe Media Encoder，如图12-84所示。

图 12-84

步骤 06 单击进入【队列】面板，单击 ⌄ 按钮，选择H.264，然后设置保存文件的位置和名称，如图12-85所示。

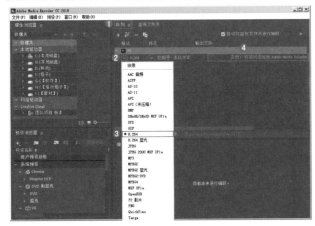

图 12-85

步骤 07 单击H.264，如图12-86所示。

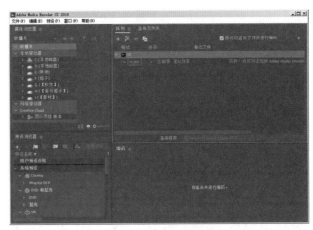

图 12-86

步骤 08 在弹出的【导出设置】窗口中单击【视频】按钮，设置【目标比特率】为5，【最大比特率】为5，如图12-87所示。

图 12-87

步骤 09 单击右上角的 ▶(启动队列)按钮，如图12-88所示。

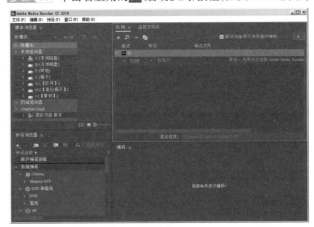

图 12-88

步骤 10 此时开始进行渲染，如图12-89所示。

图 12-89

步骤 11 等待渲染完成后，在刚才设置的路径中可以找到渲染出的视频【实例：将序列添加到 Adobe Media Encoder 进行渲染 .mp4】，如图12-90所示。渲染出的文件非常小，但是画面清晰度不错。若需要更小的视频文件，可以将刚才的【目标比特率】和【最大比特率】数值再调小一些。

图 12-90

 提示：除了修改比特率的方法外，还有什么方法可以让视频变小

有时需要渲染特定格式的视频，但是这些格式在Premiere渲染完成后，依然文件很大。那么怎么办呢？建议下载并安装一些视频转换软件（可百度"视频转换软件"选择一两款下载安装），这些软件可以快速将较大的文件转为较小的文件，而且还可以将格式更改为需要的其他格式。

 读书笔记

扫一扫，看视频

Chapter 13

13

第13章

广告动画应用

重点知识掌握：

- 如何在 Premiere 中制作广告动画效果
- 在广告动画中如何让文字与图形巧妙地搭配结合

综合实例：地产宣传广告

文件路径：Chapter 13 广告动画应用→综合实例：地产宣传广告

扫一扫，看视频

本实例主要使用【圆形】将颜色遮罩制作出圆形形状，使用【块溶解】将圆形形状以溶解的方式呈现在画面中，接着使用【球面化】及【不透明度】属性制作出凹凸感文字动画，最后使用【椭圆形蒙版】制作出渐变感文字效果，如图13-1所示。

图 13-1

操作步骤

步骤 01 选择菜单栏中的【文件】/【新建】/【项目】命令，弹出【新建项目】窗口，设置【名称】，并单击【浏览】按钮设置保存路径，如图13-2所示。

图 13-2

步骤 02 在【项目】面板的空白处双击鼠标左键，导入所需的【背景.jpg】素材文件，最后单击【打开】按钮导入，如图13-3所示。

图 13-3

步骤 03 选择【项目】面板中的【背景.jpg】素材文件，并按住鼠标左键将其拖曳到V1轨道上，如图13-4所示。

图 13-4

步骤 04 选择V1轨道上的【背景.jpg】素材文件，在【效果控件】面板中展开【不透明度】属性，将时间线滑动到起始帧位置，设置【不透明度】为0%，并激活【不透明度】前面的 按钮，开启自动关键帧。将时间线滑动到第1秒5帧位置，设置【不透明度】为100%，如图13-5所示。此时效果如图13-6所示。

图 13-5　　　　　　　图 13-6

步骤 05 选择V1轨道上的【背景.jpg】素材文件，在【效果】面板中搜索【色彩】效果，并按住鼠标左键将其拖曳到V1轨道上的【背景.jpg】素材文件上，如图13-7所示。

图 13-7

步骤 06 在【效果控件】面板中展开【色彩】效果，并设置【将白色映射到】为浅橘色，如图13-8所示。此时画面效果如图13-9所示。

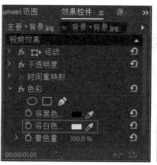

图 13-8　　　　　　　图 13-9

中文版Premiere Pro CC 从入门到精通（微课视频 全彩版）

步骤 07 在【项目】面板空白处右击执行【新建项目】/【黑场视频】命令,此时会弹出【新建黑场视频】窗口,单击【确定】按钮,如图13-10所示。

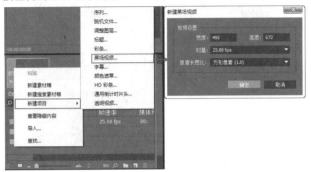

图 13-10

步骤 08 选择【项目】面板中的【黑场视频】素材文件,并按住鼠标左键将其拖曳到V2轨道上,在【时间轴】面板中设置【黑场视频】的起始时间为第12帧位置,如图13-11所示。

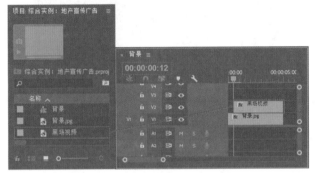

图 13-11

步骤 09 选择V2轨道上的【黑场视频】文件,在【效果】面板中搜索【圆形】效果,并按住鼠标左键将其拖曳到【黑场视频】文件上,如图13-12所示。

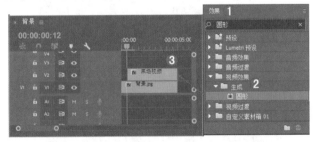

图 13-12

步骤 10 在【效果控件】面板中展开【圆形】效果,并设置【中心】为(247.5,370),【半径】为112,【羽化外侧边缘】为0,【颜色】为红色,【不透明度】为61%,最后展开【运动】属性,再设置【位置】为(247.5,300),如图13-13所示。查看效果,如图13-14所示。

图 13-13　　　　　　　图 13-14

步骤 11 选择V2轨道上的【黑场视频】文件,在【效果】面板中搜索【块溶解】效果,并按住鼠标左键将其拖曳到【黑场视频】文件上,如图13-15所示。

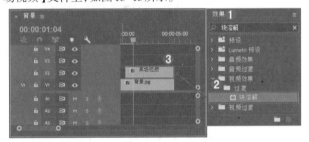

图 13-15

步骤 12 选择V2轨道上的【黑场视频】素材文件,在【效果控件】面板中展开【块溶解】效果,将时间线滑动到12帧的位置,设置【过渡完成】为100%,并单击【过渡完成】前面的 按钮,开启自动关键帧。将时间线滑动到第2秒2帧位置,设置【过渡完成】为0%,如图13-16所示。此时滑动时间线查看效果,如图13-17所示。

图 13-16　　　　　　　图 13-17

中文版Premiere Pro CC 从入门到精通（微课视频 全彩版）

为轨道上的素材文件添加效果有两种方法：一种是按住鼠标左键将其拖曳到素材文件上；另一种则是在【时间轴】面板中选择素材文件，然后在【效果】面板中选择想要添加的效果，双击鼠标左键则会为素材文件添加上效果。

步骤 13 选择菜单栏中的【文件】/【新建】/【旧版标题】命令，在对话框中设置【名称】为【字幕01】，然后单击【确定】按钮，如图13-18所示。

图 13-18

步骤 14 在工具栏中单击**T**（垂直文字工具）按钮，并在工作区域中输入"经典"文字，设置合适的【字体系列】，【字体大小】为65，设置【颜色】为白色，如图13-19所示。

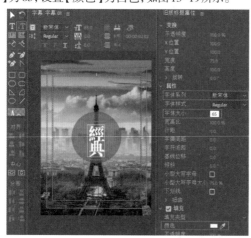

图 13-19

步骤 15 在工具栏中单击 ∕ （直线工具）按钮，并按住鼠标左键在工作区域分别画出2条直线，并设置【线宽】为2，【颜色】为白色，如图13-20所示。再次在工作区域中绘制一条直线，并设置【旋转】为295.2，【线宽】为2，【颜色】为白色，如图13-21所示。

图 13-20

图 13-21

步骤 16 在工具栏中单击**T**（垂直文字工具）按钮，并在工作区域中输入"古今典范"，设置合适的【字体系列】，【字体大小】为80，【颜色】为白色，如图13-22所示。

图 13-22

步骤 17 在工具栏中单击**T**（文字工具）按钮，并在工作区域底部输入"EIFFEL TOWER"，设置合适的【字体系列】，【字体大小】为30，【字偶间距】为-3，设置【颜色】为白色，再适当调节字体，如图13-23所示。

图 13-23

步骤 18 在工具栏中单击 T(文字工具)按钮,并在工作区域底部输入文字,设置合适的【字体系列】,【字体大小】为20,【字偶间距】为-4,设置【颜色】为白色,并适当调整工作区域中的文字位置,如图13-24所示。

图 13-24

步骤 19 关闭【字幕】面板。选择【项目】面板中的【字幕01】素材文件,并按住鼠标左键将其拖曳到V3轨道上,设置起始时间为第1秒5帧位置,如图13-25所示。

图 13-25

步骤 20 在【时间轴】面板中选择【字幕01】素材文件,在【效果控件】面板中展开【不透明度】属性,将时间线滑动到第1秒5帧位置,设置【不透明度】为15%,此时自动创建不透明度关键帧。将时间线滑动到第2秒17帧位置,设置【不透明度】为100%,如图13-26所示。此时效果如图13-27所示。

图 13-26   图 13-27

步骤 21 在【效果】面板中搜索【球面化】效果,然后按住鼠标左键拖曳到V3轨道的【字幕01】素材文件上,如图13-28所示。

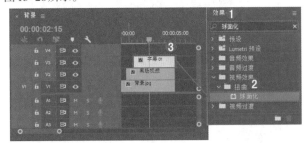

图 13-28

步骤 22 选择V3轨道上的【字幕01】素材文件,展开【球面化】效果,将时间线滑动到第1秒5帧位置,设置【半径】为650,并单击【半径】前面的 按钮,开启自动关键帧。将时间线滑动到第1秒16帧位置,设置【半径】为0,如图13-29所示。此时效果如图13-30所示。

图 13-29   图 13-30

步骤 23 选择V3轨道上的【字幕01】文件,双击鼠标左键进入【字幕01】面板，选择工作区域中的"古今典范"文字，并使用快捷键Ctrl+C进行复制，如图13-31所示。

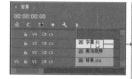

图 13-31

步骤 24 使用同样的方法，再次创建【字幕02】，并在工作区域中使用快捷键Ctrl+V进行粘贴"古今典范"文字，如图13-32所示。

图 13-32

步骤 25 关闭【字幕】面板。选择【项目】面板中的【字幕02】文件，并按住鼠标左键将【项目】面板中的【字幕02】素材文件拖曳到V4轨道上，设置【字幕02】素材文件的开始时间为第2秒11帧位置，如图13-33所示。

图 13-33

步骤 26 选择V4轨道上的【字幕02】文件，在【效果控件】面板中展开【不透明度】属性，单击【创建椭圆形蒙版】按钮，此时工作区域中出现椭圆形蒙版，在【节目】监视器中适当调节椭圆形蒙版的形状，如图13-34所示。在【效果控件】面板中设置【蒙版羽化】为26。将时间线滑动到第2秒11帧位置，设置【不透明度】为0%，为不透明度创建关键帧，将时间线滑动到第4秒6帧位置，设置【不透明度】为100%，接着设置【混合模式】为【相减】，如图13-35所示。

图 13-34　　　　　　　　　　图 13-35

步骤 27 拖动时间轴查看效果，如图13-36所示。

图 13-36

综合实例：电器大促销活动广告

　　文件路径：Chapter 13　广告动画应用→综合实例：电器大促销活动广告

扫一扫，看视频

　　本实例首先使用【颜色遮罩】制作背景颜色，使用【倾斜】属性制作倾斜感文字效果，最后使用【球面化】【块溶解】等效果制作出动感文字效果，如图13-37所示。

图 13-37

操作步骤

Part 01　制作文字部分

步骤 01 选择菜单栏中的【文件】/【新建】/【项目】命令，弹出【新建项目】窗口，设置【名称】，并单击【浏览】按钮设置保存路径，如图 13-38 所示。在【项目】面板的空白处右击，选择【新建项目】/【序列】命令。接着会弹出【新建序列】窗口，并在 DV-PAL 文件夹下选择【标准48kHz】，如图 13-39 所示。

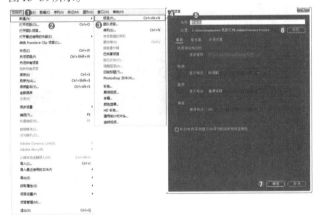

图 13-38

图 13-39

步骤 02 在画面中制作洋红色背景。选择【文件】/【新建】/【颜色遮罩】命令。在弹出的对话框中单击【确定】按钮，如图 13-40 所示。接着在弹出的【拾色器】对话框中设置颜色为洋红色，单击【确定】按钮，此时会弹出一个【选择名称】对话框，设置新的名称为【颜色遮罩】，设置完成后继续单击【确定】按钮，如图 13-41 所示。

图 13-40

图 13-41

步骤 03 将【项目】面板中的【颜色遮罩】拖曳到V1轨道上，设置结束时间为第9秒16帧位置，如图 13-42 所示。

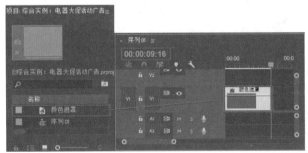

图 13-42

步骤 04 选择【文件】/【导入】命令或者使用快捷键Ctrl+I，导入1.jpg素材文件，如图 13-43 所示。

步骤 05 将【项目】面板中的1.jpg素材文件拖曳到V2轨道上，将其与【颜色遮罩】素材文件对齐，如图 13-44 所示。

图 13-43

图 13-47

图 13-44

步骤 06 制作背景底纹效果。选择 V2 轨道上的 1.jpg 素材文件,设置【缩放】为 180,【不透明度】为 45%,【混合模式】为【柔光】,如图 13-45 所示。此时效果如图 13-46 所示。

图 13-48

步骤 09 在【字幕 01】面板中单击 T (基于当前字幕新建字幕)按钮,在弹出的对话框中设置【名称】为【字幕 02】,如图 13-49 所示。接着在【字幕 02】面板中选中"电器"文字将其更改为数字"6",并适当调整数字位置,如图 13-50 所示。

图 13-45   图 13-46

步骤 07 制作文字部分。选择菜单栏中的【文件】/【新建】/【旧版标题】命令,在对话框中设置【名称】为【字幕 01】,然后单击【确定】按钮,如图 13-47 所示。

步骤 08 在【字幕】面板中单击 **T** (文字工具)按钮,在工作区域中输入"电器"文字,然后设置合适的【字体系列】,【字体大小】为 110,【倾斜】为 30°,【颜色】为白色,并适当调整文字位置,如图 13-48 所示。

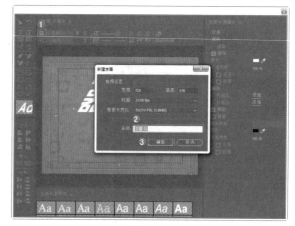

图 13-49

图 13-50

步骤 10 设置数字"6"的【字体大小】为500,【倾斜】为10°,设置【颜色】为黄色,然后适当调整文字位置,如图13-51所示。

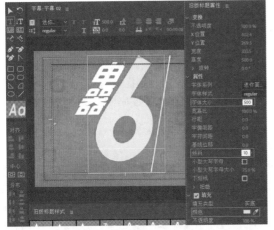

图 13-51

步骤 11 基于当前字幕新建【字幕03】。单击 T (文字工具)按钮,选中数字"6"将复制并其更改为"折",设置【字体大小】为110,【倾斜】为30°,单击 ▶ (选择工具)按钮,将光标放在"折"文字上方,按住鼠标左键向右上方移动位置,如图13-52所示。

图 13-52

步骤 12 关闭【字幕】面板后,再次执行【文件】/【新建】/【旧版标题】命令,在对话框中设置【名称】为【字幕05】,然后单击【确定】按钮,如图13-53所示。

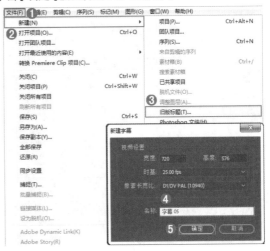

图 13-53

步骤 13 在【字幕】面板中单击 ✐ (钢笔工具)按钮,在工作区域中单击鼠标左键建立锚点,绘制一个四边形,设置【颜色】为洋红色,如图13-54所示。接着单击【外描边】后方的【添加】按钮,设置【类型】为【边缘】,【大小】为2,【填充类型】为【实底】,【颜色】为白色,如图13-55所示。

图 13-54

图 13-55

步骤 14 同样的方法继续新建字幕。单击 **T**（文字工具）按钮，在使用工作区域中输入文字"大促销"，然后设置合适的【字体系列】，设置【字体大小】为110，【颜色】为白色，如图13-56所示。

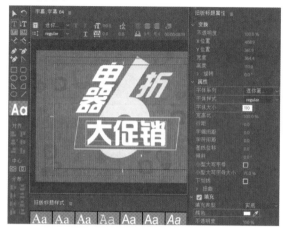

图13-56

步骤 15 新建【字幕06】面板。单击 ▭（矩形工具）按钮，在工作区域中的文字下方绘制一个细长矩形，设置【颜色】为白色，如图13-57所示。

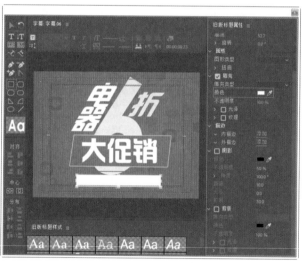

图13-57

步骤 16 新建【字幕07】面板，继续单击 **T**（文字工具）按钮，在工作区域的白色矩形上方输入文字，设置合适的【字体系列】，【字体大小】为40，【倾斜】为10°，【颜色】为洋红色，如图13-58所示。

图13-58

Part 02　为文字添加视频效果

步骤 01 关闭【字幕】面板。将【项目】面板中的【字幕01】【字幕02】【字幕03】分别拖曳到V3、V5、V4轨道上，并设置V5轨道上的【字幕02】起始时间为第3秒1帧位置，如图13-59所示。

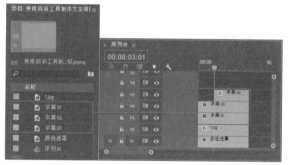

图13-59

步骤 02 隐藏V4、V5轨道上的素材文件并选择V3轨道上的【字幕01】素材文件，展开【不透明度】属性，将时间线滑动到起始位置，设置【不透明度】为0%，并激活【不透明度】前面的 按钮，开启自动关键帧。将时间线滑动到第1秒17帧位置，设置【不透明度】为100%，如图13-60所示。此时效果如图13-61所示。

图13-60

中文版Premiere Pro CC 从入门到精通（微课视频 全彩版）

图 13-61

步骤 03 为该文字添加效果。在【效果】面板中搜索【球面化】效果，然后按住鼠标左键拖曳到V3轨道的【字幕01】素材文件上，如图13-62所示。

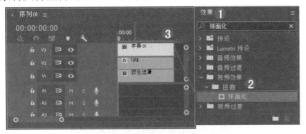

图 13-62

步骤 04 选择V3轨道上的【字幕01】素材文件，展开【球面化】效果，设置【半径】为130，将时间线滑动到起始帧位置，设置【球面中心】为(400,288)，并单击【球面中心】前面的 按钮，开启自动关键帧。将时间线滑动到第1秒23帧位置，设置【球面中心】为(32,288)，如图13-63所示。此时效果如图13-64所示。

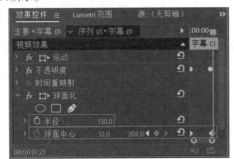

图 13-63

图 13-64

步骤 05 选择并显现V4轨道上的素材文件，在【效果】面板中搜索【块溶解】效果，然后按住鼠标左键拖曳到V4轨道的【字幕03】素材文件上，如图13-65所示。

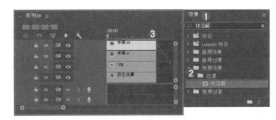

图 13-65

步骤 06 选择V4轨道上的【字幕03】素材文件，展开【块溶解】效果，设置【块宽度】为8，【块高度】为2。将时间线滑动到第1秒14帧位置，设置【过渡完成】为100%，并单击【过渡完成】前面的 按钮，开启自动关键帧。将时间线滑动到第3秒7帧位置，设置【过渡完成】为0%，如图13-66所示。此时效果如图13-67所示。

图 13-66   图 13-67

步骤 07 显现并选择V5轨道上的【字幕02】素材文件，将时间线滑动到第3秒1帧位置，设置【缩放】为335%，【不透明度】为0%，并激活【缩放】和【不透明度】前面的 按钮，开启自动关键帧。将时间线滑动到第3秒19帧位置，设置【缩放】为100%。将时间线滑动到第4秒13帧位置，设置【不透明度】为100%，如图13-68所示。此时效果如图13-69所示。

图 13-68

图 13-69

步骤 08 将【项目】面板中的【字幕05】拖曳到V6轨道上，并设置【字幕05】的起始时间为第4秒16帧位置，如图13-70所示。

图 13-70

步骤 09 选择V6轨道上的【字幕05】素材文件，展开【不透明度】属性，将时间线滑动到第4秒16帧位置，设置【不透明度】为0%，激活【不透明度】前面的按钮，开启自动关键帧。将时间线滑动到第5秒12帧位置，设置【不透明度】为100%，如图13-71所示。此时效果如图13-72所示。

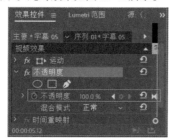

图 13-71

图 13-72

步骤 10 将【项目】面板中的【字幕04】拖曳到V7轨道上，并设置【字幕04】的起始时间为第5秒22帧位置，如图13-73所示。

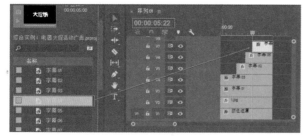

图 13-73

步骤 11 在【效果】面板中搜索【块溶解】效果，然后按住鼠标左键拖曳到V7轨道的【字幕04】素材文件上，如图13-74所示。

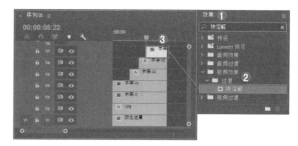

图 13-74

步骤 12 选择V7轨道上的【字幕04】素材文件，展开【块溶解】效果，设置【块宽度】为5，【块高度】为5，将时间线滑动到第5秒22帧位置，设置【过渡完成】为100%，并单击【过渡完成】前面的按钮，开启自动关键帧。将时间线滑动到第6秒18帧位置，设置【过渡完成】为0%，如图13-75所示。此时文字效果如图13-76所示。

图 13-75

图 13-76

步骤 13 将【项目】面板中的【字幕06】和【字幕07】分别拖曳到V8和V9轨道上，并设置【字幕06】和【字幕07】的起始时间均为第6秒24帧位置，结束时间与其他素材文件对齐，如图13-77所示。

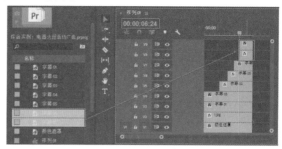

图 13-77

步骤 14 选择V8轨道上的【字幕06】素材文件,展开【不透明度】属性,将时间线滑动到第6秒24帧位置,设置【不透明度】为0%,并激活【不透明度】前面的◎按钮,开启自动关键帧。将时间线滑动到第8秒14帧位置,设置【不透明度】为100%,如图13-78所示。此时效果如图13-79所示。

图 13-78

图 13-79

步骤 15 此时滑动时间线查看制作效果,最终效果如图13-80所示。

图 13-80

综合实例:户外宣传广告

文件路径:Chapter 13 广告动画应用→综合实例:户外宣传广告

扫一扫,看视频

本实例使用【不透明度】属性将素材底部的画面以半透明的形式呈现出来,更好地展现画面的层次感,最后使用【带状滑动】【划出】【旋转】等效果为画面制作出动画效果。实例效果如图13-81所示。

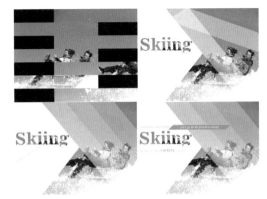

图 13-81

操作步骤

步骤 01 选择菜单栏中的【文件】/【新建】/【项目】命令,然后会弹出【新建项目】窗口,设置【名称】,并单击【浏览】按钮设置保存路径,如图13-82所示。在【项目】面板的空白处右击,选择【新建项目】/【序列】命令。接着会弹出【新建序列】窗口,并在DV-PAL文件夹下选择【标准48kHz】,如图13-83所示。

图 13-82

图 13-83

步骤 02 执行【文件】/【导入】命令或者使用快捷键Ctrl+I,导入这两个素材文件,如图13-84所示。

步骤 03 将【项目】面板中的1.JPG、2.png素材文件分别拖曳到V1、V3轨道上，设置素材的结束时间均为第9秒位置，接着设置V3轨道上的2.png素材文件的起始时间为第1秒18帧位置处，如图13-85所示。

图 13-84

图 13-85

步骤 04 首先隐藏V3轨道上的素材文件，然后右击选择V1轨道上的1.JPG素材文件，在弹出的快捷菜单中执行【缩放为帧大小】命令，如图13-86所示。此时画面效果如图13-87所示。

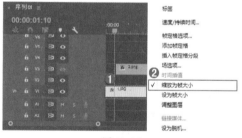

图 13-86

图 13-87

步骤 05 此时画面顶部和底部有黑色像素露出，在【效果控件】面板中设置【缩放】为107，如图13-88所示。此时画面效果如图13-89所示。

图 13-88　　　　　　　　　图 13-89

步骤 06 为1.JPG素材文件添加过渡效果。在【效果】面板中搜索【带状滑动】效果，然后按住鼠标左键拖曳到V1轨道的1.JPG素材文件的起始位置处，如图13-90所示。此时滑动时间线查看画面效果，如图13-91所示。

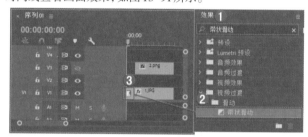

图 13-90

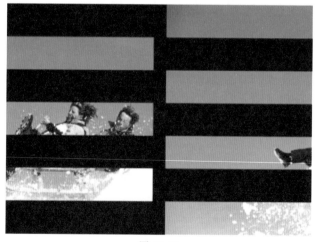

图 13-91

步骤 07 在画面左侧绘制多边形形状。执行【文件】/【新建】/【旧版标题】命令，在对话框中设置【名称】为【白色形状】，然后单击【确定】按钮，如图13-92所示。

中文版Premiere Pro CC 从入门到精通（微课视频 全彩版）

图 13-92

步骤 08 在【字幕】面板中的工具箱中单击 ✎ (钢笔工具)按钮,在工作区域左侧单击鼠标左键建立锚点,绘制一个五边形路径,如图 13-93 所示。接着设置【图形类型】为【填充贝塞尔曲线】,【颜色】设置为白色,如图 13-94 所示。

图 13-93

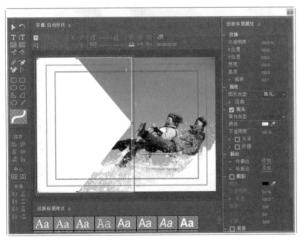

图 13-94

步骤 09 关闭【字幕】面板。将【项目】面板中的【白色形状】素材文件拖曳到 V2 轨道上,并设置起始时间为第 18 帧位置,如图 13-95 所示。

图 13-95

步骤 10 在【效果】面板中搜索【划出】效果,然后按住鼠标左键拖曳到 V2 轨道的【白色形状】素材文件的起始位置处,如图 13-96 所示。此时滑动时间线查看画面效果,如图 13-97 所示。

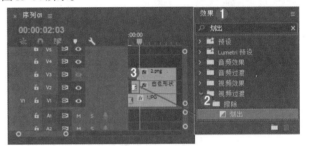

图 13-96

图 13-97

步骤 11 显现并选择 V3 轨道上的 2.png 素材文件,接着在【效果】面板中搜索【旋转】效果,然后按住鼠标左键拖曳到 V3 轨道的 2.png 素材文件上,如图 13-98 所示。

步骤 12 选择 V3 轨道上的 2.png 素材文件,在【效果控件】面板中设置【位置】为(180,210),【缩放】为 25,【旋转扭曲半径】为 75,接着将时间线滑动到第 1 秒 18 帧位置,设置【不透明度】为 0%,【角度】为 240°,接着激活【不透明度】和【角度】前面的 ⏱ (切换动画)按钮,开启自动关键帧。继续将时间线滑动到第 2 秒 9 帧位置,设置【不透明度】为 100%,【角度】为

0°, 如图 13-99 所示。效果如图 13-100 所示。

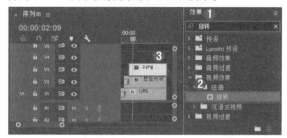

图 13-98

图 13-99

图 13-100

步骤 13 制作半透明形状。再次选择菜单栏中的【文件】/【新建】/【旧版标题】命令,在对话框中设置【名称】为【透明形状1】,然后单击【确定】按钮,如图 13-101 所示。

图 13-101

步骤 14 单击 (钢笔工具)按钮,在工作区域中建立锚点绘制一个平行四边形路径,并设置【图形类型】为【填充贝塞尔曲线】,【颜色】为白色,【不透明度】为45%,如图 13-102 所示。

图 13-102

步骤 15 单击 (基于当前字幕新建字幕)按钮,在弹出的【新建字幕】面板中设置【名称】为【透明形状2】,设置完成后单击【确定】按钮,如图 13-103 所示。

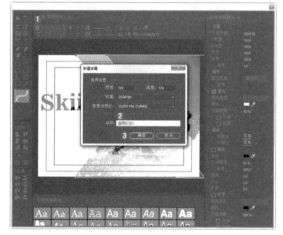

图 13-103

步骤 16 单击 (选择工具)按钮,将光标放在【透明形状1】上方,按住鼠标左键将形状向右侧移动,并设置【旋转】为0.1°,更改【不透明度】为35%,如图 13-104 所示。

图 13-104

步骤 17 使用同样的方法继续单击 ﹒(基于当前字幕新建字幕)按钮,在弹出的【新建字幕】面板中设置【名称】为【透明形状3】,设置完成后单击【确定】按钮,如图13-105所示。

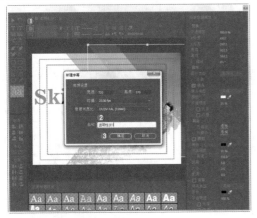

图 13-105

步骤 18 单击 ▶(选择工具)按钮,将光标放置于【透明形状2】上方,按住鼠标左键继续将形状向右侧移动,并设置【旋转】为0.6°,更改【不透明度】为25%,如图13-106所示。

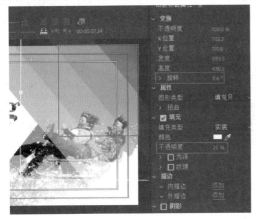

图 13-106

步骤 19 制作完成后关闭字幕面板。在【项目】面板中将【透明形状1】【透明形状2】【透明形状3】素材文件分别拖曳到【时间轴】面板中的V4、V5、V6轨道上,设置【透明形状1】的起始时间为第2秒14帧位置,设置【透明形状2】的起始时间为3秒1帧位置,设置【透明形状3】的起始时间为第3秒24帧位置,如图13-107所示。

图 13-107

步骤 20 隐藏V5、V6轨道上的素材文件并选择V4轨道上的【透明形状1】素材文件,在【效果控件】面板中将时间线拖动到第2秒14帧位置,设置【位置】为(−245,288),单击【位置】前面的 ☉(切换动画)按钮,开启自动关键帧,如图13-108所示。继续将时间线拖动到第2秒24帧位置,设置【位置】为(360,288)。此时画面效果如图13-109所示。

图 13-108   图 13-109

步骤 21 显现并选择V5轨道上的【透明形状2】素材文件,在【效果控件】面板中将时间线拖动到第3秒1帧位置,设置【旋转】为1×0.0°,单击【旋转】前面的 ☉(切换动画)按钮,开启自动关键帧。继续将时间线拖动到第3秒24帧位置,设置【旋转】为0°,如图13-110所示。此时画面效果如图13-111所示。

图 13-110   图 13-111

步骤 22 显现并选择V6轨道上的【透明形状3】素材文件,在【效果控件】面板中将时间线拖动到第3秒24帧位置,设置【位置】为(360,−80),单击【位置】前面的 ☉(切换动画)按钮,开启自动关键帧。继续将时间线拖动到第4秒14帧位置,设置【位置】为(360,288),如图13-112所示。此时画面效果如图13-113所示。

图 13-112

图 13-113

步骤〔23　制作文字部分。执行【文件】/【新建】/【旧版标题】命令，在对话框中设置【名称】为【字幕01】，然后单击【确定】按钮，如图 13-114 所示。

图 13-114

步骤〔24　单击 **T**（文字工具）按钮，在工作区域左侧输入合适的文字，设置合适的【字体系列】，【字体大小】为18，【颜色】为灰色，如图 13-115 所示。

图 13-115

步骤〔25　使用同样的方式继续新建【字幕02】，在画面中继续输入文字，设置合适的【字体系列】，【字体大小】为18，【颜色】为深灰色，如图 13-116 所示。接着选中"variety"文字，更改文字的【字体系列】并设置【字体大小】为25，【颜色】为橙色，如图 13-117 所示。

图 13-116

图 13-117

步骤〔26　新建【字幕03】。在【字幕】面板中单击 ✎（钢笔工具）按钮，在工作区域中绘制一个平行四边形路径，设置【图形类型】为【填充贝塞尔曲线】，【颜色】为橙色，如图 13-118 所示。接着单击 **T**（钢笔工具）按钮，在橙色矩形上方输入文字，设置合适的【字体系列】，【字体大小】为25，【颜色】为白色，如图 13-119 所示。

中文版Premiere Pro CC 从入门到精通（微课视频 全彩版）

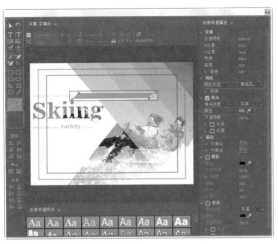

图 13-118

图 13-119

步骤 27 关闭【字幕】面板。将【项目】面板中的【字幕 01】【字幕 02】【字幕 03】分别拖曳到【时间轴】面板的 V7、V8、V9 轨道上，并设置【字幕 01】素材文件的起始时间为第 4 秒 12 帧位置，【字幕 02】的起始时间为第 5 秒 8 帧位置，【字幕 03】的起始时间为第 6 秒位置，如图 13-120 所示。

图 13-120

步骤 28 首先隐藏 V8、V9 轨道并选择 V7 轨道上的【字幕 01】素材文件，将时间线拖动到第 4 秒 12 帧位置时，设置【旋转】为 -90°，单击【旋转】前面的 (切换动画)按钮，开启自

动关键帧。继续将时间线拖动到第 5 秒 1 帧位置，设置【旋转】为 0°，如图 13-121 所示。此时文字效果如图 13-122 所示。

图 13-121

图 13-122

步骤 29 显现并选择 V8 轨道上的【字幕 02】素材文件，将时间线拖动到第 5 秒 8 帧位置时，设置【不透明度】为 0%，激活【不透明度】前面的 (切换动画)按钮，开启自动关键帧。继续将时间线拖动到第 5 秒 22 帧位置，设置【不透明度】为 100%，如图 13-123 所示。此时效果如图 13-124 所示。

图 13-123

图 13-124

步骤 30 显现并选择 V9 轨道上的【字幕 03】素材文件，将时间线拖动到第 6 秒位置时，设置【缩放】为 247，单击【缩放】前面的 (切换动画)按钮，开启自动关键帧。继续将时间线拖动到第 6 秒 21 帧位置，设置【缩放】为 100，如图 13-125 所示。本实例制作完成，滑动时间线查看实例效果，如图 13-126 所示。

图 13-125

图 13-126

综合实例：运动器材宣传广告

文件路径：Chapter 13 广告动画应用→综合实例：运动器材宣传广告

本实例在制作时主要在【字幕】面板中使用

扫一扫，看视频

【钢笔工具】及【形状工具】制作宣传图背景形状，并在形状上方输入文字，然后为形状及文字添加关键帧制作出简单的动画效果，如图13-127所示。

图 13-127

操作步骤

Part 01 制作图片部分

步骤 01 选择菜单栏中的【文件】/【新建】/【项目】命令，弹出【新建项目】窗口，设置【名称】，并单击【浏览】按钮设置保存路径，如图13-128所示。在【项目】面板的空白处右击，选择【新建项目】/【序列】命令。接着会弹出【新建序列】窗口，并在DV-PAL文件夹下选择【标准48kHz】，如图13-129所示。

图 13-128

图 13-129

步骤 02 选择【文件】/【导入】命令或者按快捷键Ctrl+I，导

入1.jpg素材文件，如图13-130所示。

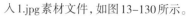

图 13-130

步骤 03 将【项目】面板中的1.jpg素材文件拖曳到V1轨道上，设置素材的结束时间为第8秒位置，如图13-131所示。

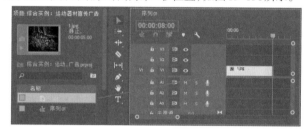

图 13-131

步骤 04 在画面中制作黑色半透明效果。选择【文件】/【新建】/【颜色遮罩】命令。在弹出的对话框中单击【确定】按钮，如图13-132所示。接着在弹出的【拾色器】对话框中设置【颜色】为黑色，单击【确定】按钮，此时会弹出一个【选择名称】对话框，设置新的名称为【颜色遮罩】，设置完成后继续单击【确定】按钮，如图13-133所示。

图 13-132

图 13-133

中文版Premiere Pro CC 从入门到精通（微课视频 全彩版）

步骤 05 将【项目】面板中的【颜色遮罩】拖曳到【时间轴】面板中的V2轨道上，并与V1轨道上的1.jpg素材文件对齐，如图13-134所示。

图13-134

步骤 06 此时选择V2轨道上的【颜色遮罩】素材文件，展开【不透明度】属性，设置【不透明度】为40%，如图13-135所示。此时画面效果如图13-136所示。

图13-135　　　　　　图13-136

步骤 07 制作背景形状。在菜单栏中执行【文件】/【新建】/【旧版标题】命令，在对话框中设置【名称】为【形状1】，然后单击【确定】按钮，如图13-137所示。

图13-137

步骤 08 单击 （钢笔工具）按钮，在工作区域中单击鼠标左键建立锚点，并拖曳绘制一个三角形形状，设置【图形类型】为【闭合贝塞尔曲线】，【线宽】为5，【颜色】为黄色，如图13-138所示。继续单击 （钢笔工具）按钮，在三角形右侧绘制一个较小的三角形，设置【图形类型】为【填充贝塞尔曲线】，【颜色】为黄色，绘制完成后适当调整形状的位置，如

图13-139所示。

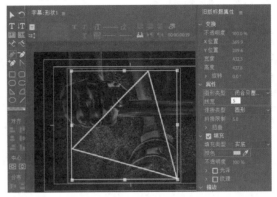

图13-138

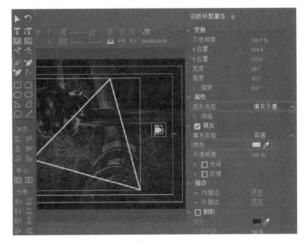

图13-139

步骤 09 关闭【字幕】面板。将【项目】面板中的【形状1】素材文件拖曳到V3轨道上，将其与V1轨道上的1.jpg素材文件对齐，如图13-140所示。

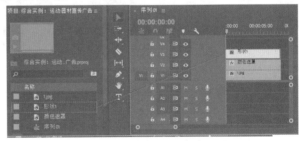

图13-140

步骤 10 选择V3轨道上的【形状1】素材文件，将时间线滑动到初始位置，设置【缩放】为250，【不透明度】为0%，并激活【缩放】和【不透明度】前面的 按钮，开启自动关键帧。将时间线滑动到第24帧位置，设置【缩放】为100，【不透明度】为20%，如图13-141所示，将时间线滑动到第1秒13帧位置，设置【不透明度】为100%，此时效果如图13-142所示。

图 13-141　　　　图 13-142

步骤 11　在【效果】面板中搜索【块溶解】效果,然后按住鼠标左键拖曳到V3轨道的【形状1】素材文件上,如图13-143所示。

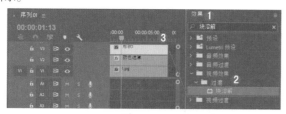

图 13-143

步骤 12　选择V3轨道上的【形状1】素材文件,展开【块溶解】效果,将时间线滑动到起始帧位置,设置【过渡完成】为100%,单击【过渡完成】前面的 ⚪ 按钮,开启自动关键帧。将时间线滑动到第1秒19帧位置,设置【过渡完成】为0%,如图13-144所示。效果如图13-145所示。

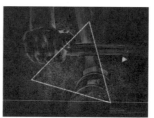

图 13-144　　　　图 13-145

步骤 13　在【效果】面板中搜索【四色渐变】效果,按住鼠标左键拖曳到V3轨道的【形状1】素材文件上,如图13-146所示。

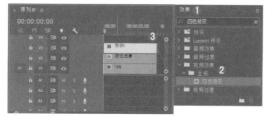

图 13-146

步骤 14　选择V3轨道上的【形状1】素材文件,展开【四色渐变】效果,设置【颜色1】【颜色3】【颜色4】均为黄色,【颜色2】为橘色,如图13-147所示。此时形状效果如图13-148所示。

图 13-147　　　　图 13-148

步骤 15　制作形状。执行菜单栏中的【文件】/【新建】/【旧版标题】命令,在对话框中设置【名称】为【形状2】,然后单击【确定】按钮,如图13-149所示。

图 13-149

步骤 16　单击 ✐(钢笔工具)按钮,在工作区域中绘制两个较小的三角形形状,设置【图形类型】为【填充贝塞尔曲线】,【颜色】为黄色,如图13-150所示。接着单击 ╱(直线工具)按钮,在工作区域中大三角形右侧和底部位置按住鼠标左键绘制两条直线线段,设置【图形类型】为【开放贝塞尔曲线】,【线宽】为3,【颜色】为黄色,如图13-151所示。

步骤 17　关闭【字幕】面板。将【项目】面板中的【形状2】素材文件拖曳到V4轨道上,并与其他素材文件对齐,如图13-152所示。

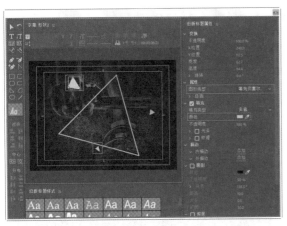

图 13-150

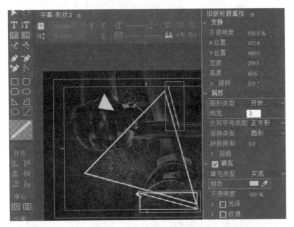

图 13-151

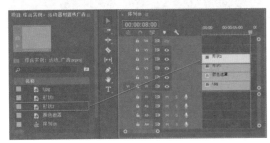

图 13-152

步骤 18 在【效果】面板中搜索【块溶解】效果,然后按住鼠标左键将该效果拖曳到 V4 轨道的【形状 2】素材文件上,如图 13-153 所示。

图 13-153

步骤 19 选择 V4 轨道上的【形状 2】素材文件,展开【块溶解】效果,将时间线滑动到第 3 秒 2 帧位置,设置【过渡完成】为 100%,单击【过渡完成】前面的 ⏱ 按钮,开启自动关键帧。将时间线滑动到第 5 秒 11 帧位置,设置【过渡完成】为 0%,如图 13-154 所示。效果如图 13-155 所示。

图 13-154   图 13-155

步骤 20 在【效果】面板中搜索【径向擦除】效果,然后按住鼠标左键拖曳到 V4 轨道的【形状 2】素材文件上,如图 13-156 所示。

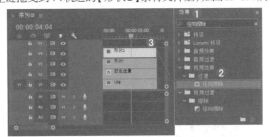

图 13-156

步骤 21 选择 V4 轨道上的【形状 2】素材文件,展开【径向擦除】效果,设置【擦除】为【逆时针】,将时间线滑动到第 3 秒 2 帧位置,设置【过渡完成】为 100%,单击【过渡完成】前面的 ⏱ 按钮,开启自动关键帧。将时间线滑动到第 5 秒 11 帧位置,设置【过渡完成】为 0%,如图 13-157 所示。效果如图 13-158 所示。

图 13-157   图 13-158

Part 02　制作文字部分

步骤 01 制作宣传图的文字部分。再次单击菜单栏中的【文件】/【新建】/【旧版标题】命令,在对话框中设置【名称】为【字幕 01】,然后单击【确定】按钮,如图 13-159 所示。

图 13-159

步骤 02 单击 **T**(文字工具)按钮，在工作区域中输入文字，设置合适的【字体系列】，【字体大小】为100，【颜色】为白色，并适当调整文字位置，如图 13-160 所示。继续新建字幕，设置【名称】为【字幕02】，单击 ✏(钢笔工具)按钮，在工作区域中单击鼠标左键建立锚点，绘制一个平行四边形，设置【图形类型】为【填充贝塞尔曲线】，【颜色】为黄色，如图 13-161 所示。

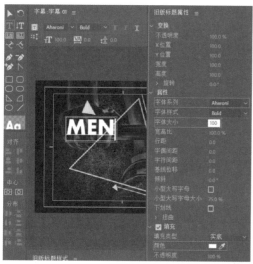

图 13-160

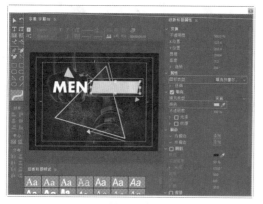

图 13-161

步骤 03 新建【字幕03】。单击 **T**(文字工具)按钮，在工作区域中的黄色四边形上方输入文字，设置合适的【字体系列】，【字体大小】为55，【倾斜】为10°，【颜色】为黑色，如图 13-162 所示。新建【字幕04】。单击 **T**(文字工具)按钮，在工作区域中心位置输入合适的文字，设置合适的【字体系列】，【字体大小】为133，倾斜为10°，【颜色】为白色，如图 13-163 所示。

图 13-162

图 13-163

步骤 04 新建字幕，将其命名为【字幕05】，在【字幕】面板中单击 **T**(文字工具)按钮，在工作区域中按住鼠标左键拖曳绘制一个文本框，如图 13-164 所示。接着在【字幕】面板顶部单击 ▦(居中对齐)按钮，在文本框内输入文字，设置合适的【字体系列】，【行距】为14，【字体大小】为12，【倾斜】为10°，【颜色】为白色，如图 13-165 所示。

图 13-164

图 13-165

步骤 05 由于此时文字的视觉效果不是很明显，接下来制作黑色矩形作为文字背景。再次新建字幕，命名为【字幕06】在【字幕】面板中单击▢(矩形工具)按钮，在工作区域中的文字上方绘制三个长条矩形，设置矩形的【颜色】为黑色，【不透明度】为80%，如图 13-166 所示。

步骤 06 关闭【字幕】面板。将【项目】面板中的【字幕01】【字幕02】【字幕03】素材文件分别拖曳到V5、V6和V7轨道上，设置V5轨道上的【字幕01】素材文件的起始时间为第1秒7帧，V6轨道上的【字幕02】素材文件的起始时间为第2秒3帧，V7轨道上的【字幕03】素材文件的起始时间为第3秒3帧，如图 13-167 所示。

图 13-166

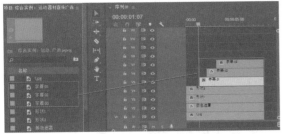

图 13-167

步骤 07 隐藏V6、V7轨道并选择V5轨道上的【字幕01】素

材文件，展开【不透明度】属性，将时间线滑动到第1秒7帧位置，设置【不透明度】为0%，并激活【不透明度】前面的圖按钮，开启自动关键帧，继续将时间线滑动到第2秒2帧位置，设置【不透明度】为30%。将时间线滑动到第2秒10帧位置，设置【不透明度】为100%，如图 13-168 所示。此时画面效果如图 13-169 所示。

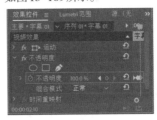 

图 13-168 　　　　　　　　　图 13-169

步骤 08 在【效果】面板中搜索【球面化】效果，然后按住鼠标左键拖曳到V5轨道的【字幕01】素材文件上，如图 13-170 所示。

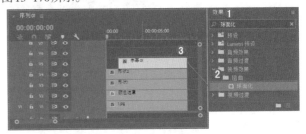

图 13-170

步骤 09 选择V5轨道上的【字幕01】素材文件，展开【球面化】效果，设置【球面中心】为(414,288)，将时间线滑动到第1秒7帧位置，设置【半径】为532，单击【半径】前面的圖按钮，开启自动关键帧。继续将时间线滑动到第2秒10帧位置，设置【半径】为0，如图 13-171 所示。此时效果如图 13-172 所示。

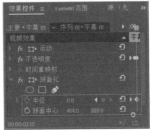

图 13-171 　　　　　　　　　图 13-172

步骤 10 显现并选择V6轨道上的【字幕02】素材文件，展开【不透明度】属性，将时间线滑动到第2秒3帧位置，设置【不透明度】为0%，激活【不透明度】前面的圖按钮，开启自动关键帧。继续将时间线滑动到第2秒24帧位置，设置【不透明度】为100%，如图 13-173 所示。效果如图 13-174 所示。

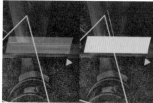

图 13-173　　　　　　　图 13-174

步骤 11 显现并选择V7轨道上的【字幕03】素材文件,展开【不透明度】属性,将时间线滑动到第3秒3帧位置,设置【不透明度】为0%,激活【不透明度】前面的按钮,开启自动关键帧。继续将时间线滑动到第3秒24帧位置,设置【不透明度】为100%,如图13-175所示。效果如图13-176所示。

图 13-175　　　　　　　图 13-176

步骤 12 为【字幕03】素材文件添加效果,在【效果】面板搜索框中搜索【波形变形】效果,然后按住鼠标左键拖曳到V7轨道上的【字幕03】素材文件上,如图13-177所示。

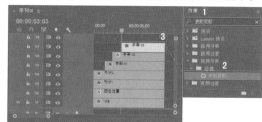

图 13-177

步骤 13 选择V7轨道上的【字幕03】素材文件,在【效果控件】面板中展开【波形变形】效果,将时间线滑动到第3秒3帧位置,设置【波形高度】为10,单击【波形高度】前面的按钮,开启自动关键帧。继续将时间线滑动到第3秒24帧位置,设置【波形高度】为0,如图13-178所示。效果如图13-179所示。

图 13-178　　　　　　　图 13-179

步骤 14 将【项目】面板中的【字幕04】【字幕05】【字幕06】素材文件分别拖曳到V8、V10和V9轨道上,设置起始时间均为第4秒14帧的位置,如图13-180所示。

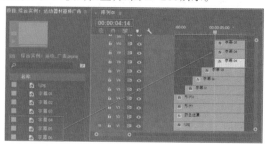

图 13-180

步骤 15 隐藏V9、V10轨道上的素材,并选择V8轨道上的【字幕04】素材文件,将时间线滑动到第4秒14帧位置,设置【缩放】为300,【不透明度】为10%,激活【缩放】和【不透明度】前面的按钮,开启自动关键帧。继续将时间线滑动到第5秒17帧位置,设置【缩放】为100,【不透明度】为100%,如图13-181所示。文字效果如图13-182所示。

图 13-181

图 13-182

步骤 16 显现并选择V9轨道上的【字幕06】素材文件,在【效果】面板中搜索【径向擦除】效果,然后按住鼠标左键拖曳到V9轨道上的【字幕06】素材文件上,如图13-183所示。

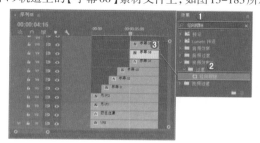

图 13-183

中文版Premiere Pro CC 从入门到精通(微课视频 全彩版)

步骤 17 在【效果控件】面板中展开【径向擦除】效果,设置【擦除】为【顺时针】,将时间线滑动到第5秒15帧位置,设置【过渡完成】为100%,单击【过渡完成】前面的◎按钮,开启自动关键帧。继续将时间线滑动到第6秒21帧位置,设置【过渡完成】为0%,如图13-184所示。文字背景效果如图13-185所示。

图 13-184

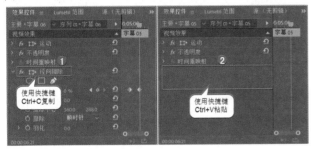

图 13-185

步骤 18 选择V9轨道上的【字幕06】素材文件,在【效果控件】面板中选择【径向擦除】效果,使用快捷键Ctrl+C复制该效果,接着选择V10轨道上的【字幕05】素材文件,在【效果控件】面板底部空白位置使用快捷键Ctrl+V进行粘贴,如图13-186所示。

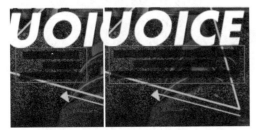

图 13-186

步骤 19 选择V10轨道上的【字幕05】素材文件,在【效果控件】面板中展开【径向擦除】效果,更改效果参数。将时间线滑动到第5秒20帧位置,设置【过渡完成】为100%,单击【过渡完成】前面的◎按钮,开启自动关键帧。继续将时间线滑动到第7秒位置,设置【过渡完成】为0%,如图13-187所示。文字效果如图13-188所示。

图 13-187

图 13-188

步骤 20 此时滑动时间线查看实例效果,如图13-189所示。

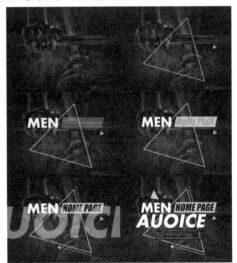

图 13-189

综合实例:海南旅游促销广告

文件路径:Chapter 13 广告动画应用→综合实例:海南旅游促销广告

本实例在制作时主要使用【旧版标题】命令制作画面中的文字部分,使用【运动】及【不透明度】属性制作出移动动画效果。实例效果如图13-190所示。

图 13-190

操作步骤

Part 01　制作背景

步骤 01　单击【文件】,选择【新建/项目】,然后会弹出【新建项目】窗口,设置【名称】,并单击【浏览】设置保存路径,如图 13-191 所示。然后在【项目】面板空白处单击鼠标右键,选择【新建项目/序列】。接着会弹出【新建序列】窗口,在窗口中单击【设置】,接着设置【编辑模式】为【自定义】,【帧大小】为 1024,【水平】为 1448,【像素长宽比】为方形像素(1.0),【场】为无场(逐行扫描),【预览文件格式】为 QuickTime,【宽度】为 1024,【高度】为 1448,设置完成后单击【确定】按钮。如图 13-192 所示。

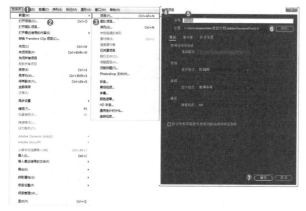

图 13-191

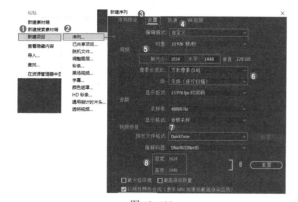

图 13-192

步骤 02　选择【文件】/【导入】命令或者使用快捷键 Ctrl+I,导入全部素材文件,如图 13-193 所示。

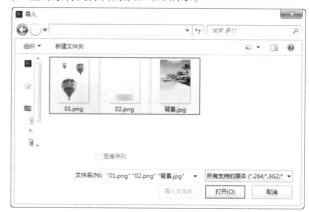

图 13-193

步骤 03　将【项目】面板中的【背景.jpg】素材文件拖曳到 V1 轨道上,并设置结束帧为第 10 秒位置,如图 13-194 所示。

图 13-194

步骤 04　将【项目】面板中的 01.png 素材文件拖曳到 V2 轨道上,并设置起始帧为第 1 秒位置,结束帧为第 10 秒位置,如图 13-195 所示。

图 13-195

步骤 05　选择 V2 轨道上的 01.png 素材文件,将时间线滑动到第 1 秒的位置,然后在【效果控件】面板中展开【运动】效果,设置【位置】为(229,271),【缩放】为 50,接着展开【不透明度】属性,设置【不透明度】为 0%,为不透明度创建关键帧。将时间线滑动到第 2 秒时,设置【不透明度】为 100%,如图 13-196 所示。查看效果如图 13-197 所示。

步骤 06　将【项目】面板中的 02.png 素材文件拖曳到 V3 轨道上,并设置起始帧为第 2 秒,结束帧为第 10 秒,如图 13-198 所示。

图 13-196

图 13-197

图 13-198

步骤 07 选择 V3 轨道上的【02.png】素材文件,并将时间线滑动到 2 秒的位置,然后在【效果控件】面板中展开【运动】效果,单击【位置】前面的 ◎(切换动画)按钮,创建关键帧,设置【位置】为(-467,551);将时间线滑动到 3 秒的位置,设置【位置】为(479,551)。最后设置【缩放】为 120,如图 13-199 所示。查看效果,如图 13-200 所示。

图 13-199

图 13-200

Part 02　制作字幕

步骤 01 选择菜单栏中的【文件】/【新建】/【旧版标题】命令,在对话框中设置【名称】为【字幕 01】,然后单击【确定】按钮,如图 13-201 所示。

图 13-201

步骤 02 单击 **T**(文字工具)按钮,然后在工作区域底部按住鼠标左键拖曳一个文本框,如图 13-202 所示。接着在文本框中输入文字,在输入过程中可适当按下 Enter 键将文字切换到下一行输入,接下来设置合适的【字体系列】,【字体大小】为 45,【行距】为 5,【颜色】为白色,然后再单击【外描边】后面的【添加】按钮,设置【类型】为【边缘】,【填充类型】为【实底】,【颜色】为白色,如图 13-203 所示。

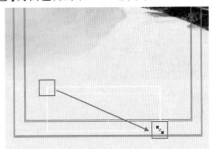

图 13-202

图 13-203

步骤 03 关闭【字幕】面板，将【项目】面板中的【字幕 01】素材文件拖曳到 V4 轨道上，设置起始帧为第 3 秒，结束帧为第 10 秒，如图 13-204 所示。

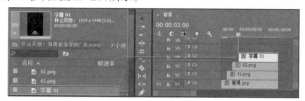

图 13-204

步骤 04 选择 V4 轨道上的【字幕 01】素材文件，在【效果控件】面板中展开【运动】属性，设置【位置】为(512,663)。将时间线滑动到第 3 秒，并设置【不透明度】为 0。将时间线滑动到第 4 秒时，设置【不透明度】为 100%，如图 13-205 所示。查看效果如图 13-206 所示。

图 13-205　　　　图 13-206

步骤 05 使用同样的方法创建【字幕 02】。在工作区域右上角位置输入合适的文字，并设置合适的【字体系列】、【字体大小】为 55，【颜色】为白色，再单击【外描边】后面的【添加】

按钮，设置【类型】为【边缘】，【填充类型】为【实底】，【颜色】为白色，如图 13-207 所示。选择"国庆特惠"和"5 天 4 晚"文字，设置【字体大小】分别为 55 和 42，然后设置【颜色】为蓝色，再单击【外描边】后面的【添加】按钮，设置【类型】为【边缘】，填充【颜色】为蓝色，如图 13-208 所示。

图 13-207

图 13-208

步骤 06 选择 ◯(椭圆工具)工具，按住 Shift 键的同时按住鼠标左键在"海南"文字后方创建实心正圆，设置【颜色】为白色，然后单击【外描边】后面的【添加】按钮，设置【类型】为【边缘】，填充【颜色】为白色，如图 13-209 所示。

步骤 07 在【字幕】面板中单击 ⫶⫶(滚动/游动选项)按钮，此时会弹出【滚动/游动选项】窗口，选择【向左游动】，勾选【开始于屏幕外】，然后单击【确定】按钮，如图 13-210 所示。

中文版 Premiere Pro CC 从入门到精通（微课视频 全彩版）

图 13-209

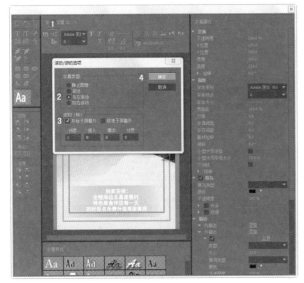

图 13-210

步骤 08 关闭字幕。将【项目】面板中的【字幕02】素材文件拖曳到【时间轴】面板中的V6轨道上,并设置起始帧为第5秒,结束帧为第10秒,如图13-211所示。

图 13-211

步骤 09 选择V6轨道上的【字幕02】素材文件,并在【效果控件】面板中展开【运动】属性,设置【位置】为(474,850),【缩放】为115,如图13-212所示。

图 13-212

步骤 10 使用同样的方式创建【字幕03】。在【字幕】面板中单击【矩形工具】按钮,然后在蓝色文字上方拖动创建2个矩形条,并设置【颜色】为浅灰色,接着适当调节矩形条的位置,如图13-213所示。

图 13-213

步骤 11 在【字幕03】面板中单击【滚动/游动选项】按钮,此时会弹出【滚动/游动选项】窗口,选择【向左游动】,勾选【开始于屏幕外】,最后单击【确定】按钮,如图13-214所示。

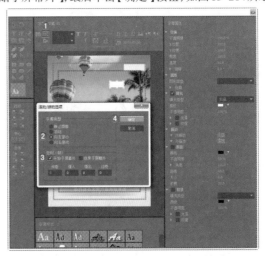

图 13-214

步骤 12 关闭【字幕】面板。将【项目】面板中的【字幕03】拖曳到V5轨道上，并设置起始帧为第4秒，结束帧为第10秒，如图13-215所示。

图13-215

步骤 13 此时实例制作完成，滑动时间线查看实例效果，如图13-216所示。

图13-216

综合实例：运动产品宣传广告

文件路径：Chapter 13 广告动画应用→综合实例：运动产品宣传广告

本实例在制作时主要使用【快速模糊】将人物制作出由模糊到清晰的画面效果，使用【运动】属性及【不透明度】属性为文字及素材添加关键帧制作动感效果。实例效果如图13-217所示。

扫一扫，看视频

图13-217

操作步骤

Part 01 制作图片部分

步骤 01 在菜单栏中选择【文件】/【新建】/【项目】命令，弹出【新建项目】窗口，设置【名称】，并单击【浏览】按钮设

置保存路径，如图13-218所示。

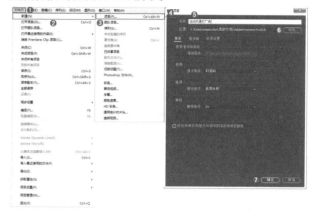

图13-218

步骤 02 执行【文件】/【导入】命令或者使用快捷键Ctrl+I，导入全部素材文件，如图13-219所示。

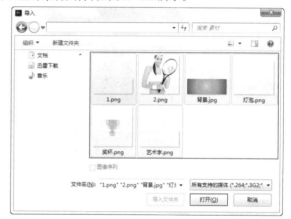

图13-219

步骤 03 将【项目】面板中的【背景.jpg】、1.png和【艺术字.png】素材文件依次拖曳到V1、V2、V3轨道上，设置V2轨道上的素材文件的起始时间为第23帧，V3轨道上的素材文件的起始时间为第1秒13帧，结束时间均为第11秒，如图13-220所示。

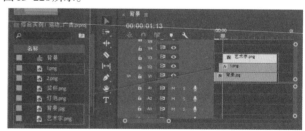

图13-220

步骤 04 隐藏V2、V3轨道内容并选择V1轨道上的【背景.jpg】素材文件，为其添加过渡效果。在【效果】面板搜索框中搜索【圆划像】效果，然后按住鼠标左键将该效果拖曳到V1轨道的【背景.jpg】素材文件上，如图13-221所示。此时画面

中文版Premiere Pro CC 从入门到精通（微课视频 全彩版）

效果如图13-222所示。

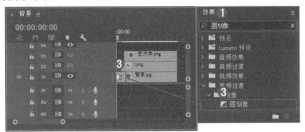

图 13-221

图 13-222

步骤 05 显现并选择V2轨道上的1.png素材文件,在【效果控件】面板中将时间线拖动到第23帧位置,设置【缩放】为510,单击【缩放】前面的 (切换动画)按钮,开启自动关键帧。将时间线滑动到第1秒12帧位置,设置【缩放】为100,如图13-223所示。此时画面效果如图13-224所示。

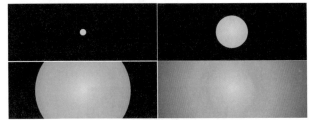

图 13-223

图 13-224

步骤 06 显现并选择V3轨道上的【艺术字.png】素材文件,在【效果控件】面板中将时间线拖动到第1秒13帧位置,设置【缩放】为0,单击【缩放】前面的 (切换动画)按钮,开启自动关键帧。将时间线滑动到第2秒12帧位置,设置【缩放】为100,如图13-225所示。此时效果如图13-226所示。

图 13-225

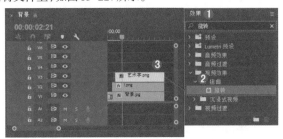

图 13-226

步骤 07 为素材添加旋转效果。在【效果】面板搜索框中搜索【旋转】,然后按住鼠标左键拖曳到V3轨道的【艺术字.png】素材文件上,如图13-227所示。

图 13-227

步骤 08 在【效果控件】面板中再次将时间线拖动到第1秒13帧位置,展开【旋转】效果,设置【角度】为2×110.0°,单击【角度】前面的 (切换动画)按钮,开启自动关键帧。将时间线滑动到第2秒12帧位置,设置【角度】为0,如图13-228所示。效果如图13-229所示。

图 13-228

图 13-229

步骤 09 将【项目】面板中的2.png、【奖杯.png】【灯泡.png】素材文件分别拖曳到V4、V5、V6轨道上，并设置2.png素材文件的起始时间为第2秒13帧，【奖杯.png】素材文件的起始时间为第3秒7帧，【灯泡.png】素材文件的起始时间为第3秒14帧，如图13-230所示。

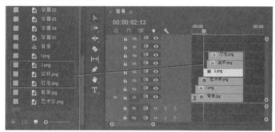

图 13-230

步骤 10 选择V4轨道上的2.png素材文件，然后在【效果】面板搜索框中搜索【快速模糊】效果，然后按住鼠标左键拖曳到V4轨道的2.png素材文件上，如图13-231所示。

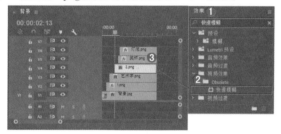

图 13-231

步骤 11 隐藏V5、V6轨道上的素材文件，并选择V4轨道上的2.png素材文件，将时间线拖曳到第2秒13帧位置，设置【模糊度】为1397，单击【模糊度】前面的 (切换动画)按钮，开启自动关键帧。继续将时间线滑动到第3秒05帧位置，设置【模糊度】为0，如图13-232所示。此时画面效果如图13-233所示。

图 13-232

图 13-233

步骤 12 显现并选择V5轨道上的【奖杯.png】素材文件，设置【位置】为(410,275)，【旋转】为-55°，将时间线滑动到第3秒7帧位置，设置【缩放】为1000，单击【缩放】前面的 (切换动画)按钮，开启自动关键帧。将时间线滑动到第3秒20帧位置，设置【缩放】为100.5。将时间线滑动到第4秒位置，设置【缩放】为320。最后将时间线滑动到第4秒10帧位置，设置【缩放】为88，如图13-234所示。画面效果如图13-235所示。

图 13-234

图 13-235

步骤 13 显现并选择V6轨道上的【灯泡.png】素材文件，在【效果控件】中将时间线滑动到第4秒4帧的位置，设置【位置】为(1980,425)，【旋转】为4×2.0°，单击【位置】和【旋转】前面的 (切换动画)按钮，开启自动关键帧。将时间线滑动第5秒5帧位置，设置【位置】为(1439,425)，【旋转】为0°，如图13-236所示。此时画面效果如图13-237所示。

图 13-236

中文版Premiere Pro CC 从入门到精通（微课视频 全彩版）

图 13-237

Part 02 制作文字部分

步骤 01 制作文字部分。执行【文件】/【新建】/【旧版标题】命令,在对话框中设置【名称】为【字幕01】,然后单击【确定】按钮,如图13-238所示。

图 13-238

步骤 02 单击 **T** (文字工具)按钮,在工作区域中输入文字"BACK" 文字,并设置合适的【字体系列】,设置【字体大小】为80,【颜色】为黑色,接着在该文字下方继续输入其他文字,且文字参数不变并适当调整文字位置,如图13-239所示。

图 13-239

步骤 03 使用同样的方法创建【字幕02】,在左下角继续输入文字,设置合适的【字体系列】,【字体大小】为80,【颜色】为橙色,并适当调整文字位置,如图13-240所示。

图 13-240

步骤 04 新建【字幕03】,在工具箱中单击 □ (矩形工具)按钮,在橙色文字下方拖曳一个长条矩形,设置【填充类型】为【实底】,【颜色】为橙色,如图13-241所示。继续单击 **T** (文字工具)按钮,在橙色矩形上方输入合适的文字,并设置合适的【字体系列】,【字体大小】为40,【颜色】为白色,并适当调整文字位置,如图13-242所示。

图 13-241

图 13-242

步骤 05 制作直排文字【字幕04】。单击 ↓T（垂直文字工具）按钮，在工作界面右侧输入合适的文字，设置合适的【字体系列】，【字体大小】为23，【字符间距】为-14，【颜色】为白色，如图13-243所示。继续在该文字左侧输入直排文字且不改变文字参数，如图13-244所示。

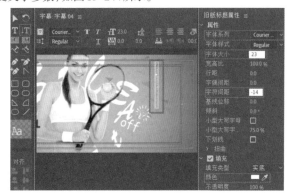

图 13-243

图 13-244

步骤 06 新建【字幕05】。首先单击 ◯（圆角矩形工具）按钮，在人物右上方绘制一个较小的圆角矩形，设置【填充类型】为【实底】，【颜色】为橙色，如图13-245所示。继续单击 T（文字工具）按钮，在橙色圆角矩形上方输入文字，并设置合适的【字体系列】，【字体大小】设置为30，【颜色】为白色，并适当调整文字的位置，如图13-246所示。

图 13-245

图 13-246

步骤 07 此时局部效果如图13-247所示。

图 13-247

步骤 08 关闭【字幕】面板。将【项目】面板中的字幕素材文件分别拖曳到V7至V11轨道上，设置【字幕01】【字幕02】【字幕03】的起始时间均为第3秒14帧，【字幕04】的起始时间为第8秒10帧，【字幕05】的起始时间为第9秒6帧，如图13-248所示。

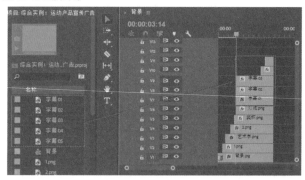

图 13-248

步骤 09 隐藏V8~V11轨道内容并选择V7轨道上的【字幕01】素材文件，将时间线滑动到第5秒8帧位置，设置【缩放】为308，单击【缩放】前面的 ◎（切换动画）按钮，开启自动关键帧。继续将时间线滑动第6秒位置，设置【缩放】为100，如图13-249所示。效果如图13-250所示。

中文版Premiere Pro CC 从入门到精通（微课视频 全彩版）

图 13-249

图 13-250

步骤 10 在【效果】面板搜索框中搜索【块溶解】效果,然后按住鼠标左键将效果拖曳到V7轨道的【字幕01】素材文件上,如图13-251所示。

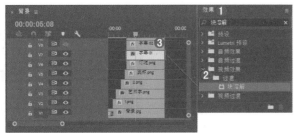

图 13-251

步骤 11 选择V7轨道上的【字幕01】素材文件,在【效果控件】面板中展开【块溶解】效果,将时间线拖动到第5秒8帧位置,设置【过渡完成】为100%,单击【过渡完成】前面的 (切换动画)按钮,开启自动关键帧。继续将时间线滑动到第6秒16帧位置,设置【过渡完成】为0%,设置【块宽度】和【块高度】均为10,如图13-252所示。文字效果如图13-253所示。

图 13-252

图 13-253

步骤 12 显现并选择V8轨道上的【字幕02】素材文件,在【效果控制】面板中设置【位置】为(313,613),【锚点】为(312.5,602.9)。接着将时间线拖动到第6秒15帧位置,设置【不透明度】为0%,为不透明度创建关键帧。继续将时间线拖动到第7秒7帧位置,设置【不透明度】为100%,如图13-254所示。此时效果如图13-255所示。

图 13-254

图 13-255

步骤 13 显现并选择V9轨道上的【字幕03】素材文件,在【效果控制】面板中将时间线拖动到第7秒7帧位置,设置【不透明度】为0%,激活【不透明度】前面的 (切换动画)按钮,开启自动关键帧。继续将时间线拖动到第9秒位置,设置【不透明度】为100%,如图13-256所示。此时效果如图13-257所示。

图 13-256

图 13-257

步骤 14 显现并选择V10轨道上的【字幕04】素材文件,在【效果控制】面板中将时间线拖动到第8秒13帧位置,设置【旋转】为70°,单击【旋转】前面的 (切换动画)按钮,开启自动关键帧。继续将时间线拖动到第9秒1帧位置,设置【旋转】为0°,如图13-258所示。文字效果如图13-259所示。

图 13-258

图 13-259

图 13-262

步骤 15 显现并选择V11轨道上的【字幕05】素材文件,将时间线拖动到第9秒6帧位置,设置【不透明度】为0%,激活【不透明度】前面的⊙(切换动画)按钮,开启自动关键帧。继续将时间线拖动到第9秒17帧位置,设置【不透明度】为100%。如图13-260所示。本实例制作完成,滑动时间线查看效果,如图13-261所示。

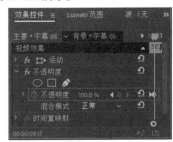

图 13-260

图 13-261

综合实例: 健身馆课程宣传广告

文件路径: Chapter 13 广告动画应用→综合实例: 健身馆课程宣传广告

本实例在制作时主要使用【运动】及【不透明度】属性制作画面的运动效果,使用【推】【双侧平推门】等视频过渡效果制作出文字的动画,如图13-262所示。

扫一扫,看视频

操作步骤

Part 01　制作图片部分

步骤 01 在菜单栏中选择【文件】/【新建】/【项目】命令,然后会弹出【新建项目】窗口,设置【名称】,并单击【浏览】按钮设置保存路径,如图13-263所示。在【项目】面板的空白处右击,选择【新建项目】/【序列】命令。接着会弹出【新建序列】窗口,并在DV-PAL文件夹下选择【标准48kHz】,如图13-264所示。

图 13-263

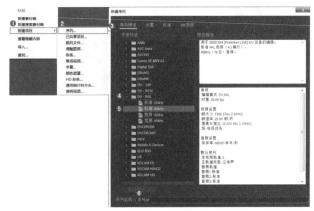

图 13-264

步骤 02 执行【文件】/【导入】命令或者使用快捷键Ctrl+I，导入全部素材文件，如图13-265所示。

图 13-265

步骤 03 将【项目】面板中的【背景.jpg】、1.png、2.png素材文件拖曳到V1~V3轨道上，设置结束时间均为第10秒，接着设置V2轨道上的1.png素材文件的起始时间为第19帧，V3轨道上的2.png素材文件的起始时间为第1秒11帧，如图13-266所示。

图 13-266

步骤 04 调整画面大小。首先隐藏V2和V3轨道上的素材文件，右键选择V1轨道上的【背景.jpg】素材文件，在弹出的快捷菜单中执行【缩放为帧大小】命令，如图13-267所示。此时画面效果如图13-268所示。

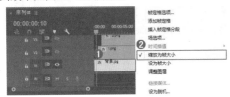

图 13-267

图 13-268

步骤 05 在【效果控件】面板中设置【缩放】为110，如图13-269所示。此时【背景】素材平铺于整个画面，如图13-270所示。

图 13-269　　　　　　　　图 13-270

步骤 06 选择V1轨道上的【背景.jpg】素材文件。在【效果】面板中搜索【中心拆分】效果，然后按住鼠标左键拖曳到V1轨道的【背景.jpg】素材文件的起始位置。如图13-271所示。此时滑动时间线查看画面效果，如图13-272所示。

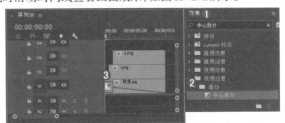

图 13-271

图 13-272

步骤 07 显现并选择V2轨道上的1.png素材文件，设置【位置】为(297,300)，【缩放】为60，如图13-273所示。画面效果如图13-274所示。

图 13-273　　　　　　　　图 13-274

步骤 08 此时在【效果】面板中搜索【盒形划像】效果，然后按住鼠标左键将其拖曳到V2轨道上的1.png素材文件起始位置，如图13-275所示。此时滑动时间线查看画面效果，如图13-276所示。

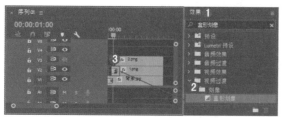

图 13-275

图 13-276

步骤 09 显现并选择V3轨道上的2.png素材文件，并右键单击该素材文件，在弹出的快捷键菜单中执行【缩放为帧大小】命令，在【效果控件】面板中将时间线滑动到第1秒11帧位置，设置【位置】为(557,288)，【缩放】为203，接着单击【位置】和【缩放】前面的🔘(切换动画)按钮，开启自动关键帧。继续将时间线滑动到第2秒8帧位置，设置【位置】为(625,288)，【缩放】为117，如图13-277所示。此时画面效果如图13-278所示。

图 13-277   图 13-278

步骤 10 将【项目】面板中的2.png素材文件拖曳到V4轨道上，并与V3轨道上的2.png素材文件对齐，并右键单击该素材文件，在弹出的快捷键菜单中执行【缩放为帧大小】命令，如图13-279所示。

图 13-279

步骤 11 制作水平翻转效果。在【效果】面板中搜索【水平翻转】，然后按住鼠标左键拖曳到V4轨道的2.png素材文件上，如图13-280所示。此时滑动时间线查看画面效果，如图13-281所示。

图 13-280

图 13-281

步骤 12 调整该素材的位置。在【效果控件】面板中设置【缩放】为130，将时间线滑动到第1秒11帧位置，设置【位置】为(9,59)，【旋转】为52°，接着单击【位置】和【旋转】前面的🔘(切换动画)按钮，开启自动关键帧。继续将时间线滑动到第2秒8帧位置，设置【位置】为(-80,-150)，【旋转】为56°，如图13-282所示。效果如图13-283所示。

图 13-282   图 13-283

Part 02　制作文字部分

步骤 01 制作文字部分。执行【文件】/【新建】/【旧版标题】命令，在对话框中设置【名称】为【左上角文字】，然后单击【确定】按钮，如图13-284所示。

步骤 02 单击**T**(文字工具)按钮，在工作区域左上角输入合适的文字，设置合适的【字体系列】,【字体大小】为30，【颜色】为浅灰色，如图13-285所示。接着设置【旋转】为

303.1°，并适当调整文字的位置，如图13-286所示。

图 13-284

图 13-285

步骤 03 使用同样的方法继续新建字幕，设置字幕名称为【三月】。单击 T（文字工具）按钮，在工作区域中输入合适的文字，设置合适的【字体系列】，【字体大小】为45，【颜色】为白色，并适当调整文字的位置，如图13-287所示。

图 13-286

图 13-287

步骤 04 新建字幕，设置字幕名称为【蓝底文字】。接着单击 ■（矩形工具）按钮，在【三月】文字右侧绘制一个蓝色矩形，设置【填充类型】为【实底】，【颜色】为蓝色，如图13-288所示。单击 T（文字工具）按钮，在蓝色矩形上方输入文字，设置合适的【字体系列】，【字体大小】为45，【颜色】为白色，并适当调整文字的位置，如图13-289所示。

图 13-288

图 13-289

新建字幕, 设置【名称】为【大文字】。接着在工作区域中输入主体文字, 设置适合的【字体系列】,【字体大小】为100,【颜色】为白色, 并适当调整文字的位置, 如图13-290所示。使用同样的方法继续新建字幕, 设置字幕【名称】为【英文】, 在主体文字下方输入文字, 设置合适的【字体系列】,【字体大小】为50,【颜色】为白色, 如图13-291所示。

图 13-290

图 13-291

步骤 06 新建【字幕01】, 在【字幕01】面板中单击 (矩形工具)按钮, 在工作区域左侧绘制6个等大的矩形, 并设置【填充类型】为【实底】,【颜色】为洋红色, 如图13-292所示。接着在洋红色矩形上方输入文字, 设置合适的【字体系列】,【字体大小】为23,【颜色】为白色, 如图13-293所示。最后单击 (直线工具)按钮, 在文字右侧绘制符号, 设置【线宽】为3,【颜色】为白色, 如图13-294所示。

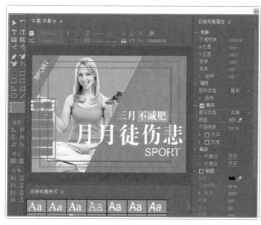

图 13-292

图 13-293

步骤 07 使用同样的方法新建字幕并命名为【右上角文字】, 然后在工作区域右上角输入文字, 并在【字幕】面板中设置合适的【字体系列】【字体大小】【颜色】, 接着适当调整文字的位置, 如图13-295所示。

图 13-294

图 13-295

步骤 08 字幕制作完成后,关闭【字幕】面板。接着按住鼠标左键将【项目】面板中的【左上角文字】【蓝底文字】【三月】【英文】【大文字】【字幕01】【右上角文字】等素材文件依次拖曳到【时间轴】面板中,并以阶梯形式依次延长素材的起始时间,其中V10、V12轨道不放置素材文件,如图13-296所示。

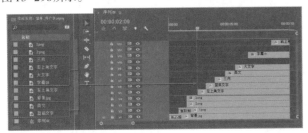

图 13-296

步骤 09 将【标志.png】素材文件分别拖曳到V10和V12轨道上,设置V10轨道上的【标志.png】素材文件起始时间为第6秒3帧,V12轨道上的【标志.png】素材文件起始时间为第8秒13帧,如图13-297所示。

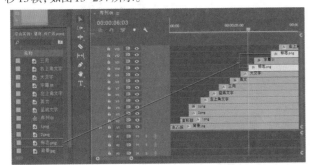

图 13-297

步骤 10 隐藏V6~V13轨道中的素材文件,并选择V5轨道上的【左上角文字】素材文件,在【效果控件】面板中将时间线滑动到第2秒9帧位置,设置【旋转】为-18°,单击【旋转】前面的 (切换动画)按钮,开启自动关键帧。将时间线滑动到第2秒17帧位置,设置【旋转】为13°。将时间线滑动到第3秒2帧位置,设置【旋转】为-7°。最后将时间线滑动到第3秒15帧位置,设置【旋转】为0°,如图13-298所示。此时文字呈现出摇晃的动画效果,如图13-299所示。

图 13-298　　　　　图 13-299

步骤 11 显现并选择V6轨道上的【蓝底文字】素材文件,在【效果控件】面板中将时间线滑动到第3秒1帧位置,设置【位置】为(360,395),【不透明度】为0%,接着激活【位置】和【不透明度】前面的 (切换动画)按钮,开启自动关键帧。继续将时间线滑动到第3秒17帧位置,设置【位置】为(360,288),【不透明度】为100%,如图13-300所示。效果如图13-301所示。

图 13-300　　　　　　　　图 13-301

步骤 12 显现并选择V7轨道上的【三月】素材文件,在【效果控件】面板中将时间线滑动到第3秒21帧位置,设置【不透明度】为0%,接着激活【不透明度】前面的 (切换动画)按钮,开启自动关键帧。继续将时间线滑动到第4秒5帧位置,设置【不透明度】为100%,如图13-302所示。效果如图13-303所示。

图 13-302　　　　　　　　图 13-303

步骤 13 显现并选择V8轨道上的【英文】素材文件,在【效果】面板中搜索【推】效果,然后按住鼠标左键将该效果拖曳到V8轨道【英文】素材文件的起始位置,如图13-304所示。此时文字效果如图13-305所示。

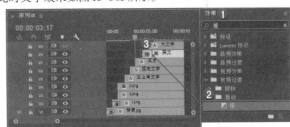

图 13-304

图 13-305

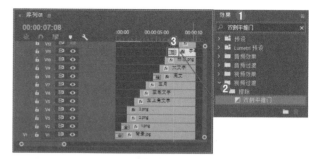

图 13-310

步骤 14 显现并选择V9轨道上的【大文字】素材文件,在【效果控件】面板中将时间线滑动到第5秒12帧位置,设置【缩放】为590,接着单击【缩放】前面的 (切换动画)按钮,开启自动关键帧。继续将时间线滑动到第6秒1帧位置,设置【缩放】为100,如图13-306所示。文字效果如图13-307所示。

图 13-306

图 13-307

图 13-311

步骤 15 显现并选择V10轨道上的【标志.png】素材文件,在【效果控件】面板中设置【位置】为(675,290),【缩放】为8。将时间线滑动到第6秒3帧位置,设置【不透明度】为0%,接着激活【不透明度】前面的 (切换动画)按钮,开启自动关键帧,继续将时间线滑动到第6秒14帧位置,设置【不透明度】为100%,如图13-308所示。此时标志如图13-309所示。

步骤 17 显现并选择V12轨道上的【标志.png】素材文件,在【效果控件】面板中设置【缩放】为4。将时间线滑动到第7秒22帧位置,设置【位置】为(690,-30),接着单击【位置】前面的 (切换动画)按钮,开启自动关键帧。继续将时间线滑动到第8秒6帧位置,设置【位置】为(690,63),如图13-312所示。此时右上角的标志如图13-313所示。

图 13-308

图 13-309

图 13-312

图 13-313

步骤 16 显现并选择V11轨道上的【字幕01】素材文件,在【效果】面板中搜索【双侧平推门】效果,然后按住鼠标左键将该效果拖曳到V11轨道的【字幕01】素材文件上,如图13-310所示。此时文字效果如图13-311所示。

步骤 18 显现并选择V13轨道上的【右上角文字】素材文件。在【效果控件】面板中设置【位置】为(625,63),如图13-314所示。本实例制作完成,滑动时间线查看实例制作效果,如图13-315所示。

图 13-314　　　　　　图 13-315

综合实例：夏日旅游促销广告

文件路径：Chapter 13　广告动画应用→综合实例：夏日旅游促销广告

扫一扫，看视频

本实例主要使用【运动】属性制作出素材的移动效果，使用【推】【划出】【棋盘】等过渡效果为背景及字幕添加动画。实例效果如图 13-316 所示。

图 13-316

操作步骤

Part 01　制作图片部分

步骤 01　在菜单栏中选择【文件】/【新建】/【项目】命令，弹出【新建项目】窗口，设置【名称】，并单击【浏览】按钮设置保存路径，如图 13-317 所示。在【项目】面板的空白处右击，选择【新建项目】/【序列】命令。接着会弹出【新建序列】窗口，并在 DV-PAL 文件夹下选择【标准 48kHz】，如图 13-318 所示。

图 13-317

图 13-318

步骤 02　执行【文件】/【导入】命令或者使用快捷键 Ctrl+I，导入全部素材文件，如图 13-319 所示。

图 13-319

步骤 03　制作画面背景。选择【文件】/【新建】/【颜色遮罩】命令。在弹出的对话框中单击【确定】按钮，如图 13-320 所示。接着在弹出的【拾色器】对话框中设置颜色为青色，单击【确定】按钮，此时会弹出一个【选择名称】对话框，设置新的名称为【颜色遮罩】，设置完成后继续单击【确定】按钮，如图 13-321 所示。

图 13-320

步骤 04　将【项目】面板中的【颜色遮罩】、1.png、2.png、4.png 分别拖动到 V1、V2、V3、V4 轨道上，设置素材的结束时间均为第 11 秒位置，接着设置 V2 轨道上的 1.png 素材文件的起始时间为第 1 秒位置，V3 轨道上的 2.png 素材文件的起始时间在第 2 秒 2 帧位置，V4 轨道上的 4.png 素材文件的起始时间在第2秒24帧位置，如图13-321所示。

图 13-321

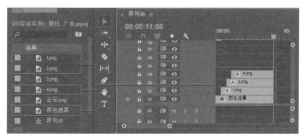

图 13-322

图 13-324

图 13-325

步骤 05 为素材添加过渡效果。首先隐藏V2、V3、V4轨道并选择V1轨道上的【颜色遮罩】素材文件，在【效果】面板中搜索【推】效果，然后按住鼠标左键将该效果拖曳到V1轨道的【颜色遮罩】素材文件的起始位置，如图13-323所示。

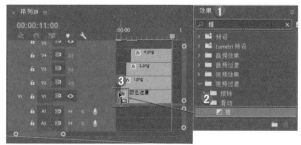

图 13-323

步骤 06 选择V1轨道上的【推】效果，在【效果控件】面板中设置【持续时间】为10帧，如图13-324所示。此时画面效果如图13-325所示。

步骤 07 显现并选择V2轨道上1.png素材文件，右键单击该素材，在弹出的快捷菜单中执行【缩放为帧大小】命令，如图13-326所示。此时画面效果如图13-327所示。

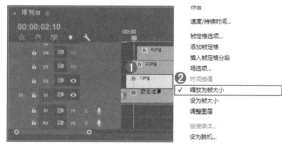

图 13-326

图 13-327

步骤 08 在【效果控件】面板中设置【位置】为(360,220)，取消勾选【等比缩放】，设置【缩放高度】为112，如图13-328所示。此时画面效果如图13-329所示。

图 13-328

图 13-329

步骤 09 在【效果】面板中搜索【划出】，然后按住鼠标左键将该效果拖曳到V2轨道的1.png素材文件的起始位置，如图13-330所示。此时画面效果如图13-331所示。

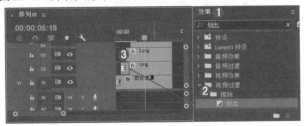

图 13-330

图 13-331

步骤 10 显现并选择V3轨道上2.png素材文件，右键单击该素材，在弹出的快捷菜单中执行【缩放为帧大小】命令，如图13-332所示。此时画面效果如图13-333所示。

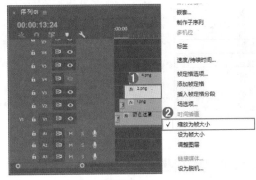

图 13-332

图 13-333

步骤 11 在【效果控件】面板中设置【缩放】为60，将时间线滑动到第2秒2帧位置，设置【位置】为(166,−140)，单击【位置】前面的🕐(切换动画)按钮，开启自动关键帧，将时间线滑动到第2秒9帧位置，设置【位置】为(166,316)，将时间线滑动到第2秒16帧位置，设置【位置】为(166,242)。最后将

时间线滑动到第2秒21帧位置，设置【位置】为(166,321)，如图13-334所示。此时画面效果如图13-335所示。

图 13-334　　　　　　　　　图 13-335

步骤 12 显现并选择V4轨道上的4.png素材文件，在【效果控件】面板中设置【缩放】为25，将时间线滑动到第2秒24帧位置，设置【位置】为(320,−68)，单击【位置】前面的🕐(切换动画)按钮，开启自动关键帧。将时间线滑动到第3秒11帧位置，设置【位置】为(630,176)。将时间线滑动到第3秒17帧位置，设置【位置】为(636,410)。将时间线滑动到第3秒22帧位置，设置【位置】为(632,370)。最后将时间线滑动到第4秒位置，设置【位置】为(632,440)，如图13-336所示。此时画面效果如图13-337所示。

图 13-336　　　　　　　　　图 13-337

Part 02　制作文字部分

步骤 01 制作文字部分。执行【文件】/【新建】/【旧版标题】命令，在对话框中设置【名称】为【字幕01】，然后单击【确定】按钮，如图13-338所示。

图 13-338

步骤 02 单击 T (文字工具)按钮，在工作区域中输入"夏日"文字，设置合适的【字体系列】,【字体大小】为90,【颜色】为白色，如图13-339所示。接着勾选【阴影】效果，设置【颜色】为深绿色,【角度】为47°,【距离】为8,【大小】为15,如图13-340所示。

图 13-339

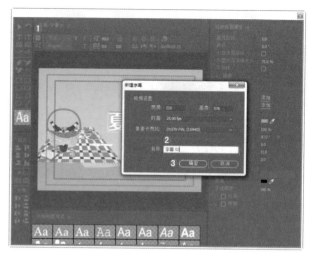

图 13-341

图 13-340

图 13-342

步骤 03 单击 T (基于当前字幕新建字幕)按钮，在弹出的【新建字幕】面板中设置【名称】为【字幕02】,设置完成后单击【确定】按钮，如图13-341所示。

步骤 04 在【字幕02】面板中单击 T (文字工具)按钮，选中"夏日"文字，将文字复制并更改为数字6，接着单击 ▶ (选择工具)按钮，将文字向左侧移动，更改文字的【字体系列】,【字体大小】更改为255，如图13-342所示。

步骤 05 单击 T (基于当前字幕新建字幕)按钮，在弹出的【新建字幕】面板中设置【名称】为【字幕03】,设置完成后单击【确定】按钮，如图13-343所示。

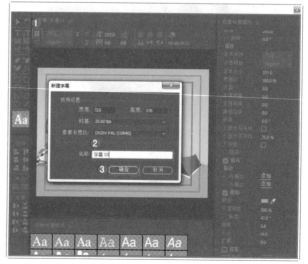

图 13-343

步骤 06 单击 T (文字工具)按钮,在【字幕03】面板中选中文字6,将文字更改为"月郊游季",接着单击 ▶ (选择工具)按钮,移动文字位置,并更改合适的【字体系列】,【字体大小】更改为90,如图13-344所示。制作完成后关闭【字幕】面板。

图 13-344

步骤 07 使用同样的方法再次执行【文件】/【新建】/【旧版标题】命令,在对话框中设置【名称】为【字幕04】,然后单击【确定】按钮,如图13-345所示。

图 13-345

步骤 08 在【字幕04】面板中单击 ✍ (钢笔工具)按钮,在工作区域中单击鼠标左键建立锚点,绘制一个四边形路径,接着设置【图形类型】为【填充贝塞尔曲线】,【颜色】为青色,如图13-346所示。勾选【阴影】,设置【颜色】为黑色,【不透明度】为30%,【角度】为-210°,【距离】为3,【大小】为1,【扩展】为5,如图13-347所示。

步骤 09 使用快捷键Ctrl+C将该形状进行复制,单击 ▶ (选择工具)按钮,将光标放在四边形右下角锚点处,当光标变为双箭头时,按住Shift键的同时按住鼠标左键进行等比例缩小,如图13-348所示。接着在【阴影】效果下方将【不透明度】更改为20%,如图13-349所示。

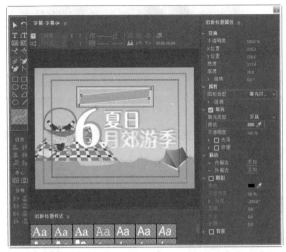

图 13-346

图 13-347

图 13-348

图 13-349

步骤 10 单击 ◯(椭圆工具)按钮,在青色形状左侧按住Shift键的同时按住鼠标左键绘制一个正圆,设置【颜色】为白色,勾选【阴影】效果,设置阴影【颜色】为黑色,【不透明度】为30%,【角度】为-210°,【距离】为2,如图13-350所示。

图 13-350

步骤 11 选择白色正圆,使用快捷键Ctrl+C进行复制,接着使用Ctrl+V进行粘贴,单击 ▶(选择工具)按钮,将光标放在已复制的白色正圆上方,将其向右侧拖曳,如图13-351所示。

图 13-351

步骤 12 单击 T(文字工具)按钮,接着在青绿色形状上方输入文字,并设置合适的【字体系列】,【字体大小】为24,【倾斜】为25°,【颜色】为白色,接着勾选【阴影】效果,设置阴影【颜色】为黑色,【不透明度】为20%,【角度】为-210°,【距离】为2,如图13-352所示。接着设置【旋转】为355.4°,并适当调整文字的位置,如图13-353所示。

图 13-352

图 13-353

步骤 13 调整完成后,关闭【字幕】面板。将【项目】面板中的【字幕01】~【字幕04】素材文件分别拖曳到V5~V8轨道上,设置V5轨道上的素材文件起始时间为第4秒5帧,V6和V7轨道上的素材文件起始时间为第5秒7帧,V8轨道上的素材文件起始时间为第6秒14帧,设置素材的结束时间均与其他轨道素材文件对齐,如图13-354所示。

图 13-354

步骤 14 隐藏V6~V8轨道上的素材文件,并选择V5轨道上的【字幕01】,将时间线滑动到第4秒5帧位置,设置【缩放】

为0，单击【缩放】前面的 ◎ (切换动画) 按钮，开启自动关键帧。将时间线滑动到第4秒15帧位置，设置【缩放】为141。继续将时间线滑动到第5秒2帧位置，设置【缩放】为100，如图13-355所示。此时画面效果如图13-356所示。

图 13-355　　　　　　　　　　图 13-356

步骤 15 显现并选择V6轨道上的【字幕02】素材文件，首先将时间线滑动到第5秒7帧位置，设置【缩放】为610，单击【缩放】前面的 ◎ (切换动画) 按钮，开启自动关键帧。将时间线滑动到第5秒16帧位置，设置【缩放】为105。继续将时间线滑动到第5秒19帧位置，设置【缩放】为138。最后将时间线滑动到第5秒23帧位置，设置【缩放】为100，如图13-357所示。此时画面效果如图13-358所示。

图 13-357　　　　　　　　　　图 13-358

步骤 16 显现并选择V7轨道上的【字幕03】素材文件，在【效果】面板中搜索【百叶窗】效果，然后按住鼠标左键将该效果拖曳到V7轨道的【字幕03】素材文件上，如图13-359所示。

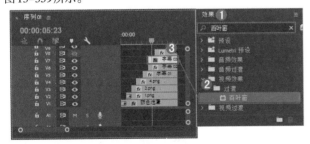

图 13-359

步骤 17 选择【字幕03】素材文件，在【效果控件】面板中设置【锚点】为(624.6,374.2)。将时间线滑动到第5秒15帧位置，设置【位置】为(885,312)，展开【百叶窗】效果，设置

【过渡完成】为100%，单击【位置】和【过渡完成】前面的 ◎ (切换动画) 按钮，开启自动关键帧。将时间线滑动到第6秒10帧位置，设置【位置】为(635,370),【过渡完成】为0%，如图13-360所示。此时画面效果如图13-361所示。

图 13-360　　　　　　　　　　图 13-361

步骤 18 显现并选择V8轨道上的【字幕04】素材文件，在【效果控件】面板中设置【锚点】为(504.3,135.6)。将时间线滑动到第6秒14帧位置，设置【位置】为(222,-23)，单击【位置】前面的 ◎ (切换动画) 按钮，开启自动关键帧。将时间线滑动到第6秒22帧位置，设置【位置】为(516,122)。继续将时间线滑动到第7秒5帧位置，设置【位置】为(503,130)，如图13-362所示。此时画面效果如图13-363所示。

图 13-362

图 13-363

步骤 19 在【效果】面板中搜索【棋盘】效果，然后按住鼠标左键将该效果拖曳到V8轨道的【字幕04】素材文件的起始

位置,如图13-364所示。此时画面效果如图13-365所示。

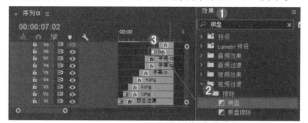

图 13-364

图 13-365

步骤 20 将【项目】面板中的3.png拖曳到V9轨道上,设置起始时间为第8秒1帧位置,接着选择该素材文件,在【效果控件】面板中设置【位置】为(545,230),【缩放】为23,如图13-366所示。此时画面效果如图13-367所示。

图 13-366

图 13-367

步骤 21 将【项目】面板中的【云朵.png】素材文件分别拖

曳到V10~V13轨道上,设置起始时间均为第8秒16帧位置,结束时间与其他素材文件对齐,如图13-368所示。

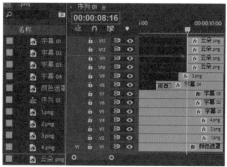

图 13-368

步骤 22 隐藏V11~V13轨道并选择V10轨道上的【云.png】素材文件,在【效果控件】面板中设置【位置】为(630,105)。将时间线滑动到第8秒16帧位置,设置【缩放】为0,单击【缩放】前面的 (切换动画)按钮,开启自动关键帧。将时间线滑动到第8秒21帧位置,设置【缩放】为12,如图13-369所示。此时云朵效果如图13-370所示。

图 13-369

图 13-370

步骤 23 显现并选择V11轨道的【云朵.png】素材文件,设置【位置】为(215,75),将时间线滑动到第9秒7帧位置,设置【缩放】为0,单击【缩放】前面的 (切换动画)按钮,开启自动关键帧。将时间线滑动到第9秒12帧位置,设置【缩放】为12,如图13-371所示。此时云朵效果如图13-372所示。

图 13-371

图 13-372

步骤 24 使用同样的方法制作V12、V13轨道上的【云朵.png】素材,并在【效果控件】面板中调整【位置】及【缩放】,如图13-373所示。本实例制作完成,滑动时间线查看效果,如图13-374所示。

图 13-373

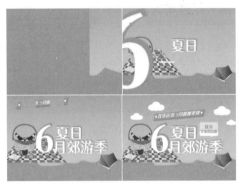

图 13-374

读书笔记

扫一扫，看视频

Chapter 14

第14章

视频特效应用

重点知识掌握：

- 掌握视频效果的操作方法
- 视频效果在实例中的应用

综合实例："漂泊"视频片头特效

文件路径：Chapter 14 视频特效应用→综合
实例："漂泊"视频片头特效

本实例主要使用【颜色平衡】调整画面色
调，并使用关键帧制作出颜色变换动画效果，扫一扫，看视频
接着使用【投影】效果加强主体文字空间感。实例效果如
图14-1所示。

图 14-1

操作步骤

步骤 01 选择菜单栏中的【文件】/【新建】/【项目】命令，弹
出【新建项目】窗口，设置【名称】，并单击【浏览】按钮设置保存
路径，如图14-2所示。

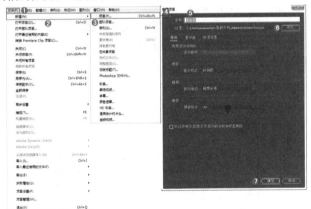

图 14-2

步骤 02 在【项目】面板的空白处右击，选择【新建项目】/
【序列】命令。接着会弹出【新建序列】窗口，并在DV-PAL
文件夹下选择【标准48kHz】，如图14-3所示。

步骤 03 在【项目】面板空白处双击鼠标左键，导入01.jpg
和02.png素材文件，最后单击【打开】按钮进行导入，如
图14-4所示。

步骤 04 选择【项目】面板中的01.jpg和02.png素材文件，按
住鼠标左键依次将其拖曳到V1和V2轨道上，如图14-5所示。

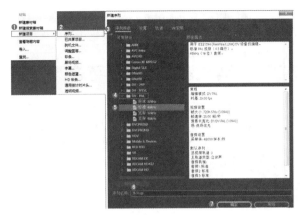

图 14-3

图 14-4

图 14-5

步骤 05 隐藏V2轨道并选择V1轨道上的01.jpg素材文件，
在【效果控件】面板中展开【运动】效果，设置【缩放】为64，
如图14-6所示。

图 14-6

步骤 06 选择V1轨道上的01.jpg素材文件，在【效果】面板中搜索【颜色平衡】效果，并按住鼠标左键将该效果拖曳到01.jpg素材文件上，如图14-7所示。

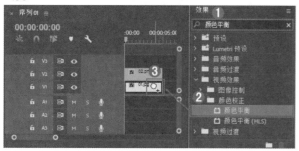

图 14-7

步骤 07 在【效果控件】面板中展开【颜色平衡】效果，将时间轴滑动到起始帧位置时，单击【阴影红色平衡】前面的 ⏱ (切换动画)按钮，创建关键帧，并设置【阴影红色平衡】为0。将时间轴滑动到第15帧的位置时，设置【阴影红色平衡】为80，如图14-8所示。此时画面效果如图14-9所示。

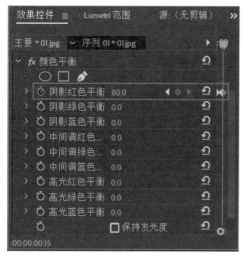

图 14-8

图 14-9

步骤 08 将时间轴滑动到第15帧的位置时，单击【阴影绿色平衡】前面的 ⏱ (切换动画)按钮，创建关键帧，并设置【阴影

绿色平衡】为0。将时间轴滑动到第1秒10帧的位置时，设置【阴影绿色平衡】为-20，如图14-10所示。查看效果，此时画面效果如图14-11所示。

图 14-10

图 14-11

步骤 09 将时间轴滑动到第1秒10帧的位置时，单击【阴影蓝色平衡】前面的 ⏱ (切换动画)按钮，创建关键帧，并设置【阴影蓝色平衡】为0。将时间轴滑动到第2秒的位置时，设置【阴影蓝色平衡】为60，如图14-12所示。此时画面效果如图14-13所示。

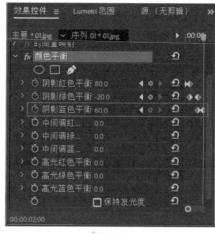

图 14-12

图 14-13

步骤 10 将时间轴滑动到第2秒的位置时，单击【中间调红色平衡】前面的 ⏱(切换动画)按钮，创建关键帧，并设置【中间调红色平衡】为0。将时间轴滑动到第2秒20帧的位置时，设置【中间调红色平衡】为-60，如图14-14所示。此时画面效果如图14-15所示。

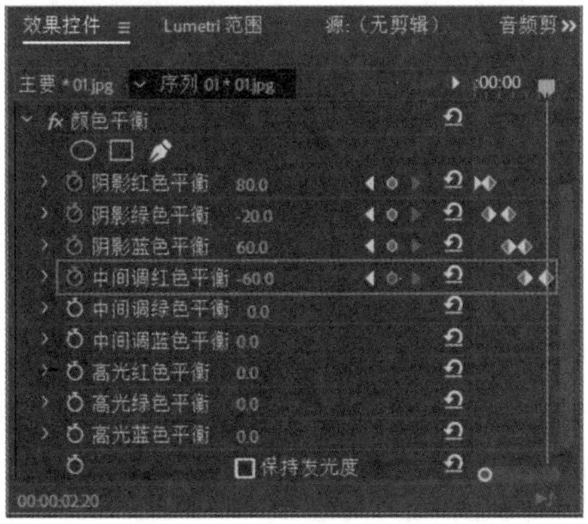

图 14-14

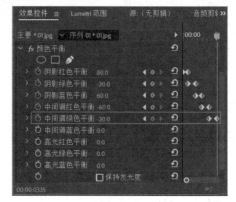

画面效果如图14-17所示。

图 14-16

图 14-17

步骤 12 显现并选择V2轨道上的02.png素材文件，设置【位置】为(386,186.3)，【锚点】为(248.4,278.3)，将时间轴滑动到第1秒10帧的位置时，单击【缩放】前面的 ⏱(切换动画)按钮，创建关键帧，并设置【缩放】为0，将时间轴滑动到第2秒20帧的位置时，设置【缩放】为100，如图14-18所示。

图 14-18

步骤 13 选择V2轨道上的02.png素材文件，在【效果】面板中搜索【投影】效果，并按住鼠标左键将其拖曳到02.png素材文件上，如图14-19所示。

图 14-15

步骤 11 将时间轴滑动到第2秒20帧的位置时，单击【中间调绿色平衡】前面的 ⏱(切换动画)按钮，创建关键帧，并设置【中间调绿色平衡】为0。将时间轴滑动到第3秒15帧的位置时，设置【中间调绿色平衡】为-20，如图14-16所示。此时

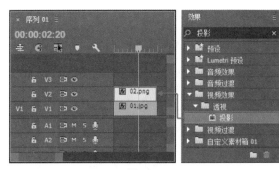

图 14-19

步骤 14 在【效果控件】面板中展开【投影】效果，设置【阴影颜色】为白色，【不透明度】为97%，【方向】为153°，【距离】为0，【柔和度】为50，如图14-20所示。查看效果如图14-21所示。

图 14-20

图 14-21

步骤 15 选择【投影】效果，使用快捷键Ctrl+C进行复制，接着在【效果控件】面板下方空白处使用快捷键Ctrl+V进行粘贴，如图14-22所示。此时画面效果如图14-23所示。

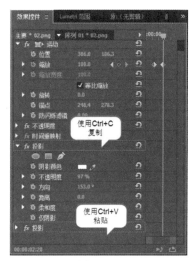

图 14-22

图 14-23

步骤 16 选择菜单栏中的【文件】/【新建】/【旧版标题】命令，在对话框中设置【名称】为【字幕01】，然后单击【确定】按钮，如图14-24所示。

图 14-24

步骤 17 在工具栏中单击 T（文字工具）按钮，并在工作区域中输入 "DRIFT"，设置合适的【字体系列】，【字体大小】为35，设置【颜色】为紫红色，如图14-25所示。再次单击 T（文字工具）按钮，并在刚刚输入的文字上方继续输入文字 "FREE"，设置合适的【字体系列】，【字体大小】为25，设置【颜色】为紫红色,并适当调整文字的位置,如图14-26所示。

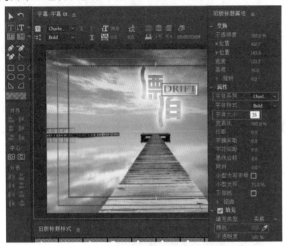

图14-25

图14-26

步骤 18 关闭【字幕】面板。将【项目】面板中的【字幕01】文件拖曳到【时间轴】面板中的V3轨道上,如图14-27所示。

图14-27

步骤 19 选择V3轨道上的【字幕01】素材文件,将时间轴滑动到第2秒20帧的位置时,单击【位置】前面的 (切换动画)按钮,创建关键帧,并设置【位置】为(696,288)。将时间轴滑动到第3秒15帧的位置时,设置【位置】为(360,288),如图14-28所示。

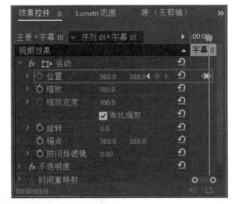

图14-28

步骤 20 此时滑动时间线查看实例效果,如图14-29所示。

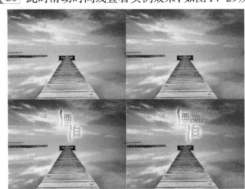

图14-29

综合实例:潮流中国风节目频道包装设计

文件路径:Chapter 14 视频特效应用→综合实例:潮流中国风节目频道包装设计

本实例在制作时主要使用【颜色键】抠除素材的蓝色背景,使用【超级键】抠除蓝天,并使用【旋转】【带状滑动】等效果制作画面动画。实例效果如图14-30所示。

扫一扫,看视频

图14-30

操作步骤

步骤 01 选择菜单栏中的【文件】/【新建】/【项目】命令，然后会弹出【新建项目】窗口，设置【名称】，并单击【浏览】按钮设置保存路径，如图14-31所示，然后在【项目】面板的空白处右击，选择【新建项目】/【序列】命令。接着会弹出【新建序列】窗口，并在DV-PAL文件夹下选择【标准48kHz】，如图14-32所示。

图 14-31

图 14-32

步骤 02 选择【文件】/【导入】命令或者使用快捷键Ctrl+I，导入素材文件，如图14-33所示。

图 14-33

步骤 03 选择【项目】面板中的1.jpg素材文件，按住鼠标左键将其拖曳到V1轨道上，设置结束时间为第7秒位置，如图14-34所示。

图 14-34

步骤 04 调整1.jpg素材文件的大小。右击选择V1轨道上的1.jpg素材文件，在弹出的快捷菜单中执行【缩放为帧大小】命令，此时的素材大小如图14-35所示。此时画面效果如图14-36所示。

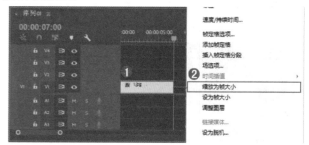

图 14-35

图 14-36

步骤 05 此时可以看出画面的顶部和底部有黑边露出，继续调整素材大小。在【时间轴】面板中选择1.jpg素材文件，在【效果控件】面板中设置【缩放】为106，如图14-37所示。此时画面效果如图14-38所示。

图 14-37

图 14-38

图 14-41

步骤 06 为1.jpg素材文件制作局部旋转效果。在【效果】面板搜索框中搜索【旋转】,然后按住鼠标左键将该效果拖曳到V1轨道上的1.jpg素材文件上,如图14-39所示。

图 14-39

步骤 07 选择1.jpg素材文件,在【效果控件】面板中设置【旋转扭曲半径】为15,将时间线滑动到起始帧位置,设置【不透明度】为0%,【角度】为3×100°,激活【不透明度】和【角度】前面的◎按钮,开启自动关键帧,继续将时间线滑动到第2秒5帧位置,设置【不透明度】为100%,【角度】为0°,如图14-40所示。滑动时间线查看效果,如图14-41所示。

图 14-40

步骤 08 在1.jpg素材文件的起始位置和结束位置制作过渡效果。在【效果】面板搜索框中搜索【带状滑动】效果,然后按住鼠标左键将该效果拖曳到V1轨道上的1.jpg素材文件起始位置,如图14-42所示。此时画面效果如图14-43所示。

图 14-42

图 14-43

步骤 09 在【效果】面板搜索框中搜索【交叉溶解】,然后按住鼠标左键将该效果拖曳到V1轨道上的1.jpg素材文件的结束位置,如图14-44所示。此时滑动时间线会呈现渐渐隐去的画面效果,如图14-45所示。

图 14-44

图 14-45

步骤 10 选择【项目】面板中的 2.jpg、3.png 和 4.jpg 素材文件，按住鼠标左键分别将其拖曳到 V2、V3、V4 轨道上，其中 3.png 素材文件起始时间设置为第 2 秒 12 帧的位置，如图 14-46 所示。在【时间轴】面板中选择这 3 个素材文件，右击执行【缩放为帧大小】命令，如图 14-47 所示。

图 14-46

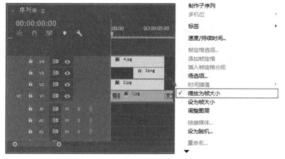

图 14-47

步骤 11 将 V3 和 V4 轨道进行隐藏并选择 V2 轨道上的 2.jpg 素材文件，在【效果】面板搜索框中搜索【颜色键】，然后按住鼠标左键将该效果拖曳到 V2 轨道上的 2.jpg 素材文件上，如图 14-48 所示。

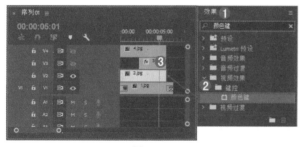

图 14-48

步骤 12 选择 2.jpg 素材文件，在【效果控件】面板中展开【颜色键】效果，单击【主要颜色】后方的 ✎（吸管）按钮，在【节目】监视器中吸取素材文件的蓝颜色背景，设置【颜色容差】为 25，如图 14-49 所示。此时画面效果如图 14-50 所示。

图 14-49

图 14-50

步骤 13 选择 2.jpg 素材文件，在【效果控件】中设置【位置】为 (348,320)，接着将时间线滑动到第 1 秒 14 帧位置，设置【缩放】为 0，并单击【缩放】前面的 ⬤ 按钮，开启自动关键帧。将时间线滑动到第 2 秒 24 帧位置，设置【缩放】为 85，如图 14-51 所示。此时画面效果如图 14-52 所示。

图 14-51

图 14-52

步骤 14 显示并选择V3轨道上的3.png素材文件,在【效果控件】面板中设置【位置】为(415,288),【缩放】为75,如图14-53所示。此时该素材位于2.jpg素材文件的上方位置,如图14-54所示。

图 14-53　　　　　图 14-54

步骤 15 在【效果】面板搜索框中搜索【立方体旋转】效果,然后按住鼠标左键将该效果拖曳到V3轨道上的3.png素材文件起始位置,如图14-55所示。此时画面效果如图14-56所示。

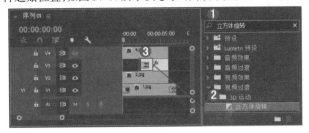

图 14-55

图 14-56

步骤 16 显示并选择V4轨道上的4.jpg素材文件,将蓝天部分抠除。在【效果】面板搜索框中搜索【超级键】效果,然后按住鼠标左键将该效果拖曳到V4轨道上的4.jpg素材文件上,如图14-57所示。

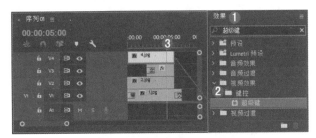

图 14-57

步骤 17 选择V4轨道上的4.jpg素材文件,在【效果控件】面板中展开【超级键】效果,设置【主要颜色】为蓝色,【饱和度】为25,【明亮度】为110,如图14-58所示。此时蓝色天空被抠除,效果如图14-59所示。

图 14-58　　　　　图 14-59

步骤 18 调整云朵位置及效果。选择V4轨道上的4.jpg素材文件,在【效果控件】面板中设置【位置】为(360,405)。将时间线滑动到第4秒的位置,设置【缩放】为290,【不透明度】为0%,并激活【缩放】和【不透明度】前面的█按钮,开启自动关键帧。继续将时间线滑动到第4秒17帧位置,设置【不透明度】为100%。将时间线滑动到第5秒9帧位置,设置【缩放】为100,【混合模式】为强光,如图14-60所示。滑动时间线查看最终效果,如图14-61所示。

图 14-60　　　　　图 14-61

Chapter
15

第15章

扫一扫，看视频

电子相册应用

重点知识掌握：

- 制作电子相册的流程
- 针对不同风格的电子相册进行制作

综合实例：青春故事电子相册

文件路径：Chapter 15 电子相册应用→综合
实例：青春故事电子相册

扫一扫，看视频

本实例在制作时主要使用【位置】【缩放】
【不透明度】属性调整素材位置及透明效果，使
用【裁剪】工具制作出主体文字的特殊效果。实例效果如
图15-1所示。

图 15-1

操作步骤

步骤 01 选择菜单栏中的【文件】/【新建】/【项目】命令，
弹出【新建项目】窗口，设置【名称】，并单击【浏览】按钮设
置保存路径，如图15-2所示。

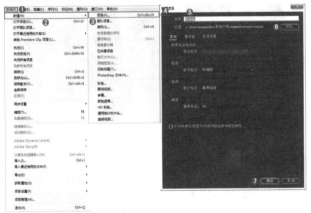

图 15-2

步骤 02 选择【文件】/【新建】/【序列】命令展开HDV，选
择【HDV1080P30】，如图15-3所示。

图 15-3

步骤 03 单击【文件】/【导入】或者快捷键【Crtl+I】，导
入01.jpg素材文件。将【项目】面板中的01.jpg素材文件拖
曳到V1轨道上，此时在【项目】面板中自动出现序列，如
图15-4所示。

图 15-4

步骤 04 选择V1轨道上的01.jpg素材文件，将时间线滑动
到起始帧位置，设置【缩放】为36，单击【缩放】前面的按
钮，开启自动关键帧。将时间线滑动到第4秒位置，设置【缩
放】为72，如图15-5所示。此时效果如图15-6所示。

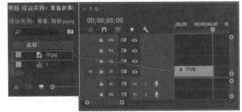

图 15-5

图 15-6

步骤 05 在画面中制作
文字。首先单击【项目】
面板底部的【新建素材
箱】按钮，将素材箱命名
为【文字】，如图15-7所
示。选择菜单栏中的【文
件】/【新建】/【旧版标
题】命令，在对话框中设
置【名称】为【大文字】，
然后单击【确定】按钮，
如图15-8所示。

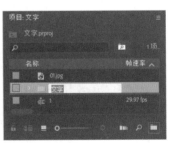

图 15-7

图 15-8

步骤 06 单击 T（文字工具）按钮，在工作区域中输入数字，设置合适的【字体系列】,【字体大小】为1000,【颜色】为白色，并适当调整文字的位置，如图15-9所示。

图 15-9

步骤 07 关闭【字幕】面板。将【项目】面板的【素材箱】中的【大文字】素材文件拖曳到V2轨道上，将【大文字】素材文件与V1轨道上的01.jpg素材文件对齐，接着选中该素材右击，在快捷菜单中执行【重命名】命令，在弹出的【重命名剪辑】窗口中设置【剪辑名称】为【大文字-左】，设置完成后单击【确定】按钮，如图15-10所示。

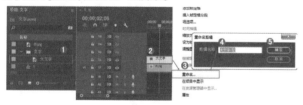

图 15-10

步骤 08 选择V2轨道上的【大文字-左】素材文件，展开【运动】效果，将时间线滑动到起始帧位置，设置【位置】为

(724,1633.9)，单击【位置】前面的 按钮，开启自动关键帧，继续将时间线滑动到第2秒位置，设置【位置】为(724,558)；展开【不透明度】属性，将时间线滑动到第9帧位置，设置【不透明度】为0%，并激活【不透明度】前面的 按钮，开启自动关键帧；继续将时间线滑动到第1秒18帧位置，设置【不透明度】为100%；将时间线滑动到第2秒21帧位置，设置【不透明度】为100%；将时间线滑动到第4秒4帧位置，设置【不透明度】为0%，如图15-11所示。此时效果如图15-12所示。

图 15-11

图 15-12

步骤 09 在【效果】面板中搜索【裁剪】效果，然后按住鼠标左键拖曳到V2轨道的【大文字-左】素材文件上，如图15-13所示。

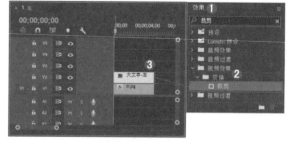

图 15-13

步骤 10 选择V2轨道上的【大文字-左】素材文件，展开【裁剪】效果，设置【右侧】为50.7%，如图15-14所示。此时文字效果如图15-15所示。

图 15-14   图 15-15

图15-22所示。

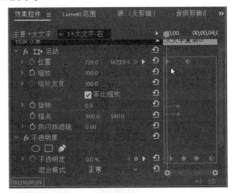

图 15-18

步骤 11 在【时间轴】面板中选择V2轨道上的【大文字–左】素材文件，按住Alt键的同时按住鼠标左键将素材文件向V3轨道拖曳并进行复制，如图15-16所示。释放鼠标后，在V3轨道上即可出现复制的素材文件，如图15-17所示。

图 15-16

图 15-19

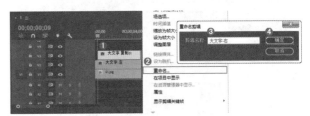

图 15-20

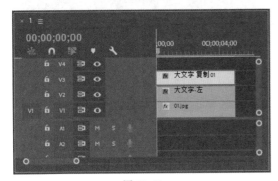

图 15-17

步骤 12 选择V3轨道上的【大文字复制01】素材文件，在【效果控件】面板中选中所有关键帧，将其向右侧移动，移动到第9帧位置，如图15-18所示。接着将素材文件的起始时间设置为第9帧位置，如图15-19所示。

步骤 13 选择【大文字复制01】素材文件，使用同样的方法将其重命名为【大文字–右】，如图15-20所示。

步骤 14 选择V3轨道上的【大文字–右】素材文件，在【效果控件】面板中展开【裁剪】效果，更改该效果的参数，设置【左侧】为48.3%，【右侧】为0%，如图15-21所示。效果如

图 15-21

图 15-22

步骤 15 在画面中绘制一个矩形形状。选择菜单栏中的【文件】/【新建】/【旧版标题】命令，在对话框中设置【名称】为【黄】，然后单击【确定】按钮，如图15-23所示。

图 15-23

步骤 16 在【字幕】面板中单击□(矩形工具)按钮，在工作区域中绘制一个矩形形状，设置【颜色】为黄色，如图15-24所示。

图 15-24

步骤 17 关闭【字幕】面板。将【项目】面板中的【黄】素材文件拖曳到V4轨道上，设置起始时间为第18帧，如图15-25所示。

图 15-25

步骤 18 选择V4轨道上的【黄】素材文件，展开【运动】效果，设置【位置】为(720,497)，将时间线滑动到第18帧位置，

设置【缩放】为0，单击【缩放】前面的 按钮，开启自动关键帧。将时间线滑动到第1秒18帧位置，设置【缩放】为100。接下来展开【不透明度】属性，将时间线滑动到第3秒28帧位置，设置【不透明度】为100%，激活【不透明度】前面的 按钮，开启自动关键帧，如图15-26所示。将时间线滑动到第4秒28帧位置，设置【不透明度】为0%。此时效果如图15-27所示。

图 15-26

图 15-27

步骤 19 在黄色矩形上方新建字幕。选择菜单栏中的【文件】/【新建】/【旧版标题】命令，在对话框中设置【名称】为【小文字】，然后单击【确定】按钮，如图15-28所示。

图 15-28

步骤 20 在【字幕】面板中单击T(文字工具)按钮，在工作区域中的黄色形状中输入文字，设置合适的【字体系列】，【字体大小】为66，【颜色】为白色，如图15-29所示。

图 15-29

步骤 21 关闭【字幕】面板。将【项目】面板中的【小文字】素材文件拖曳到V5轨道上,将其与V4轨道上的【黄】素材文件对齐,如图15-30所示。

图 15-30

步骤 22 选择V5轨道上的【小文字】素材文件,设置【位置】为(723,520),接着展开【不透明度】属性,将时间线滑动到第1秒2帧位置,设置【不透明度】为0%,激活【不透明度】前面的按钮,开启自动关键帧。将时间线滑动到第1秒15帧位置,设置【不透明度】为100%。将时间线滑动到第3秒28帧位置,设置【不透明度】为100%。将时间线滑动到第4秒28帧位置,设置【不透明度】为0%,如图15-31所示。此时画面效果如图15-32所示。

图 15-31

图 15-32

步骤 23 本实例制作完成,拖动时间线查看效果,如图15-33所示。

图 15-33

综合实例:中式水墨风格电子相册

扫一扫,看视频

文件路径:Chapter 15 电子相册应用→综合实例:中式水墨风格电子相册

本实例要运用到【波形变形】将水墨以水波的形式呈现在相册中,并为人物图像创建椭圆形蒙版,制作出圆形画面效果,如图15-34所示。

图 15-34

操作步骤

步骤 01 选择菜单栏中的【文件】/【新建】/【项目】命令,弹出【新建项目】窗口,设置【名称】,并单击【浏览】按钮设置保存路径,如图15-35所示。在【项目】面板的空白处右击,选择【新建项目】/【序列】命令。接着会弹出【新建序列】窗口,并在DV-PAL文件夹下选择【标准48kHz】,如

图15-36所示。

图 15-35

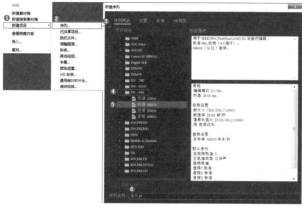

图 15-36

步骤 02 执行【文件】/【导入】命令或者使用快捷键Ctrl+I，导入全部素材文件，如图15-37所示。

图 15-37

步骤 03 将【项目】面板中的1.jpg素材文件拖曳到V1轨道上，设置结束时间为第7秒16帧，如图15-38所示。

步骤 04 右击选择V1轨道上的1.jpg素材文件，在弹出的快捷菜单中执行【缩放为帧大小】，如图15-39所示。此时画面效果如图15-40所示。

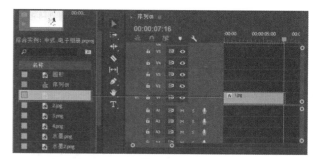

图 15-38

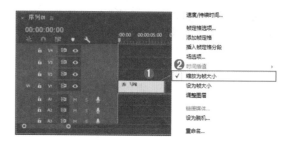

图 15-39

图 15-40

步骤 05 可以看出画面两侧有黑边露出。选择1.jpg素材文件，在【效果控件】面板中设置【缩放】为110，如图15-41所示。此时画面效果如图15-42所示。

图 15-41

图 15-42

步骤 06 为该素材文件添加转场效果。在【效果】面板搜索框中搜索【翻转】效果，然后按住鼠标左键拖曳到V1轨道的1.jpg素材文件的起始位置，如图15-43所示。此时效果如图15-44所示。

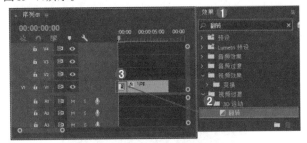

图 15-43

图 15-44

步骤 07 将【项目】面板中的【水墨.png】和【水墨2.png】分别拖曳到【时间轴】面板中的V2和V4轨道上，并设置起始时间均为第1秒5帧的位置，如图15-45所示。

图 15-45

步骤 08 隐藏V4轨道上的【水墨2.png】素材文件。接着选择V2轨道上的【水墨.png】素材文件，在【效果控件】中将时间线拖动到1秒05帧位置，设置【位置】为(170,-270)，单击【位置】前面的（切换动画）按钮，开启自动关键帧。将时间线滑动到第1秒19帧位置，设置【不透明度】为80%，为不透明度创建关键帧。继续将时间线滑动到第2秒11帧位置，设置【位置】为(170,157)，【不透明度】为0%，如图15-46所示。此时水墨效果如图15-47所示。

图 15-46

图 15-47

步骤 09 为水墨添加波纹效果。在【效果】面板中搜索【波形变形】效果，然后按住鼠标左键拖曳到V2轨道的【水墨.png】素材文件上，如图15-48所示。

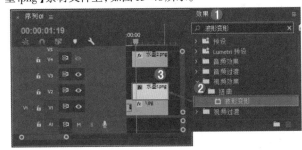

图 15-48

步骤 10 选择V2轨道上的【水墨.png】素材文件，在【效果控件】中设置【波形宽度】为40，将时间线拖动到第1秒5帧的位置，设置【波形高度】为80，单击【波形高度】前面的（切换动画)按钮,开启自动关键帧。将时间线滑动到第2秒11帧位置,设置【波形高度】为20,如图15-49所示。此时水墨效果如图15-50所示。

图 15-49

图 15-50

步骤 11 选择V2轨道上的【水墨.png】素材文件,使用快捷键Ctrl+C进行复制,在【时间轴】面板中将时间线拖曳到后方空白位置,使用快捷键Ctrl+V进行粘贴,此时复制的素材文件出现在V1轨道后方,如图15-51所示。

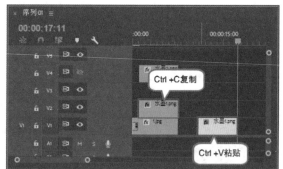

图 15-51

步骤 12 选择V1轨道后方的【水墨.png】素材文件,将其拖曳到V3轨道上,并与V2轨道上的【水墨1.png】素材文件对齐,如图15-52所示。

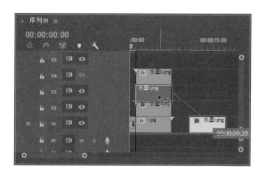

图 15-52

步骤 13 选择V3轨道上的【水墨.png】素材文件,设置【位置】为(203, 288),在【效果控件】面板中展开【运动】属性,更改【位置】参数。将时间线滑动到第1秒5帧的位置,设置【位置】为(170,990),单击【位置】前面的💿(切换动画)按钮,开启自动关键帧。将时间线滑动到第2秒13帧位置,设置【位置】为(170,440),如图15-53所示。此时水墨效果如图15-54所示。

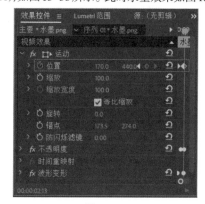

图 15-53

图 15-54

步骤 14 显现并选择V4轨道上的【水墨2.png】素材文件,设置【位置】为(203,288),在【效果控件】面板中将时间线拖动到第1秒22帧位置,设置【缩放】为0,【不透明度】为0%,激活【缩放】和【不透明度】前面的💿(切换动画)按钮,开启自动关键帧。继续将时间线滑动到第2秒15帧位置,设置【缩放】为67,【不透明度】为65%,如图15-55所示,将时间线滑动到第3秒11帧位置,设置【不透明度】为0%。此时水墨效果如图15-56所示。

图 15-55

图 15-56

步骤 15 将【项目】面板中的3.png、2.jpg和4.png素材文件依次拖曳到V5、V6、V7轨道上，并设置3.png的起始时间为第3秒3帧位置，如图15-57所示。设置2.jpg的起始时间为第4秒10帧位置，设置4.png素材文件的起始时间为第5秒2帧位置。

图 15-57

步骤 16 隐藏V6、V7轨道上的素材文件，选择V5轨道上的3.png素材文件，将时间线滑动到第3秒3帧位置，并单击右键执行【缩放为帧大小】，接着设置【位置】为(173,287)，【缩放】为0，单击【位置】和【缩放】前面的 (切换动画)按钮，开启自动关键帧，继续将时间线滑动到第4秒15帧位置，设置【位置】为(235,240)，【缩放】为80，如图15-58所示。此时效果如图15-59所示。

图 15-58

图 15-59

步骤 17 在【效果】面板中搜索【旋转】效果，然后按住鼠标左键拖曳到V5轨道的3.png素材文件上，如图15-60所示。

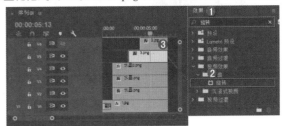

图 15-60

步骤 18 选择V5轨道上的3.png素材文件，在【效果控件】面板中展开【旋转】效果，将时间线拖动到第3秒3帧位置，设置【角度】为2×0.0°，单击【角度】前面的 (切换动画)按钮，开启自动关键帧，继续将时间线拖动到第5秒2帧位置，设置【角度】为0°，如图15-61所示。此时旋转效果如图15-62所示。

图 15-61

图 15-62

步骤 19 显示并选择V6轨道上的2.jpg素材文件,右击该素材文件并执行【缩放为帧大小】命令,在【效果控件】中展开【不透明度】属性,单击 ⬭ (创建椭圆形蒙版)按钮,参数设置如图15-63所示。接着在【节目】监视器中适当调整圆形位置和大小,最后设置位置参数,将其放置到水墨的中心位置,如图15-64所示。

图 15-63

图 15-64

步骤 20 将时间线滑动到第4秒10帧位置,设置【不透明度】为0%,激活【不透明度】前面的 🕘 (切换动画)按钮,开启自动关键帧。继续将时间线滑动到第5秒5帧位置,设置【不透明度】为100%,如图15-65所示。此时画面效果如图15-66所示。

图 15-65

图 15-66

步骤 21 显示并选择V7轨道上的4.png素材文件,在【效果控件】面板中设置【位置】为(627,200),【缩放】为23,效果如图15-67所示。

图 15-67

步骤 22 为该素材添加转场效果。在【效果】面板中搜索【翻页】效果,然后按住鼠标左键拖曳到V7轨道的4.png素材文件上,如图15-68所示。效果如图15-69所示。

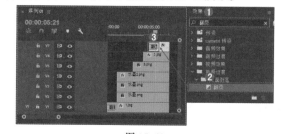

图 15-68

步骤 23 本实例制作完成,滑动时间线查看效果,如图15-70所示。

图 15-69　　　　　　图 15-70

中文版Premiere Pro CC 从入门到精通（微课视频 全彩版）